U0230052

从基础到应用

祝红涛
王伟平 编著

SQL Server 2008
从基础到应用

清华大学出版社

北 京

内 容 简 介

本书介绍使用 SQL Server 2008 技术进行数据库管理与开发实践知识,全书共 14 章,主要内容包括关系数据库知识、安装和配置 SQL Server 2008、创建数据库和表、修改数据库文件和大小、数据库的备份和恢复、管理和操作数据表、维护数据表完整性、查询与管理表数据、Transact-SQL 编程、存储过程和触发器的开发、数据库的安全管理和系统自动化管理,以及 CLR、SMO 和 XML 开发等高级开发知识。

本书适合 SQL Server 2008 数据库初学者快速入门,也适合已有数据库基础的技术人员。对于高等职业院校和培训班的学生,本书更是一本不可多得的教材。

本书封面贴有清华大学出版社防伪标签,无标签者不得销售。

版权所有,侵权必究。侵权举报电话:010-62782989 13701121933

图书在版编目(CIP)数据

SQL Server 2008 从基础到应用 / 祝红涛等编著. —北京 : 清华大学出版社,2014(2016.3 重印)
  从基础到应用
  ISBN 978-7-302-32713-4

  Ⅰ. ①S… Ⅱ. ①祝… Ⅲ. ①关系数据库系统 Ⅳ. ①TP311.138

中国版本图书馆 CIP 数据核字(2013)第 125881 号

责任编辑:夏兆彦
封面设计:胡文航
责任校对:徐俊伟
责任印制:李红英

出版发行:清华大学出版社
　　　　网　　　址:http://www.tup.com.cn,http://www.wqbook.com
　　　　地　　　址:北京清华大学学研大厦 A 座　　　　邮　　编:100084
　　　　社 总 机:010-62770175　　　　　　　　　　邮　　购:010-62786544
　　　　投稿与读者服务:010-62776969,c-service@tup.tsinghua.edu.cn
　　　　质 量 反 馈:010-62772015,zhiliang@tup.tsinghua.edu.cn
印 装 者:北京密云胶印厂
经　　销:全国新华书店
开　　本:185mm×260mm　　　　印　张:29.25　　　　字　数:726 千字
　　　　　　附光盘 1 张
版　　次:2014 年 3 月第 1 版　　　　　　　　印　次:2016 年 3 月第 2 次印刷
印　　数:4001~5200
定　　价:59.00 元

产品编号:045971-01

FOREWORD

前言

SQL Server 是 Microsoft 公司的关系型数据库管理系统产品，从 20 世纪 80 年代后期开始开发，先后经历了 7.0、2000、2005 和 2008 四个大版本。SQL Server 2008 R2 是 2008 的最新版本，它推出了许多新的特性和关键的改进，使得它成为迄今为止最强和最全面的 SQL Server 版本。它的出现更是促进了计算机应用向各行业的渗透，为企业解决数据爆炸和数据驱动的应用提供了有力的技术支持。

本书内容

第 1 章　SQL Server 2008 简介。本章围绕关系数据库知识展开介绍，进而引出 SQL Server 2008 的有关知识，包括 SQL Server 2008 的概念、新特性和安装方法。

第 2 章　SQL Server 2008 快速入门。本章首先对数据库的组成部分进行详细讲解，然后重点介绍如何创建数据库、向数据库中创建表，以及为表的列指定数据类型。

第 3 章　管理数据库。本章详细介绍了 SQL Server 2008 中各种数据库管理操作的具体实现，如查看数据库状态、修改数据库文件和大小、删除数据库、分离和附加数据库、备份和恢复数据库，等等。

第 4 章　管理数据表。本章详细介绍了 SQL Server 中关于表的管理，包括表的修改、删除、表中列的操作和表之间的关系等；同时还介绍了视图和索引的定义和使用。

第 5 章　维护数据完整性。本章主要介绍了设计表时如何对数据的有效性和完整性进行约束，如主键约束、外键约束、数据验证和默认值、使用规则和默认值对象，等等。

第 6 章　查询和管理表数据。本章主要介绍了 SELECT 语句查询数据的方法，筛选和格式化结果集的方法，以及插入、更新和删除数据的方法。

第 7 章　查询复杂数据。本章详细介绍了复杂数据查询的方法，包括多表连接、内连接、外连接、交叉连接、自连接等。

第 8 章　Transact-SQL 语言基础。本章对 Transact-SQL 语言的语法基础进行了详细介绍，包括 Transact-SQL 简介、常量和变量、运算符及控制语句等。

第 9 章　Transact-SQL 实用编程。本章讲解了 Transact-SQL 语言在数据库中的编程应用，如创建自定义函数、调用系统函数处理数据、使用游标及事务等。

第 10 章　管理存储过程和触发器。本章详细介绍了自定义存储过程和触发器的创建、调用、修改和删除等操作。

第 11 章　SQL Server 2008 安全管理。本章详细介绍了 SQL Server 2008 提供的一系列安全管理方法，包括身份验证、账户和数据库用户的管理、角色和权限。

第 12 章　SQL Server 2008 代理服务。本章主要介绍了 SQL Server 2008 代理服务的配置和管理，包括作业、操作员、警报、数据库邮件等内容。

第 13 章　集成 CLR 编程。本章重点介绍了 CLR 和 SMO 下使用 C#语言对 SQL Server 的管理，如创建 CLR 普通函数、CLR 存储过程、SMO 存储过程和 SMO 触发器等；同时，还介绍了 SQL Server 2008 中对 XML 的操作。

第 14 章　图书管理系统。本章通过 C#语言和 SQL Server 2008 开发一个图书管理系统，功能包括查看图书列表、图书分类管理、查看图书详细信息，等等。

本书特色

本书中大量内容来自真实的 SQL Server 数据库实例，力求通过解决读者实际操作时的问题使读者更容易地掌握 SQL Server 2008 数据库应用。本书难度适中，内容由浅入深，实用性强，覆盖面广，条理清晰，知识点全。本书紧紧围绕 ASP.NET 的网站程序开发展开讲解，具有很强的逻辑性和系统性。

❑ **实例丰富**

书中各实例均经过作者精心设计和挑选，它们都是根据作者在实际开发中的经验总结而来，涵盖了在实际开发中所遇到的各种问题。

❑ **应用广泛**

对于精选案例，给出了详细步骤，结构清晰简明，分析深入浅出，而且有些程序能够直接在项目中使用，避免读者进行二次开发。

❑ **基于理论，注重实践。**

在讲述过程，不仅介绍理论知识，而且适当地安排综合应用实例，或者小型应用程序，将理论应用到实践当中，来加强读者实际应用能力，巩固开发基础和知识。

❑ **随书光盘**

本书为实例配备了视频教学文件，读者可以通过视频文件更加直观地学习 SQL Server 2008 的使用知识。

❑ **网站技术支持**

读者在学习或者工作的过程中，如果遇到实际问题，可以直接登录 www.itzcn.com 与我们取得联系，作者会在第一时间内给予帮助。

❑ **贴心的提示**

为了便于读者阅读，全书还穿插着一些技巧、提示等小贴士，体例约定如下。

提示：通常是一些贴心的提醒，让读者加深印象或提供建议，或者解决问题的方法。

注意：提出学习过程中需要特别注意的一些知识点和内容，或者相关信息。

技巧：通过简短的文字，指出知识点在应用时的一些小窍门。

读者对象

本书具有知识全面、实例精彩、指导性强的特点，力求以全面的知识性及丰富的实例来指导读者透彻地学习 SQL Server 2008 基础知识。本书可以作为 SQL Server 数据库的入门书籍，也可以帮助中级读者提高技能。

本书适合以下人员阅读学习。

❑ 没有数据库应用基础的 SQL Server 入门人员。

❑ 有一些数据库应用基础，并且希望全面学习 SQL Server 数据库的读者。

❑ 各高等职业院校的在校学生和相关授课老师。

❑ 相关社会培训班的学员。

除了封面署名人员之外，参与本书编写的人员还有马海军、李海庆、陶丽、王咏梅、康显丽、郝军启、朱俊成、宋强、孙洪叶、袁江涛、张东平、吴鹏、王新伟、刘青凤、汤莉、冀明、王超英、王丹花、闫琰、张丽莉、李卫平、王慧、牛红惠、丁国庆、黄锦刚、李旎、王中行、李志国等。在编写过程中难免会有漏洞，欢迎读者通过我们的网站 www.itzcn.com 与我们联系，帮助我们改正提高。

CONTENTS

目录

X

第 **1** 章

随着信息技术的迅速发展，数据库技术在社会的各个领域发挥着越来越强大的作用。由 Microsoft 公司发布的 SQL Server 产品是一个典型的关系数据库管理系统，以其强大的功能，操作的简便性、可靠的安全性，得到很多用户的认可，应用也越来越广泛。特别是 Microsoft 最新发布的关系数据库管理系统产品 SQL Server 2008，在 SQL Server 2005 的强大功能之上，为用户提供了一个完整的数据管理和分析解决方案。

本章围绕关系数据库知识展开介绍，进而引出 SQL Server 2008 的有关知识，包括 SQL Server 2008 的概念、新特性和安装方法。

本章学习要点：

➢ 了解数据库模型
➢ 理解关系数据库的概念和术语
➢ 了解 SQL Server 2008 的新特性
➢ 掌握安装 SQL Server 2008 的方法
➢ 熟练掌握 SQL Server Management Studio 的使用
➢ 熟练使用 SQL Server 配置管理器
➢ 掌握 sqlcmd 命令提示实用工具

1.1　初识数据库

数据库是数据库管理系统（Database Management System，DBMS）的核心，包含了系统运行所需的全部数据。本节将简单介绍数据库基本概念和数据库模型。

1.1.1　数据库概述

简单来说，数据库就是存放数据的地方。严格来讲，数据库是指长期储存在计算机内、有组织的、可共享的大量数据的集合。数据库中的数据按照一定的数据模型组织、描述和储存，具有较小的冗余度、较高的数据独立性和易扩展性，并可为各种用户共享。

1.1.2　数据库模型

数据库模型描述了在数据库中结构化和操纵数据的方法，模型的结构部分规定了数据如何被描述（如树、表等）；模型的操纵部分规定了数据的添加、删除、显示、维护、打印、查找、选择、排序和更新等操作。

根据具体数据存储需求的不同，数据库可以使用多种类型的系统模型，其中较为常见的有层次模型、网状模型和关系模型 3 种。

1．层次模型

层次数据模型表现为倒立的树，用户把层次数据库理解为段的层次。一个段等价于一个文件系统的记录型。在层次数据模型中，文件或记录之间的联系形成层次。换句话说，层次数据库把记录集合表示成倒立的树结构，层次模型结构图如图 1-1 所示。

从图 1-1 中可以看出，此种类型的数据库的优点是：层次分明、结构清晰、不同层次间的数据关联直接简单。其缺点是：数据将不得不纵向向外扩展，节点之间很难建立横向的关联；对插入和删除操作限制较多，因此应用程序的编写比较复杂。

2．网状模型

在网状模型中，数据记录将组成网中的节点，而记录和记录之间的关联则组成节点之间的连线，从而构成了一个复杂的网状结构。例如，学校中"教师"、"学生"、"科目"等事物之间有联系但无层次关系，因此可认为是一种网状结构模型，如图 1-2 所示。

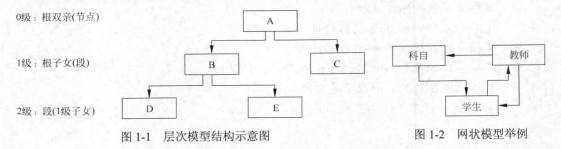

图 1-1　层次模型结构示意图　　　　图 1-2　网状模型举例

使用这种存储结构的数据库的优点是：它很容易反映实体之间的关联，同时还避免了数据的重复性。其缺点是：这种关联错综复杂，而且当数据逐渐增多时，将很难对结构中的关联进行维护，尤其是当数据库变得越来越大时，关联性的维护会非常复杂。

3．关系模型

关系数据库使用的存储结构是多个二维表格，即反映事物及其联系的数据描述是以平面表格的形式体现的。在每个二维表格中，每一行称为一条记录，用来描述一个对象的信息；每一列称为一个字段，用来描述对象的一个属性。数据表之间存在相应的关联，这些关联可用来查询相关的数据，如图 1-3 所示。

从图 1-3 中可以看出，此种类型数据库的优点是：结构简单、格式唯一、理论基础严格，而且数据表之间相对独立，同时可以在不影响其他数据表的情况下进行数据的增加、修改和删除。在进行查询时，还可以根据数据表之间的关联性，从多个数据表中查询及抽取相关的信息。这种存储结构是目前市场上使用最广泛的数据模型。使用这种存储结构的数据库管理系统很多，如 Oracle、Sybase、DB2、SQL Server 2008 等。

<table>
<tr><td colspan="4" align="center">学生表</td></tr>
</table>

学号	姓名	性别	所在班级编号
201001	朱丹	女	1
201002	王宁	男	1
201003	周丽丽	女	2

班级表

班级编号	班级名称
1	Java班
2	C++班
3	.NET班

图 1-3　关系模型举例

1.2　关系数据库

所谓的关系数据库（Relational Database，RDB）就是指基于关系模型的数据库。在计算机中，关系数据库是数据和数据库对象的集合，而管理关系数据库的计算机软件称为关系数据库管理系统（Relational Database Management System，RDBMS）。

1.2.1　关系数据库概述

关系数据库是建立在关系模型基础上的数据库，是利用数据库进行数据组织的一种方式，是现代流行的数据库管理系统中应用最为普遍的一种，也是最有效率的数据组织方式之一。

关系数据库由数据表和数据表之间的关联组成。其中数据表通常是一个由行和列组成的二维表格，每一个数据表分别说明数据库中某一特定的方面或部分的对象及其属性。如表 1-1 所示为"学生表"。

表 1-1　学生表

学号	姓名	年龄	班级
201001	周波	20	Java1 班
201002	王涛	19	Java2 班
201003	刘艳	20	信管 1 班

数据表中的行通常叫作记录或元组，代表众多具有相同属性的对象中的一个。例如，在"学生表"中，每条记录代表一名学生的完整信息。数据表中的列通常叫作字段或者属性，代表相应数据表中存储对象的共有的属性。例如。在"学生表"中，每一个字段代表学生一个方面的信息。

表 1-1 所示的关系与二维表格传统的数据文件具有类似之处，但是它们又有区别，严格地说，关系是一种规范化的二维表格，具有如下性质。

- ❑ 属性值具有原子性，不可分解。
- ❑ 没有重复的元组。
- ❑ 理论上没有次序，但是有时在使用时可以有行序。

1.2.2　关系数据库术语

在关系模型中有很多术语。例如，列被称为属性或字段，行被称为元组或记录等，下面就以表 1-1 为例，对关系数据库中常用的术语做简单介绍。

1. 关系

一个关系对应通常所说的一张表。例如，表 1-1 所示的学生表。

2. 元组

表中的一行即为一个元组。例如，表 1-1 中的第一行记录就是一个元组。

3. 属性

表中的一列即为一个属性，给每一个属性起一个名称即属性名。例如，表 1-1 有 4 列，对应 4 个属性（学号，姓名，年龄，班级）。

4. 域

属性的取值范围称为该属性的域。例如，性别的域是（男，女）。

5. 候选关键字

如果一个属性集能唯一地标识表的一行而又不含多余的属性，那么这个属性集称为候选关键字。

6. 主关键字

主关键字是被挑选出来作为表中行的唯一标识的候选关键字。一个表只有一个主关键字。主关键字又可以称为主键。例如，表 1-1 中的学号就是该表的主键。

7. 公共关键字

在关系数据库中，关系之间的联系是通过相容或相同的属性或属性组来表示的。如果两个关系中具有相容或相同的属性或属性组，那么这个属性或属性组被称为这两个关系的公共关键字。

8. 外关键字

如果公共关键字在一个关系中是主关键字，那么这个公共关键字被称为另一个关系的外关键字。外关键字又称为外键。

9. 分量

分量是元组中某一个属性的属性值。

10. 关系模式

关系模式是对关系的描述，一般表示为：关系名（属性 1，属性 2，……，属性 n）。例如，表 1-1 的关系可表示为：学生（学号，姓名，年龄，班级）。

当出现外键的情况时，主键与外键的列名称可以是不同的。但必须要求它们的值集相同，即主键所在表中出现的数据一定要和外键所在表中的值匹配。

数据库对象是一种数据库组件，是数据库的主要组成部分。在关系数据库管理系统中，常见的数据库对象有表、索引、视图、图表、默认值、规则、触发器、存储过程和用户等。

1.2.3　完整性规则

关系模型的完整性规则是对数据的约束。关系模型提供了 3 类完整性规则：实体完整性规则、参照完整性规则和用户定义完整性规则。下面简单介绍一下这 3 类完整性约束。

1. 实体完整性

实体完整性是指关系的主属性（主键的组成部分）不能为空值。现实世界中的实体是可区分的，即它们具有某种唯一性标识。相应的，关系模型中以主键作为唯一性标识，主键中的属性即主属性不能取空值（"不知道"或"无意义"的值）。如果主属性取空值，就说明存在某个不可标识的实体，即存在不可区分的实体，这与现实世界的环境相矛盾，因此这个实体一定不是一个完整的实体。

2. 参照完整性

参照完整性是指两个表的主关键字和外关键字的数据应对应一致。它确保了有主关键字的表中有对应其他表中的外关键字的行存在。

3. 用户定义完整性

用户定义完整性是针对某一特定关系数据库的约束条件，由应用环境所决定，反映某一具体应用所涉及的数据必须满足的语义要求。

在用户定义完整性中最常见的是限定属性的取值范围，即对值域的约束，所以在用户定义完整性中最常见的是域完整性约束。例如，某个属性的值必须唯一，某个属性的取值必须在某个范围之内等。

实体完整性规则和参照完整性规则是关系模型必须满足的完整性约束条件，所以它们被称为关系完整性规则，也被称作是关系的两个不变性。

1.3　范式理论和 E-R 模型

范式理论作为数据库设计的一种理论指南和基础，不仅能够作为数据库设计优劣的判断标准，而且还可以预测数据库系统可能出现的问题。而 E-R 方法则是一种用来在数据库设计过程中表示数据库系统结构的方法，其主导思想是使用主体、实体的属性及实体之间的关系来表示数据库系统结构。

1.3.1 范式理论

为了建立冗余较小、结构合理的数据库，构造数据库时必须遵循一定的规则，在关系数据库中这种规则就是范式。范式是符合某一种级别的关系模式的集合。关系数据库的关系必须满足一定的要求，即满足不同的范式。目前关系数据库有六种范式，即第一范式（1NF）、第二范式（2NF）、第三范式（3NF）、BCNF、第四范式（4NF）和第五范式（5NF）。

满足最低要求的范式是第一范式（1NF）。在第一范式的基础上进一步满足更多要求的范式称为第二范式（2NF），其余范式依次类推。一般来说数据库只需要满足第三范式（3NF）就行了。

1. 第一范式

第一范式是第二范式和第三范式的基础，是最基本的范式。第一范式包括下列指导原则。

- ❏ 数据组的每个属性只能包含一个值。
- ❏ 关系中的每个数组必须包含相同数量的值。
- ❏ 关系中的每个数组一定不能相同。

所谓第一范式（1NF）是指数据表中的每一列都是不可再分割的基本数据项，同一列不能有多个值，即实体中的某个属性不能有多个值或者不能有重复的属性，如果出现重复的属性，就可能需要定义一个新的实体，新的实体由重复的属性构成，新实体与原实体之间为一对多关系。在第一范式中表的每一行只包含一个实例的信息。

例如，对于一个员工信息表，不能将员工信息都放在一列中显示，也不能将其中的两列或多列在一列中显示，员工信息表的每一行只表示一个员工的信息，一个员工的信息在表中只出现一次。简而言之，第一范式就是无重复的列。

2. 第二范式

第二范式（2NF）是在第一范式（1NF）的基础上建立起来的，即满足第二范式（2NF）必须先满足第一范式（1NF）。第二范式（2NF）要求数据表中的每个实例或行必须可以被唯一地区分。为实现区分通常需要为表加上一个列，以存储各个实例的唯一标识。例如员工信息表中加上了员工编号列，因为每个员工的员工编号是唯一的，因此每个员工可以被唯一区分。这个唯一属性列被称为主关键字或主键。

第二范式（2NF）要求实体的属性完全依赖于主关键字。所谓完全依赖是指不能存在仅依赖主关键字一部分的属性，如果存在，那么这个属性和主关键字的这一部分应该分离出来形成一个新的实体，新实体与原实体之间是一对多的关系。为实现区分通常需要为表加上一个列，以存储各个实例的唯一标识。简而言之，第二范式就是属性完全依赖于主键。

3. 第三范式

如果一个数据表已经满足第二范式，而且该数据表中的任何两个非主键字段的数据组之间不存在函数依赖关系，那么该数据表满足第三范式（3NF）。

实际上，第三范式就是要求不要在数据库中存储可通过简单计算得出的数据。这样不但可以节省存储空间，而且在拥有函数信赖的一方发生变动时，避免了修改成倍数据的麻烦，同时也避免了在这种修改过程中可能造成的人为错误。

从上面的叙述中可以看出，数据表规范化的程度很高，数据冗余就越少，同时造成人为错误的可能性也就越小；同时，规范化的程度越高，在查询检索时需要做的关联等工作就越多，数据库在操作过程中需要访问的数据表及其之间的关联也就越多。因此，在数据库设计的规范化过程中，需要根据数据库需求的实际情况，选择一个折中的规范化程序。

1.3.2 E-R 模型

实体-关系数据模型又称为 E-R 数据模型，它用简单的图形反映了现实世界中存在的事物或数据及它们之间的关系。

1. 实体模型

实体是观念世界中描述客观事物的概念，可以是具体的事物，如一本书、一张桌子等；它也可以是抽象的事物，如一个城市、一种感受等。同一类实体的所有实例就构成该对象的实体集。实体集是实体的集合，由该集合中实体的结构或形式表示，而实例则是实体集中某个特例，如学生学号为"201001"的学生是"学生信息"实体集中的一个实例，通过其属性值表示。

通常实体集中有多个实体实例。例如，数据库中存储的每位学生都是"学生信息"实体集中的实例，如图 1-4 所示。

学生信息
学号
姓名
年龄
班级

实体集

学生一
20100101
张琪
21
Javal班

实例

图 1-4　实体集和实例

在图 1-4 所示的学生实体中，每一个用来描述学生特性的信息都是一个实体属性。例如，这里学生实体的学号、姓名、年龄和班级，这些属性就组合成一个学生实例的基本数据信息。

为了区分和管理多个不同的实体实例，要求每个实体实例都要有标识符。例如，在图 1-4 所示的学生实体中，可以由学号或者姓名来标识。但通常情况下不用姓名来标识，因为可能出现相同的姓名，而使用具有唯一标识的学号来标识学生，则会避免这种情况的发生。

2. 关系模型

实体之间是通过关联进行联系的。E-R 模型中包括了关联集和关联实例的概念。关联集反映出实体集之间的关联，而关联实例则是用来关联实体实例的。关联的度是指它所关联的实体数目，大多数的关系都是二元的。有 3 种二元关联：1:1、1:N、N:M，分别用来表示实体间的一对一、一对多、多对多关系。

（1）一对一关联

一对一关联（即 1:1 关联）表示某种实体和实例仅和另一个类型的实体实例相关联。如图 1-5 所示的"班级信息-辅导员信息"关联将一个班级和一个辅导员关联起来。根据该图所示，每个班级只能有一个辅导员，并且一个辅导员只能负责一个班级。

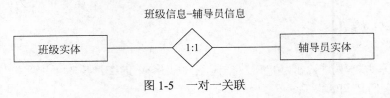

图 1-5 一对一关联

（2）一对多关联

一对多关联（即 1:N 关联）表示多种实体实例可以和多个其他类型的实体实例关联。图 1-6 所示为一对多关联，图中的"班级信息-学生信息"关联将一个班级实例与多个学生实例关联起来。根据这个图，可以看出一个班级可以有多个学生，而某个学生只能属于一个班级。

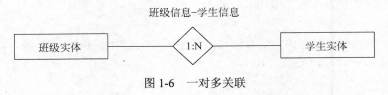

图 1-6 一对多关联

在 1:N 关联时，1 和 N 的位置是不可以任意调换的。当 1 处于班级实例而 N 处于学生实例时，表示一个班级对多个学生。如果将 1 和 N 的位置调换过来的话，则为 N:1。此时，表示某个班级只可以有一个学生，而一个学生可以属于多个班级，这显然不是想要的关系。

（3）多对多关联

第 3 种二元关联是多对多关联（即 N:M 关联），如图 1-7 所示。该图中的"学生信息-教师信息"关联将多个学生实例和多个教师实例关联起来，表示一个学生可以有多个教师，一个教师也可以有多个学生。

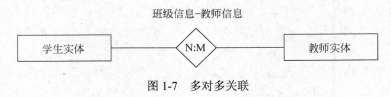

图 1-7 多对多关联

1.4 SQL Server 2008 入门

SQL Server 2008 是一个重大的产品版本，它推出了许多新的特性和关键的改进，使得它成为至今为止的最强大和最全面的 SQL Server 版本。本节将详细介绍 SQL Server 2008 中的新的特性、优点和功能。

1.4.1　SQL Server 发展史

SQL Server 从 20 世纪 80 年代后期开始开发，最早起源于 1987 年的 Sybase SQL Server。SQL Server 最初是由 Microsoft、Sybase 和 Ashton-Tate 三家公司共同开发的，1988 年，Microsoft 公司、Sybase 公司和 Aston-Tate 公司把该产品移植到 OS/2 上。Microsoft 公司、Sybase 公司则签署了一项共同开发协议，这两家公司的共同开发结果是发布了用于 Windows NT 操作系统的 SQL Server，1992 年，将 SQL Server 移植到了 Windows NT 平台上。

1993 年，SQL Server 4.2 面世，它是一个桌面数据库系统，虽然其功能相对有限，但是采用 Windows GUI，向用户提供了易于使用的用户界面。

在 SQL Server 4 版本发行以后，Microsoft 公司和 Sybase 公司在 SQL Server 的开发方面，各自开发自己的 SQL Server。Microsoft 公司专注于 Windows NT 平台上的 SQL Server 开发，重写了核心的数据库系统，并于 1995 年发布了 SQL Server 6.5，该版本提供了一个廉价的可以满足众多小型商业应用的数据库方案 ，而 Sybase 公司则致力于 UNIX 平台上的 SQL Server 的开发。

SQL Server6.0 版是第一个完全由 Microsoft 公司开发的版本。1996 年，Microsoft 公司推出了 SQL Server 6.5 版本，由于受到旧有结构的限制，微软再次重写 SQL Server 的核心数据库引擎，并于 1998 年发布 SQL Server 7.0，这一版本在数据存储和数据库引擎方面发生了根本性的变化，提供了面向中、小型商业应用数据库功能支持，为了适应技术的发展还包括了一些 Web 功能。此外，微软的开发工具 Visual Studio 6 也对其提供了非常不错的支持。SQL Server 7.0 是该家族第一个得到了广泛应用的成员。

又经过两年的努力开发，2000 年初，微软发布了其第一个企业级数据库系统——SQL Server 2000，其中包括企业版、标准版、开发版、个人版四个版本，同时包括数据库服务、数据分析服务和英语查询三个重要组成部分。此外，它还提供丰富的管理工具，对开发工具提供全面的支持，对于 Internet 应用提供不错的运行平台，对于 XML 数据也提供了基础的支持。借助这个版本，SQL Server 成为了使用最广泛的数据库产品之一。从 SQL Server 7.0 到 SQL Server 2000 的变化是渐进的，没有从 6.5 到 7.0 变化那么大，只是在 SQL Server 7.0 的基础上进行了增强。

2005 年，微软发布了新一代数据库产品——SQL Server 2005。

SQL Server 2005 是一个全面的、集成的、端到端的数据解决方案，它为企业中的用户提供了一个安全、可靠和高效的平台用于企业数据管理和商业智能应用。SQL Server 2005 为 IT 专家和信息工作者带来了强大的、熟悉的工具，同时减少了在从移动设备到企业数据系统的多平台上创建、部署、管理及使用企业数据和分析应用程序的复杂度。通过全面的功能集和现有系统的集成性，以及对日常任务的自动化管理能力，SQL Server 2005 为不同规模的企业提供了一个完整的数据解决方案。

2008 年，SQL Server 2008 正式发布，SQL Server 2008 是一个重大的产品版本，它推出了许多新的特性和关键的改进，使得它成为至今为止的最强大和最全面的 SQL Server 版本。

1.4.2 SQL Server 2008 概述

SQL Server 2008 作为 Microsoft 新一代的数据库管理产品，虽然是建立在 SQL Server 2005 的基础之上，但是在性能、稳定性、易用性方面都有相当大的改进。SQL Server 2008 已经成为至今为止最强大、最全面的 SQL Server 版本。

Microsoft 数据平台提供一个解决方案来存储和管理许多数据类型，包括 XML、E-mail、时间/日历、文件、文档、地理信息等。同时提供一个丰富的服务集合来与数据交互作用，实现搜索、查询、数据分析、报表、数据整合和同步功能。用户可以访问从创建到存档于任何设备的信息，从桌面到移动设备的信息。Microsoft 给出了如图 1-8 所示的平台。

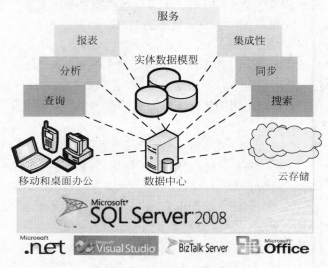

图 1-8   Microsoft 数据平台

SQL Server 2008 出现在 Microsoft 数据平台上，使得公司可以运行它们最关键的应用程序，同时降低了用户管理数据基础设施和发送观察信息的成本。这个平台有以下特点。

1．可信任的

SQL Server 2008 提供了一个安全可靠且具备高可扩展性的数据平台，用来运行企业内部的关键任务。

2．高效的

基于 SQL Server 2008 可以快速和高效地开发、部署、运行、维护和管理企业当前的数据基础设施，从而大大缩短了实施应用系统的时间和部署成本。

3．智能的

SQL Server 2008 在整个企业范围内实现了全面的商务智能，可进行任意大小、任意复杂度的报表和数据分析，实现强大的界面交互并与 Microsoft Office System 高度集成。

SQL Server 2008 具有以下新功能。

- 使用 Resource Governor 管理并发工作负载。
- 通过 Policy-Based Management 在企业范围内加强策略的兼容性。
- 通过数据压缩以及稀疏列来降低存储需求并提升查询性能。
- 通过 Transparent Data Encryption 和高级审核实现对敏感数据的保护。
- 通过 Performance System Analysis，在企业范围内对 SQL Server 2008 的实例进行排错、调优及监控。
- 在 SQL Server Analysis Services 中构建高性能分析解决方案，实现可伸缩性、高性能、数据挖掘及增强的用户界面。
- 在 SQL Server Reporting Services 中利用其提升的性能、高可用性、虚拟化技术与 Microsoft Office 2007 高度集成。
- 通过对空间数据的支持，实现对地理信息软件的集成。

1.4.3 SQL Server 2008 的新特性

SQL Server 是一个重大的产品版本，它推出了许多新的特性和关键的改进，使得它成为至今为止最强大和最全面的 SQL Server 版本。在本节中详细介绍 SQL Server 2008 的新特性。

1. SQL Server 集成服务

SQL Server 集成服务（SQL Server Integration Services，SSIS）是一个嵌入式应用程序，用于开发和执行 ETL（Extract-Transform-Load，解压缩、转换和加载）包。SSIS 代替了 SQL Server 2000 的 DTS（Data Transformation Services，数据转换服务），其集成服务功能既包含了实现简单的导入导出包所必需的 Wizard 向导插件、工具及任务，也有非常复杂的数据清理功能。SQL Server 2008 SSIS 的功能有很大的改进和增强，比如，它的执行程序能够更好地并行执行。在 SSIS 2005，数据管道不能跨越两个处理器。而 SSIS 2008 能够在多处理器机器上跨越两个处理器。而且它在处理大件包上面的性能得到了提高。SSIS 引擎更加稳定，锁死率更低。

2. 分析服务

SQL Server 分析服务（SQL Server Analysis Services，SSAS）也得到了很大的改进和增强。其中 IB 堆叠作出了改进，性能得到很大提高，而硬件商品能够为 Scale out 管理工具所使用，Block Computation 也增强了立体分析的性能。

3. 报表服务

SQL Server 报表服务（SQL Server Reporting Services，SSRS）的处理能力和性能得到改进，使得大型报表不再耗费所有可用内存。另外，在报表的设计和完成之间有了更好的一致性。SQL SSRS 2008 还包含了跨越表格和矩阵的 Tablix。Application Embedding 允许用户单击报表中的 URL 链接调用应用程序。

4. Microsoft Office 2007

SQL Server 2008 能够与 Microsoft Office 2007 完美地结合。例如，SSRS 能够直接把报表导出成为 Word 文档。而且使用 Report Authoring 工具、Word 和 Excel 都可以作为 SSRS 报表的模板。Excel SSAS 新添了一个数据挖掘插件，提高了其性能。

1.5 安装和配置 SQL Server 2008

与 SQL Server 2005 的安装过程相比，SQL Server 2008 拥有全新的安装体验，新的安装过程代替了之前的 SQL Server 2005 的安装过程。SQL Server 2008 使用安装中心将计划、安装、维护、工具和资源都集中在了一个统一的页面。本节将详细讲述 SQL Server 2008 的安装和配置。

1.5.1 安装 SQL Server 2008

在开始安装 SQL Server 2008 之前，应考虑执行一些相关步骤，以减少安装过程中遇到问题的可能性。例如，确定运行 SQL Server 2008 计算机的硬件配置要求，并卸载之前的任何旧版本，了解 SQL Server 2008 可运行的操作系统版本及特点等。

【实践案例 1-1】

如果完全安装 SQL Server 2008 需要 1.7GB 空间，实际需要的空间在 2GB 以上。SQL Server 2008 可以运行在 Windows Vista Home Basic 及更高的版本上，也可以在 Window XP 上运行；同时需要.NET Framework 3.5 版本的支持。

如果使用光盘进行安装，插入 SQL Server 2008 的安装光盘，然后双击根目录中的 setup.exe 程序。如果不使用光盘进行安装，则双击下载的可执行安装程序即可。以下是在 Windows XP 平台上安装 SQL Server 2008 的主要步骤。

（1）当安装程序启动后，首先检测是否有.NET Framework 3.5 环境。如果没有会弹出安装此环境的对话框，此时可以根据提示安装.NET Framework 3.5。

（2）安装完成后，在打开的【SQL Server 安装中心】窗口中选择【安装】选项，如图 1-9 所示。

（3）在【安装】选项卡中，单击【全新安装或向现有安装添加功能】超链接启动安装程序。此时进入【安装程序支持规则】页面，如图 1-10 所示。

 在图 1-10 所示的页面中，安装程序检查安装 SQL Server 安装程序支持文件时可能发生的问题。必须更正所有失败，安装才能继续。

（4）单击【确定】按钮，进入【产品密匙】页面，选择要安装的 SQL Server 2008 版本，并输入正确的产品密匙。然后单击【下一步】按钮，在显示页面中选中【我接受许可条款】复选框后单击【下一步】按钮继续安装。

图 1-9　【SQL Server 安装中心】窗口　　　　图 1-10　【安装程序支持规则】页面

（5）在显示的【安装程序支持文件】页面中，单击【安装】按钮开始安装，如图 1-11 所示。

（6）安装完成后，重新进入【安装程序支持规则】页面，如图 1-12 所示。在该页面中单击【下一步】按钮，进入【功能选择】页面，用户根据需要从【功能】选项组中选中相应的复选框来选择要安装的组件，这里为全选。

图 1-11　安装程序支持文件　　　　　　图 1-12　检查系统配置

（7）单击【下一步】按钮指定【实例配置】，如图 1-13 所示。如果选中【命名实例】单选按钮，那么还需要指定实例名称。

在图 1-13 所示的【已安装的实例】列表框中，显示了运行安装程序的计算机上的 SQL Server 实例。如果要升级其中一个实例而不是创建新实例，可在显示的列表框中选择实例名称。

（8）单击【下一步】按钮指定【服务器配置】。在【服务账户】选项卡中为每个 SQL Server 服务单独配置账户名、密码及启动类型，如图 1-14 所示。

（9）单击【下一步】按钮指定【数据库引擎配置】，在【账户设置】选项卡中指定身份验证模式、内置的 SQL Server 系统管理员账户和 SQL Server 管理员，如图 1-15 所示。

（10）单击【下一步】按钮指定【Analysis Services 配置】，在【账户设置】选项卡中指定哪些用户具有对 Analysis Services 的管理权限，如图 1-16 所示。

图 1-13　配置实例

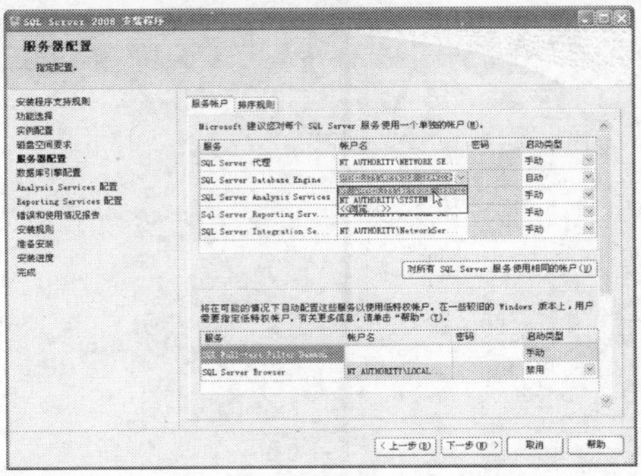

图 1-14　配置服务器

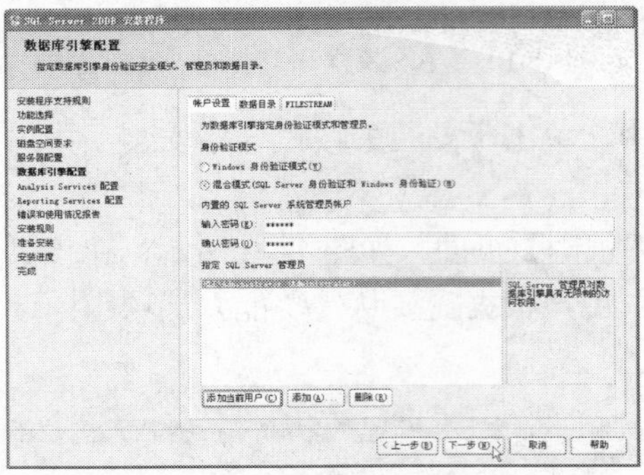

图 1-15　配置数据库引擎

图 1-16　配置 Analysis Services

（11）单击【下一步】按钮指定【Reporting Services 配置】，这里使用默认值。然后单击【下一步】按钮，在打开的页面中通过选中复选框来选择某些功能，针对 SQL Server 2008 的错误和使用情况报告进行设置。

（12）单击【下一步】按钮，进入【安装规则】页面，检查是否符合安装规则，如图 1-17 所示。

（13）单击【下一步】按钮，在打开的页面中显示了所有要安装的组件，确认无误后单击【安装】按钮开始安装。安装程序会根据用户对组件的选择，复制相应的文件到计算机中，并显示正在安装的功能名称、安装状态和安装结果，如图 1-18 所示。

（14）在图 1-18 所示的【功能名称】列表中所有项安装成功后，单击【下一步】按钮完成安装。

图 1-17　显示安装规则

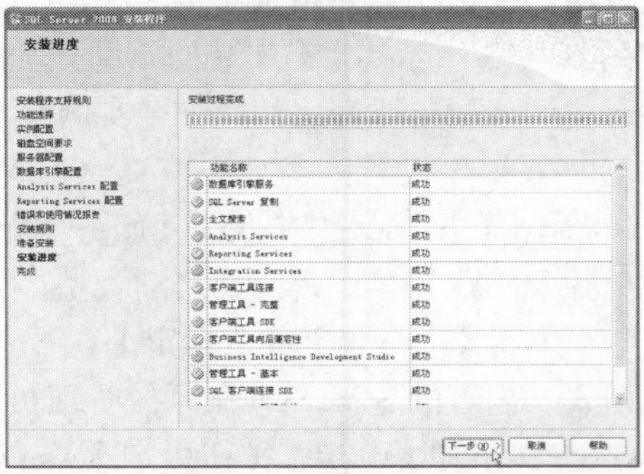

图 1-18　显示安装进度

1.5.2 配置 SQL Server 2008

上一节对 SQL Server 2008 安装的相关知识及过程进行了介绍，下面通过一个实例来看一看 SQL Server 2008 的配置方法。

【实践案例 1-2】

安装之后的第一件事就是对安装的 SQL Server 2008 是否成功进行验证，以及注册并配置 SQL Server 2008 服务器。

1. 验证安装

通常情况下，如果安装过程中没有出现错误提示，即可以认为这次安装是成功的。但是，为了检验安装是否正确，也可以采用一些验证方法。例如，可以检查 Microsoft SQL Server 的服务和工具是否存在，应该自动生成的系统数据库和样本数据库是否存在，以及有关文件和目录是否正确等。

安装之后，从【开始】菜单上选择【所有程序】| Microsoft SQL Server 2008，可以看到如图 1-19 所示的程序组。

图 1-19 SQL Server 2008 程序组

在图 1-19 所示的程序组中主要包括：配置工具、Analysis Services、Integration Services、性能工具、SQL Server Management Studio、导入和导出数据、文档和教程，以及 SQL Server Business Intelligence Development Studio。

2. 注册服务器

注册服务器是指为 SQL Server 客户机/服务器系统确定一台数据库所在的机器，该机器作为服务器，可以为客户端的各种请求提供服务。

注册 SQL Server 服务器的操作步骤如下。

（1）从【开始】菜单中执行【程序】| Microsoft SQL Server 2008 | SQL Server Management Studio 命令，打开 Microsoft SQL Server Management Studio 窗口，并单击【取消】按钮。

（2）在【视图】菜单中选择【已注册的服务器】命令，打开【已注册的服务器】窗口，在该窗口中展开【数据库引擎】节点，然后右击 Local Server Groups 节点，在弹出的快捷菜单中执行【新建服务器注册】命令，如图 1-20 所示。

（3）此时打开如图 1-21 所示的【新建服务器注册】对话框。在该对话框中输入或选择要注册的服务器名称；在【身份验证】下拉列表框中选择【SQL Server 身份验证】选项。

图 1-20　执行【新建服务器注册】命令

图 1-21　注册新建服务器

（4）设置完成后，在【新建服务器注册】对话框中切换到【连接属性】选项卡，此时可以设置连接到的数据库、网络及其他连接属性，如图 1-22 所示。

（5）【连接到数据库】下拉列表框用于指定当前用户将要连接到的数据库名称，包含【默认值】和【浏览服务器】两个选项。如果在【连接到数据库】下拉列表框中选择【浏览服务器】选项，将打开如图 1-23 所示的【查找服务器上的数据库】对话框，在此可以指定当前用户连接服务器时默认的数据库。

图 1-22　设置连接属性

图 1-23　【查找服务器上的数据库】对话框

注意　如果从【连接到数据库】下拉列表框中选择【默认值】选项，表示连接到 SQL Server 系统中当前用户默认使用的数据库。

（6）设置完成后，单击【确定】按钮返回到【连接属性】选项卡，单击【测试】按钮验证连接是否成功。

（7）最后单击【保存】按钮完成注册服务器操作。在 Local Server Groups 节点下将显示刚才所注册的服务器，如图 1-24 所示。

上面已经注册一个 SQL Server 服务器，如果想连接到该服务器对其进行配置，可以在注册的服务器节点上右击，在弹出的快捷菜单中执行【对象资源管理器】命令，在打开的

【连接到服务器】对话框中输入注册服务器的信息，如图 1-25 所示。

图 1-24　查看已经注册的服务器　　　　　　　图 1-25　【连接到服务器】对话框

　　然后单击【连接】按钮，此时自动打开【对象资源管理器】窗口，在该窗口中显示已经连接的服务器，如图 1-26 所示。

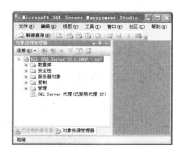

图 1-26　显示已经连接的服务器

 从【开始】菜单中执行【程序】｜Microsoft SQL Server 2008｜SQL Server Management Studio 命令，然后在弹出的【连接到服务器】对话框中，输入注册服务器信息也可以连接到刚才注册的 SQL Server 服务器。

1.6　SQL Server 2008 管理工具

　　对于数据库管理员来说，管理工具是日常工作中不可缺少的部分。在安装了 SQL Server 2008 并配置好服务器以后，便可以使用。本节主要介绍 SQL Server 2008 中的管理工具：SQL Server Management Studio、SQL Server 配置管理器和 sqlcmd 命令提示实用工具。

1.6.1　使用 SQL Server Management Studio

　　使用 SQL Server Management Studio，可以从【开始】菜单中，执行【程序】｜Microsoft SQL Server 2008｜SQL Server Management Studio 命令将其打开。在打开之前首先需要连接到服务器，如图 1-27 所示。

图 1-27   连接到服务器

在【连接到服务器】对话框中设置服务器类型、服务器名称和身份验证，单击【连接】
按钮打开 Microsoft SQL Server Management Studio 窗口，如图 1-28 所示。

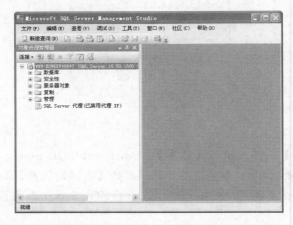

图 1-28   Microsoft SQL Server Management Studio 窗口

数据库开发人员和管理员使用 SQL Server Management Studio，可以开发或管理任何数
据库引擎组件，并且可以使用它提供的大量功能完成相应的操作。

1. SQL Server Management Studio 的常用功能

SQL Server Management Studio 包含以下常用功能。

- ❑ 支持 SQL Server 的多数管理任务。
- ❑ 具有筛选和自动刷新功能的新活动监视器。
- ❑ 在 Management Studio 环境之间，导出或导入 SQL Server Management Studio 服务
  器注册。
- ❑ 集成的 Web 浏览器可以快速浏览 MSDN 或联机帮助。

2. SQL Server Management Studio 新的脚本撰写功能

SQL Server Management Studio 的代码编辑器组件包含集成的脚本编辑器，用来撰写 Transact-SQL、DMX、MDX、XML/A 和 XML 脚本。其主要包括如下功能。

- ❑ 支持撰写 SQLCMD 查询和脚本。
- ❑ 用于 MDX 语句的 Microsoft IntelliSense 支持。
- ❑ 一套功能齐全的模板可用于创建自定义模板。
- ❑ 工作时显示动态帮助，以便快速访问相关的信息。
- ❑ 用于查看 XML 结果的新接口。
- ❑ 用于解决方案和脚本项目的集成源代码管理，随着脚本的演化可以存储和维护脚本的副本。
- ❑ 可以编写、编辑查询或者脚本，而不需要连接到服务器。

3. SQL Server Management Studio 的对象资源管理器功能

SQL Server Management Studio 的对象资源管理器组件是一种集成工具，可以查看和管理所有服务器类型的对象。其主要包括如下功能。

- ❑ 按完整名称或部分名称、架构或日期进行筛选。
- ❑ 异步填充对象，并可以根据对象的元数据筛选对象。
- ❑ 访问复制服务器上的 SQL Server 代理以进行管理。

1.6.2　SQL Server 配置管理器

作为管理工具的 SQL Server 配置管理器（简称为配置管理器）统一包含了 SQL Server 2008 服务、SQL Server 2008 网络配置和 SQL Native Client 配置 3 个工具供数据库管理人员做启动/停止与监控服务、服务器端支持的网络协议，以及用户用来访问 SQL Server 的网络相关设置等工作。

【实践案例 1-3】

可以通过在图 1-19 所示的菜单中执行【SQL Server 配置管理器】命令打开它，或者通过在命令提示下输入 "sqlservermanager.msc" 命令来打开它。

1. 配置服务

图 1-29　【属性】对话框

首先打开 "SQL Server 配置管理器"，查看列出的与 SQL Server 2008 相关的服务，选择一个并右击执行【属性】命令进行配置。如图 1-29 所示为右击 "SQL Server （MSSQLSERVER）" 打开【属性】对话框。在【登录】选项卡中设置服务的登录身份，即使用本地系统账户还是指定的账户。

切换到【服务】选项卡可以设置 SQL Server（MSSQLSERVER）服务的启动模式，可用选项有【自动】、【手动】和【禁用】，用户可以根据需要进行更改。

2. 网络配置

SQL Server 2008 能使用多种协议，包括 Shared Memory、Named Pipes、TCP/IP 和 VIA。所有这些协议都有独立的服务器和客户端配置。通过 SQL Server 网络配置可以为每一个服务器实例独立地设置网络配置。

在图 1-30 中单击选择左侧的【SQL Server 网络配置】节点来配置 SQL Server 服务器中所使用协议。

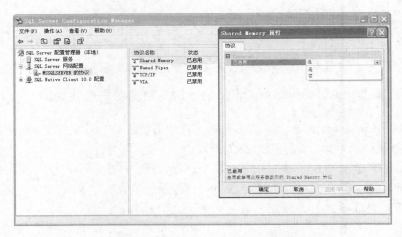

图 1-30　设置 Shared Memory 协议

方法是右击一个协议名称，选择【属性】命令，在弹出的对话框中进行设置启用或者禁用。如图 1-30 所示为设置 Shared Memory 协议的对话框，其中各协议名称的含义介绍如下。

❑ **Shared Memory 协议**

Shared Memory 协议仅用于本地连接，如果该协议被启用，任何本地客户都可以使用此协议连接服务器。如果不希望本地客户使用 Shared Memory 协议，则可以禁用它。

❑ **Named Pipes 协议**

Named Pipes 协议主要用于 Windows 2000 以前版本的操作系统的本地连接及远程连接。启用了 Named Pipes 时，SQL Server 2008 会使用 Named Pipes 网络库通过一个标准的网络地址进行通信。默认的实例是"\\.\pipe\sql\query"，命名实例是"\\.\pipe\MSSQL$instacename\sql query"。另外，如果启用或禁用 Named Pipes，可以通过配置这个协议的属性来改变命名管道的使用。

❑ **TCP/IP 协议**

TCP/IP 协议是通过本地或远程连接到 SQL Server 的首选协议。使用 TCP/IP 协议时，SQL Server 在指定的 TCP 端口和 IP 地址侦听以响应它的请求。在默认情况下，SQL Server 会在所有的 IP 地址中侦听 TCP 端口 1433。每个在服务器中的 IP 地址都能被立即配置，或者可以在所有的 IP 地址中侦听。

❑ **VIA 协议**

如果同一计算机上安装有两个或多个 Microsoft SQL Server 实例，则 VIA 连接可能会不明确。VIA 协议启用后，将尝试使用 TCP/IP 设置，并侦听端口 0:1433。对于不允许配置端口的 VIA 驱动程序，两个 SQL Server 实例均将侦听同一端口。传入的客户端连接可能是到正确服务器实例的连接，也可能是到不正确服务器实例的连接，还有可能由于端口正在使用而被拒绝连接。因此，建议用户将该协议禁用。

3. 本地客户端协议配置

通过 SQL Native Client（本地客户端协议）配置可以启用或禁用客户端应用程序使用的协议。查看客户端协议配置情况的方法是在图 1-31 所示的窗口中展开【SQL Native Client 配置】节点，在进入的信息窗格中显示了协议的名称及客户端尝试连接到服务器时使用的协议的顺序。用户还可以查看协议是否已启用或已禁用（状态）并获得有关协议文件的详细信息。

如图 1-31 所示，在默认的情况下 Shared Memory 协议总是首选的本地连接协议。要改变协议顺序可右击一个协议执行【顺序】命令，在弹出的【客户端协议属性】对话框中进行设置，如图 1-32 所示。从【启用的协议】列表中单击选择一个协议，然后通过右侧的两个按钮来调整协议向上或向下移动。

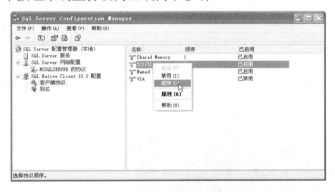

图 1-31　查看本地客户端协议

图 1-32　【客户端协议属性】对话框

1.6.3　命令提示实用工具

SQL Server 2008 提供了大量的命令行实用工具，包括 bcp、dtexec、dtutil、rsconfig、sqlcmd、sqlwb 和 tablediff 等，下面对它们进行简要说明。

bcp 实用工具可以在 SQL Server 2008 实例和用户指定格式的数据文件之间进行大容量的数据复制。也就是说，使用 bcp 实用工具可以将大量数据导入到 SQL Server 2008 数据表中，或者将表中的数据导出到数据文件中。

dtexec 实用工具用于配置和执行 SQL Server 2008 Integration Services 包。用户通过使用 dtexec，可以访问所有 SSIS 包的配置信息和执行功能，这些信息包括连接、属性、变量、日志和进度指示器等。

dtutil 实用工具的作用类似于 dtexec，也是执行与 SSIS 包有关的操作的。但是，该工具主要用于管理 SSIS 包，这些管理操作包括验证包的存在性及对包进行复制、移动、删除等操作。

osql 实用工具用来输入和执行 Transact-SQL 语句、系统过程和脚本文件等。该工具通过 DBC 与服务器进行通信，在 SQL Server 2008 中通常使用 sqlcmd 来代替 osql。

rsconfig 实用工具是与报表服务相关的工具，可以用来对报表服务连接进行管理。例如，该工具可以在 RSReportServer.config 文件中加密并存储连接和账户，确保报表服务可以安全地运行。

sqlwb 实用工具可以在命令提示符窗口中打开 SQL Server Management Studio，并且可以与服务器建立连接，打开查询、脚本、文件、项目和解决方案等。

tablediff 实用工具用于比较两个表中的数据是否一致，对于排除复制中出现的故障非常有用，用户可以在命令提示窗口中使用该工具执行比较任务。

下面重点介绍 sqlcmd 实用工具。

sqlcmd 实用工具提供了在命令提示窗口中输入 Transact-SQL 语句、系统过程和脚本文件的功能。实际上，该工具是作为 osql 和 isql 的替代工具而新增的，它通过 OLE DB 与服务器进行通信。

【实践案例 1-4】

下面介绍 sqlcmd 的使用方法，具体步骤如下。

（1）执行【开始】|【运行】命令，在弹出的对话框中输入"cmd"并单击【确定】按钮进入命令提示符。

（2）在命令提示符中，输入相应的命令，打开 sqlcmd 实用工具，连接到服务器。其代码如下所示：

```
sqlcmd-S lx
```

（3）使用"sqlcmd -?"可以查看详细的参数列表和含义描述，如图 1-33 所示。

图 1-33　查看 sqlcmd 工具程序所提供的多种参数

（4）输入 Transact-SQL 语句，指向要操作的数据库。

（5）最后输入"exit"或"quit"命令来退出 sqlcmd 并返回命令提示符。

1.7　项目案例：为学生成绩管理系统设计关系模型

学生成绩管理系统主要用于管理高校学生的考试成绩，提供学生成绩的录入、修改、查询等各种功能。成绩由各系的任课老师录入，或教务处人员统一录入。学生成绩录入后由各系系秘书签字确认，只有教务处拥有对学生成绩的修改权限。下面我们先来分析教师、系统管理员及学生这 3 种用户的具体需求，然后设计出关系模型并画出 E-R 图。

1. 用户的具体需求分析

（1）教师：负责成绩的录入，能够在一定的权限内对学生的成绩进行查询，可以对自己的登录密码进行修改，以及个人信息的修改等基本功能。

（2）系统管理员：与教师的功能相似（每个系都设有一个管理员）。

另外管理员具有用户管理功能，能够对新上任的教师和新注册的学生进行添加，并能删除已经毕业和退休的教师。用户分为管理员、教师用户和学生用户三类。不论是管理员或教师用户，还是学生用户都需要通过用户名和密码进行登录。用户名采用学生的学号和教师的教号，所以规定只能包括数字。密码也只能是数字，用户只有正确填写用户名和密码才可以登入，进行下一步操作。用户名被注销后，用户将不再拥有任何权限，并且从数据表中删除该用户的信息。

（3）学生：能够实现学生自己成绩和个人信息的查询、登录密码的修改等基本功能。

2. 关系模型设计

由前面的系统需求分析得到实体主要有 5 个：教师、学生、管理员、课程、成绩。

❑ 学生有属性：学号、姓名、性别、系名、专业、出生日期。

❑ 教师有属性：教师号、姓名、性别、院系、联系电话。

❑ 管理员属性：用户名、密码。

❑ 课程有属性：课程号、课程名、学分、授课老师。

❑ 成绩有属性：学号、姓名、课程号、课程名、成绩、授课老师。

（1）教师与课程之间的关系（如图 1-34 所示）

教师与课程之间是 1 ：N 的关系，即一个老师只能教一门课程，一门课程可以由多个老师讲授。

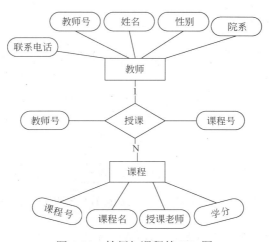

图 1-34　教师与课程的 E-R 图

（2）学生与教师之间的关系（如图 1-35 所示）

学生与教师之间是 N：M 的关系，即一名教师可以教授多个学生，而一个学生可以由多个教师来教。

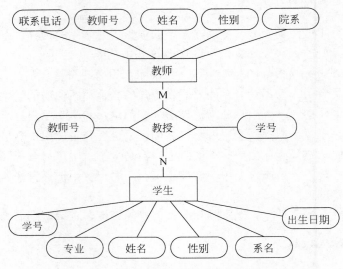

图 1-35　教师与学生的 E-R 图

（3）学生与课程之间的关系（如图 1-36 所示）

学生与课程之间是 N：M 的关系，即一个学生可以选修多门课程，一门课程可以被多个学生选学。

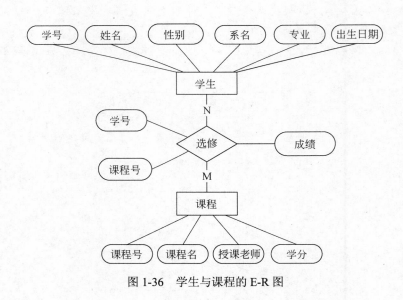

图 1-36　学生与课程的 E-R 图

（4）学生与成绩之间的关系（如图 1-37 所示）

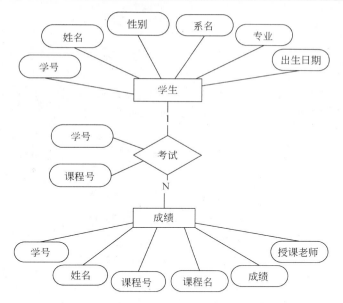

图 1-37　学生与成绩的 E-R 图

（5）管理员与用户之间的关系（如图 1-38 所示）

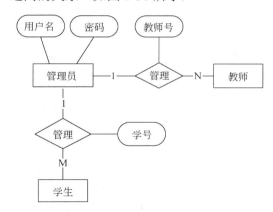

图 1-38　管理员与用户的 E-R 图

（6）学生成绩管理全局 E-R 图（如图 1-39 所示）

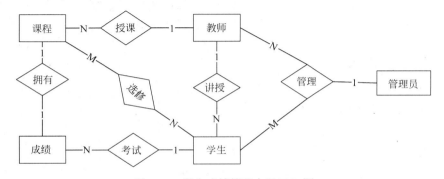

图 1-39　学生成绩管理全局 E-R 图

1.8 习题

一、填空题

1. 根据数据存储结构的不同，可将数据库模型分为：层次模型、网状模型和_____。

2. 在使用关系模型的数据库中有 3 类完整性约束，分别是：_____、参照完整性和用户定义完整性。

3. 若要结束 sqlcmd 会话，在 sqlcmd 提示符处输入_____。

二、选择题

1. 下面关于数据库模型的描述正确的是_____。

    A．关系模型的缺点是这种关联错综复杂，维护关联困难

    B．层次模型的优点是结构简单、格式唯一、理论基础严格

    C．网状模型的缺点是不容易反映实体之间的关联

    D．层次模型的优点是数据结构类似金字塔，不同层次之间的关联性直接而且简单

2. 下面不属于关系数据库管理系统中数据库对象的有_____。

    A．数据表视图

    B．列

    C．索引

    D．默认值

3. SQL Server 2008 使用管理工具_____来启动/停止与监控服务、服务器端支持的网络协议、用户用来访问 SQL Server 的网络相关设置等工作。

    A．数据库引擎优化顾问

    B．SQL Server 配置管理器

    C．SQL Server Profiler

    D．SQL Server Management Studio

三、上机练习

上机实践：为图书管理系统设计关系模型

图书管理系统主要用于图书馆管理图书信息，提供图书信息的添加、修改、查询等各种功能。为图书管理系统数据库设计关系模型并画出 E-R 图。

1.9 实践疑难解答

1.9.1 SQL Server 2008 安装错误

SQL Server 2008 安装错误怎么解决？

网络课堂：http://bbs.itzcn.com/thread-19754-1-1.html

【问题描述】SQL Server 2008 安装程序遇到以下情况：MsiGetProducInfo 无法检索 Product Code 为"{ D75DCD38-A63C-41D3-B797-E551DD04AEE8 }"的包的 ProductVersion。错误代码：1605。

【解决办法】当系统提示如 { D75DCD38-A63C-41D3-B797-E551DD04AEE8 } 这个 GUID 时，首先把这个 GUID 的前段"D75DCD38"倒排成为"83DCD57D"，然后在注册表 HKEY_Classes_Root\installer\UpgradeCodes 里查找到"83DCD57D"，删除对应的父节点后，即可顺利进行 SQL Server 2008 安装。不过有时系统可能会提示多个 GUID，只要按照上述方法处理即可。

1.9.2　SQL Server 2008 的 sa 登录和 windows 登录的区别

SQL Server 2008 的 sa 登录和 windows 登录有什么不一样？
网络课堂：http://bbs.itzcn.com/thread-19755-1-1.html

【问题描述】SQL Server 2008 的 sa 登录和 windows 登录有什么不一样？

【解决办法】两者登录 SQL Server 时的验证机制不同。sa 是 SQL Server 预设的管理员账户，账户资料存储于 SQL 资料表中；Windows 验证采用 PC 上的账户做验证（需必备管理员相关权限）。不论用哪种方式登录，所能运行的功能都是一样的。

第2章

通过第 1 章的学习，掌握了 SQL Server 2008 的安装和简单配置。数据库是 SQL Server 2008 系统管理和维护的核心对象，因此大部分操作也是针对数据库展开的。

本章将首先对数据库的组成部分进行详细讲解，然后重点介绍如何创建数据库、在数据库中创建表及为表的列指定数据类型。通过这些知识帮助读者快速掌握 SQL Server 2008 的基本操作。

本章学习要点：

➢ 了解数据库的文件组成和包含的常用对象

➢ 了解系统数据库的作用

➢ 熟悉查看数据库状态的方法

➢ 掌握创建数据库的两种方法

➢ 掌握创建数据表的两种方法

➢ 熟悉 SQL Server 2008 中列的数据类型

➢ 了解如何自定义数据类型

2.1　数据库的组成

在 SQL Server 2008 中数据库是用户进行操作的核心对象，其中包含了所需的全部数据及其他对象。因此，对初学者来说如何熟练地掌握和使用数据库是首要的任务，第一步是必须对数据库的组成进行清晰的了解。

2.1.1　数据库文件

在 SQL Server 2008 中一个数据库至少包括两个文件：数据文件和事务日志文件，并且数据文件和事务日志文件包含在独立的文件中。当然必要时可以使用辅助数据文件。因此，一个数据库可以使用三类文件来存储信息。

❑ **主数据文件**

主数据文件主要存储数据库的启动信息、用户数据和对象，如果有辅助数据文件引用信息也包含在内。一个数据库只能有一个主数据文件，默认文件扩展名为 mdf。

❑ **辅助数据文件**

如果主数据文件超过了单个 Windows 文件的最大限制，可以使用辅助数据文件存储用户数据。辅助数据文件可以将数据分散到不同磁盘中，默认文件扩展名是 ndf。

❑ **事务日志文件**

事务日志文件主要用于恢复数据库日志信息，每个数据库至少应该包括一个事务日志文件，默认文件扩展名为 ldf。

为了便于分配和管理，可以将多个数据文件集合起来形成一个文件组。每个数据库在创建时都会默认包含一个文件组，其中包含主数据文件和辅助数据文件。默认文件组又称为主文件组，一个数据库只能有一个文件组指定为默认，且默认添加的数据文件都属于该组。当然用户也可以自定义文件组。

在使用文件和文件组时，应该注意如下几点。

❑ 一个文件或者文件组只能用于一个数据库，不能用于多个数据库。

❑ 一个文件只能是某一个文件组的成员，而不能是多个文件组的成员。

❑ 数据库的数据信息和日志信息不能放在同一个文件或者文件组中，因为数据文件和事务日志文件总是分开的。

❑ 事务日志文件永远不能是任何文件组的一部分。

2.1.2 数据库对象

数据库中主要存储了表、视图、索引、存储过程及触发器等数据库对象。这些数据库对象存储在系统数据库和用户自定义的数据库中，用于保存 SQL Server 的相关数据信息以及用户对数据的相关操作。

如图 2-1 所示为 SQL Server 2008 中一个数据库包含的对象，下面对其中常见的对象进行简单介绍。

图 2-1　查看数据库下的对象

1. 表

表是数据库中最基本的对象，主要用于存储实际的数据，用户对数据库的操作大多都是依赖于表。表由行和列组成，其中，一列通常称为一个字段，用于显示相同类型的数据信息。一行通常称为一条记录，用于显示各个字段的相关信息。如图 2-2 所示为【学生选课系统】数据库中学生信息表的部分内容。

图 2-2　查看学生信息表

2. 视图

视图是从一个或多个基本表（视图）中定义的虚表。因为数据库中只存在视图的定义，而不存在视图相对应的数据，这些数据仍然存放于原来的数据表中。从某种意义上讲，视图就像一个窗口，通过该窗口可以看到用户所需要的数据。虽然视图只是一个虚表，但同样可以进行查询、删除和更改等操作。

如图 2-3 所示为【学生选课系统】数据库中的一个视图，其中的数据来自三个表，分别是 Student、dept 和 Course。

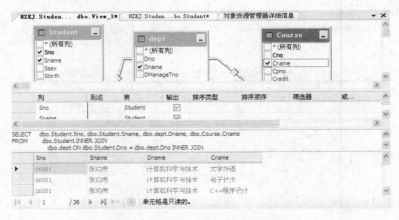

图 2-3　视图

3. 存储过程和触发器

存储过程和触发器是数据库中的两个特殊对象。在 SQL Server 2008 中存储过程的存在独立于表，用户可以运用存储过程来完善应用程序，从而促使应用程序更加高效地运行。而触发器则与表紧密接触，用户可以使用触发器来实现各种复杂的业务规则，更加有效地实施数据完整性。本书的第 10 章将详细讲解存储过程和触发器。

4. 索引

索引包含从表或视图中一个或多个列生成的键，以及映射到指定数据的存储位置的指针。通过设计良好的索引，可以显著提高数据库查询速度和应用程序的性能，减少为返回查询结果集而必须读取的数据量。常用的索引类型有：聚集索引、非聚集索引及 XML 索引。

5. 用户和角色

用户是指对数据库具有一定管理权限的使用者，而角色则是一组具有相同权限的用户集合。数据库中的用户和角色可以根据需要进行添加和删除，当将某一个用户添加到角色中，该用户就具有角色的所有权限。

另外，在 SQL Server 2008 中数据库元素还包括一些其他元素。例如，约束、规则、类型和函数，等等。对于这些元素在以后的章节中将会详细讲解到。

2.1.3 系统数据库

系统数据库是在安装 SQL Server 2008 时由系统自动创建的数据库，他们用于协助系统共同完成对数据库的相关操作，同时也是 SQL Server 2008 运行的基础。SQL Server 2008 共有 4 个系统数据库：master、model、tempdb 和 msdb，下面对它们进行介绍。

1. master 数据库

master 数据库是 SQL Server 2008 的核心数据库，如果该数据库损坏则 SQL Server 将无法正常运行。它主要包括了如下重要信息。

- ❑ 所有的用户登录名及用户 ID 所属的角色。
- ❑ 数据库的存储路径。
- ❑ 服务器中数据库的名称及相关信息。
- ❑ 所有的系统配置设置（例如，数据排序信息、安全实现、恢复模式）。
- ❑ SQL Server 的初始化信息。

提示

作为 SQL Server 的核心数据库，对 master 数据库进行定期备份非常重要，确保备份 master 数据库是备份策略的一部分。

2. model 数据库

model 数据库用来在 SQL Server 2008 实例上创建所有数据库的模板。例如，希望所有的数据库具有某些特定的信息，或者所有的数据库具有确定的初始值大小，等等。这时就可以把这些类似的信息存储在 model 数据库中。

另外，model 数据库是 tempdb 数据库的基础，对 model 数据库的任何操作和更改都将反映在 tempdb 数据库中，所以在对 model 数据库进行操作时一定要小心。

3. tempdb 数据库

tempdb 数据库是一个临时的数据库，主要用来存储用户的一些临时数据信息。它仅仅存在于 SQL Server 会话期间，一旦会话结束则将关闭 tempdb 数据库，并且 tempdb 数据库丢失。当下次打开 SQL Server 时，将会建立一个全新的、空的 tempdb 数据库。

tempdb 数据库用作系统的临时存储空间，其主要作用是存储用户建立的临时表和临时存储过程，存储用户定义的全局变量值。

4．msdb 数据库

msdb 数据库是 SQL Server 中十分重要的数据库，主要由 SQL Server 代理用于计划警报、作业和复制等活动。msdb 数据库适用于调度任务、作业或者故障排除，但不能对 msdb 数据库执行下列一些操作。

- ❑ 重命名主文件组或主数据文件。
- ❑ 删除主文件组、主数据文件或事务日志文件。
- ❑ 删除数据库。
- ❑ 更改排序规则。
- ❑ 从数据库中删除 Guest 用户。
- ❑ 将数据库设置为 OFFLINE。
- ❑ 将主文件组设置为 READ_ONLY。

master、model、tempdb、msdb 和其他关键的数据库不会在正常的情况下缺少空间，因为 SQL Server 2008 的设计可以在必要时自动扩展数据库。表 2-1 中列出了系统数据库在 SQL Server 2008 系统中的主文件、逻辑名称、物理名称和文件增长比例。

表 2-1　系统数据库

系统数据库	主文件	逻辑名称	物理名称	文件增长比例
master	主数据	master	master.mdf	按 10%自动增长，直到磁盘已满
	日志	mastlog	mastlog.ldf	按 10%自动增长，直到达到最大值 2TB
msdb	主数据	MSDBData	MSDBData.mdf	按 256KB 自动增长，直到磁盘已满
	日志	MSDBLog	MSDBLog.ldf	按 256KB 自动增长，直到达到最大值 2TB
model	主数据	modeldev	model.mdf	按 10%自动增长，直到磁盘已满
	日志	modellog	modellog.ldf	按 10%自动增长，直到达到最大值 2TB
tempdb	主数据	tempdev	tempdb.mdf	按 10%自动增长，直到磁盘已满
	日志	templog	templog.ldf	按 10%自动增长，直到达到最大值 2TB

2.1.4　数据库状态和文件状态

在 SQL Server 2008 中每一个数据库都总是处于一个特定的状态，这个状态可以随着当前发生的操作自动变化。

在 SQL Server 中，数据库中的文件也是有状态的，该文件始终处于一个特定状态，并且独立于数据库状态。例如，ONLINE 状态、OFFLINE 状态等。下面分别介绍数据库状态和文件状态。

1．数据库状态

数据库总是处于一个特定的状态中，如 ONLINE 状态、OFFLINE 状态、RESTORING 状态等。在表 2-2 中列出了这些数据库状态及其说明。

表 2-2　数据库状态

状态	说明
ONLINE	在线状态或联机状态，可以对数据库进行访问
OFFLINE	离线状态或脱机状态，数据库无法使用。数据库由于显式的用户操作而处于离线状态，并保持离线状态直至执行了其他的用户操作
RESTORING	还原状态，正在还原主文件组的一个或多个文件，或正在脱机还原一个或多个辅助数据文件。数据库不可用
RECOVERING	恢复状态，正在恢复数据库，这是一个临时性状态。如果恢复成功，数据库自动处于在线状态；如果恢复失败，数据库处于不能正常使用的可疑状态
RECOVERY PENDING	恢复未完成状态。恢复过程中缺少资源造成的问题状态。数据库未损坏，但是可能缺少文件，或系统资源限制可能导致无法启动数据库。数据库不可使用。必须执行其他操作来解决这种问题
SUSPECT	可疑状态，主文件组可疑或可能被破坏。数据库不能使用。必须执行其他操作来解决这种问题
EMERGENCY	紧急状态，可以人工设置数据库为该状态。数据库处于单用户模式，可以修复或还原。数据库标记为 READ_ONLY，禁用日志记录，只能由 sysadmin 固定服务器角色成员访问。主要用于对数据库的故障排除

要查看数据库及数据库文件状态的方法有很多种。例如，可以使用目录视图、函数、存储过程等。

【实践案例 2-1】

假设要查看系统数据库 master 的状态，使用 sys.databases 目录视图的实现语句如下。

```
SELECT name AS '数据库名',state_desc AS '状态'
FROM sys.databases WHERE name='master'
```

执行结果如下。

```
数据库名   状态
master    ONLINE
```

2. 文件状态

与数据库状态相比，文件状态中去掉 RECOVERING 和 EMERGENCY 状态，而增加一个 DEFUNCT 状态，表示当文件不处于在线状态时被删除。

如果要查看文件的当前状态，可以使用 sys.master_files 或者 sys.database_files 目录视图。

【实践案例 2-2】

假设要查看 msdb 系统数据库 MSDBData 文件的状态，使用 sys.master_files 目录视图的实现语句如下。

```
SELECT name AS '数据库文件名',state_desc AS '状态'
FROM sys.master_files WHERE name='MSDBData'
```

执行结果如下。

```
数据库文件名   状态
MSDBData ONLINE
```

2.2　SQL Server 的标识符

在 SQL Server 中操作的对象都有一个唯一的名称，像列名、对象名、函数名或者系统数据库名，等等。这些名称必须遵循 SQL Server 的标识符定义规范，否则将无法识别。

SQL Server 中的标识符可以分为两种类型：规则标识符（Regular Identifier）和界定标识符（Delimited Identifier）。其中，规则标识符严格遵守标识符的有关格式规定，所以在 Transact-SQL 中规则标识符都不必使用界定符。对于不符合标识符格式的标识符要使用界定符[]或‘’。

标识符的定义格式如下。

❑ 标识符必须是 Unicode 2.0 标准中规定的字符，以及其他一些语言字符，如汉字。

❑ 标识符后的字符可以是“_”、“@”、“#”、“$”及数字。

❑ 标识符不允许是 Transact-SQL 的保留字。

❑ 标识符内不允许有空格和特殊字符。

另外，在 SQL Server 中内置了很多具有特殊含义的标识符。他们包括：以“@”开头的标识符表示这是一个局部变量或是一个函数的参数，以“#”开头的标识符表示这是一个临时表或是存储过程，以“##”开头的标识符表示这是一个全局的临时数据库对象，以“@@”开头的标识符表示一个全局变量。在 SQL Server 2008 中一个标识符最多可以容纳 128 个字符。

2.3　创建数据库

使用 SQL Server 存储数据的第一步是创建数据库。创建数据库时就需要指定数据库名称、数据和日志文件位置、是否自动增长及文件组，等等。

SQL Server 2008 创建数据库主要有两种方法，一种是通过 SQL Server 2008 图形界面管理器进行创建，一种是使用 CREATE DATABASE 语句进行创建，下面详细介绍这两种方法的创建过程。

2.3.1　使用管理器创建

这是创建数据库的最简单、最直接的方法，非常适合初学者。具体方法就是使用 SQL Server Management Studio 的图形界面进行创建。例如，要创建一个名为“学生选课系统”的数据库，具体步骤如下。

【实践案例 2-3】

（1）使用 SQL Server Management Studio 连接到 SQL Server 2008，再打开【对象资源管理器】窗格。

（2）展开服务器后右击【数据库】节点执行【新建数据库】命令，如图 2-4 所示。

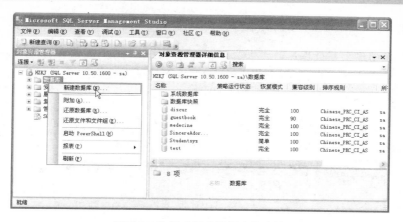

图 2-4　执行【新建数据库】命令

（3）此时将打开【新建数据库】窗口。在【常规】选项卡的【数据库名称】文本框中
输入名称"学生选课系统"，其他都采用默认值，如图 2-5 所示。

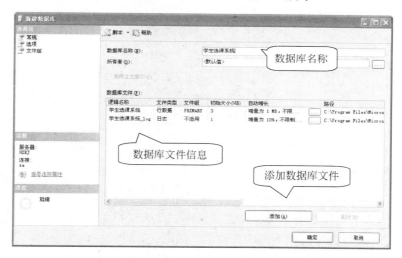

图 2-5　创建数据库

在图 2-5 中各个选项的含义如下。

❑ **所有者**　指定数据库所属于的一个用户。

❑ **逻辑名称**　指定数据库所包含的数据文件和日志文件，默认时数据文件与数据库
名相同，事务日志文件为"数据库名称_log"，单击【添加】按钮可以增加数据和
事务日志文件。

❑ **文件类型**　指定当前文件是数据文件还是事务日志文件。

❑ **文件组**　指定数据文件所属于的文件组。

❑ **初始大小**　指定该文件对应的初始容量，数据文件默认为 3，事务日志文件默认为 1。

❑ **自动增长**　用于设置在文件的初始大小不够时，文件使用何种方式进行自动增长。

❑ **路径**　指定用于存放该文件的路径，默认为安装目录下的 data 子目录。

（4）在【数据库文件】下方的列表中显示了数据文件和事务日志文件，单击字段下面

的单元按钮可以添加或删除相应的数据文件。

在创建大型数据库时，尽量把主数据文件和事务日志文件存放在不同路径下，这样在数据库被损坏时可以利用事务日志文件进行恢复，同时也可以提高数据读取的效率。

（5）单击【选项】选项卡，在此选项卡中可以设置所创建数据库的排序规则、恢复模式、兼容级别、恢复、游标等其他选项，如图 2-6 所示。

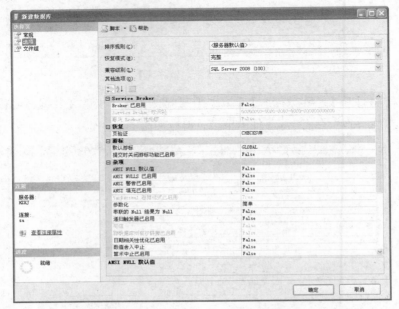

图 2-6 【新建数据库】的【选项】选项卡

（6）打开【文件组】选项卡可以设置数据库文件所属的文件组，通过【添加】或者【删除】按钮可以更改数据库文件所属的文件组，如图 2-7 所示。

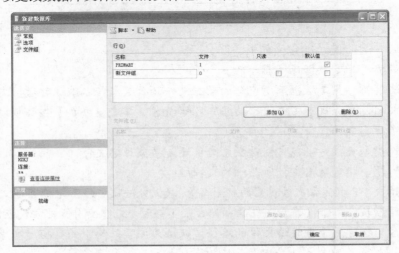

图 2-7 设置文件组

（7）单击【确定】按钮关闭【新建数据库】窗口。完成【学生选课系统】数据库的创建之后，可以在【对象资源管理器】窗格中看到新建的数据库。

提示 在一个 SQL Server 2008 数据库服务器实例中最多可以创建 32767 个数据库，这表明 SQL Server 2008 足以胜任任何数据库工作。

2.3.2 使用 CREATE DATABASE 语句创建

第二种创建数据库的方法是使用 SQL 的 CREATE DATABASE 语句，它的最简单语法格式下。

```
CREATE DATABASE 数据库名称
```

【实践案例 2-4】

同样以创建"学生选课系统"数据库为例，使用这种语法的实现语句如下。

```
CREATE DATABASE 学生选课系统
```

上述语句虽然实现了创建数据库的功能，但它对数据库的配置选项全部采用默认值。如果需要在创建数据库时指定数据库文件大小、存放位置，以及增长方式等选项，则需要掌握 CREATE DATABASE 的具体语法格式，其完整的语法格式如下。

```
CREATE DATABASE database_name
[
ON [PRIMARY]
[(NAME = logical_name,
  FILENAME = 'path'
  [, SIZE = database_size]
  [, MAXSIZE = database_maxsize]
  [, FILEGROWTH = growth_ increment] )]
[, FILEGROUP filegroup_name
[(NAME = datafile_name
  FILENAME = 'path'
  [, SIZE = datafile_size]
  [, MAXSIZE = datafile_maxsize]
  [, FILEGROWTH = growth_increment]) ] ]
]
[
LOG ON
[(NAME = logfile_name
  FILENAME = 'path'
  [, SIZE = database_size]
  [, MAXSIZE = database_maxsize]
  [, FILEGROWTH = growth_ increment] ) ]
]
```

在该语法中，ON 关键字用来创建数据文件，使用 PRIMARY 表示创建的是主数据文件。FILEGROUP 关键字用来创建辅助文件组，其中还可以创建辅助数据文件。LOG ON

关键字用来创建事务日志文件。NAME 为所创建文件的文件名称。FILENAME 指定了各文件存储的路径。SIZE 定义初始化大小，MAXSIZE 指定了文件的最大容量，FILEGROWTH指定了文件增长比例。

【实践案例 2-5】

同样以创建"学生选课系统"数据库为例，使用完整语法的实现语句如下。

```
CREATE DATABASE 学生选课系统
ON(
    NAME=学生选课系统_DATA,
    FILENAME='D:\sql 数据库\学生选课系统.mdf',
    SIZE=3MB,
    MAXSIZE=5MB,
    FILEGROWTH=10%
)
LOG ON(
    NAME=学生选课系统_LOG,
    FILENAME='D:\sql 数据库\学生选课系统_LOG.ldf',
    SIZE=1MB,
    MAXSIZE=3MB,
    FILEGROWTH=5%
)
```

在上述语句中使用 CREATE DATABASE 指定数据库名称为"学生选课系统"，NAME指定了数据库的逻辑文件名称，FILENAME 指定文件的存储路径，SIZE 指定文件的大小，MAXSIZE 指定文件的最大值，FILEGROWTH 指定了文件增长比例。

在执行上述语句时指定的存放路径必须存在（"D:\sql 数据库"），否则将产生错误导致创建数据库失败；而且所命名的数据库名称必须唯一，否则也将导致创建数据库失败。

执行后输出"命令已成功完成"表示创建成功。然后刷新【对象资源管理器】窗格，展开【数据库】节点将看到刚创建的【学生选课系统】数据库，如图 2-8 所示。

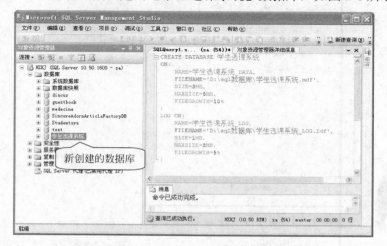

图 2-8　使用 CREATE DATABASE 语句创建数据库

【实践案例2-6】

上面创建的数据库都只有一个数据文件和事务日志文件,在使用 CREATE DATABASE 语句创建数据库时还可以指定多个数据文件。

如果数据库中数据文件或事务日志文件多于 1 个,各个数据文件或事务日志文件之间用逗号隔开。当数据库中存在两个或两个以上数据文件时,则需要指定哪个文件是主数据文件,默认情况下,第一个文件为主数据文件,当然也可以通过 PRIMARY 关键字来指定主数据文件。

例如,创建一个医院用的医疗药品数据库,并使用多个数据文件保存数据,具体语句如下。

```
CREATE DATABASE 药品信息数据库
ON(
    NAME=medicine,
    FILENAME='D:\sql 数据库\medicine_data.mdf',
    SIZE=10MB,
    MAXSIZE=50MB,
    FILEGROWTH=10%
),
(
    NAME=medicine_DATA1,
    FILENAME='D:\sql 数据库\medicine_data1.ndf',
    SIZE=3MB,
    MAXSIZE=5MB,
    FILEGROWTH=10%
),
(
    NAME=medicine_DATA2,
    FILENAME='D:\sql 数据库\medicine_data2.ndf',
    SIZE=3MB,
    MAXSIZE=5MB,
    FILEGROWTH=10%
)
LOG ON(
    NAME=medicine_LOG,
    FILENAME='D:\sql 数据库\medicine_LOG.ldf',
    SIZE=5MB,
    MAXSIZE=10MB,
    FILEGROWTH=5%
)
```

在上述语句中,创建了三个数据文件和一个事务日志文件,其中 medicine 是主数据文件,medicine_DATA1 和 medicine_DATA2 是两个辅助数据文件,medicine_LOG 是事务日志文件。

2.4 创建表

创建数据库之后就像有了一块空地,由于还没有房子所以不能居住。数据表就相当于房子,在创建时需要规划好里面的结构,一旦创建之后便可以往里面填充数据(居住)。

与创建数据库一样，在 SQL Server 2008 中可以使用管理器和语句两种方式来创建表，下面详细介绍一下这两种方法。

2.4.1　使用管理器创建

使用 SQL Server Management Studio 的图形向导创建表是初学者的首选。例如，要向"学生选课系统"数据库创建一个数据表保存学生信息，具体步骤如下。

【实践案例 2-7】

（1）使用 SQL Server Management Studio 连接到 SQL Server 2008，在【对象资源管理器】窗格中展开【数据库】节点下的【学生选课系统】节点。

（2）右击【表】节点执行【新建表】命令，在进入的表设计器中对列名、数据类型和是否允许 null 进行设置，如图 2-9 所示。

图 2-9　表设计器

（3）各列的设置都完成后，单击工具栏上的【保存】按钮，或按 Ctrl+S 快捷键将弹出【选择名称】对话框，输入表名称"学生信息表"即可保存该表，如图 2-10 所示。

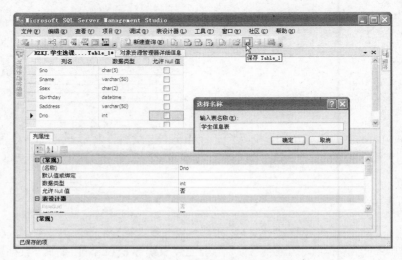

图 2-10　保存学生信息表

（4）此时展开【学生选课系统】数据库下的【表】节点可以看到刚创建的【学生信息表】数据表。

2.4.2　使用 CREATE TABLE 语句创建

在 SQL Server 2008 中创建表使用的是 CREATE TABLE 语句。CREATE TABLE 语句的基本语法格式如下。

```
CREATE TABLE table_name
(
column_name  data_type
[ INDENTITY [ (seed,increment ) ][< column_constraint >] ]
[ ,…n ]
)
```

上述语法格式中参数含义如下。

- ❑ **table_name**　用于指定数据表的名称。
- ❑ **column_name**　用于定义数据表中的列名称。
- ❑ **data_type**　用于指定数据表中各个字段的数据类型。
- ❑ **IDENTITY**　用于指定该字段为标识字段。
- ❑ **seed**　用于定义标识字段的起始值。
- ❑ **increment**　用于定义标识增量。
- ❑ **column_constraint**　用于指定该字段所具有的约束条件。

【实践案例 2-8】

同样以创建 2.4.1 节的"学生信息表"为例，使用 CREATE TABLE 语句的创建语句如下所示。

```
CREATE TABLE 学生信息表
(
   Sno char(5),                --学生学号
   Sname varchar(50),          --学生姓名
   Ssex  char(2),              --性别
   Sbirthday datetime,         --出生日期
   Saddress varchar(50),       --家庭地址
   Dno int                     --所在系部编号
)
```

如上述语句所示，使用 CREATE TABLE 语句创建表的方法非常简单，只需指定表名、列名、列数据类型即可，多个列之间用逗号分隔。但是实际上 CREATE TABLE 语句的功能非常强大，语法也很复杂，在这里仅介绍该语句的最简单用法，在本书后面会对该语句进行详解。

2.5　列数据类型

无论使用哪种方式创建表，都需要指定表中包含的列名及对应的数据类型。每种类型

都对应一种特定格式的数据，SQL Server 2008 系统内置了 36 种数据类型。本节将详细介绍 SQL Server 2008 系统中的各种数据类型。

2.5.1 数字数据类型

数字数据类型的列可以保存数值数据。根据数值的精度，数字数据类型可以分为精确数字类型和近似数字类型两大类。

1. 精确数字类型

精确数字类型又可以分为：整数数据的精确数字数据类型与带固定精度和小数位数的数字数据类型两大类。

表 2-3 列出了精确数字类型，以及存储时所占的字节数。

表 2-3　精确数字类型

精确数字类型种类	数据类型	字节数
整数数据的精确数字数据类型	bigint	8 个字节
	int	4 个字节
	smallint	2 个字节
	tinyint	1 个字节
带固定精度和小数位数的数字数据类型	decimal[(p[, s])]	
	numeric[(p[, s])]	

❏ **整数数据的精确数字数据类型**

int 数据类型是 SQL Server 中的主要整数数据类型。bigint 数据类型用于整数值可能超过 int 数据类型支持范围的情况。

在数据类型优先次序表中，bigint 介于 smallint 和 int 之间。只有当参数表达式为 bigint 数据类型时，函数才返回 bigint。

SQL Server 不会自动将其他整数数据的精确数字数据类型（如 tinyint、smallint、int）提升为 bigint。

❏ **带固定精度和小数位数的数字数据类型**

decimal[(p[, s])]和 numeric[(p[, s])]表示带固定精度和小数位数的数字数据类型。numeric 在功能上等价于 decimal。

p（精度）表示最多可以存储的十进制数字的总位数，包括小数点左边和右边的位数。该精度必须是从 1 到最大精度 38 之间的值，默认精度为 18。

s（小数位数）表示小数点右边可以存储的十进制数字的最大位数。小数位数必须是从 0 到 p 之间的值，默认的小数位数为 0。

只有在指定精度后才可以指定小数位数。因此，$0 \leqslant s \leqslant p$，最大存储大小基于精度而变化。

2．近似数字类型

近似数字类型是指没有精确数值的数据类型，包括两种类型：real 和 float。
表 2-4 列出了近似数字类型，以及存储时所占的字节数。

表 2-4　近似数字类型

数据类型	字节数
float [(n)]	根据 n 值而定
Real	4 个字节

❑ **real**

可以存储正的或者负的十进制数值，最大可以有 7 位精确位数。

❑ **float [(n)]**

其中 n 表示用于存储 float 数值尾数的位数（以科学记数法表示），此时可以确定精度和存储大小。而且 n 必须是介于 1 到 53 之间的某个值，默认值为 53。

在 SQL Server 中，如果 $1 \leqslant n \leqslant 24$，则将 n 视为 24。如果 $25 \leqslant n \leqslant 53$，则将 n 视为 53。

2.5.2　字符串

SQL Server 2008 系统中，提供了 3 种字符串数据类型：char、varchar 和 text。

❑ **char [(n)]**

固定长度，非 Unicode 字符数据，长度为 n 个字节。n 的取值范围在 1 至 8000 之间，存储大小是 n 个字节。在列数据项的大小一致时使用。

❑ **varchar [(n | max)]**

可变长度，非 Unicode 字符数据。n 的取值范围在 1 至 8000 之间。max 表示最大存储大小是 $2^{31}-1$ 个字节。在列数据项的大小差异很大时使用。如果列数据项大小相差很大，而且大小可能超过 8000 字节，使用 varchar(max)。

如果站点支持多语言，应该考虑使用 Unicode nchar 或 nvarchar 数据类型，以最大限度地消除字符转换问题。

❑ **text**

服务器代码页中长度可变的非 Unicode 数据，最大长度为 $2^{31}-1$ 个字节。

当执行 CREATE TABLE 或 ALTER TABLE 时，如果 SET ANSI_PADDING 为 OFF，则定义为 NULL 的 char 列将作为 varchar 处理。如果未在数据定义或变量声明语句中指定 n，则默认长度为 1。如果在使用 CAST 和 CONVERT 函数时未指定 n，则默认长度为 30。

2.5.3 Unicode 字符串

Unicode 是一种在计算机上使用的字符编码。Unicode 字符串数据类型包括 3 种数据类型：nchar、nvarchar 和 ntext。

❑ **nchar[(n)]**

n 个字符的固定长度的 Unicode 字符数据。n 值必须在 1 到 4000 之间（包含 4000）。在列数据项的大小可能一致时使用。

❑ **nvarchar[(n | max)]**

可变长度 Unicode 字符数据。n 值在 1 到 4000 之间（包含 4000）。max 表示最大存储大小为 $2^{30}-1$ 字符。在列数据项的大小可能差异很大时使用。

❑ **ntext**

长度可变的 Unicode 数据，最大长度为 $2^{30}-1$ 个字符。

 在 nchar 和 nvarchar 中，如果没有在数据定义或变量声明语句中指定 n，则默认长度为 1。

2.5.4 日期和时间

SQL Server 2008 中，除了 datetime 和 smalldatetime 之外，又新增了 4 种时间类型：date、time、datetime2 和 datetimeoffset。

❑ **datetime**

该数据类型把日期和时间部分作为一个单列值存储在一起，支持日期从 1753 年 1 月 1 日到 9999 年 12 月 31 日，时间部分的精确度是 3.33 毫秒，需要 8 个字节的存储空间。

❑ **smalldatetime**

该数据类型与 datatime 相比，支持更小的日期和时间范围。支持日期从 1900 年 1 月 1 日到 2079 年 6 月 6 日，时间部分只能够精确到分钟，需要 4 个字节的存储空间。

❑ **date**

该数据类型允许只存储一个日期值，支持的日期范围从 1 年 1 月 1 日到 9999 年 12 月 31 日，存储 date 数据类型需要 3 个字节的存储空间，如果只需要存储日期值而没有时间，使用 date 可以比 smalldatetime 节省一个字节的磁盘空间。

❑ **time**

如果想要存储一个特定的时间信息而不涉及具体的日期时，该数据类型非常有用。time 数据类型存储使用 24 小时制，它并不关心时区，支持高达 100 纳秒的精确度。

❑ **datetime2**

支持日期从 1 年 1 月 1 日到 9999 年 1 月 1 日。datetime2 中的时间部分的精确度依赖于所定义的 datetime2 列，时间部分能够存储一个只有小时、分钟和秒的时间值，能够支持在不同的精确度存储微秒，最多有 7 位小数，微妙可以向下精确到 100 纳秒。

❑ **datetimeoffset**

该数据类型要求存储的日期和时间（24 小时制）是时区一致的。时间部分能够支持高达 100 纳秒的精确度。

时区一致是指时区标识符是存储在 datetimeoffset 列上，时区标识格式是[− | +] hh:mm，一个有效的时区范围是从-14：00 到+14:00，这个值是增加或者减去 UTC（Universal Time Coordinated，协调世界时）以获取本地时间。

2.5.5 二进制数据类型

二进制数据类型用于存储二进制的数据。二进制数据类型包括 3 种类型：image、binary 和 varbinary。

❑ **image**

长度可变的二进制数据，可以存储从 0 到 $2^{31}-1$ 个字节。

❑ **binary [(n)]**

长度为 n 个字节的固定长度二进制数据。其中，n 的取值范围在 1 到 8000 之间。存储大小为 n 个字节。在列数据项的大小一致时使用。

❑ **varbinary [(n | max)]**

可变长度二进制数据。n 的取值范围在 1 到 8000 之间。max 表示最大存储大小为 $2^{31}-1$ 个字节。存储大小为所输入数据的实际长度+2 个字节。所输入数据的长度可以是 0 字节。在列数据项的大小差异很大时使用。

当列数据条目超出 8000 字节时，使用 varbinary(max)。在 binary 和 varbinary 中，如果没有在数据定义或变量声明语句中指定 n，则默认长度为 1。

2.5.6 特殊数据类型

SQL Server 2008 系统提供了 7 种特殊用途的数据类型：cursor、hierarchyid、timestamp、uniqueidentifier、xml、table 和 sql_variant。

❑ **cursor**

这是变量或存储过程 OUTPUT 参数的一种数据类型，这些参数包含对游标的引用。使用 cursor 数据类型创建的变量可以为空。

对于 CREATE TABLE 语句中的列，不能使用 cursor 数据类型。

❑ **hierarchyid**

该数据类型是一种长度可变的系统数据类型。该数据类型的值表示树层次结构中的位置。类型为 hierarchyid 的列不会自动表示树。由应用程序来生成和分配 hierarchyid 值，使行与行之间的所需关系反映在这些值中。

□ **timestamp**

也称为时间戳数据类型，一般用作给表行加版本戳的机制。timestamp 值是二进制数值，表明数据库中的数据修改发生的相对顺序。存储大小为 8 个字节。

> timestamp 数据类型只是递增的数字，不保留日期或时间。如果要记录日期或时间，可以使用 datetime2 数据类型。

□ **uniqueidentifier**

该数据类型可存储 16 个字节的二进制值，其作用与全局唯一标识符（GUID）一样。uniqueidentifier 列的 GUID 值可以在 Transact-SQL 语句、批处理或脚本中调用 NEWID 函数获取。

□ **xml**

使用该数据类型，可以在数据库中存储 XML 文档和片段。

□ **table**

该数据类型是一种特殊的数据类型，主要用于存储对表或者视图处理后的结果集。

□ **sql_variant**

用于存储 SQL Server 支持的各种数据类型（不包括 text、ntext、timestamp 和 sql_variant）的值。

2.5.7　自定义数据类型

所谓用户自定义数据类型，是指用户基于系统的数据类型而设计并实现的数据类型。创建自定义数据类型有两种方法：使用管理器操作和系统存储过程 sp_addtype 语句。

1. 使用管理器创建

创建用户自定义的数据类型必须提供 3 个参数：数据类型的名称、所基于的系统数据类型和是否允许空。

【实践案例 2-9】

假设要为【学生选课系统】数据库创建一个基于 char 类型的新数据类型 udt_sno 表示学生的学号，它是由 6 位数字组成的，要求不能为空。具体的操作步骤如下。

（1）使用 SQL Server Management Studio 连接到 SQL Server 2008，在【对象资源管理器】窗格中展开【数据库】|【学生选课系统】节点。

（2）展开【可编程性】 |【类型】节点并右击执行【新建】|【用户定义数据类型】命令，如图 2-11 所示。

（3）在打开的如图 2-12 所示的【新建用户定义数据类型】窗口中输入以下内容。

□ 在【名称】文本框中输入 "udt_sno"。

□ 在【数据类型】下拉列表中选择 "char" 数据类型。

□ 将【长度】调整为 "6"。

图 2-11　执行【用户定义数据类型】命令　　　图 2-12　【新建用户定义数据类型】窗口

（4）单击【确定】按钮即可完成创建。再次创建表时，可以在列的数据类型中使用 udt_sno，也可以展开【学生选课系统】|【可编程性】|【类型】|【用户定义数据类型】节点看到 udt_sno 类型。

2. 使用系统存储过程 sp_addtype 语句创建

使用系统存储过程 sp_addtype 语句创建用户自定义数据类型，具体的语法格式如下。

```
sp_addtype @typename , @phystype , @nulltype ;
```

其中，@typename 用于指定自定义数据类型的名称，@phystype 用于指定自定义数据类型所基于的系统数据类型，@nulltype 用于指定自定义数据类型处理空值的方式。

【实践案例 2-10】

下面使用 sp_addtype 语句同样创建一个基于 char 类型的新数据类型，udt_sno 表示学生的学号，它是由 6 位数字组成的，要求不能为空。

```
USE 学生选课系统
GO
EXEC sp_addtype udt_sno,'char(6)','NOT NULL'
```

【实践案例 2-11】

假设要删除上面创建的 udt_sno 类型可用以下语句。

```
EXEC sp_droptype udt_sno
```

 警告　当表中的列还正在使用用户自定义的数据类型时，或者在其上面还绑定有默认或者规则时，用户自定义的数据类型不能删除。

2.6　项目案例：使用文件组创建学生成绩管理系统

文件组是用于分配和管理数据文件的集合，是根据数据文件而创建的。通过创建文件组，可以将不同的数据文件存储在不同的文件组中，这样不仅可以优化数据存储，而且也提高了数据的 I/O 读写性能。但使用文件组时需要注意以下几点。

- ❑ 只有数据文件具有文件组，事务日志文件不存在文件组。
- ❑ 主数据文件一定存放在主文件组中。
- ❑ 与系统相关的数据信息一定存放在主文件组中。
- ❑ 一个数据文件只能存放于一个文件组中，不能同时存放于多个文件组中。

【实例分析】

通过使用 FILEGROUP 关键字来创建文件组，并且文件组名称必须在数据库中唯一。这里要创建【学生成绩管理系统】数据库并为该数据库指定一个默认文件和两个辅助文件组。

具体实现语句如下。

```
CREATE DATABASE 学生成绩管理系统
ON
PRIMARY
(NAME=学生成绩管理系统_DATA,
FILENAME='D:\sql 数据库\学生成绩管理系统.mdf',
SIZE=10MB,
MAXSIZE=15MB,
FILEGROWTH=10%
),
(NAME=学生成绩管理系统_DATA1,
FILENAME='D:\sql 数据库\学生成绩管理系统1.ndf',
SIZE=8MB,
MAXSIZE=10MB,
FILEGROWTH=10%
),
(NAME=学生成绩管理系统_DATA2,
FILENAME='D:\sql 数据库\学生成绩管理系统2.ndf',
SIZE=8MB,
MAXSIZE=10MB,
FILEGROWTH=10%
),
FILEGROUP DBGROUP1
(NAME=学生成绩管理系统_GROUP1,
FILENAME='D:\sql 数据库\学生成绩管理系统_GROUP1.ndf',
SIZE=5MB,
MAXSIZE=10MB,
FILEGROWTH=10%
),
(NAME=学生成绩管理系统_GROUP2,
FILENAME='D:\sql 数据库\学生成绩管理系统_GROUP2.ndf',
SIZE=5MB,
MAXSIZE=10MB,
FILEGROWTH=10%
),
FILEGROUP DBGROUP2
(NAME=学生成绩管理系统_GROUP3,
FILENAME='D:\sql 数据库\学生成绩管理系统_GROUP3.ndf',
```

```
    SIZE=5MB,
    MAXSIZE=10MB,
    FILEGROWTH=10%
    ),
    (NAME=学生成绩管理系统_GROUP4,
    FILENAME='D:\sql 数据库\学生成绩管理系统_GROUP4.ndf',
    SIZE=5MB,
    MAXSIZE=10MB,
    FILEGROWTH=10%
    ),
    LOG ON
    (NAME=学生成绩管理系统_LOG,
    FILENAME='D:\sql 数据库\学生成绩管理系统_LOG.ldf',
    SIZE=3MB,
    MAXSIZE=8MB,
    FILEGROWTH=5%
    )
```

在上述语句中创建了三个文件组，即 PRIMARY、DBGROUP1 与 DBGROUP2。其中，PRIMARY 是默认文件组，包含有学生成绩管理系统_DATA、学生成绩管理系统_DATA1 和学生成绩管理系统_DATA2 三个数据文件；DBGROUP1 文件组中包含有学生成绩管理系统_GROUP1 和学生成绩管理系统_GROUP2 两个数据文件；DBGROUP2 文件组中包含有学生成绩管理系统_GROUP3 和学生成绩管理系统_GROUP4 两个数据文件。

向数据库中添加一个 SCORES 表用于保存学生成绩信息，表包含如下列。

❏ **Sno**　表示学生学号，char 类型，长度为 5，不能为空。

❏ **Cno**　表示考试的课程编号，int 类型，不能为空。

❏ **SScore**　表示考试成绩，decimal 类型，长度为 5，精度为 1，不能为空。

根据本章学习的内容和上面的描述，使用 CREATE TABLE 创建表的语句如下。

```
CREATE TABLE SCORES(
    Sno char(5) NOT NULL,
    Cno int NOT NULL,
    SScore decimal(5, 1) NOT NULL
)
```

2.7　习题

一、填空题

1. SQL Server 2008 的 4 个系统数据库为 master、msdb、model 和_____。

2. SQL Server 2008 系统中，一个数据库最少有一个数据文件和一个_____。

3. SQL Server 2008 系统中主数据文件的扩展名为_____，事务日志文件的扩展名为 ldf。

4．创建数据库除了可以使用图形界面管理器外，还可以使用_____语句创建数据库。

5．SQL Server 2008 中_____日期和时间类型可以表示时区偏移量。

二、选择题

1．在创建数据库时，系统会自动将_____系统数据库中的所有用户定义的对象复制到新建的数据库中。

    A．master

    B．msdb

    C．model

    D．tempdb

2．下面对创建数据库说法正确的是_____。

    A．创建数据库时文件名可以不带扩展名

    B．创建数据库时文件名必须带扩展名

    C．创建数据库时数据文件可以不带扩展名，事务日志文件必须带扩展名

    D．创建数据库时事务日志文件可以不带扩展名，数据文件必须带扩展名

3．Microsoft SQL Server 2008 系统中，下面说法错误的是_____。

    A．一个数据库中至少有一个数据文件，但可以没有事务日志文件

    B．一个数据库中至少有一个数据文件和一个事务日志文件

    C．一个数据库中可以有多个数据文件

    D．一个数据库中可以有多个事务日志文件

4．下列选项中属于创建表的 Transact-SQL 语句是_____。

    A．CREATE TABLE

    B．ALTER TABLE

    C．DROP TABLE

    D．以上都不是

5．SQL Server 2008 除了旧的日期和时间类型之外，又新增了 4 种时间类型，以下哪个不属于新增的时间类型_____。

    A．date

    B．datetime2

    C．smalldatetime

    D．datetimeoffset

三、上机练习

上机实践 1：创建医药数据库

本次上机要求读者使用语句创建一个用于保存医药信息的数据库。该数据库的名称为 db_medicine，且包含一个主数据文件、两个辅助数据文件和一个事务日志文件。

上机实践 2：创建医药信息数据表

本次上机要求读者向医药信息数据库中添加如下数据表。

❑ 药品分类表，包括分类编号、分类名称和上级分类。

❑ 药品基本信息表，包括药品编号、药品名称和所属分类编号。

❑ 药品详细信息表，包括药品编号、药学名称、生产厂家、计量单位、价格、生产
日期和功能。

2.8 实践疑难解答

2.8.1 关于使用语句创建数据库的疑问

关于使用语句创建数据库的疑问

网络课堂：http://bbs.itzcn.com/thread-909-1-1.html

【问题描述】：刚接触 SQL Server，照着书的练习使用语句创建数据库，具体语句如下。

```
create database classform
on
(
        name =class_data1,
        filename='c:\class_data1.mdf',
        size=10,
        maxsize=100,
        filegrowth=10%
)
log on
(
        name=class_log,
        filename='c:\class_log.ldf',
        size=1,
        filegrowth=15%
)
```

上面的语句能执行，我的问题是 create database classform 后面的 on 和 log on 能省略吗？
他们是什么意思，请高手给解释一下。

【解决办法】：数据库名称后面跟的 on 告诉系统用户将要建立一个什么属性的数据库，
包括名称、存放地址、数据库大小等信息；log on 开始为数据库创建事务日志文件，与上
一个是同样的格式，存放每次用户对数据库修改等操作的信息，用来备份。

如果用程序创建数据库最好不要省略，在开始就养成一个好的习惯，以后程序做大后
也会方便管理。例如，以下语句，表示新建默认数据库。

```
create database classform
```

2.8.2　使用 CREATE TABLE 语句创建表的问题

 使用 CREATE TABLE 语句创建表的问题
网络课堂：http://bbs.itzcn.com/thread-865-1-1.html

【问题描述】：以前都是采用工具创建数据表，没有出现过任何问题！可觉得也没有什么挑战性，今天试着使用 create table 语句创建数据表，具有实现语句如下。

```
create table a1(
a int(4),
b char(12)
)
```

却总是提示如图 2-13 所示的错误。倍受打击，麻烦帮我看看吧！

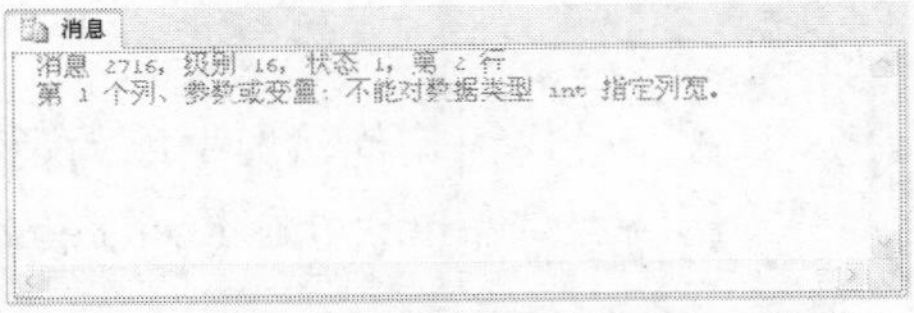

【解决办法】：首先可以肯定的是你的语法是正确的。出现这个错误是因为 int 数据类型的长度已经确定好了，不可再指定长度。可以使用如下语句代替。

> 消息
> 消息 2716，级别 16，状态 1，第 2 行
> 第 1 个列、参数或变量：不能对数据类型 int 指定列宽.

图 2-13　创建数据表时的错误提示信息

```
create table a1(
a int,
b char(12)
)
```

第3章

在使用数据库的过程中，随着数据库中数据的增加，用户可能会发现此数据库的文件容量已经不能满足需求而需要扩大，或者需要删除不再使用的数据库。甚至是出于安全的考虑，需要将数据库文件移到其他位置、导出数据或者进行备份，等等。

此时就需要针对数据库和数据库文件进行管理，这也是数据库管理员的主要职责。本章将会详细介绍 SQL Server 2008 中各种数据库管理操作的具体实现，其中大部分操作都包含图形向导和语句两种方式，读者可以根据情况自行选择。

本章学习要点：

➢ 掌握查看数据库状态的方法
➢ 掌握修改数据库名称的方法
➢ 掌握数据库的扩大、收缩和移动
➢ 掌握删除数据库的两种方法
➢ 掌握数据库的分离和附加
➢ 熟悉导出数据的步骤
➢ 掌握备份类型、备份设备和备份数据库
➢ 掌握恢复数据库的方法

3.1 查看数据库状态

在第 2 章中就介绍过，每一个数据库都总是处于特定的状态中，如 ONLINE 表示联机状态。在 SQL Server 2008 中查看数据库状态的方法有很多，其中最常用的是使用系统函数、目录视图和存储过程三种方法。

3.1.1 通过系统函数

用户若想查看数据库状态，最简单的方法就是调用由 SQL Server 2008 提供的系统函数 DATABASEPROPERTYEX()。该函数一次只能返回一个属性设置，如果要显示多个属性设置，则需要使用目录视图查看。调用该函数的语法格式如下。

```
DATABASEPROPERTYEX ( database , property )
```

语法说明如下。

☐ **database** 表示要返回属性信息的数据库的名称。

☐ **property** 表示要返回的属性名称，具有表 3-1 所示的可选值。

表 3-1   property 参数可选属性

属性名称	属性名称	属性名称
Collation	ComparisonStyle	IsAnsiNullDefault
IsAnsiPaddingEnabled	IsAnsiWarningsEnabled	IsArithmeticAbortEnabled
IsAutoCreateStatistics	IsAutoShrink	IsAutoUpdateStatistics
IsFulltextEnabled	IsInStandBy	IsLocalCursorsDefault
IsNullConcat	IsNumericRoundAbortEnabled	IsParameterizationForced
IsPublished	IsRecursiveTriggersEnabled	IsSubscribed
IsTornPageDetectionEnabled	LCID	Recovery
Status	Updateability	UserAccess
IsAnsiNullsEnabled	IsAutoClose	IsCloseCursorsOnCommitEnabled
IsQuotedIdentifiersEnabled	IsSyncWithBackup	SQLSortOrder
IsMergePublished	Version	

【实践案例 3-1】

使用 status 属性可以返回数据库的状态。例如，要查看 medicine 数据库的状态可用如下语句。

```
SELECT DATABASEPROPERTYEX('medicine','status')
AS '数据库状态'
```

执行结果如下所示。

```
数据库状态
ONLINE
```

 在 DATABASEPROPERTYEX()函数中使用表 3-1 列举的其他属性，并查看运行效果。

3.1.2   通过系统存储过程

使用 SQL Server 2008 的 sp_helpdb 系统存储过程可以查看指定数据库或所有数据库的信息。该存储过程的语法如下所示。

```
sp_helpdb [ [ @dbname= ] 'name' ]
```

其中，[@dbname =] 'name'表示要查看其信息的数据库名称。如果没有指定数据库名称，则 sp_helpdb 将查看 sys.databases 目录视图中所有数据库的信息。

【实践案例 3-2】

使用 sp_helpdb 存储过程查看 medicine 数据库的信息，语句如下所示。

```
sp_helpdb medicine
```

执行结果如图 3-1 所示。

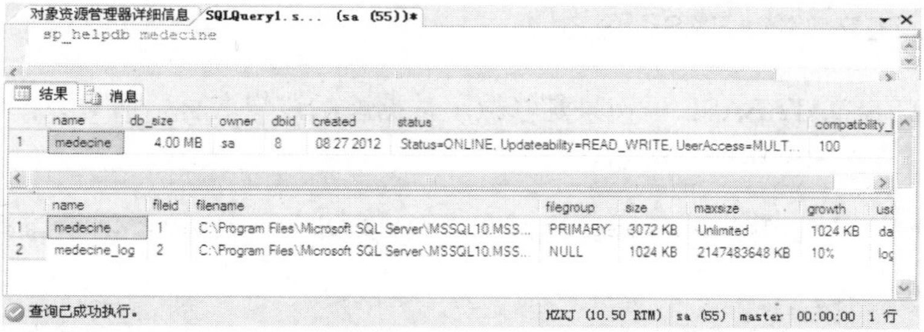

图 3-1 通过存储过程窗口查看数据库信息

从图 3-1 可以看出，结果集的 status 列显示数据库的状态。如果指定了数据库名称，结果集窗口以两部分显示结果，在下面部分会显示指定数据库的文件分配信息。

3.1.3 通过目录视图

与系统函数和系统存储过程相比，SQL Server 2008 提供了更多的目录视图来查看数据库或数据库文件信息。他们各自的功能如下所示。

❏ 使用 sys.database_files 查看有关数据库文件的信息。
❏ 使用 sys.filegroups 查看有关数据库组的信息。
❏ 使用 sys.maste_files 查看数据库文件的基本信息和状态信息。
❏ 使用 sys.databases 数据库和文件目录视图查看有关数据库的基本信息。

【实践案例 3-3】

使用 sys.databases 目录视图查看 medicine 数据库的状态，可用如下语句。

```
SELECT name '数据库名', state_desc '状态' FROM sys.databases
WHERE name = 'medicine'
```

这里的 name 列为要查看的数据库名称，state_desc 列为要查看的数据库当前状态。执行后结果如下所示。

```
数据库名          状态
medicine         ONLINE
```

3.2 修改数据库

数据库创建以后，在使用的过程中用户可能会根据情况对数据库进行修改。例如，修改数据库的名称、增加数据文件、收缩数据库或者移动数据文件，等等。

3.2.1 修改数据库名称

SQL Server 2008 主要有两种修改数据库名称的方法，使用 ALTER DATABASE 语句或者系统存储过程。

1. ALTER DATABASE 语句

使用 ALTER DATABASE 语句只是修改了数据库的逻辑名称，而对数据库的物理名称并没有影响，具体的语句如下所示。

```
ALTER DATABASE old_database_name MODIFY NAME=new_database_name
```

【实践案例 3-4】

假设要将【学生选课系统】数据库名称更改为"studentsys"，实现语句如下所示。

```
ALTER DATABASE 学生选课系统 MODIFY NAME=studentsys
```

在上述语句中 ALTER DATABASE 指定源数据库名称"学生选课系统"，而 MODIFY NAME 指定更改后的数据库名称。

2. 系统存储过程

使用 sp_renamedb 存储过程也可以修改数据库名称。语法如下所示。

```
sp_renamedb [ @dbname = ] 'old_name' , [ @newname = ] 'new_name'
```

语法说明如下。

❑ **[@dbname =] 'old_name'** 数据库的当前名称。
❑ **[@newname =] 'new_name'** 数据库的新名称，要求必须遵循有关标识符的规则。

【实践案例 3-5】

同样以将【学生选课系统】数据库名称更改为"studentsys"为例，使用存储过程的实现语句如下所示。

```
EXEC sp_renamedb'学生选课系统', 'studentsys'
```

技巧

> 在【对象资源管理器】窗格中右击数据库名称执行【重命名】命令，也可以修改数据库名称。

3.2.2 扩大数据库

随着数据量不断地增加，创建数据库文件时指定的大小不能再满足用户的需求，这时需要通过扩大数据库文件的方式满足用户的需求。解决办法有两个，一个是在图形界面的属性窗口中实现，一种是使用语句实现。

1. 通过属性窗口扩大数据库

假设要对"studentsys"数据库的大小进行扩充，步骤如下。

【实践案例 3-6】

（1）在【对象资源管理器】窗格中右击【studentsys】数据库，执行【属性】命令，打开【数据库属性】窗口。

（2）在弹出的属性窗口中的【初始大小】列中输入需要修改的初始值，如图 3-2 所示。

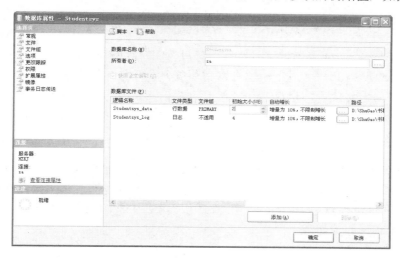

图 3-2　修改初始值

（3）使用同样的方法为事务日志文件的初始大小进行修改。

（4）通过单击【自动增长】列的按钮，在打开的【更改 Studentsys_data 的自动增长设置】对话框中可分别设置数据文件和事务日志文件的自动增长方式及大小，分别如图 3-3 与图 3-4 所示。

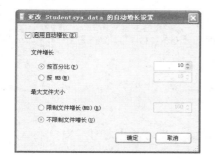 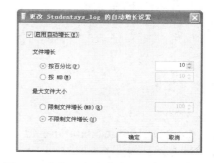

图 3-3　数据文件自动增长设置对话框　　　图 3-4　事务日志文件自动增长设置对话框

（5）单击【确定】按钮关闭对话框，然后再次单击【确定】按钮完成操作。

2．通过语句扩大数据库

通过 ALTER DATABASE 语句的 ADD FILE 选项可以为数据库添加数据文件或者事务日志文件来扩大数据库。

【实践案例 3-7】

假设要对"studentsys"数据库增加一个名为"studentsys_data2.ndf"的数据文件来扩大数据库。使用 ALTER DATABASE 的实现语句如下所示。

```
ALTER DATABASE studentsys
ADD FILE
(
NAME=studentsys_data2,
FILENAME = 'D:\sql 数据库\studentsys_data2.ndf',
```

```
SIZE = 10MB,
MAXSIZE = 20MB,
FILEGROWTH = 5%
)
```

如果要增加事务日志文件，可以使用 ADD LOG FILE 子句，在一个 ALTER DATABASE 语句中，一次可以增加多个数据文件或事务日志文件，多个文件之间需要使用，分开。

3.2.3 收缩数据库

在 SQL Server 2008 中主要三种收缩数据库的方法，它们分别是自动数据库收缩、手动数据库收缩和图形界面数据库收缩。操作时要注意收缩后的数据库不能小于数据库的最小大小。最小大小是在数据库最初创建时指定的大小，或是上一次使用文件大小更改操作设置的显式大小。

1. 自动数据库收缩

默认数据库的 AUTO_SHRINK 选项为 OFF，表示没有启用自动收缩。可以在 ALTER DATABASE 语句中，将 AUTO_SHRINK 选项设置为 ON，此时数据库引擎将自动收缩有可用空间的数据库，并减少数据库中文件的大小。该活动在后台进行，并且不影响数据库内的用户活动。

2. 手动数据库收缩

手动收缩数据库是指在需要的时候运行 DBCC SHRINKDATABASE 语句进行收缩。该语句的语法如下所示。

```
DBCC SHRINKDATABASE ( database_name | database_id | 0 [ , target_percent ] )
```

语法说明如下所示。

❑ **database_name | database_id | 0**　要收缩的数据库的名称或 ID。如果指定 0，则使用当前数据库。

❑ **target_percent**　数据库收缩后，数据库文件中所需的剩余可用空间百分比。

【实践案例 3-8】

使用 DBCC SHRINKDATABASE 语句对 studentsys 数据库进行手动收缩，实现语句如下所示。

```
DBCC SHRINKDATABASE (studentsys )
```

或者

```
USE studentsys
GO
DBCC SHRINKDATABASE (0 ,5)
```

3. 图形界面数据库收缩

除了使用上面介绍的两种方法收缩数据库外，也可以使用图形界面完成收缩数据库。

【实践案例3-9】

下面以收缩"studentsys"数据库为例，使用图形界面收缩数据库的步骤如下所示。

（1）在【对象资源管理器】中的【数据库】节点下右击【studentsys】数据库，然后执行【任务】|【收缩】|【数据库】命令。

（2）在打开的对话框中启用【在释放未使用的空间前重新组织文件】复选框，然后为【收缩后文件中的最大可用空间】指定值（值介于0～99），如图3-5所示。

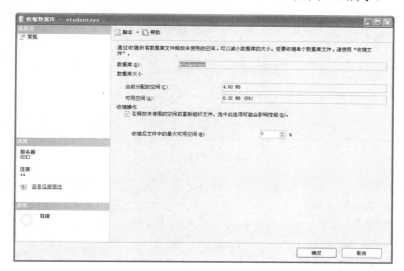

图3-5　收缩数据库

（3）完成设置后单击【确定】按钮即可。

在【收缩数据】对话框中启用【在释放未使用的空间前重新组织文件】复选框的作用与执行DBCC SHRINKDATABASE语句时的第二个参数的作用相同。

3.2.4　收缩数据库文件

在SQL Server 2008中不仅可以收缩数据库，还可以对数据库中的数据文件和事务日志文件进行收缩。SQL Server 2008支持两种方法收缩数据库文件，下面将进行详细讲解。

1. 图形界面数据库文件收缩

下面以"studentsys"数据库为例，使用图形界面收缩数据库文件的步骤如下所示。

【实践案例3-10】

（1）在【对象资源管理器】中的【数据库】节点下右击【studentsys】数据库，然后执行【任务】|【收缩】|【文件】命令。

（2）在打开的对话框中选择【文件类型】为"数据"，如图3-6所示。

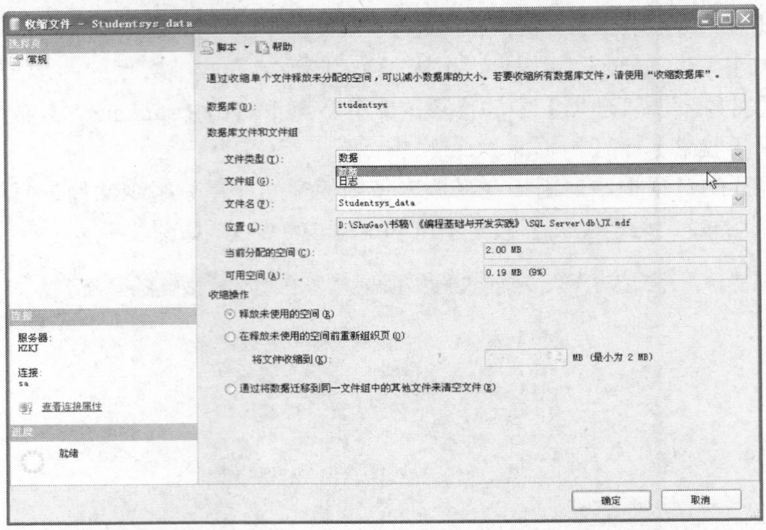

图 3-6　收缩数据库文件

（3）根据需要对图 3-6 中的选项进行设置，各种选项的说明如下所示。

❑ **释放未使用的空间**

如果启用该选项，将为操作系统释放文件中所有未使用的空间，并将文件收缩到上次分配的区。这将减小文件的大小，但不移动任何数据。

❑ **在释放未使用的空间前重新组织页**

如果启用该选项，将为操作系统释放文件中所有未使用的空间，并尝试将行重新定位到未分配页。此时必须指定【将文件收缩到】值（值介于 0 到 99 之间）。默认情况下，该选项为清除状态。

❑ **通过将数据迁移到同一文件组中的其他文件来清空文件**

如果启用该选项，将指定文件中的所有数据移至同一文件组中的其他文件中，然后就可以删除空文件。此选项与执行包含 EMPTYFILE 选项 DBCC SHRINKFILE 相同。

（4）设置完成，单击【确定】按钮即可。

2．手动数据库文件收缩

手动收缩数据库文件需要使用 DBCC SHRINKFILE 语句，该语句的语法如下所示。

```
DBCC SHRINKFILE
(
{ file_name | file_id }
{ [ , EMPTYFILE ]
| [ [ , target_size ] [ , { NOTRUNCATE | TRUNCATEONLY } ] ]
}
)
[ WITH NO_INFOMSGS ]
```

语法说明如下所示。

❑ **file_name**　要收缩文件的逻辑名称。

❑ **file_id**　要收缩文件的标识（ID）号。

❑ **target_size** 用兆字节表示的文件大小（用整数表示）。如果没有指定，则 DBCC SHRINKFILE 将文件大小减少到默认文件大小。默认大小为创建文件时指定的大小。如果指定了 target_size，则 DBCC SHRINKFILE 尝试将文件收缩到指定大小。

❑ **EMPTYFILE** 将指定文件中的所有数据迁移到同一文件组中的其他文件。由于数据库引擎不再允许将数据放在空文件内，因此可以使用 ALTER DATABASE 语句来删除该文件。

❑ **NOTRUNCATE** 在指定或不指定 target_percent 的情况下，将已分配的页从数据文件的末尾移动到该文件前面的未分配页。

❑ **TRUNCATEONLY** 将文件末尾的所有可用空间释放给操作系统，但不在文件内部执行任何页移动。数据文件只收缩到最后分配的区。

❑ **WITH NO_INFOMSGS** 取消显示所有提示性消息。

【实践案例 3-11】

假设要收缩"studentsys"数据库的数据文件"studentsys_data"，可用如下语句。

```
USE studentsys
GO
DBCC SHRINKFILE (studentsys_data)
```

3.2.5 移动数据库文件

在 SQL Server 2008 中使用 ALTER DATABASE 语句的 FILENAME 选项指定新的文件位置来移动数据库文件。该语句的语法如下所示。

```
ALTER DATABASE database_name
MODIFY FILE ( NAME = logical_name, FILENAME = 'new_path\os_file_name' )
```

语法说明如下所示。

❑ **database_name** 要移动的数据库的名称。

❑ **logical_name** 数据库文件的逻辑名称，可通过 sys.database_files 的 name 列查看。

❑ **new_path** 新路径。

❑ **os_file_name** 包括目录路径的物理文件名。

【实践案例 3-12】

假设要移动"studentsys"数据库的数据文件"studentsys_data"和事务日志文件"studentsys_log"，实现步骤如下所示。

（1）首先将"studentsys"数据库设置为 OFFLINE 状态，语句如下所示。

```
ALTER DATABASE studentsys SET OFFLINE
```

（2）将"studentsys"数据库的数据文件"studentsys_data.mdf"移动到"D:\sql 数据库"，语句如下所示。

```
ALTER DATABASE studentsys
 MODIFY FILE ( NAME = studentsys_data, FILENAME = 'D:\sql 数据库\studentsys_
data.mdf' )
```

（3）将"studentsys"数据库的数据文件"studentsys_LOG.ldf"移动到"D:\sql 数据库"，语句如下所示。

```
ALTER DATABASE studentsys
MODIFY FILE ( NAME = studentsys_LOG, FILENAME = 'D:\sql 数据库\studentsys_LOG.ldf' )
```

（4）将"studentsys"数据库恢复到 ONLINE 状态，语句如下所示。

```
ALTER DATABASE studentsys SET ONLINE
```

 移动数据库文件的方法适用于在同一个 SQL Server 实例中移动数据库文件。如果要将数据库文件移动到另一个 SQL Server 实例或另一台服务器上，需要执行备份和还原或分离和附加操作。

3.3 删除数据库

当创建的数据库不再需要使用或者已将其数据转移到其他服务器上时，即可删除该数据库。删除数据库的方法有两种：使用图形界面和语句。

3.3.1 使用图形界面

使用图形界面删除数据库的方法最简单直观，因此是初学者的首选。

【实践案例 3-13】

假设要删除"studentsys"数据库，使用图形界面的实现步骤如下所示。

（1）在【对象资源管理器】中的【数据库】节点下右击【studentsys】数据库，然后执行【删除】命令，如图 3-7 所示。

（2）在打开的【删除对象】窗口中根据需要可以启用不同的复选框，如图 3-8 所示。

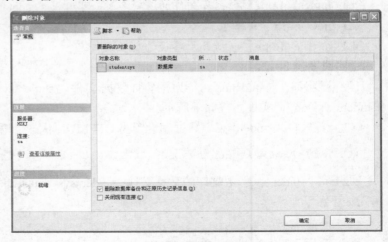

图 3-7 执行【删除】命令   图 3-8 【删除对象】窗口

（3）如果启用第一个复选框，表示删除数据库备份和还原历史记录信息。如果启用第二个复选框，表示在删除数据库时关闭现有连接。

（4）设置完成，单击【确定】按钮即可。

3.3.2　使用 DROP DATABASE 语句

删除数据库也可以使用 DROP DATABASE 语句，该语句的语法如下所示。

```
DROP DATABASE database [,…n]
```

语句说明如下所示。

❑ **database_name**　表示要删除的数据库的名称。

❑ **[,…n]**　表示可以有多个数据库名称，多个名称之间用逗号分隔。

【实践案例 3-14】

同样以删除"studentsys"数据库为例，使用语句的实现如下所示。

```
DROP DATABASE studentsys
```

使用 DROP DATABASE 语句删除数据库时不会出现确认信息，因此要小心谨慎使用这种方法。此外，千万不能删除系统数据库，否则会导致 SQL Server 2008 服务器无法使用。

3.4　分离与附加数据库

分离和附加是数据库管理员最常用的操作之一，他们可以将数据库转移到其他 SQL Server 实例或者位置进行保存。

3.4.1　分离数据库

分离数据库是指将数据库从 SQL Server 实例中删除，但可保证数据库在其数据文件和事务日志文件中保持不变。

如果存在下列任何一种情况，则不能分离数据库。

❑ 该数据库是系统数据库。

❑ 该数据库已复制并发布。如果进行复制，则数据库必须是未发布的。如果要分离数据库，必须首先执行 sp_replicationdboption 存储过程禁用发布后，再进行分离。

❑ 数据库中存在数据库快照。必须首先删除所有数据库快照再分离数据库。

❑ 数据库正在某个数据库镜像会话中进行镜像。必须先终止该会话再分离数据库。

❑ 数据库处于可疑状态。在 SQL Server 2008 中，无法分离可疑数据库，必须将数据库设为紧急模式再分离数据库。

分离数据库可通过图形向导或语句来完成。

1. 图形向导分离数据库

通过图形向导分离数据库时，可以看到当前数据库的详细信息。

【实践案例 3-15】

例如，要使用图形向导分离 "studentsys" 数据库，可以通过如下步骤实现

（1）在【对象资源管理器】中的【数据库】节点下右击【studentsys】数据库，然后执行【任务】｜【分离】命令。

（2）在打开的【分离数据库】对话框中显示了 "studentsys" 数据库的信息，如图 3-9 所示。

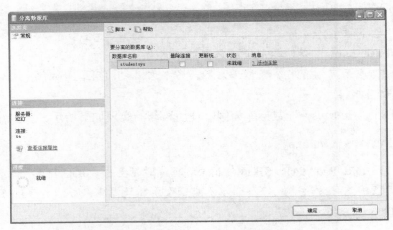

图 3-9　【分离数据库】对话框

在图 3-9 所示的对话框中包括了以下信息。

- □ **【数据库名称】列**　显示所选数据库的名称。
- □ **【更新统计信息】列**　以复选框形式显示。在默认情况下，分离操作将在分离数据库时保留过期的优化统计信息；如果要更新现有的优化统计信息，可启用该复选框。
- □ **【状态】列**　显示 "就绪" 或者 "未就绪"。如果状态是 "未就绪"，在【消息】列将显示有关数据库的超链接信息。当数据库涉及复制时，【消息】列将显示 "Database replicated"。
- □ **【消息】列**　如果数据库有一个或多个活动连接，该列将显示 "<活动连接数>活动连接"。在分离数据库时必须启用【删除连接】复选框断开所有活动的连接。

（3）以上信息设置完成后，单击【确定】按钮即可。

2. 语句分离数据库

使用语句分离数据库时需要调用 sp_detach_db 存储过程来实现，该存储过程的简单语法如下所示。

```
sp_detach_db [ @dbname= ] 'database_name'
```

其中，[@dbname=] 'database_name'表示要分离的数据库的名称。

例如，同样要分离 "studentsys" 数据库，使用 sp_detach_db 存储过程的语句如下所示。

```
EXEC sp_detach_db studentsys
```

3.4.2 附加数据库

附加数据库的作用是将分离后的数据库文件添加到当前的 SQL Server 实例中。附加数据库时要注意,所有数据库的文件(mdf 和 ndf 文件)都必须可用。如果任何数据文件的路径与创建数据库或上次附加数据库时的路径不同,则必须指定文件的当前路径。

与分离数据库一样,SQL Server 2008 提供了图形向导和使用语句来实现附加数据库。

1. 图形向导附加数据库

下面以使用图形向导附加"studentsys"数据库为例,主要步骤如下所示。

(1)在 SQL Server Management Studio 的【对象资源管理器】窗格中右击【数据库】节点,执行【附加】命令打开【附加数据库】窗口。

(2)在打开的【附加数据库】窗口中单击【添加】按钮,在弹出的【定位数据库文件】对话框中选择"studentsys"数据库主数据文件所在路径,如图 3-10 所示。

图 3-10 【附加数据库】窗口

(3)单击【确定】按钮,此时将会看到要附加数据库的名称、MDF 文件位置和原始文件名,等等。再次单击【确定】按钮关闭窗口,完成附加过程。

2. 语句附加数据库

附加数据库也可以使用创建数据库的 CREATE DATABASE 语句,但是与创建数据库不同的是,附加时需要添加 FOR ATTACH 选项。

例如,要使用 CREATE DATABASE 语句附加"studentsys"数据库,语句如下所示。

```
CREATE DATABASE studentsys
ON
```

```
(
FILENAME='D:\sql 数据库\JX.mdf'
)
LOG ON
(
FILENAME='D:\sql 数据库\JX.ldf'
)
FOR ATTACH
```

在使用语句附加数据库时要注意，必须指定数据库全部文件的位置，包括主数据文件、辅助数据文件和事务日志文件。而使用图形向导附加数据库时，只需指定主数据文件即可。

3.5　数据库快照

数据库快照就像是对数据库在某一时刻照的照片，提供了源数据库在某一时刻的一种只读、静态视图。数据库快照提供了一种恢复数据库的手段，当数据库遭到损坏时，通过数据库快照可以将数据库还原到快照前的状态。

3.5.1　工作原理

数据库快照与源数据库相关，且必须与源数据库在同一服务器实例上。如果源数据库因某种原因而不可用，则它的所有数据库快照也将不可用。以下是对数据库快照原理的概述。

数据库快照运行在数据页级。在第一次修改源数据库页之前，首先将原始页从源数据库复制到快照，此过程称为"写入时复制操作"。

通过快照存储原始页，并保留它们在创建快照时的数据记录。对已修改页中的记录进行后续更新，将不会影响快照的内容，对要进行第一次修改的每一页重复此过程，这样，快照将保留自创建快照后经修改的所有数据记录的原始页。

快照使用一个或多个"稀疏文件"来存储复制的原始页。在最初创建时，稀疏文件实际上是空文件，不包含用户数据，并且没有被分配存储用户数据的磁盘空间。但是随着源数据库中更新的页的增多，文件的大小也会不断增长。

由于数据库快照最终是作用在数据库上的，所以对于创建了快照的数据库来说，在使用时存在以下一些限制。

❑ 不允许删除、还原或分离源数据库。
❑ 不允许从源数据库或快照中删除任何数据文件。
❑ 源数据库的性能会降低。
❑ 源数据库必须处于在线状态。

3.5.2　创建数据库快照

在创建数据库快照时，对数据库快照命名是十分重要的。同数据库一样，每一个数据库快照都需要唯一的一个名称,且任何能创建数据库的用户都可以创建数据库快照。

在 SQL Server 2008 中创建数据库快照的方式是使用 CREATE DATABASE 语句,其语法如下所示。

```
CREATE DATABASE database_snapshot_name
ON
(
NAME=logical_file_name,
FILENAME='os_file_name'
)[,...n]
AS SNAPSHOT OF source_database_name
```

语法说明如下所示。

❑ **database_snapshot_name** 要创建的数据库快照的名称。
❑ **NAME 和 FILENAME** 指定数据库快照的稀疏文件,该文件必须保存在 NTFS 文件系统的分区上。
❑ **AS SNAPSHOT OF** 子句 用于指定该数据库快照的源数据库名称。

【实践案例 3-16】

针对"studentsys"数据库创建一个名为"学生选课系统_snp"的数据库快照,语句如下所示。

```
CREATE DATABASE 学生选课系统_snp
ON
(
NAME='studentsys_data',
FILENAME='D:\sql 数据库\学生选课系统_data.mdf'
)
AS SNAPSHOT OF studentsys
```

创建快照后,在【对象资源管理器】窗口中,依次展开【数据库】|【数据库快照】节点进行查看,创建的数据库快照扩展名为 snp,其内容与源数据库完全相同,如图 3-11 所示。

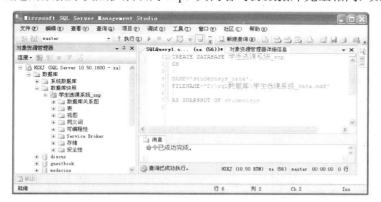

图 3-11 创建数据库快照

3.5.3 使用数据库快照恢复数据库

当源数据库出错或被损坏时,可以通过数据库快照来恢复源数据库到创建快照时的状态，此时恢复的数据会覆盖原来的数据库。执行恢复操作要求对源数据库具有 RESTORE DATABASE 权限，具体的语法格式如下所示。

```
RESTORE DATABASE database_name FROM DATABASE_SNAPSHOT=database_snapshot_name
```

例如，从"学生选课系统_snp"数据库快照中恢复"studentsys"数据库，语句如下所示。

```
RESTORE DATABASE studentsys
FROM DATABASE_SNAPSHOT=学生选课系统_snp
GO
```

执行上述语句时，会话中不能使用当前要恢复的数据库，否则会出错，建议在执行时使用 master 数据库，或者可以选择除当前要恢复的数据库之外的其他数据库。

3.5.4　删除数据库快照

与删除数据库的方法相同，也可以使用 DROP DATABASE 语句删除数据库快照。同样，在删除数据库快照时，不能删除正在使用的数据库快照。

例如，删除"学生选课系统_snp"数据库快照的语句如下所示。

```
DROP DATABASE 学生选课系统_snp
```

3.6　导入/导出数据

在使用 SQL Server 2008 之前，用户也许使用过其他数据库系统，并希望能将自己存储的数据转移到 SQL Server 2008 数据库中；同样，也许因为某些特殊的需要，用户希望将 SQL Server 2008 数据库中的数据转移到别的数据库系统中，如 Access。

SQL Server 2008 提供了导入数据和导出数据功能，可以在数据源及数据目标处使用以下的类型数据源。

- ❑ 大多数的 OLE DB 和 ODBC 数据源及指定的 OLE DB 数据源（包括 Microsoft ODBC Driver for Oracle、Microsoft ODBC Driver for SQL Server、Microsoft OLE DB Provider for OLAP Services、Microsoft OLE DB Provider for Oracle、Microsoft OLE DB Provider for SQL Server 等）。
- ❑ Oracle 和 Informix 数据库。
- ❑ Microsoft Excel 电子表格。
- ❑ Microsoft Access 数据库。
- ❑ Microsoft FoxPro 数据库。
- ❑ Dbase 数据库。
- ❑ Paradox 数据库（包括 Paradox 3.x、Paradox 4.x、Paradox 5.x）。
- ❑ 其他的 ODBC 数据源。
- ❑ 文本文件。

【实践案例 3-17】

例如，要将"studentsys"数据库的数据导出到 Access 数据库，保存名称为"学生选课系统.mdb"，主要步骤如下所示。

（1）在【对象资源管理器】中的【数据库】节点下右击【studentsys】数据库，然后执行【任务】|【导出数据】命令，打开【SQL Server 导入和导出向导】窗口。

（2）在【SQL Server 导入和导出向导】窗口显示了使用向导可以完成的功能，单击【下一步】按钮继续。

（3）在【选择数据源】页选择要导出数据库所在的服务器名称、身份验证方式及源数据库名称，如图 3-12 所示。

在【数据源】下拉列表框中包含了向导所支持的各种数据源的类型，供用户选择；【服务器名称】下拉列表框中可以选择数据源所在的服务器的名称；如果启用【使用 SQL Server 身份认证】选项，则必须分别在【用户名】和【密码】框中输入登录 SQL Server 的用户名和密码；【数据库】下拉列表框中是可选的数据库的名称，单击【刷新】按钮可使该窗口的内容恢复为系统的默认设置值。在这里使用 Windows 身份验证并选择【studentsys】数据库，再单击【下一步】按钮。

（4）在【选择目标】页中对数据导出的目的地进行设置，这里要把数据导出到 Access 中，因此从【目标】下拉列表中选择【Microsoft Access】。然后单击【浏览】按钮，指定导出数据库的名称和保存位置。完成设置之后，还可以单击【高级】按钮，在弹出对话框中单击【测试连接】按钮进行测试，如图 3-13 所示。

图 3-12 【选择数据源】页

图 3-13 【选择目标】页

（5）单击【下一步】按钮，进入【指定表复制或查询】页，设置从表、视图或者查询结果中进行复制。在这里单击【复制一个或多个表或视图的数据】单选按钮，单击【下一步】按钮，如图 3-14 所示。

（6）在进入的【选择源表和源视图】页中列出了当前数据库中的所有表和视图，通过复选框来选择要复制的表或者视图。单击【编辑映射】按钮可以修改源表和目标表之间的复制关系，也可以修改复制时目标表的名称。单击【预览】按钮可以查看表中的数据，如图 3-15 所示。

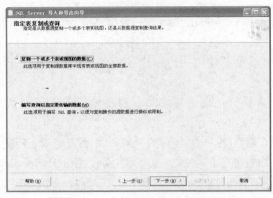 

图 3-14　【指定表复制或查询】页　　　　图 3-15　【选择源表和源视图】页

（7）单击【下一步】按钮，查看具体每个源表与目标表的数据类型映射关系，如图 3-16 所示。

（8）单击【下一步】按钮，在进入的【保存并运行包】页中设置是立即执行导出，还是保存到 SSIS 稍后导出。在这里启用【立即运行】复选框，如图 3-17 所示。

 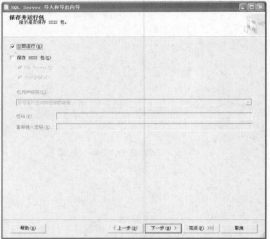

图 3-16　【查看数据类型映射】页　　　　图 3-17　【保存并运行包】页

（9）单击【下一步】按钮，在进入的【完成该向导】页中查看要进行导出数据的细节，如图 3-18 所示。

（10）如果没有再需要修改的设置的话，单击【完成】按钮开始执行导出功能。执行完成后将看到图 3-19 所示效果，最后单击【关闭】按钮结束。

（11）数据都导出到 Access 数据库之后打开 D:\db 目录下的 Access 数据库"学生选课系统.mdb"。在其中可以看到各个数据表的内容均与源数据库相同，如图 3-20 所示。

图 3-18　【完成该向导】页　　　　　　图 3-19　【执行成功】页

图 3-20　查看 Access 中的数据

导入数据与导出数据的过程类似，都是在向导的提示下完成，读者可以自己试试。

3.7　备份和恢复数据库

作为一名数据库管理员，对数据库执行备份并在意外发生时通过备份恢复数据是最基本的职责。本节就介绍在 SQL Server 2008 中备份和恢复数据库的具体方法。

3.7.1　了解备份类型

SQL Server 2008 提供了 4 种数据库备份类型：完整备份、差异备份、事务日志备份和文件和文件组备份。

1. 完整备份

完整备份是指备份所有数据文件和事务日志文件。完整备份是在某一时间点对数据库进行备份，以这个时间点作为恢复数据库的基点。不管采用何种备份类型或备份策略，在对数据库进行备份之前，必须首先对其进行完整备份。

在完整备份过程中，不允许执行下列操作。

❑ 创建或删除数据库文件。

❑ 在收缩操作过程中截断文件。

如果备份时上述某个操作正在进行，则备份将等待该操作完成，直到会话超时。如果在备份操作执行过程中试图执行上面任一操作，该操作将失败，而备份操作继续进行。

2. 差异备份

差异备份仅捕获自上次完整备份后发生更改的数据，这称为差异备份的"基准"。差异备份仅包括建立差异基准后更改的数据，在还原差异备份之前，必须先还原其基准备份。

当数据库被频繁修改而又需要最小化备份时，可以使用差异备份。

3. 事务日志备份

事务日志备份中包括了在前一个事务日志备份中没有备份的所有日志记录。只有在完整恢复模式和大容量日志恢复模式下才会有事务日志备份。

> 如果上一次完整备份数据库后，数据库中的某一行被修改了多次，那么事务日志备份包含该行所有被更改的历史记录，这与差异备份不同，差异备份只包含该行的最后一组值。

4. 文件和文件组备份

文件和文件组备份可以用来备份和还原数据库中的文件。使用文件备份可以使用户仅还原已损坏的文件，而不必还原数据库的其余部分，从而提高恢复速度，减少恢复时间。利用文件组备份，每次可以备份这些文件当中的一个或多个文件，而不是同时备份整个数据库。

3.7.2 了解恢复模式

SQL Server 2008 包括 3 种恢复模式：简单恢复模式、完整恢复模式和大容量日志恢复模式。每种恢复模式都能够在不同程度上恢复相关数据，且在恢复方式和性能方面存在差异。

1. 简单恢复模式

简单恢复模式可以将数据库恢复到上一次的备份。优点是日志的存储空间较小，能够提高磁盘的可用空间，而且也是最容易实现的模式。但是，使用简单恢复模式无法将数据库还原到故障点或特定的即时点。如果要还原到这些即时点，则必须使用完整恢复模式。

在简单恢复模式下可以执行完整备份和差异备份，它适用于小型数据库或者数据更改频度不高的数据库。

2. 完整恢复模式

完整恢复模式是 SQL Server 2008 的默认模式，在故障还原中具有最高的优先级。这种恢复模式使用完整备份和事务日志备份，能够较为安全地防范媒体故障。SQL Server 事务日志文件记录了对数据进行的全部更改，包括大容量数据操作，如 SELECT INTO、CREATE INDEX、大批量装载数据。并且，因为日志记录了全部事务，所以可以将数据库还原到特定即时点。

3. 大容量日志恢复模式

与完整恢复模式相似，大容量日志恢复模式使用完整备份和事务日志备份来恢复数据库。该模式在某些大规模或大容量数据操作（比如 INSERT INTO、CREATE INDEX、大批量装载数据、处理大批量数据）时提供最佳性能和最少的日志使用空间。

在这种模式下，日志只记录多个操作的最终结果，而并非存储操作的过程细节，所以日志尺寸更小，大批量操作的速度也更快。如果事务日志文件没有受到破坏，除了故障期间发生的事务以外，SQL Server 能够还原全部数据，但是，由于使用最小日志的方式记录事务，所以不能恢复数据库到特定即时点。

 在大容量日志恢复模式下，备份包含大容量日志记录操作的日志时，需要访问数据库中的所有数据文件。如果数据文件不可访问，则无法备份最后的事务日志文件，而且该日志中所有已提交的操作都会丢失。

4. 配置恢复模式

SQL Server 2008 中 master、msdb 和 tempdb 使用简单恢复模式，model 数据库使用完整恢复模式。因为 model 数据库是所有新建数据库的模板数据库，所以用户数据库默认也是使用完整恢复模式。

【实践案例 3-18】

系统数据库的恢复模式不能修改。但是，允许根据实际需求自定义用户数据库的恢复模式。例如，要更改 "studentsys" 数据库的恢复模式可通过如下步骤。

（1）在【对象资源管理器】中展开【数据库】节点并右击【studentsys】数据库。

（2）执行【属性】命令打开【studentsys】数据库的【数据库属性】窗口。

（3）打开【选项】页面，从【恢复模式】下拉列表中选择合适的恢复模式，如图 3-21 所示。

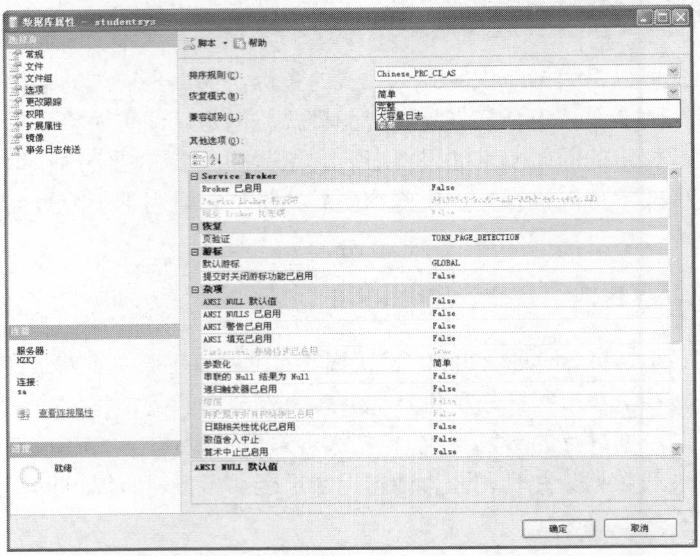

图 3-21　选择恢复模式

（4）选择完成后单击【确定】按钮，即完成恢复模式的配置。

3.7.3　了解备份设备

前面介绍了 SQL Server 2008 中有关备份和恢复的基础知识，本节来了解一下备份设备。

备份设备就是用来存储数据库、事务日志或者文件和文件组备份的存储介质。常见的备份设备有：磁盘备份设备、磁带备份设备和逻辑备份设备。

1．磁盘备份设备

磁盘备份设备就是存储在硬盘或者其他磁盘媒体上的文件，引用磁盘备份设备与引用任何其他操作系统文件一样。可以在服务器的本地磁盘上或者共享网络资源的远程磁盘上定义磁盘备份设备，如果磁盘备份设备定义在网络的远程设备上，则应该使用统一命名方式（UNC）来引用该文件，以\\Servername\Sharename\Path\File 格式指定文件的位置。在网络上备份数据可能受到网络错误的影响。因此，在完成备份后应该验证备份操作的有效性。

> **警告**　不要将数据库事务日志备份到数据库所在的同一物理磁盘上的文件中。如果包含数据库的磁盘设备发生故障，由于备份位于同一发生故障的磁盘上，因此无法恢复数据库。

2．磁带备份设备

磁带备份设备的用法与磁盘备份设备相同，不过磁带备份设备必须物理连接到运行 SQL Server 2008 实例的计算机上。如果磁带备份设备在备份操作过程中已满，但还需要写入一些数据，SQL Server 2008 将提示更换新磁带并继续备份操作。

3. 逻辑备份设备

物理备份设备名称主要用来供操作系统对备份设备进行引用和管理，如 "C:\Backups\Accounting\Full.bak"。逻辑备份设备是物理备份设备的别名，通常比物理备份设备更能简单、有效地描述备份设备的特征。逻辑备份设备名称被永久保存在 SQL Server 的系统表中。

4. 管理备份设备

在 SQL Server 2008 中主要通过两种方法创建备份设备，使用图形向导和语句。

【实践案例 3-19】

例如，要创建一个 "studentsys" 数据库的备份设备，若使用图形向导创建可使用如下步骤。

（1）在【对象资源管理器】中展开【服务器对象】节点，然后右击【备份设备】执行【新建备份设备】命令，如图 3-22 所示。

（2）在打开的窗口中指定备份设备的名称及保存文件的路径，如图 3-23 所示。

（3）单击【确定】按钮完成创建永久备份设备。

图 3-22　执行【新建备份设备】命令　　　　图 3-23　指定设备名称和保存文件的路径

使用 sp_addumpdevice 存储过程也可以创建备份设备，语法格式如下所示。

```
SP_ADDUMPDEVICE [ @devtype = ] 'device_type'
    , [ @logicalname = ] 'logical_name'
    , [ @physicalname = ] 'physical_name'
  [ , { [ @cntrltype = ] controller_type |
        [ @devstatus = ] 'device_status' }
  ]
```

语法说明如下所示。

❑ **[@devtype =] 'device_type'**　指定备份设备的类型。

❑ **[@logicalname =] 'logical_name'**　指定在 BACKUP 和 RESTORE 语句中使用的备份设备的逻辑名称。

❑ **[@physicalname =] 'physical_name'**　指定备份设备的物理名称，名称包含路径且路径必须存在。

❑ **[@cntrltype =] 'controller_type'**　如果 cntrltype 的值是 2，则表示是磁盘；如果 cntrltype 值是 5，则表示是磁带。

❑ **[@devstatus =] 'device_status'** devstatus 如果是 noskip，表示读 ANSI 磁带头，如果是 skip，表示跳过 ANSI 磁带头。

例如，下面的语句创建了一个名称为"学生选课系统备份"的备份设备。

```
EXEC sp_addumpdevice 'disk','学生选课系统备份','D:\db\studentsys_beifen.bak'
```

【实践案例 3-20】

与 sp_addumpdevice 存储过程相对应的 sp_dropdevice 存储过程可以删除一个备份设备。例如，删除上面的备份设备，可用语句如下所示。

```
EXEC sp_dropdevice 学生选课系统备份,delfile
```

在 SQL Server Management Studio 中也可以使用图形化工具查看和删除备份设备，因为比较容易，在这里就不再详细介绍了。

3.7.4 备份数据库

在了解了备份类型、恢复模式和备份设备之后，本节将详细介绍如何执行数据库的备份操作。针对每种备份类型都可以使用图形向导和语句来完成。下面以完整备份为例进行介绍，因为其他所有备份类型都依赖于完整备份。

1. 使用图形向导备份数据库

现在对"studentsys"数据库创建完整备份，备份到前面创建的永久备份设备"学生选课系统备份"上，具体步骤如下所示。

【实践案例 3-21】

（1）在【对象资源管理器】中展开【服务器】|【数据库】节点，右击【studentsys】数据库，执行【任务】|【备份】命令打开【备份数据库】窗口，如图 3-24 所示。

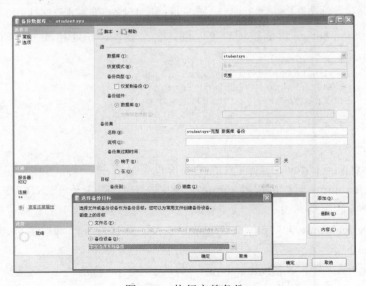

图 3-24 执行完整备份

（2）在图 3-24 的【备份类型】下拉列表中选择"完整"，保留【名称】文本框的内容不变。

（3）在【目标】区域，通过单击【删除】按钮，删除已存在的目标。然后单击【添加】按钮，打开【选择备份目标】窗口，单击【备份设备】单选按钮后，从下拉列表中选择"学生选课系统备份"。

（4）设置好以后，单击【确定】按钮返回【备份数据库】窗口。打开【选项】页面，启用【完成后验证备份】复选框。

技巧 【覆盖所有现有备份集】用来初始化新的设备或者覆盖现在的设备，【完成后验证备份】用来核对实际数据库与备份副本，并确保在备份完成之后二者保持一致。

（5）完成设置后单击【确定】开始备份，备份完成后系统将弹出备份成功完成提示信息框，如图 3-25 所示。

图 3-25　设置【选项】页面

（6）现在已经对【studentsys】数据库执行了一个完整备份。在【对象资源管理器】中，展开【服务器】|【服务器对象】|【备份设备】节点，右击备份设备【学生选课系统备份】，执行【属性】命令，打开【备份设备】窗口。

（7）打开【媒体内容】页面，可以看到刚刚创建的"studentsys"数据库的完整备份，如图 3-26 所示。

2. 使用 BACKUP DATABASE 语句备份数据库

使用 BACKUP DATABASE 语句完整备份数据库的语法格式如下所示。

```
BACKUP DATABASE database_name
TO <backup_device> [    n]
```

```
[WITH
[[,] NAME=backup_set_name]
[ [,] DESCRIPTION='TEXT']
[ [,] {INIT | NOINIT } ]
[ [,]{ COMPRESSION | NO_COMPRESSION }
]
```

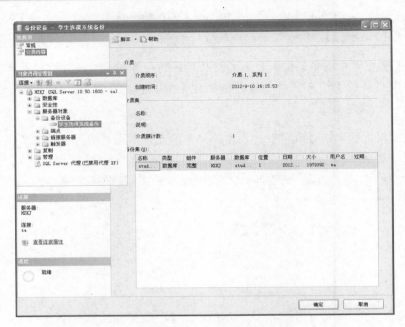

图 3-26　验证完整备份

语法说明如下所示。

❑ **database_name**　指定备份的数据库名称。

❑ **backup_device**　指定备份设备名称。

❑ **WITH 子句**　指定备份选项。

❑ **NAME=backup_set_name**　指定备份的名称。

❑ **DESCRIPITION='TEXT'**　指定备份的描述。

❑ **INIT|NOINIT**　INIT 表示新备份的数据覆盖当前备份设备上的每一项内容，NOINIT 表示新备份的数据追加到备份设备上已有的内容后面。

❑ **COMPRESSION|NO_COMPRESSION**　COMPRESSION 表示启用备份压缩功能，NO_COMPRESSION 表示不启用备份压缩功能

【实践案例 3-22】

使用 BACKUP DATABASE 语句创建一个"studentsys"数据库的完整备份，语句如下所示。

```
BACKUP DATABASE studentsys
TO 学生选课系统备份
WITH INIT,
NAME='studentsys 完整备份'
```

在上述语句中，将"studentsys"数据库完整备份到"学生选课系统备份"备份设备中。INIT选项使新备份的数据覆盖当前备份设备上的每一项内容，执行后的结果如图3-27所示。

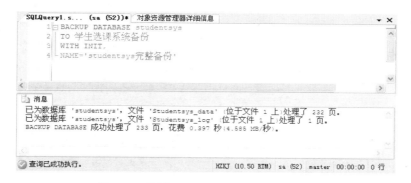

图3-27　使用 BACKUP DATABASE 语句

3. 执行差异备份

当数据量十分庞大时，执行一次完整备份需要耗费非常多的时间和空间，因此完整备份不能频繁进行，创建了数据库的完整备份以后，如果数据库从上次备份以来只修改了很少的数据，此时比较适合使用差异备份。

差异备份与完整备份使用相同的界面，唯一不同的是需要选择【备份类型】为"差异"，并指定一个差异备份的名称。对 studentsys 数据库执行差异备份的界面，如图3-28所示。

这里把差异备份的结果也保存到"学生选课系统备份"备份设备中。然后在【选项】页中启用【追加到现有备份集】单选按钮，如图3-29所示。

图3-28　执行差异备份

图3-29　差异备份的【选项】页面

单击【确定】按钮开始备份。备份完成后，在【对象资源管理器】|【服务器对象】|【备份设备】中双击备份设备【学生选课系统备份】，在弹出窗口的【介质内容】页面中可以看到包含的差异备份内容，如图3-30所示。

创建差异备份与创建完整备份的语法基本相同，只是多了一个 WITH DIFFERENTIAL 子句，该子句用于指明本次备份是差异备份。

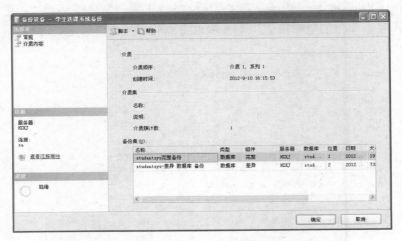

图 3-30　验证差异备份

同样为"studentsys"数据库创建差异备份，语句如下所示。

```
BACKUP DATABASE studentsys
TO 学生选课系统备份
WITH NOINIT,
DIFFERENTIAL,
NAME='studentsys差异备份'
```

在上述语句中，将"studentsys"数据库差异备份到"学生选课系统备份"备份设备中，并且使用 NOINIT 选项，使新备份的数据追加到备份设备上已有的内容后面。

对于剩余的两种备份类型的具体备份操作，这里就不再详解介绍了，它们的操作方法与差异备份类似。

3.7.5　恢复数据库

恢复数据库，就是让数据库根据备份的数据回到备份时的状态。当恢复数据库时，SQL Server 会自动将备份文件中的数据全部复制到数据库，并回滚任何未完成的事务，以保证数据库中的数据的完整性。

恢复数据库可以有两种方式，一种是使用图形向导，另一种是使用 RECOVERY 语句。

【实践案例 3-23】

例如，要使用上节创建的完整备份恢复"studentsys"数据库，步骤如下所示。

（1）在【对象资源管理器】中展开【数据库】节点，右击"studentsys"数据库执行【任务】｜【还原】｜【数据库】命令，打开【还原数据库】窗口。

（2）在【还原数据库】窗口中选择【源设备】单选按钮，弹出一个【指定备份】对话框。在【备份介质】下拉列表中选择"备份设备"选项，然后单击【添加】按钮，选择之前创建的"学生选课系统备份"备份设备，如图 3-31 所示。

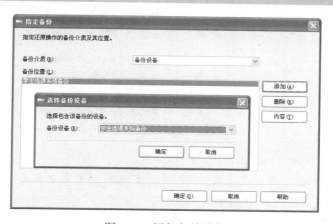

图 3-31　添加备份设备

（3）单击【确定】按钮返回。在【还原数据库】窗口启用名称为【studentsys 完整备份】的复选框，这将使数据库恢复到完整备份时的状态，如图 3-32 所示。

（4）在【选项】页面中选择【RESTORE WITH RECOVERY】选项，如图 3-33 所示。如果还需要恢复别的备份文件，需要选择【RESTORE WITH NORECOVERY】选项。设置完成后，数据库会显示处于正在还原状态，无法进行操作，必须到最后一个备份还原为止。

图 3-32　选择备份集

图 3-33　设置恢复状态

（5）单击【确定】按钮，完成对数据库的还原操作。还原完成后，系统会弹出还原成功消息对话框。

【实践案例 3-24】

恢复数据库使用的是 RESTORE DATABASE 语句，它用于还原 BACKUP DATABASE 语句创建的数据库备份。RESTORE DATABASE 语句语法格式如下所示。

```
RESTORE DATABASE { database_name | @database_name_var }
[FROM <backup_device> [ ,…n ] ]
[WITH
{
[ RECOVERY | NORECOVERY | STANDBY =
{standby_file_name | @standby_file_name_var }
]
```

```
|, <general_WITH_options>[ ,…n ]
|, <replication_WITH_option>
|, <change_data_capture_WITH_option>
|, <service_broker_WITH options>
|,<point_in_time_WITH_options—RESTORE_DATABASE>
}[ ,…n ]
]
[;]
```

语法说明如下所示。

- ❑ **database_name**　指定还原的数据库名称。
- ❑ **backup_device**　指定还原操作要使用的逻辑或物理备份设备。
- ❑ **WITH 子句**　指定备份选项。
- ❑ **RECOVERY|NORECOVERY**　当还有事务日志文件需要还原时，应指定 NORECOVERY，如果所有的备份都已还原，则指定 RECOVERY。
- ❑ **STANDBY**　指定撤销文件名以便可以取消恢复效果。

【实践案例 3-25】

假设在"学生选课系统备份"备份设备上存在一个完整备份和一个差异备份。现在要恢复到"studentsys"数据库中，则需要执行下列两个独立的恢复操作才可以确保数据库的一致性。语句如下所示。

（1）还原完整备份，但不恢复数据库。语句如下所示。

```
RESTORE DATABASE studentsys
FROM 学生选课系统备份
WITH FILE=1, NORECOVERY
```

（2）还原差异备份，并且恢复数据库。语句如下所示。

```
RESTORE DATABASE studentsys
FROM 学生选课系统备份
WITH FILE=2, RECOVERY
```

3.8　生成 SQL 脚本

除了使用前面的导出数据和备份数据库来对重要数据进行备份之外，还可以将数据库及其内容生成语句保存为 SQL 脚本文本。因此通常会利用 SQL 来创建数据库结构，再用备份来重建数据库，或是将 SQL 作为安装数据库的工具。

3.8.1　将数据表生成 SQL 脚本

当多个数据库需要相同的表，或者当前数据表需要重建时，直接执行创建表的 SQL 脚本要比手动创建节省许多操作时间，还可以避免出错。

在 SQL Server 2008 中支持对数据表 CREATE、DROP、SELECT、INSERT、UPDATE

和 DELETE 语句的 SQL 脚本生成。

例如，要生成"studentsys"数据库中 Course 表 CREATE 语句的 SQL 脚本，可使用如下步骤。

（1）在【对象资源管理器】中展开【数据库】|【studentsys】|【表】节点。

（2）右击要生成 SQL 脚本的 Course 表，执行【编写表脚本为】|【CREATE 到】|【新查询编辑器窗口】命令，如图 3-34 所示。

（3）执行之后将会创建一个新的窗口同时显示针对 Course 表的 CREATE 语句。

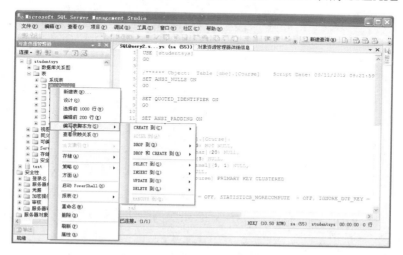

图 3-34 生成数据表 SQL 脚本

（4）执行【文件】|【保存】命令，在弹出的对话框中指定一个 SQL 文件名即可。

经过上面的步骤，创建 Course 表的 SQL 语句已经保存了，下次需要时直接打开该文件并执行即可。

直接右击【表】执行【编写表脚本为】|【CREATE 到】|【文件】命令，可以直接将脚本保存到外部文件中。

3.8.2 将数据库生成 SQL 脚本

当有多个表需要生成 SQL 脚本时，可以使用 SQL Server 2008 的数据库生成脚本功能。这个生成 SQL 脚本可以涵盖许多的数据库对象，如表、视图、存储过程、对象权限、用户、组和角色等，同时也可以将表的数据生成到 SQL 脚本中。

例如，要将"studentsys"数据库的所有内容都生成 SQL 脚本，可使用如下步骤。

（1）在【对象资源管理器】中右击【studentsys】节点，执行【任务】|【生成脚本】命令，打开【生成和发布脚本】窗口。

（2）在窗口第一页显示了生成所需步骤简介，单击【下一步】按钮进入【选择对象】页。在这里选择要包含在脚本中的对象，默认会选中【编写整个数据库及所有数据库对象的脚本】单选按钮。也可以选择【选择特定数据库对象】单选按钮，然后在下面的列表中选择要在脚本中包含的对象，如图 3-35 所示。

（3）单击【下一步】按钮，设置脚本编写选项，包括脚本输出类型和保存文件位置等，如图 3-36 所示。

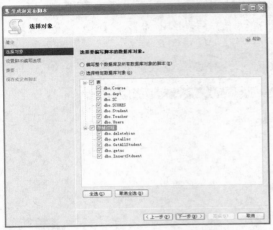
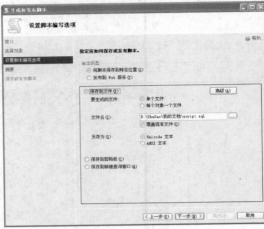

图 3-35　选择脚本中包含的对象　　　　图 3-36　设置脚本编写选项

（4）单击【高级】按钮，在弹出的【高级脚本编写选项】对话框中进行详细设置。如图 3-37 所示为表/视图选项的设置，如图 3-38 所示为常规选项的设置，其中，TRUE 表示启用，FALSE 表示禁用。

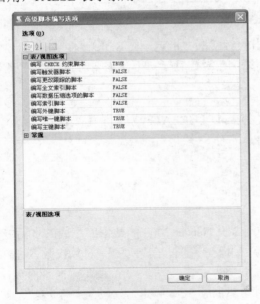

图 3-37　设置表/视图选项　　　　图 3-38　设置常规选项

在实际的操作中，如果把高级版本的脚本导出到低级版本上运行，可能会有很多兼容性的问题。因此向低级版本导出脚本的时候，要在【为服务器版本编写脚本】下拉列表中选择导出的数据库版本。

（5）设置完成后单击【下一步】按钮，在进入的【摘要】页查看最终选择的结果，如图 3-39 所示。

（6）单击【下一步】按钮，开始生成所选对象的脚本。脚本生成之后将看到图 3-40 所示的界面，单击【完成】按钮结束。

图 3-39　【摘要】页

图 3-40　【保存或发布脚本】页

3.9 项目案例：设计数据库备份策略

备份策略是一份详细描述何时使用何种备份类型的计划。例如，可以只用完整备份策略，也可以使用完整备份和差异备份策略或者其他任何一种备份策略有效组合。关键是需要找出哪种组合适合我们的具体环境。

针对不同数据库系统的实际情况，SQL Server 2008 提出了以下几种备份策略。

- ❑ 仅完整备份策略。
- ❑ 完整兼差异备份策略。
- ❑ 完整兼事务日志备份策略。
- ❑ 组合备份策略。
- ❑ 文件组备份策略。

本次案例以保存医药信息的"medicine"数据库为例，制定组合备份策略如下所示。

（1）每周执行 1 次完整备份。

（2）每两天执行 1 次差异备份。

（3）每天执行 1 次事务日志备份。

【实例分析】

为了保证"medicine"数据库备份过程的顺利，在备份执行之前还需要对数据库进行如下修改。

（1）增加一个辅助数据文件和一个事务日志文件。

（2）查看当前数据库状态和文件组成。

（3）收缩数据库和数据文件。

（4）创建一个数据库快照。

（5）创建一个用于保存备份数据的设备。

（6）使用维护计划向导，创建此备份策略的具体备份计划。但是要注意维护计划向导必须启动 SQL Server 代理服务才能使用。

具体的实现步骤如下所示。

（1）打开【SQL Server Management Studio】窗口，使用 SQL Server 身份验证建立连接。

（2）执行【文件】|【新建】|【使用当前连接查询】命令打开查询编辑器窗口。

（3）使用 ALTER DATABASE 语句向"medicine"数据库中增加一个名为"medicine_DATA1"的辅助数据文件。

```
USE master
GO
--增加一个辅助数据文件
ALTER DATABASE medicine
ADD FILE
(
NAME=medicine_DATA1,
FILENAME='D:\sql 数据库\medicine_DATA1.ndf',
SIZE=2MB,
MAXSIZE=10MB,
FILEGROWTH=5%
)
```

（4）使用相同的语句向"medicine"数据库中增加一个名为"medicine_LOG1"的事务日志文件。

```
ALTER DATABASE medicine
ADD LOG FILE
(
NAME=medicine_LOG1,
FILENAME='D:\sql 数据库\medicine_LOG1.ldf',
SIZE=2MB,
MAXSIZE=10MB,
FILEGROWTH=5%
)
```

（5）调用 sp_helpdb 存储过程查看"medicine"数据库当前的状态和文件组成情况。

```
sp_helpdb medicine
```

执行效果如图 3-41 所示。

（6）对"medicine"数据库和数据文件进行收缩。

```
USE medicine
GO
DBCC SHRINKDATABASE (0 ,5)
DBCC SHRINKFILE(medicine_DATA1)
```

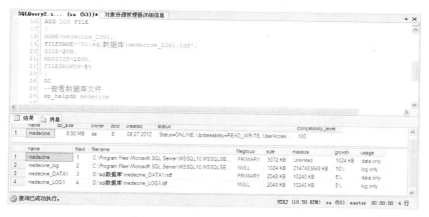

图 3-41　查看 medicine 数据库

（7）创建一个"**medicine**"数据库的快照"医药信息数据库_快照备份"。

```
USE master
CREATE DATABASE 医药信息数据库_快照备份
ON
(
NAME='medicine',
FILENAME='D:\sql 数据库\医药信息数据库.mdf'
),
(
NAME='medicine_DATA1',
FILENAME='D:\sql 数据库\医药信息数据库_DATA1.ldf'
)
AS SNAPSHOT OF medicine
```

（8）创建一个名为"医药数据备份"的备份设备。

```
EXEC sp_addumpdevice 'disk','医药数据备份','D:\db\medicine_beifen.bak'
```

（9）在【对象资源管理器】中的【管理】节点下，右击【维护计划】节点，执行【维护计划向导】命令。

（10）在弹出的【维护计划向导】窗口中单击【下一步】按钮，进入【选择计划属性】页面，在这里设置计划的名称和说明，如图 3-42 所示。

（11）单击【下一步】按钮，进入【选择维护任务】页面，在这里从维护任务列表中启用【备份数据库（完整）】复选框，如图 3-43 所示。

（12）单击【下一步】按钮，进入【选择维护任务顺序】页面，由于只选了一个任务，直接单击【下一步】按钮，开始定义任务内容，如图 3-44 所示。

（13）在【数据库】选项中找到"medicine"数据库，在【备份组件】下单击【数据库】单选按钮，单击【磁盘】单选按钮后选择【跨一个或多个文件备份数据库】选项。再单击【添加】按钮选择"医药数据备份"备份设备，在【如果备份文件存在】下拉列表中选择"覆盖"选项，如图 3-45 所示。

88

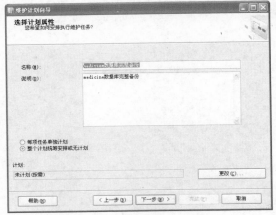

图 3-42　设置计划的名称和说明

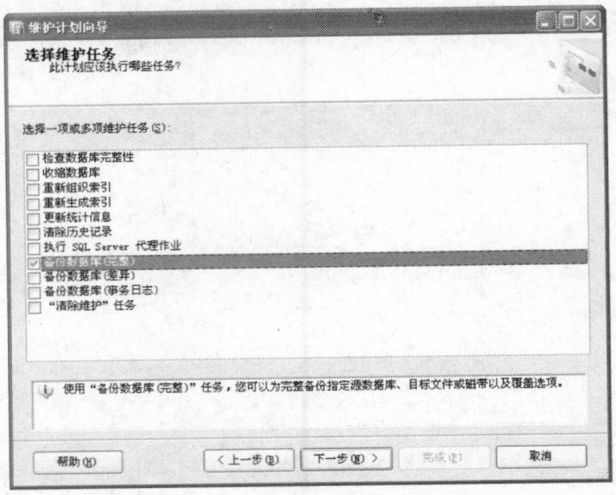

图 3-43　选择维护任务

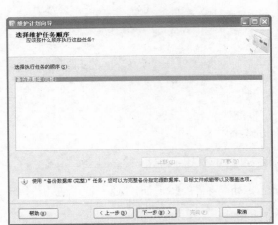

图 3-44　调整任务顺序

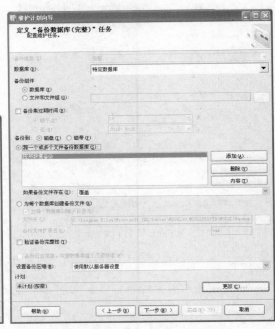

图 3-45　定义维护任务

（14）单击【更改】按钮打开【作业计划属性】窗口，在【计划类型】下拉列表中选择【重复执行】选项，在【执行】下拉列表中选择【每周】选项，【执行间隔】选择"1"并在下面的复选框中选择"星期日"，选择【执行一次，时间为】时间为"0:00:00"，【开始日期】默认当日，结束时间选择【无结束日期】，如图 3-46 所示。

（15）单击【确定】返回，再单击【下一步】进入【选择报告选项】页面，指定是将报告保存到指定文件，还是发送邮件，如图 3-47 所示。

（16）设置完成后单击【下一步】按钮，在【完成该向导】页面确认信息是否有误。无误时单击【完成】按钮创建维护计划，计划创建完成后将看到图 3-48 所示效果。

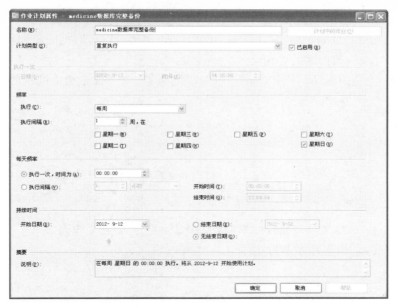

图 3-46　新建作业计划

图 3-47　选择报告选项

图 3-48　完成维护计划

（17）经过上面的步骤，对"medicine"数据库每周执行一次完整备份的计划就制作完成了。创建差异备份与事务日志备份的维护计划与上面类似，只需要指定名称、说明、执行频率和时间即可，这里就不再重复了。

唯一需要注意的是，在创建差异备份与事务日志备份计划时，需要在定义维护任务页面的【如果备份文件存在】的选项中选择"追加"（图 3-45）。

3.10　习题

一、填空题

1. 假设要将"test"数据库重名为"测试数据库"，使用 sp_renamedb 存储过程的实现语句是_____。

    2. 使用 ALTER DATABASE 语句的_____选项可以为数据库添加数据文件。

    3. 删除"test"数据库的语句是_____。

    4. 在下面的空白处填写语句，使其可以实现创建一个 test 数据库的快照"test 快照"。

```
CREATE DATABASE _____
ON
(
NAME='test_data',
FILENAME='D:\sql 数据库\test_data.mdf'
)
AS _____ OF test
```

    5. SQL Server 2008 中将数据库恢复到某个时间点的备份类型是_____。

    6. SQL Server 2008 中数据库的默认恢复模式是_____。

二、选择题

    1. 下列关于分离数据库的描述不正确的是_____。

        A. 数据库有快照时不能进行分离

        B. 数据库处于可疑状态时不能进行分离

        C. 分离数据库有两种方法

        D. 可以分离系统数据库

    2. 假设要查看"test"数据库的状态，下面语句不正确的是_____。

        A. SELECT name , state_desc   FROM sys.databases WHERE name = 'test'

        B. sp_helpdb test

        C. SELECT DATABASEPROPERTYEX('test','status')

        D. SELECT status FROM test

    3. 下列选项中属于修改数据库的语句是_____。

        A. CREATE DATABASE

        B. ALTER DATABASE

        C. DROP DATABASE

        D. 以上都不是

    4. 下列不属于 SQL Server 2008 恢复模式的是_____。

        A. 完整恢复模式

        B. 差异恢复模式

        C. 简单恢复模式

        D. 大容量日志恢复模式

    5. 在备份过程中，可以允许执行以下哪项操作_____。

        A. 创建数据库文件

        B. 创建索引

        C. 执行一些日志操作

        D. 手工缩小数据库文件的大小

6．现在需要对数据库"Firstdb"做一次事务日志备份，并且追加到现有备份集"First"。下列语句正确的一项是_____。

A．

```
BACKUP LOG Firstdb
TO DISK='First'
WITH NOINIT,
NAME=' Firstdb_Log_backup'
```

B．

```
BACKUP DATABASE Firstdb
TO DISK='First'
WITH INIT,
NAME=' Firstdb_Log_backup'
```

C．

```
BACKUP DATABASE Firstdb
TO DISK='First'
WITH DIFFERENTIAL,
NOINIT,
NAME='Firstdb_Log_backup'
```

D．

```
BACKUP DATABASE Firstdb
TO DISK='First'
WITH NOINIT,
NAME=' Firstdb_Log_backup'
```

三、上机练习

上机实践 1：维护社区系统数据库

本章针对数据库的管理操作，介绍了图形向导和语句两种方式。本次上机要求读者选择熟悉的方式实现针对"社区系统"数据库的如下维护操作。

（1）查看"社区系统"数据库由哪些文件组成及状态。

（2）将数据库名称修改为"SNS"。

（3）向数据库中增加一个辅助数据文件。

（4）创建一个名为"社区系统_快照"的数据库快照。

（5）将"SNS"数据库分离出去。

（6）删除数据库快照。

上机实践 2：备份社区系统数据库

本次实践在"上机实践 1"的基础上进行，最终完成对社区系统数据库的备份，步骤如下所示。

（1）将分离的"SNS"数据库附加到 SQL Server 实例。

（2）将数据库名称重命名为"社区系统"。

（3）修改数据库的恢复模式为大容量日志恢复模式。

（4）创建一个名为"社区系统_备份"的备份设备。

（5）将"社区系统"数据库的完整备份保存到备份设备中。

（6）向备份设备中追加一个事务日志备份。

 上机实践 3：查看所有备份设备

本次上机要求读者使用 sp_helpdevice 存储过程查看服务器上所有备份设备的信息，运行效果如图 3-49 所示。

图 3-49　使用 sp_helpdevice 查看服务器上的设备信息

3.11　实践疑难解答

3.11.1　关于修改数据库大小的问题

 关于修改数据库大小的问题

网络课堂：http://bbs.itzcn.com/thread-566-1-1.html

【问题描述】：我知道两种 SQL Server 2008 中修改数据库大小的方法，都是使用 SQL 语句完成的。

第一种：

```
alter database dataname
add file
```

第二种：

```
alter database dataname
modify file
```

现在的问题是，这两个语句究竟有什么特点或者区别，在哪些情况下适用。请高手指点，谢谢！

【解决方法】：你学习得很仔细啊。不错，它们都可以实现相同的功能，但在细节上有些差异。我的理解是这样的。

第一种方法实际上是通过增加数据文件来扩充数据库大小。一般用在数据文件不可扩展的数据库中。例如，使用了裸设备，而裸设备的空间已经满了，则需要增加一些存储在其他裸设备中的数据文件。

第二种方法主要用来修改数据文件的属性，可以修改大小、可扩展性、数据文件类型等。例如，若数据文件太大，用不了这么多，可以收缩一点，若数据文件太小而存储设备还有空间，可以扩展一些。

3.11.2 无法打开备份设备的问题

无法打开备份设备的问题

网络课堂：http://bbs.itzcn.com/thread-636-1-1.html

【问题描述】：以前都是直接将备份保存在本机，今天在用语句进行备份时出现错误。语句如下所示。

```
backup database sys to disk='\\ww-bicbvz0m4yvq\c:\aaa\a.bak' with init
```

备份不成功，出现如图 3-50 所示提示。

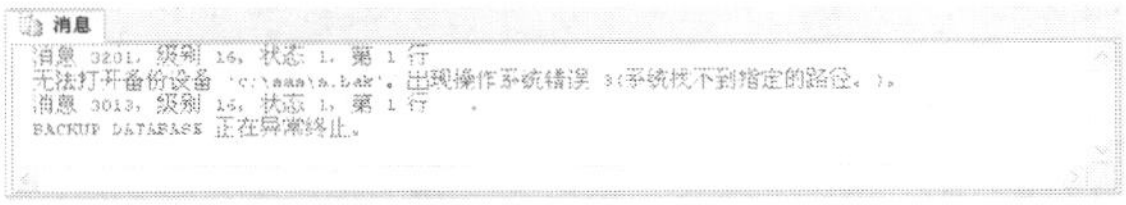

图 3-50 错误提示

另外，要是远程备份到本地，该怎么解决这个问题呢？

【解决办法】：在 SQL 服务器上，能够在"我的电脑"中复制文件到"\\ww-bicbvz0m4yvq\c:\aaa"吗？如果不能，证明你的共享没有设置好；如果能，那用映射的办法来解决。

（1）映射

```
exec master..xp_cmdshell 'net use z:\\xz\c$""/user:xz\administrator'
```

其中，"z:"是映射网络路径对应本机的盘符，与下面的备份对应；\\xz\c$是要映射的网络路径；"xz\administrator"中"xz"是远程的计算机名，"administrator"是用户名。

（2）进行数据库备份

```
backup database 数据库名 to disk='z:\备份文件名'
```

（3）备份完成后删除映射

```
exec master..xp_cmdshell 'net use z:/delete'
```

3.11.3 差异备份还原的问题

差异备份还原的问题
网络课堂：http://bbs.itzcn.com/thread-652-1-1.html

【问题描述】：我先执行了下面的语句：

```
USE master
EXEC sp_addumpdevice 'disk','pubs_bk','F:\data\pubs.dat'
backup database pubs to pubs_bk with differential--差异备份
```

然后又执行：

```
restore database pubs from pubs_bk with norecovery
```

结果显示以下的错误：

先前的还原操作未指定 WITH NORECOVERY 或 WITH STANDBY，请在除最后步骤之外的所有其他步骤中指定 WITH NORECOVERY 或 WITH STANDBY 后，重新启动该还原序列。

我已经做过完整备份了，请问该怎么解决呢？
【解决办法】：这种情况下必须先恢复完整备份。

```
RESTORE DATABASE pubs
FROM pubs_bk              --完整备份设备
WITH NORECOVERY,        --指定 NORECOVERY 选项
FILE = 1
```

在完整备份还原的基础上恢复差异备份。

```
RESTORE DATABASE pubs
FROM pubs_bk
WITH RECOVERY,
FILE = 2
```

管理数据表

第4章

在中小学的数学课本上就出现过简单的图表，通常是用来描述数据的；Excel 又让我们很直观地认识了表。数据库中的表与上面提到的表并非完全相同，它包含更多实用的操作和管理，让用户能更有效地使用数据，而且在表的基础上又扩展了视图和索引的概念。

本章将详细介绍 SQL Server 中关于表的管理，包括表的修改、删除、表中列的操作和表之间的关系等；同时还将介绍视图和索引的定义和使用。

本章学习要点：

- ➢ 理解表的概念
- ➢ 掌握表和列的基本操作
- ➢ 熟悉关系图的使用
- ➢ 掌握视图的概念
- ➢ 掌握视图的界面操作
- ➢ 掌握索引性能
- ➢ 熟悉索引使用

4.1 表概述

表是数据库的实体，数据的容器。如果说数据库是一个仓库，那么表就是存放着物品的架子，物品的分类管理离不开架子。下面将详细介绍 SQL Server 中表的概念。

4.1.1 什么是表

本书在第 2 章介绍数据库对象时简单介绍了表的定义，知道表是数据库最基本的组成对象，用来组织和存储数据。表由行和列组成，是多个行和列的集合。每个列包含特定类型的数据信息，一个列就是一个字段。一个数据库可以包含一个或多个表。

例如，在【学生信息表】中包含的学员编号、姓名、性别、出生年月、身份证号等信息就是表的列。如图 4-1 和图 4-2 显示了【学生选课系统】数据库中【学生信息表】的内容。

学员编号	姓名	性别	出生年月	身份证号	籍贯	入学时间
20086501	张奇	男	1990.8	410123199008 0...	河南	1988-09-05 00:...
20086500	李雯	女	1990.5	410221199005 0...	河南	1988-09-05 00:...
20086499	李四海	男	1991.3	410221199105 0...	河南	1988-09-05 00:...
20086498	王德	男	1990.5	410110199005045	河南	1988-09-05 00:...
*	NULL	NULL	NULL	NULL	NULL	NULL

列名	数据类型	允许 Null 值
学员编号	int	☐
姓名	nvarchar(50)	☐
性别	nvarchar(50)	☐
出生年月	nvarchar(50)	☐
身份证号	nvarchar(50)	☐
籍贯	nvarchar(50)	☐
入学时间	datetime	☐

图 4-1　学生信息表　　　　　　　　　　　　　　　图 4-2　列数据类型

提示

列名最好用英文字母书写，以提高系统的稳定性。该实例为了能展示得清晰明了，使用了中文。列名可以是英文单词，也可以是汉语拼音。

4.1.2 系统表和临时表

我们一般常用的都是自定义的永久性的表，本节介绍一些特殊的表。这是数据库特有的，由系统提供的方便用户使用的功能。

1. 系统表

在安装好的 SQL Server 中，可以看到系统本身自带了一些数据库，如 master、model，这里面包含很多系统表，每个系统表都有它自己的功能，常用的系统表及其功能如表 4-1 所示。

表 4-1　常用系统表

表名	出现位置	说明
Sysaltfiles	主数据库	保存数据库的文件
Syscharsets	主数据库	字符集与排序顺序
Sysconfigures	主数据库	配置选项
Syscurconfigs	主数据库	当前配置选项
Sysdatabases	主数据库	服务器中的数据库
Syslanguages	主数据库	语言
Syslogins	主数据库	登录账号信息
Sysoledbusers	主数据库	链接服务器登录信息
Sysprocesses	主数据库	进程
Sysremotelogins	主数据库	远程登录账号
Syscolumns	每个数据库	列
Sysconstrains	每个数据库	限制
Sysfilegroups	每个数据库	文件组
Sysfiles	每个数据库	文件
Sysforeignkeys	每个数据库	外部关键字
Sysindexs	每个数据库	索引
Sysmenbers	每个数据库	角色成员
Sysobjects	每个数据库	所有数据库对象
Syspermissions	每个数据库	权限
Systypes	每个数据库	用户定义数据类型
Sysusers	每个数据库	用户

2. 临时表

临时表和永久表相似，但临时表保存在 tempdb 中，当不再使用时由系统自动删除。所以临时表都有它们自己的生存周期，从创建开始，到断开连接，生存周期结束，系统自动删除并释放所用的空间。

- ❑ **本地临时表**　在表的名称前使用一个"#"符号，只能由创建者使用。
- ❑ **全局临时表**　在表的名称前使用两个"#"符号，在生存期间可以由所有用户使用。

通过 SQL Server Management Studio 的对象资源管理器可以操作数据库对象，包括对表、列、关系图、视图和索引等进行添加、修改或删除，以下是数据库对象的操作方法。

4.2　操作表

虽然在用户看来，对表的操作没有对数据的操作那么实用，但是，只有架子管理好了，物品的存取才会更加容易。本节简单介绍表的操作。

4.2.1　修改表名称

打开 SQL Server Management Studio 的【对象资源管理器】，展开【数据库】节点下面的【表】节点。右击将要修改的表并执行【重命名】命令，执行重命名操作。

使用 sp_rename 存储过程也可以对表进行重命名，语法如下所示。

```
sp_rename (old table) , (new table)
```

【实践案例 4-1】

将【学生信息表】表重命名为"student"，执行下列语句。

```
EXEC sp_rename '学生信息表' , 'student'
```

sp_rename 是 SQL Server 系统自带的存储过程。它不只可以对表进行重命名，后面的视图重命名也会用到。

> **提示**　EXEC 是用来执行存储过程的，系统提供了很多存储过程，可以直接使用，也可以自己定义存储过程。关于存储过程，后面的章节还会详细介绍。

4.2.2　修改表属性

首先，同修改表名称的操作步骤一样，展开【表】节点，在表名称处右击执行【属性】命令。在弹出的窗口中根据需要对【常规】、【权限】、【更改跟踪】、【存储】、【扩展属性】等选项的相关属性进行修改。

假设要对【权限】进行修改。首先打开【权限】页面，再单击页面右边的【查看架构权限】链接，如图 4-3 所示。

进入【架构权限】页面，再单击右边的【查看数据库权限】链接。之后单击【查看服务器权限】链接，进入图 4-4 所示的修改权限窗口。在此窗口内可执行表属性设置操作。

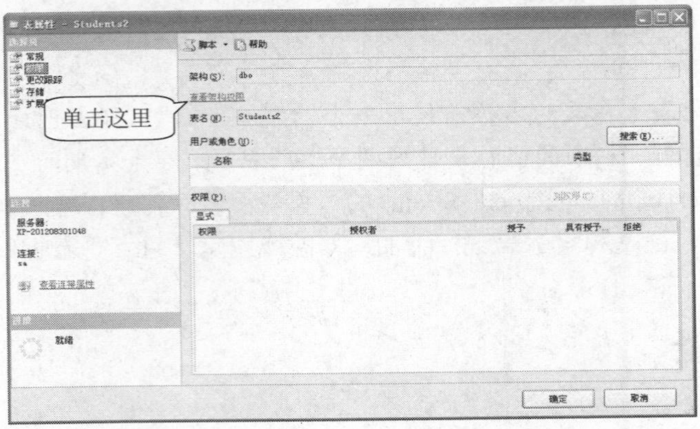

98

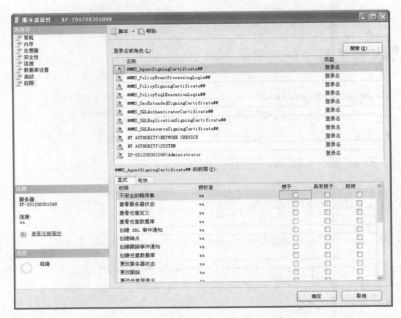

图 4-3 【权限】页面

图 4-4 修改权限

4.2.3 列的管理

列是表重要的组成部分，列的操作也是表操作的重点。本节将详细介绍对列进行添加、删除和修改的方法。

1. 在对象资源管理器中进入、修改和删除列

右击目标表名称并执行【设计】命令，打开表的设计器如图 4-5 所示。

在【专业编号】的下面一行直接添加新的列名及相关属性。列的顺序对表的操作、数据的查询等没有影响，但如果要插入到特定位置，可以在插入位置单击鼠标右键，执行【插入列】命令。原来的行下移并在该位置出现空白行，编辑保存即可。

对列的修改也是在表的设计器中进行的，可以直接修改列名和列的属性。但表中若存在数据，列的数据类型修改就必须兼容表中已有的数据，否则可能造成数据丢失。

对列的删除同样是在表的设计器中进行的，在【专业编号】左边的三角位置右击，执行【删除列】命令，即可删除该列。

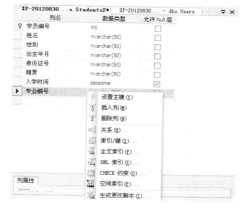

图 4-5　表的设计器

2．使用语句插入和删除列

使用 ALTER TABLE 语句向表中插入列，一般都是插入到最下面，列的顺序对数据的查询、修改和删除等操作没有影响。

【实践案例 4-2】

例如，向【学生信息表】表中插入【报考专业】列，执行下列语句。

```
ALTER TABLE 学生信息表 ADD 报考专业 nvarchar(50) NOT NULL
```

有些列跟其他表的列是有关联的，本章后面会讲到。因此在删除前要保证数据的完整性。关于数据的完整性，将在第 5 章介绍。

【实践案例 4-3】

例如，删除【学生信息表】表中【报考专业】列，执行下列语句。

```
ALTER TABLE 学生信息表 DROP 报考专业 CASCADE
```

4.2.4　删除表

虽然在小的项目中很少用到表的删除，但是数据库中的表若不再需要了，只会占用空间。表的删除方式有以下两种。

（1）在【对象资源管理器】中，选择要删除的表并右击，在弹出的快捷菜单中执行【删除】命令，会有提示的窗口弹出，单击【确定】按钮完成表的删除。

（2）使用 DROP TABLE 语句删除表，如实例 4-4 所示。

【实践案例 4-4】

删除"student"表，执行下列语句。

```
DROP TABLE student
```

提示

使用管理器的界面操作虽然简单直观，但是对于跟程序结合的数据库操作来说，使用命令操作也很重要，不要因为界面操作简单而放弃命令操作。

4.3　关系图

所谓关系图是一个描述表与表之间联系的图。数据库一般不止一个表，而且表与表之间，表和列之间大多是有联系的。这种联系在数据处理时有着一定影响，为了更好地描述这种联系，完善数据库，SQL Server 提供了关系图记录这种联系。

4.3.1 关系图的创建

关系图的创建使用对象资源管理器，在数据库下的【数据库关系图】节点右击执行【新建数据库关系图】命令，如图 4-6 所示。在打开的【添加表】对话框中选择相关联的表，如图 4-7 所示。选中并单击【添加】按钮进入如图 4-8 所示的界面。

接下来就要保存数据库关系图，保存过程有两种。

（1）在界面的右部，如图 4-9 所示位置单击鼠标右键，执行【保存】命令。在如图 4-10 所示对话框中为创建的关系图命名，并单击【确定】按钮，保存完成。此时关系图还是打开状态。

（2）在界面的右部，如图 4-9 所示位置单击鼠标右键并执行【关闭】命令，在如图 4-11 所示对话框中单击【是】按钮。弹出如图 4-10 所示对话框，这里跟步骤（1）一样，编辑关系图名称并单击【确定】按钮，保存完成。此时，关系图保存并关闭了。在关系图已保存但并没有关闭的状态下，在击鼠标执行【关闭】命令可以直接关闭关系图。

图 4-6　新建关系图

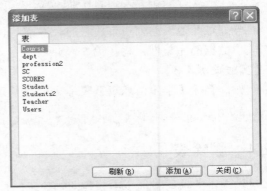

图 4-7　添加表

图 4-8　数据库关系图

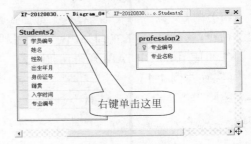

图 4-9　关系图的操作

图 4-10　关系图的保存

图 4-11　关系图的保存并关闭

4.3.2 关系图的使用

创建的关系图要有内容才能显示它的作用，关系图的使用包含表之间联系的创建和删除。

1. 创建表之间的联系

表与表之间的联系，在数据库中通过主键和外键来关联。相关联的两个表称为主键表和外键表。外键表指表中的列（主键除外）要与其他表的主键相关联；主键表指其他表中的列，要与该表的主键相关联。主键表和外键表是共存的。

下面介绍主键和外键的创建和关联。

（1）在表的设计器中要创建主键的列，右击鼠标，执行【设置主键】命令，列名的左侧出现一个金色小钥匙图标，表示选定主键。

（2）选定要联系的两个表，把鼠标放在外键表中要关联的列的左侧，左键按下鼠标并拖动到主键表的主键上。松开鼠标左键，弹出对话框和图 4-12 所示，单击【确定】按钮。

图 4-12 【表和列】对话框

（3）在如图 4-13 所示的对话框中单击【确定】按钮。关系图的关系描述完成，如图 4-14 所示。这时，关系图中所描述的关系就加进了数据库当中，对数据库产生了影响。

图 4-13 【外键关系】对话框

图 4-14 关系图实例

2. 删除表之间的联系

在如图 4-14 所示的两表中间的连线上右击执行【从数据库中删除关系】命令，此时会弹出提示对话框，再单击【确定】按钮完成删除，连线消失。

4.4 使用视图

视图是虚拟的表，是由从表中提取的列和数据组成的。在数据库中并不单独保存视图数据，而是保存提取数据的相关命令。那些提供数据的表称为基表。

不同的用户对数据的需求不同，权限也不同。视图通过命令，提取不同用户所需要的数据，包括由基表中某些数据经过特定运算产生的结果。视图支持表的相关操作，并可以直接修改、添加、删除数据库中真实的数据。

由于视图中的数据归根到底都是基表中的数据，所以视图数据的操作（添加、修改和删除）只能针对一个基表的数据进行。

视图的创建和操作都有使用图形界面和使用语句两种方式。

4.4.1 使用图形界面创建视图

视图的列和数据都来源于基表，因此使用图形界面创建视图要先选出数据来源的基表，再从基表中选出需要的列。在对象资源管理器中展开目标数据库下的【视图】节点，可以看到系统自带了一些视图，这些视图称作系统视图。这些视图包含数据库信息的总结报表。用户创建的是用户视图，步骤如下所示。

在【视图】节点右击鼠标执行【新建视图】命令。弹出的对话框如图 4-15 所示，可以看到视图有表、视图、函数和同义词 4 种数据来源。选择视图数据来源的表单击【添加】按钮，这里的表是可以重复添加的，添加完成后单击【关闭】按钮。

图 4-15 视图添加关联的表

若关系图里面已经设计了表的关系，在这里就会直接显示出来，如图 4-16 的左半部。图 4-16 的右半部就是没有设计关系图的表。不只是关系图，表中列的属性也会包含这些关系，并将关系传给视图。若添加了多余的表，可在多余表的表名处右击鼠标并执行【删除】命令，如图 4-17 所示。

图 4-16 视图数据源

在视图界面上我们可以看到一些区域，如图 4-17 所示，以下是各区域的详解。

❑ 关系图区域，图 4-17 标志❶：这里包含表和表之间的关系。用列名前的复选框可以将它添加到结果集中。

❑ 条件窗口，图 4-17 标志❷：这是一个表格，包含了选择的列的信息。别名一项可以对字段重命名，来作为视图的列名。

❑ SQL 窗口，图 4-17 标志❸：这个窗口里面的 SQL 语句是数据库常用的命令，本书之前也用到了一些，比如创建时用的 CREATE 语句。该语句属于 Transact-SQL 语言，后面两章会详细介绍。这一章我们只根据具体需要简单介绍一下。

❑ 结果显示，图 4-17 标志❹：这里系统会根据上面几个区域的设置，来显示查询结果，即视图的最终数据。

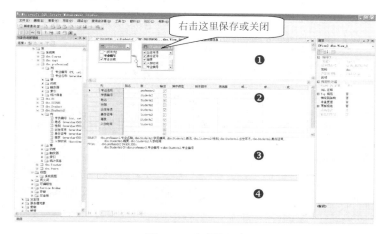

图 4-17　视图界面

右侧的【属性】窗口若是没有出现，可以单击关系图区域中任意位置（即关系图区域是选中状态），然后按 F4 键。在【属性】窗口中，【非重复值】表示视图中的行是否重复，设为"是"表示不重复。【绑定到架构】表示视图的定义不能影响基表的结构。设置完成之后，按 Ctrl+S 键保存或右击如图 4-17 所示位置，保存或关闭。

 　视图只能在当前数据库创建。但是，使用分布式查询定义视图，视图中所引用的表和视图可以存在于其他数据库中，甚至存在其他服务器中。

4.4.2　使用 CREATE VIEW 语句创建视图

使用 CREATE VIEW 语句创建视图，语法格式如下所示。

```
CREATE VIEW 视图名 (视图中所包含的列)
AS SQL 语句
```

其中，SQL 语句就是图 4-17 中标志❸所示区域生成的语句。

【实践案例 4-5】

创建名为"学生报考信息"的视图，要求包含"学生信息表"表中的学员编号、姓名和专业编号三列。

在查询窗口输入如下语句。

```
CREATE VIEW 学生报考信息
AS
SELECT 学员编号,姓名,专业编号
FROM 学生信息表
```

【实践案例 4-6】

创建名为"学生报考信息"的视图，要求包含学员编号、姓名、报考专业三列。其中，学员编号，姓名来自"学生信息表"，在"学生信息表"中，专业编号对应"学生专业"表中的专业编号，专业名称来自"学生专业"表中对应的专业名称。

在查询窗口输入如下语句。

```
CREATE VIEW 学生报考信息
AS
SELECT 学生信息表.学员编号, 学生信息表.姓名, 学生专业.专业名称 AS 报考专业
FROM 学生信息表 INNER JOIN
学生专业 ON 学生信息表.专业编号 = 学生专业.专业编号
```

本章中的 SQL 语句不要求掌握，简单了解一下，详细讲解请参见本书第 6 章和第 7 章。

4.4.3 操作视图

视图的操作跟表的操作类似，但还有一部分表的操作不能用在视图上，下面将详细介绍。

1. 使用界面操作视图

在视图名称上右击鼠标可以进行如下操作。

（1）执行【设计】命令，打开设计器，查看相关属性或编辑修改。

（2）执行【编辑前 200 行】命令，查看视图详细数据。

（3）执行【重命名】命令，对视图重新命名。

（4）执行【删除】命令，删除视图。

2. 使用语句操作视图

❏ 使用语句操作视图包括修改视图、删除视图和视图重命名。修改视图时使用 ALTER VIEW 语句，跟创建时用的 CREATE VIEW 类似。

❏ 删除视图使用 DROP VIEW 语句，跟表的删除类似。TABLE 表示表，VIEW 表示视图。

❏ 视图的重命名要用到 sp_rename 存储过程，这个在表的重命名中曾用到，跟表的重命名类似。

下面使用实例分别展示视图修改、视图删除和视图重命名。

【实践案例 4-7】

修改"学生报考信息"视图，要求添加"学生信息表"中的"入学时间"一列。在查询窗口输入如下语句。

```
ALTER VIEW 学生报考信息
AS
SELECT 学员编号,姓名,专业编号,入学时间
FROM 学生信息表
```

【实践案例 4-8】

删除"学生报考信息"视图，在查询窗口输入如下语句。

```
DROP VIEW 学生报考信息
```

【实践案例 4-9】

将"学生报考信息"视图重新命名为"StudentProfessional"，使用如下语句。

```
EXEC sp_rename 学生报考信息, StudentProfessional
```

提示 视图和表数据都可以通过 SQL 语句来操作，实现各种功能，本书放在第 6 章和第 7 章详细介绍。

4.5 索引

索引在很多领域都存在，那么数据库中的索引又是做什么用的，这里简单介绍一下。

在书籍中把内容标题按照一定方式有序编排，并标示出处、页码，以供查阅（如目录），这就是索引。数据库中的索引意义类似，用于表或视图数据的查找和排序。

4.5.1 索引类型

SQL Server 支持两种基本类型的索引，聚集索引和非聚集索引。

在聚集索引中，表中行的物理顺序与键值的逻辑（索引）顺序相同，因为数据本身只能按一种顺序排序，所以一个表只能有一个聚集索引，但聚集索引可以包含多个列。

非聚集索引与聚集索引的不同之处就是，物理顺序跟逻辑顺序不同。这种索引是独立于数据行的，它所包含的键值都指向包含该键值的数据行的指针。

另外，还有唯一索引、包含索引、索引视图、全文索引、XML 索引等。这些索引是聚集索引和非聚集索引都可以创建的，另外，还有建立在聚集索引和非聚集索引基础上的唯一索引，包含索引、索引视图、全文索引和 XML 索引等。

4.5.2 索引的优缺点

创建不同的索引可以大大提高系统的性能。

第一，通过创建唯一索引，可以保证数据库的表中每一行数据的唯一性。

第二，可以加速表和表之间的连接，特别是在实现数据的参照完整性方面。

第三，在使用分组和排序子句进行数据检索时，可以显著减少查询中分组和排序的时间。

第四，通过使用索引，在查询的过程中，使用优化隐藏器，可以提高系统的性能。

但是，增加索引会有许多不利的方面。

第一，创建索引和维护索引要耗费时间，这种时间随着数据量的增加而增加。

第二，除了数据表占数据空间之外，每一个索引还要占一定的物理空间，如果要建立聚集索引，那么需要的空间就会更大。

第三，当对表中的数据进行添加、删除和修改的时候，索引也要动态地维护，这样就降低了数据的维护速度。

下一节就详细介绍一下索引的使用条件。

4.5.3　索引的使用条件

了解了索引的优缺点，这里就概括一下哪些地方需要使用索引，哪些地方应尽量避免使用索引。

1.　一般需要使用索引的列

（1）在作为主键的列上创建索引，强制该列的唯一性和组织表中数据的排列结构。

（2）在经常用在连接的列上创建索引，这些列主要是一些外键，可以加快连接的速度；在经常需要根据范围进行搜索的列上创建索引，因为索引已经排序，其指定的范围是连续的。

（3）在经常需要排序的列上创建索引，因为索引已经排序，查询时便可以利用索引的排序，加快排序查询时间。

（4）在经常使用 WHERE 子句的列上创建索引，加快条件的判断速度。

2.　避免使用索引的列

（1）对于那些在查询中很少使用或者参考的列不应该创建索引。

（2）对于那些定义为 text, image 和 bit 数据类型的列不应该增加索引。因为这些列的数据量要么相当大，要么取值很少，不利于使用索引。

（3）当修改操作远远大于检索操作时，不应该创建索引。修改性能和检索性能是互相矛盾的。当增加索引时，会提高检索性能，但会降低修改性能。当减少索引时，会提高修改性能，但会降低检索性能。因此，当修改操作远远多于检索操作时，不应该创建索引。

了解了以上知识，创建索引时就有了标准，下一节将介绍索引的创建。

4.5.4　创建表索引

索引同样可以使用界面和命令两种方式创建，与之前视图和关系图的创建相似。

为防止影响数据库性能，对大型表创建索引时需要仔细计划，通常先创建聚集索引，再创建非聚集索引。

1.　使用界面创建索引

用户既可以直接在当前表节点下的索引节点上进行创建，也可以使用表的设计器，在列上面创建。

（1）在索引节点上创建。右击【索引】节点，在弹出的快捷菜单上执行【新建索引】命令，在弹出的如图 4-18 所示的对话框中，在图中标识的位置编辑索引名称，选择索引类型，选择是否唯一索引。单击【添加】按钮选择要用到的列，然后单击【确定】按钮，返回【新建索引】窗口，单击【确定】按钮。

返回 SQL Server Management Studio 初始界面，此时【对象资源管理器】右侧的对象资源管理器详细信息中就有了刚刚创建的索引，括号里是索引类型，创建完成。

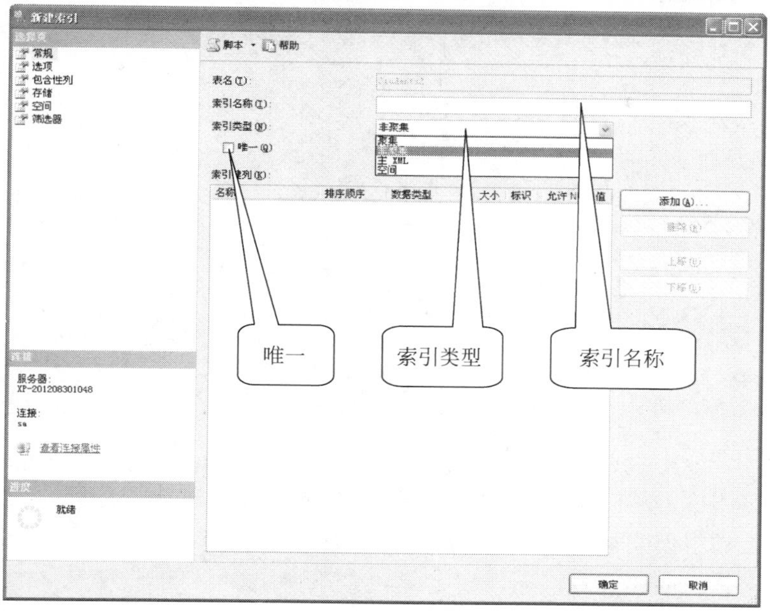

图 4-18 【新建索引】对话框

（2）在表的设计器上创建。打开表的设计器，在任意列单击鼠标右键，执行【索引/键】命令，弹出如图 4-19 所示的对话框。单击左下角【添加】按钮添加索引，在右侧编辑索引的相关属性。

在【常规】节点下的【列】一行的 ... 处单击，弹出如图 4-20 所示的对话框，在其中指定用于索引的列和排序方式。

若要同时在多个列中创建索引，在【索引列】对话框第一个列名下面的空白行单击，有 ✓ 图标出现，单击图标显示包含列的下拉菜单，选择列并选定排序方式。

单击【确定】按钮回到【索引/键】对话框，关闭设置好的对话框，完成索引创建。

图 4-19 【索引/键】对话框

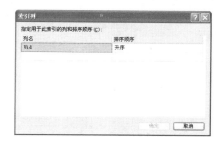

图 4-20 【索引列】对话框

2. 使用 CREATE INDEX 语句创建索引

索引的定义要包含索引的类型、索引作用的列和排序的方式等，使用 CREATE INDEX 语句，具体语法如下所示。

```
CREATE [UNIQUE] [CLUSTERED] [NONCLUSTERED] INDEX 索引名称
ON 要创建索引的表或视图名  (列名[ASC 或 DESC],列名,列名……) ❶
```

```
[INCLUDE (列名，列名，列名……)] ❶
[WHTH
(PAD_INDEX=ON 或 OFF)
[FILLFACTOR = fillfactor]
[SORT_IN_TEMPDB ]
[IGNORE_DUP_KEY]
[STATISTICS_NORECOMPUTE]
[DROP_EXISTING]
]
ON {partition_scheme_name(列名) ❷
或 Filegroup_name❸
或 default❹
}
```

❶可以写一个或多个列，[]内的内容可以省略。

❷指定分区方案，将已分区索引的分区映射到文件组。

❸为指定文件组创建索引。

❹为默认文件组创建索引。

❑ **UNIQUE**　唯一索引。

❑ **CLUSTERED**　创建聚集索引。

❑ **NONCLUSTERED**　创建非聚集索引。

❑ **ASC**　升序排列（默认是升序，可以省略）。

❑ **DESC**　降序排列。

【实践案例 4-10】

在"学生选课管理系统"数据库中"学生信息表"表的"学员编号"列上创建唯一非聚集性索引"StudentName"。

在查询窗口输入如下语句。

```
USE 学生选课管理系统
CREATE UNIQUE NONCLUSTERED INDEX StudentName
ON 学生信息表（学员编号）
```

4.5.5　创建视图索引

与表的索引不同，在视图上创建索引需要三个条件。

❑ 视图必须绑定到架构。具体做法：在查询窗口创建时的 CREATE VIEW 语句中，加上 WITH SCHEMABINDING 语句。

❑ 索引必须是唯一索引。具体做法：在 CREATE INDEX 中指定 UNIQUE。

❑ 索引必须是聚集索引。具体做法：在 CREATE INDEX 中指定 CLUSTERED。

视图索引创建的语法与表的索引创建语法一样，通过实例描述，如实践案例 4-11 所示。

【实践案例 4-11】

创建绑定到架构的视图"学生报考信息"，要求包含"学生信息表"表中的"学员编号"字段，并在该字段创建索引。

```
CREATE VIEW 学生报考信息 WITH SCHEMABINDING
AS
SELECT 学员编号 FROM 学生信息表
CREATE UNIQUE CLUSTERED INDEX 索引名称 ON 学生报考信息(学员编号)
```

4.5.6 操作索引

每个对象都有自己的操作，索引的操作包括索引的查看、修改和删除，本节将通过多种方法实现索引的操作。

1. 查看索引

查看索引可以通过界面或使用语句。通过界面查看索引，既可以在索引节点上直接查看，又可以像创建时一样通过表的设计器查看。

在索引节点上查看，右击目标索引，执行【属性】命令，在弹出的如图 4-21 所示的窗口中可查看索引的属性。这里与表和视图的查看不同，索引查看无法在属性界面直接编辑修改。

图 4-21 索引的查看

查看索引同样可以使用表的设计器，步骤同使用表的设计器创建索引时一样，在如图 4-19 的对话框左侧单击要查看的索引名，右侧就是相关属性。使用这种方法可以直接修改索引属性。

使用语句查看索引，如实践案例 4-12 所示。

【实践案例 4-12】

例如，查看"学生选课管理系统"数据库中"学生信息表"的索引，使用如下语句。

```
USE 学生选课管理系统
GO
EXEC sp_helpindex 学生信息表
```

2. 修改索引

数据库数据的修改变化会使索引页出现碎片，因此就有了索引的修改。索引的修改主要分三种，重新生成索引（REBILD）、重新组织索引（REORGANIZE）和禁止索引（DISABLES）。查看索引属性时打开的窗口左侧有"碎片"一项，单击，右侧出现"碎片"一栏，可根据碎片总计信息确定要进行怎样的修改。

重新生成索引是指删除原索引并重新创建生成；重新组织索引对索引"碎片"的整理程度低；禁止索引则禁止用户访问索引。

这三种索引修改的语句格式如下所示。

```
ALTER INDEX 要修改的索引名称 ON 索引所属表或视图名称 REBILD
ALTER INDEX 要修改的索引名称 ON 索引所属表或视图名称 REORGANIZE
ALTER INDEX 要修改的索引名称 ON 索引所属表或视图名称 DISABLES
```

【实践案例 4-13】

重新生成"学生信息表"的索引"StudentName"，在查询窗口输入如下语句。

```
USE 学生选课管理系统
GO
ALTER INDEX StudentName ON 学生信息表 REBILD
```

3. 删除索引

在对象资源管理器中，找出要删除的索引单击鼠标右键，执行【删除】命令。在打开的删除对象窗口中单击【确定】按钮，删除完成。

使用语句删除索引。语句中要包含索引所在的表或视图及索引的名称，具体语法如下所示。

```
DROP INDEX 表或视图名称. 索引名
或
DROP INDEX 索引名 ON 表或视图名称
```

【实践案例 4-14】

删除"学生信息表"的索引"StudentName"，在查询窗口输入如下语句。

```
DROP INDEX 学生信息表. StudentName
或
DROP INDEX StudentName ON 学生信息表
```

索引在字段的主键属性和关系图改变的情况下无法删除，也无法执行重新生成索引、重新组织索引和禁止索引的操作。所以在改变列的主键属性和关系图的情况之前，要先把索引删除。

4.6 项目案例：设计用户注册用表

大多数有固定用户的网站都有自己的会员，会员也分等级。结合本章内容，创建关于用户信息的注册用表，包括【用户基本信息表】和【会员等级表】两个表。这个案例十分简单。当然，实际网站当中涉及的表和字段不止这些。

【案例分析】

【用户基本信息表】要包含用户 ID、用户名、密码、邮箱、申请时间、登录累计天数、会员等级编号字段。用户 ID 为主键，标识列、标识增量 1，标识种子 1。

【会员等级表】要包含会员等级编号、级别名称字段。会员等级编号为主键。

要求：

❑ 创建数据库和表。

❑ 把表名【用户基本信息表】改为 "Users"，表名【会员等级表】改为 "VIPName"。

❑ 把【用户基本信息表】中的字段分别改为 Uid、Uname、Upassword、Uemail、UaddTime、Udays、Unum。

❑ 把【会员等级表】中的字段分别改为 Vnum、Vname。

❑ 创建表之间的关系图。

❑ 对【会员等级表】中的级别名称使用唯一索引，命名为 "VIPNameOne"。

❑ 创建包含用户 ID、用户名、密码、VUname（会员等级名称）字段的视图。其中，用户 ID、用户名、密码来源于【用户基本信息表】，VUname 来源于【用户基本信息表】中会员等级编号对应的【会员等级表】中的会员等级编号所对应的级别名称。

实现步骤如下所示。

（1）创建数据库和表（前几章的知识）。如图 4-22 所示为用户基本信息表，其中用户名 ID 字段，要用到【标识规范】，就是图 4-22 下半部所示。

（2）在【对象资源管理器】中，右击【用户基本信息表】，执行【重命名】命令，表的名字变成可变状态   ，直接编辑即可。更改【会员等级表】的操作与此相同。

（3）在【对象资源管理器】中，右击表【Users】，在弹出的快捷菜单中执行【设计】命令，【对象资源管理器】右侧即可出现可编辑的列及其属性，直接编辑即可，如图 4-23 所示。更改表【VIPName】的操作与此相同。

图 4-22 用户基本信息表

（4）在【对象资源管理器】中，右击【数据库关系图】。此时出现如图 4-24 所示的对话框。这个是数据库第一个关系图创建时的咨询，单击【是】按钮即可。

图 4-23 【Users】列名修改

图 4-24 创建关系图

（5）接着右击【数据库关系图】，在弹出的快捷菜单中执行【新建数据库关系图】命令，弹出【添加表】对话框，单击表名选中该表，单击【添加】按钮加进关系图，两个表都要添加，之后单击【关闭】按钮。此时弹出两个【表和列】对话框，其中一个对话框如图 4-25 所示。

在【关系名】文本框中输入新建的关系图的名称，然后单击【确定】按钮。在【外键关系】对话框中也单击【确定】按钮。表的添加也就完成了。

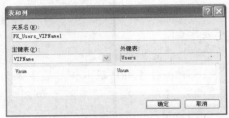

图 4-25　新建关系图【FK_Users_VIPName1】

鼠标放在【Users】表中，在【Unum】字段左侧单击，会出现黑色三角。鼠标在该位置按下左键不松，将其拖动到表【VIPName】中的【Vnum】字段上，松开鼠标左键，此时两表之间出现一条一端金钥匙另一端倒 8 的连线，关系图就建好了，如图 4-26 所示。

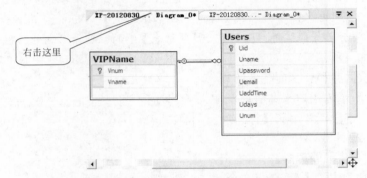

图 4-26　关系图【FK_Users_VIPName1】完成

右击图 4-26 图示位置，在弹出的对话框的文本框中填写关系图名称，单击【确定】按钮。此时会弹出提示，如图 4-27 所示。我们在创建关系图的时候，在表【Users】中，将字段【Unum】变成了外键。这个可以保存，单击"是"，关系图就完成了。

（6）在【对象资源管理器】中，展开表【VIPName】，找到【索引】节点单击鼠标右键，在弹出的快捷菜单执行【新建索引】命令。

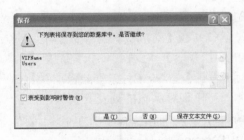

图 4-27　关系图对数据表的修改提示

在弹出的【新建索引】窗口右侧，填入索引名称"VIPNameOne"，索引类型选择【非聚集】，选中【唯一】选项。单击【索引键列】文本框右侧的【添加】按钮，表【VIPName】中的所有字段就会展现。选中字段【Vname】并单击【确定】按钮返回【新建索引】窗口，单击【确定】按钮，【VIPName One】创建完成。

（7）在【对象资源管理器】中，展开当前数据库，找到【视图】节点并单击鼠标右键，在弹出的快捷菜单执行【新建视图】命令。弹出【添加表】对话框，在表选项中，把两个表都添加进去，单击【关闭】按钮。

返回【SQL Server Management Studio】界面，如图 4-28 所示，在两个表的列中，选中【Users】中的【Uid】、【Uname】和【Upassword】；【VUname】来源于【Users】中【Unum】所对应的【VIPname】、【Vnum】所对应的【Vname】，选中【VIPname】中的【Vname】，【VUname】就相当于【Vname】的别名。

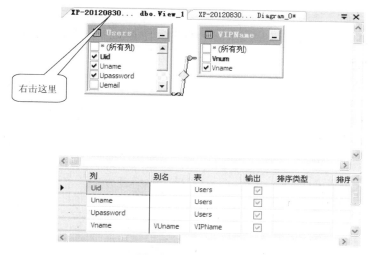

图 4-28　更改别名

因为之前已经建立了关系图，所以系统已经自动将两个表字段的关联写在了视图里，直接选需要的列即可。

在图 4-28 最下面【Vname】对应的别名栏的位置，填入"VUname"。然后在图中所示的位置单击鼠标右键，执行【关闭】命令，会弹出如图 4-29 所示提示。单击【是】按钮，弹出如图 4-30 所示的对话框，在文本框中修改视图名称并单击【确定】按钮就完成了视图的保存。

图 4-29　视图关闭

4-30　视图保存

用户也可以在如图 4-28 所示的位置右击后执行【保存】命令，在如图 4-30 所示的文本框中修改视图名称并单击【确定】按钮即可。

此时建立的表只是个空表，没有数据，数据的操作将会在第 6 章和第 7 章介绍。在与数据库结合的程序里，经常使用程序来对数据库中数据执行操作，这就要求对数据库的语句命令十分熟悉，所以读者不妨试着用语句来做一遍。

4.7 习题

一、填空题

1. 表与表之间的联系，在数据库中通过主键和_____来定义。

2. 索引分为聚集索引和_____。

3. 创建聚集索引使用 sCREATE_____INDEX 语句。

4. 对表重命名，使用_____存储过程。

5. 创建视图使用 CREATE_____语句。

二、选择题

1. 关于视图，下列说法正确的是_____。

    A．视图可以添加自定义列

    B．视图可以像表一样修改数据

    C．视图只能引用当前数据库的数据

    D．视图可以引用其他数据库的数据

2. 下列说法正确的是_____。

    A．关系图描述了数据库之间的关系

    B．索引是用来查询表数据的

    C．列的顺序对数据的查询没有影响

    D．列只能添加在最后

3. 下列说法正确的是_____。

    A．一个表中可以建立多个聚集索引

    B．索引很好用，越多越好

    C．一个表可以有多个索引

    D．索引只能包含一个列

4. 下列说法，在所有字段不改变（添加、删除、修改）的情况下不正确的是_____。

    A．表的设计是永久性的，不需要改变

    B．索引建立是永久性的，不需要改变

    C．视图建立是永久性的，不需要改变

    D．关系图建立是永久性的，不需要改变

5. 下列说法正确的是_____。

    A．表的创建都是为了保存数据，除非删除，要么就永久保存了

    B．视图数据来源的表中若数据重复，视图数据也只能重复

    C．索引在表的主键外键作用下有时删不掉

    D．关系图的作用不大，只能让用户认识表之间的关系而已

三、上机练习

上机实践：【家用电器管理系统】部分表的管理

使用界面完成【家用电器管理系统】部分表的管理，用于商家管理和顾客查询。
具体要求如下所示。

❑ 创建【家电信息表】，表中包含家电编号、家电类型、型号编号、颜色、库存数量、平均月销量。创建【空调品牌型号表】表中包含型号编号、品牌、型号、价格。

❑ 创建关系图，将【家电信息表】中【型号编号】字段关联到【空调品牌型号表】中的【型号编号】字段。

❑ 创建视图，视图中包含家电类型、品牌、型号、颜色、价格、销量排名（平均月销量）字段。

❑ 创建【销量排名】字段的索引。

4.8 实践疑难解答

4.8.1 数据表的数据类型修改

数据表的数据类型修改
网络课堂：http://bbs.itzcn.com/thread-19750-1-1.html

【**问题描述**】：在修改表数据类型的时候，某些情况下可以保存，某些情况下不能保存，这是为什么？如何才能保存？

【**解决办法**】：要解决这个问题，需要设置【表设计器和数据库设计器】选项卡。

在【SQL Server Management Studio】界面上端的工具栏中单击【工具】选项，执行【选项】命令，弹出如图 4-31 所示的【选项】对话框。禁用【阻止保存要求重新创建表的更改】选项，单击【确定】按钮，然后就可以完成修改数据类型的操作了。这个【选项】对话框里还有其他的设置，不妨分别试试它们的功能。

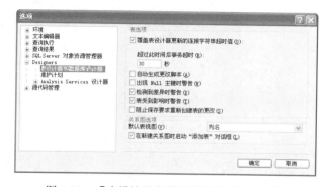

图 4-31 【表设计器和数据库设计器】选项卡

4.8.2　关系图的使用权限

关系图的使用权限

网络课堂：http://bbs.itzcn.com/thread-19756-1-1.html

【问题描述】：使用 SQL Server 2008 还原数据库后，想查看一下关系图，可不仅无法查看，而且系统弹出如图 4-32 所示的提示，这时该怎么办？

图 4-32　关系图无法使用

【解决办法】：解决的方法很简单，只要依照它的提示将数据库所有者修改为"sa"就可以了。

只有关系图的所有者或者数据库的 db_owner 角色的成员才能打开关系图。所以如果使用 Windows 账户登录系统并且还原数据库，那么数据库所有者就会是这个 Windows 账户。如果该账户后期禁用或者删除，该数据库所有者就不存在了。

一般建议将数据库所有者都修改为"sa"，就是"sysadmin"的缩写，这是 SQL server 权限最大的内置 login，如同 Windows 世界的"administrator"。

维护数据完整性

第5章

数据库和仓库的不同之处在于物品都是属性明确、没有联系的，数据却是可以不断变化且有着复杂联系的；人们可以随意走进仓库去拿物品，却无法随意在数据集合中获取需要的数据。

数据有着复杂的数据类型，用来满足不同的需求；实际应用中的数据也有着一定的取值范围，如年龄不小于 0、性别只能是男或女等；表之间的联系使相连接的字段要保持一致和完整。但是，实际操作时无法保证插入和删除的数据都符合要求，不符合要求的操作极可能会破坏数据的完整性，对数据库的可靠性和运行能力造成威胁。

因此，存放数据集的数据库必须要对数据表和列有所限制和规范，为此 SQL Server 系统使用一系列的方法来维护数据完整性。

本章学习要点：

➢ 了解维护数据完整性的意义

➢ 掌握各种表约束的含义

➢ 熟练使用各种表约束

➢ 掌握规则的性质和含义

➢ 熟练使用规则

➢ 掌握默认值的性质和使用

5.1 数据完整性概述

维护数据完整性归根到底就是要确保数据的准确性和一致性，表内的数据不相矛盾，表之间的数据不相矛盾，关联性不被破坏。为此有了以下实施完整性的途径。

❑ 对列的控制，即主键约束、唯一性约束和标识列。

❑ 对列数据的控制，有数据验证约束、默认值约束和规则。

❑ 对表之间、列之间关系的控制，外键约束、数据验证约束、触发器和存储过程。

这些途径又可以按类型分为约束、规则、默认值、触发器和存储过程，本章将依次介绍使用约束、规则和默认值维护数据完整性的方法，触发器和存储过程将在第 10 章介绍。

5.2 表约束

约束是定义在表和列上面的，可以直接创建在表的定义里。约束创建之后是不能直接修改的，要修改必须先删除再重建。约束可以看作是列的属性。

5.2.1　主键约束

在第 4 章关系图一节曾通过设置主键和外键来描述表和列之间的关系。那么，主键具体是什么，有什么属性和作用，本节将作具体介绍。

主键，就是主关键字，用来限制列的数据具有唯一性且不为空，即这一字段的数据没有重复数据值并且不能有空值。每个表只能有一个主键，一般用来做标识。

表中列的数据大多会有重复，如描述会员信息的表，会员的用户名、密码、注册时间和会员等级等字段值都会有重复，能确定身份的身份证在大多数网站上也不方便使用。那如何确定某一个会员的身份而不会和其他会员搞混呢？这就用到了主键。一个不重复并且不能有空值的列，就可以确定一个会员的身份。

主键的操作，可以使用界面和语句两种方式。

1. 使用界面操作主键

这里介绍三种主键的操作。

（1）创建表的时候直接设置主键。右击选定的列，弹出如图 5-1 左边所示快捷菜单，执行【设置主键】命令即可。

（2）在创建好的表中设置主键。在【对象资源管理器】中找到已创建好的表的表名，单击鼠标右键并执行【设计】命令。然后右击选定的列，执行快捷菜单上的【设置主键】命令即可。

（3）修改主键。因为一个表只能有一个主键，若想修改主键就只能先删除再重新设置。删除主键的方法是右击原主键列，如图 5-1 右边所示，在之前的【设置主键】命令的位置换成了【删除主键】命令，单击并重新设置主键。

图 5-1　主键的设置和删除

对于创建好的表，选择主键列之前要确定此列没有重复数据且没有空值，否则会出错。

2. 使用语句操作主键

这里介绍三种主键的操作。

（1）在创建表的时候，使用 PRIMARY KEY 语句设置主键，如把列名 2 设为主键，语法如下所示。

```
CREATE TABLE 表名
(
列名 1 列的类型 ,
列名 2 列的类型 PRIMARY KEY,
列名 3 列的类型,……
)
```

【实践案例 5-1】

创建"学生信息表"，表中包含"学生编号"字段、"姓名"字段、"性别"字段，设置"学生编号"为主键。

```
CREATE TABLE 学生信息表
(
学生编号 int PRIMARY KEY,
姓名 nvarchar(50),
性别 bit,
……
)
```

（2）在没有设置主键的表中设置主键。这里也要保证选中的列没有重复数据且没有空值。使用 ALTER TABLE 语句和 PRIMARY KEY 语句，语法如下所示。

```
ALTER TABLE 表名
ADD
CONSTRAINT 约束名
PRIMARY KEY 主键列名
```

其中，CONSTRAINT 用于指定约束名，就是这个主键约束的名称。

【实践案例 5-2】

将"学生信息表"中的"学生编号"字段设为主键。

```
ALTER TABLE 学生信息表
ADD
CONSTRAINT 学生编号
PRIMARY KEY 学生编号
```

（3）删除主键。使用语句也可以通过先删除再重新设置的方式来修改主键。删除主键的语法如下所示。

```
ALTER TABLE 表的名称 DROP [CONSTRAINT] 主键名
```

若是创建的时候没有定义主键名，系统会自动生成一个并保存在系统表中。删除时要先查看主键名，查看主键名使用系统存储过程，语法如下所示。

```
EXEC sp_pkeys 表名
```

【实践案例 5-3】

删除"学生信息表"中的"学生编号"列的主键约束。

```
ALTER TABLE 学生信息表
DROP
CONSTRAINT 学生编号
```

5.2.2　外键约束

本书在第 4 章关系图一节中曾提及外键，使读者对外键有了一定了解，相信读者也不难理解外键约束的作用。

外键约束又叫 FOREIGN KEY 约束，和主键是分不开的。外键表的外键，关联的必须是主键表的主键。

外键有两种管理方法，使用关系图管理和使用查询语句管理。关于使用关系图管理在第 4 章已有详细说明，这里将详细介绍使用查询语句管理。

1. 在创建表的时候创建外键约束

使用查询语句如下所示。

```
CREATE TABLE 外键表名(
字段 数据类型 PRIMARY KEY,
字段 数据类型,
CONSTRAINT 约束名
FOREIGN KEY (外键表外键字段名)
REFERENCES 主键表名(主键表主键字段名)
)
```

【实践案例 5-4】

现有表"VIPname"包含字段"Vnum"（主键，会员等级编号）和"Vname"（会员等级名称）两个字段，新建表"Users"包含字段"Uid"（主键，用户 ID）、"Uname"（用户名）和"Unum"（外键，会员等级编号），在创建"Users"表的时候对"Unum"创建外键约束，使用查询语句如下所示。

```
CREATE TABLE Users (
Uid int PRIMARY KEY,
Uname nvarchar(50),
Unum nvarchar(50),
CONSTRAINT Unum_foreign
FOREIGN KEY (Unum)
REFERENCES VIPname(Vnum)
)
```

2. 对现有表创建外键约束

使用查询语句如下所示。

```
ALTER TABLE 外键表名
WITH CHECK
ADD FOREIGN KEY(外键字段名) REFERENCES 主键表名(主键字段名)
```

【实践案例 5-5】

现有表"VIPname"包含字段"Vnum"和"Vname"，表"Users"包含字段"Uid"、"Uname"

和"Unum"，创建"Unum"字段为"Users"表的外键，对应"VIPname"表的"Vnum"字段。

```
ALTER TABLE Users
WITH CHECK
ADD FOREIGN KEY(Unum) REFERENCES VIPname(Vnum)
```

3．删除外键约束

使用 DROP 关键字删除约束，语法如下所示。

```
ALTER TABLE 表名
DROP
CONSTRAINT 约束名
```

5.2.3　标识列

可以自动编号的列又称作标识列或 IDENTITY 约束。就像等差数列一样，依次增加一个增量。IDENTITY 约束就是为那些数值顺序递增的列准备的约束，自动完成数值添加。例如，报考时用到的"考生编号"字段，就可以设置（标识列），按添加顺序依次加 1。（标识列）便于维护，但是需要注意以下几点。

- ❏ 标识数据不能由用户输入，用户只需要填写"标识种子"和"标识增量"，系统自动生成数据并填入表。
- ❏ 标识列第一条记录称为"标识种子"，依次增加的数称为"标识增量"。
- ❏ 每个表只能有一个标识列。
- ❏ "标识种子"和"标识增量"都是非零整数，位数等于或小于 10。
- ❏ 标识列的数据类型只能是 tinyint、smallint、int、bigint、numeric、decimal。并且当数据类型为 numeric 和 decimal 时，不能有小数位。

1．创建标识列

（1）创建表或者设计表时，都会有如图 5-2 所示的界面。选定某列，界面的下半部就是选定列的【列属性】区域，列在选定状态，左边会出现黑色小三角。如图 5-2 所示选定的是"Uid"字段，【列属性】也就是针对"Uid"字段的属性。

图 5-2　标识列设置

如图 5-2 所示将【标识规范】节点展开，第一行就是设置是否将列设为标识。单击该行，右侧出现下拉菜单标记，单击 ⌄ 展开下拉菜单并选择【是】选项。

此时【标识规范】节点下的【标识增量】属性、【标识种子】属性和【不用于复制】属性显示为可编辑状态，直接编辑相关属性即可。保存方法同表的修改后保存方法一样。

（2）在查询窗口下设置标识，必须同时指定【标识增量】和【标识种子】属性或者同时不指定。不指定的情况下，默认两者均为 1。其语法如下所示。

```
IDENTITY [标识种子 ，标识增量]
```

【实践案例 5-6】

新建表"Users"包含字段"Uid"（主键，标识从 1 开始，一次加 1）、"Uname"和"Unum"，语句如下所示。

```
CREATE TABLE Users (
Uid int PRIMARY KEY IDENTITY(1,1),
Uname nvarchar(50),
Unum nvarchar(50),
)
```

2. 删除标识列

删除标识列只需展开【标识规范】节点并将【(是标记)】一行选择【否】。

注意 标识列在数据生成之后数值将不再更改。若是对表进行了删除操作，此列数值将会产生数量不定的差值。

5.2.4 唯一性约束

唯一性约束又叫 UNIQUE 约束，在主键约束中我们也用到了唯一性，不同的是一个表中可以有多个这样的唯一性列，却只能有一个主键。这里的唯一性列可以为空但是只能有一行数据为空。例如，"用户信息"表中的"电子邮箱"字段，这个不是主键，却要求唯一性。下面通过界面操作和使用命令语句操作来介绍唯一性约束的操作管理。

1. 使用界面操作管理唯一性约束

使用界面创建唯一性约束的步骤如下所示。

（1）打开表创建或设计的界面，在选定的列右击会弹出如图 5-3 左边所示菜单，执行【索引/键】命令弹出如图 5-3 右边所示的对话框。

（2）这个对话框用来设置主键和唯一性约束，左边显示表中已经存在的主键约束。创建就要添加，单击左下角的【添加】按钮，系统会自动命名并添加。

（3）用户在右侧编辑新建约束的属性。单击【常规】节点下的【列】属性，右侧有 ... 按钮，单击进入【索引列】对话框。

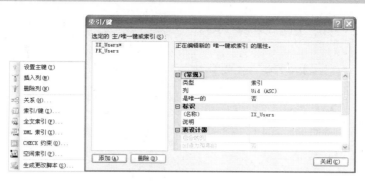

图 5-3 唯一性设置

（4）单击列名下的单元格，有列名列表的下拉菜单，选择要设置的唯一性列，单击右边单元格，有排序的下拉菜单，选择需要的并单击【确定】按钮，返回【索引/键】对话框。【常规】节点下【是唯一的】属性也是可选的下拉菜单，选择【是】。【标识】节点下【名称】属性是可编辑的，直接编辑，左侧的新建约束名称会随着改变。

（5）名称编辑之后单击【关闭】按钮并保存表，唯一性约束创建完成。

删除唯一性约束的方法是打开【索引/键】对话框，在已经存在的主键约束中选中欲删除的约束，单击【删除】按钮，删除完成，关闭对话框返回，完成约束删除。

2. 使用 UNIQUE 语句管理唯一性约束

这里分三种，创建表时直接设置唯一性约束、为已存在的表设置唯一性约束和删除唯一性约束。

在创建表时定义唯一性约束，语法如下所示。

```
CREATE TABLE 表名 (
字段名 1 字段类型,
字段名 2 字段类型,
字段名 3 字段类型,
CONSTRAINT 约束名
UNIQUE (字段名 1,字段名 2)
)
```

【实践案例 5-7】

创建"Users"表，包含"Uid"字段、"Uname"字段和"Uemail"字段，将"Uemail"字段设置唯一性约束。

```
CREATE TABLE 表名 (
Uid int PRIMARY KEY,
Uname nvarchar(50),
Uemail nvarchar(50),
CONSTRAINT emailOne
UNIQUE(Uemail)
)
```

为已经存在的表设置唯一性索引，这里必须保证被选择设置唯一性约束的列或列的集合上没有重复值。语法如下所示。

```
ALTER TABLE 表名
ADD
CONSTRAINT 约束名
UNIQUE [CLUSTERED] [NONCLUSTERED]
(字段名 1,字段名 2)
```

【实践案例 5-8】

将"Users"表中的"Uemail"字段设置唯一性约束。语句如下所示。

```
ALTER TABLE Users
ADD
CONSTRAINT emailOne
UNIQUE NONCLUSTERED (Uemail)
```

当指定列不再适合使用唯一性约束就需要删除，按约束的名称删除，语法如下所示。

```
ALTER TABLE 表名
DROP
CONSTRAINT 约束名
```

【实践案例 5-9】

将"Users"表中的"emailOne"唯一性约束删除。语句如下所示。

```
ALTER TABLE Users
DROP
CONSTRAINT emailOne
```

5.2.5 非空约束

一个列是否允许有空值，就是这里的空和非空约束，即 NULL 与 NOT NULL 约束。顾名思义，NULL 就是允许为空，NOT NULL 是不允许为空，它们是保证数据完整性的重要手段。

NULL 不同于 0 和 " "，0 表示该行有数据，值为 0，" "表示该行有数据，值为" "。NULL 是没有数据的。必填项不允许为空，如用户注册时用户名不能为空。以下分别通过使用界面管理和使用语句管理来介绍 NULL 与 NOT NULL 约束的管理。

1. 界面管理 NULL 与 NOT NULL 约束

在创建表的时候就必须选定字段是否允许为空。如图 5-4 所示的表格【允许 NULL 值】列，每编辑一个字段，系统就生成【允许 NULL 值】选框，默认允许为空。

单击启用【允许 Null 值】复选框表示该列允许为空，否则表示不允许为空。表的创建和表的设计修改界面一样，都是这样使用。

用户在允许为空的字段中输入"NULL"表示这里没有数据，无论该字段有没有定义默认值。不

图 5-4 创建非空列

输入的话系统会按默认值填充，没有默认值又不允许为空将会报错。

2. 使用查询语句管理 NULL 与 NOT NULL 约束

（1）使用 NULL 和 NOT NULL 语句可以在表的创建中设置约束，语法如下所示。

```
CREATE TABLE 表名 (
字段 1 数据类型 NOT NULL,
字段 2 数据类型 NULL,
字段 3 数据类型 NOT NULL
)
```

【实践案例 5-10】

创建 "Users" 表，包含 "Uid" 字段、"Uname" 字段和 "Uemail" 字段，其中 "Uid" 字段和 "Uname" 字段不允许为空，"Uemail" 字段可以为空。语句如下所示。

```
CREATE TABLE Users (
Uid int NOT NULL,
Uname nvarchar(50) NOT NULL,
Uemail nvarchar(50) NULL
)
```

（2）修改表中列的 NULL 与 NOT NULL 属性，语句语法如下所示。

```
ALTER TABLE 表名
ALTER
COLUMN 字段名 字段类型 NULL | NOT NULL
```

【实践案例 5-11】

修改 "Users" 表 "Uemail" 字段的 NULL 与 NOT NULL 约束，将属性 "NULL" 改为 "NOT NULL"，语句如下所示。

```
ALTER TABLE Users
ALTER
COLUMN Uemai nvarchar(50) NOT NULL
```

注意　将 NULL 修改为 NOT NULL 时，必须保证该列数据没有空值，否则会出错。

5.2.6　数据验证约束

数据验证约束又称作 CHECK 约束，它通过给定条件（逻辑表达式）来检查输入数据是否符合要求，以此来维护数据完整性。例如，限制用户注册的用户名必须是字母和数字组成并以字母开头。这个在实际项目中作用很广且很实用。

1. 界面操作表的 CHECK 约束

单击 SQL Server Management Studio 界面工具栏上的【表设计器】，并在下拉菜单上选择【CHECK】约束，弹出【CHECK 约束】对话框。第一次创建时这里是空的，单击【添加】按钮，系统自动命名并添加了一个 CHECK 约束，如图 5-5 所示。

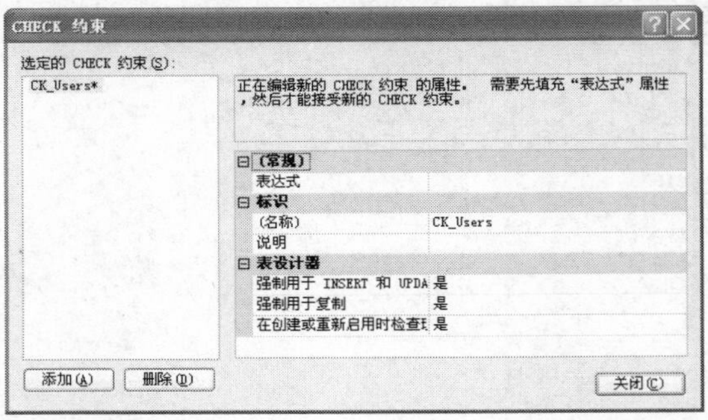

图 5-5　CHECK 约束

在对话框中编辑【表达式】、【名称】等并单击【关闭】按钮。这里的【表达式】就是一个逻辑表达式,如成年女式皮鞋尺寸号码在 34 到 40 中间,可以写为"成年女式皮鞋尺寸号码 >=34 AND 成年女式皮鞋尺寸号码 <=40"。

一个表或列可以使用多个 CHECK 约束,添加方法一样,但是要保证这些验证不矛盾。

2. 使用查询语句管理 CHECK 约束

这里分 3 种,创建时定义表级别的 CHECK 约束、创建时定义列级别的 CHECK 约束和修改现有表的 CHECK 约束。前两种作用一样,唯一不同的是使用的约束名称,一个是自定义的,一个是系统生成的。

创建表的时候对表定义表级别 CHECK 约束,语法如下所示。

```
CREATE TABLE 表名
(
字段 1 字段类型
CONSTRAINT 约束名
CHECK 验证表达式
)
```

这里的 CHECK 验证表达式可以有一个或多个。使用多个的时候可以用 AND 或 OR 连接,也可以用多个 CHECK 约束语句表达。

【实践案例 5-12】

创建表"Users"并为"Udays"字段定义约束使"Udays"字段大于 0。

```
CREATE TABLE Users(
Uid int NOT NULL,
Uname nvarchar(50) NOT NULL,
Uemail nvarchar(50) NULL,
Udays int DEFAULT 1 NOT NULL
CONSTRAINT Udays_Check
CHECK (Udays>0)
)
```

创建表的时候对表定义列级别 CHECK 约束,使用查询语法如下所示。

```
CREATE TABLE 表名
(
字段 1 字段类型
```

```
CHECK 验证表达式
)
```

【实践案例 5-13】

创建表 "Users" 并为 "Udays" 字段定义约束使 "Udays" 字段大于 0。

```
CREATE TABLE Users(
Uid int NOT NULL,
Uname nvarchar(50) NOT NULL,
Uemail nvarchar(50) NULL,
Udays int DEFAULT 1 NOT NULL
CHECK (Udays>0)
)
```

修改现有表的 CHECK 约束。对于已有 CHECK 约束的修改还是先删除再新建。这里针对原来没有 CHECK 约束的表。语法如下所示。

```
ALTER TABLE 表名
[WITH CHECK | WITH NOCHECK]
ADD
CONSTRAINT 约束名
CHECK 验证表达式
```

WITH CHECK 和 WITH NOCHECK 分别表示对表中已有数据进行核查和不进行核查。默认对表中已有数据核查。

【实践案例 5-14】

将 "Users" 表中 "Udays" 字段定义约束使 "Udays" 字段大于 0。

```
ALTER TABLE Users(
WITH CHECK
ADD
CONSTRAINT Udays_Check
CHECK (Udays>0)
)
```

对现有表使用 ALTER TABLE 一次添加多个 CHECK 约束，语法如下所示。

```
ALTER TABLE 表名
WITH NOCHECK ADD CONSTRAINT 约束名
CHECK (验证表达式),
CONSTRAINT CK_CheckTable_Sex
CHECK (验证表达式)
```

提示
验证表达式举例：任意数字[0-9]；任意小写字母[a-z]；任意大写字母[A-Z]；两位数字[0-9][0-9]；第一个字母大写的 4 个字母单词[A-Z][a-z][a-z][a-z]。

5.2.7　默认值约束

默认值约束也称为 DEFAULT 约束。将常用的数据值定义为默认值可以节省用户输入时间，在非空的字段中定义默认值可以减少错误发生。默认值很常用，如新添加的会员，会员等级都是最低级别，可以使用默认值；新添加的日志或新闻之类，点击数都是 0，可以使用默认值等。

在实际的应用中，默认值还可以是结果能变的函数，如新闻添加时间，可以用函数表示并将这个函数定义为默认值。函数将在本书第 9 章作介绍。

默认值可以像约束一样针对一个具体对象，也可以像数据库对象一样单独定义并绑定到其他对象。这里介绍默认值约束，5.4 节介绍默认值对象。

1．界面管理默认值约束

在表的创建和设计修改界面，如图 5-6 所示，单击字段所在的行，下面会有该字段的相关属性。单击【常规】节点下的【默认值或绑定】所在行，右边单元格呈现可编辑状态，直接编辑常量表达式即可。

这里的常量表达式可以是具体数据值，也可以是有返回值的函数等。例如，函数 GETDATE()用来返回当前时间，但是要符合该字段的数据类型及定义在该字段上的约束。

图 5-6　字段默认值

2．使用查询语句管理默认值约束

使用查询语句管理默认值约束分为三种，创建表的时候直接创建默认值、为已有字段添加默认值和删除默认值。

（1）在创建表时定义默认值，使用查询语句直接在字段类型后使用 DEFAULT 语法，如下所示。

```
CREATE TABLE 表名
(
字段名  字段类型 DEFAULT 常量表达式 NOT NULL
)
```

（2）为已有字段添加默认值。这里要保证该字段没有其他约束，否则要先删除原有约束。

```
ALTER TABLE 表名
ADD
CONSTRAINT 约束名
DEFAULT 常量表达式 FOR 字段名
```

（3）要修改默认值可以先删除再重新添加。删除语法如下所示。

```
ALTER TABLE 表名
DROP
CONSTRAINT 默认值约束名
```

【实践案例 5-15】

创建"Users"表，包含"Uid"字段、"Uname"字段、"Uemail"字段和"Udays"字段，其中"Udays"字段默认值为 1。查询语句如下所示。

```
CREATE TABLE Users(
Uid int NOT NULL,
Uname nvarchar(50) NOT NULL,
Uemail nvarchar(50) NULL,
Udays int DEFAULT 1 NOT NULL
)
```

【实践案例 5-16】

将"Users"表中的"Unum"字段添加 DEFAULT 约束 num_default 默认值 1，语句如下所示。

```
ALTER TABLE Users
ADD
CONSTRAINT num_default
DEFAULT 1 FOR Unum
```

【实践案例 5-17】

将"Users"表中的 num_default 约束删除。语句如下所示。

```
ALTER TABLE Users
DROP
CONSTRAINT num_default
```

 创建时最好对 DEFAULT 约束自定义名称，否则系统会自动命名，用户在不知道 DEFAULT 约束名称的情况下将无法直接进行删除和修改默认值操作。

5.3　规则

规则是独立的 SQL Server 对象，它跟表和视图一样是数据库的组成部分。规则的作用和 CHECK 约束类似，用于完成对数据值的检验。它可以关联到多个表，在数据库中有数据插入、修改时，验证新数据是否符合规则，是实现域完整性的方式之一。

5.3.1　规则的特点

规则与 CHECK 约束都用于检验数据，SQL Server 把规则单独作为一个对象有它的道理，下面是规则与 CHECK 约束的区别。

- ❑ 规则是 SQL Server 的对象，而 CHECK 约束是一种约束，是表定义的一部分。
- ❑ CHECK 约束的优先级高于规则。

- ❑ 一个列只能使用一个规则，却可以使用多个 CHECK 约束。
- ❑ 规则可以应用于多个列，CHECK 约束只针对它定义的列。
- ❑ 同样的验证条件，规则创建一次使用多次，CHECK 约束需要多次创建。
- ❑ 规则的验证表达式中不能包含列名或其他数据库对象名，CHECK 约束的表达式是针对特定数据库对象的。
- ❑ CHECK 约束定义后就在使用状态，规则创建之后需要绑定到列或用户自定义数据类型上。
- ❑ 对同一个列或数据类型，新的规则可以直接覆盖原有的，新的 CHECK 约束需要先删除原有的再重新创建。

规则在定义时并没有定义它的检测对象，而是在创建后绑定到对象来检测数据。通常把常用的复杂的数据限定条件定义为规则。本节将详细讲述规则的创建、绑定、查看和删除，使用查询语句实现。

5.3.2　创建规则

使用 CREATE RULE 创建规则。读者对 CREATE 语句应该很熟悉了，在表和视图的创建中都要使用，以下是对规则创建的语法结构。

```
CREATE RULE 规则名
AS
条件表达式
```

这里的条件表达式同样使用逻辑表达式，与 CHECK 条件表达式的区别如下所示。

- ❑ 表达式不能包含列名或其他数据库对象名。
- ❑ 表达式中要有一个以@开头的变量，代表用户的输入数据，可以看作是代替 WHERE 后面的列名。

关于表达式的语法，本书将在第 6 章 6.2 节详细介绍。

【实践案例 5-18】

在数据库"Users"中定义一个规则 more_than0，限制输入值大于 0，使用查询语句如下所示。

```
USE Users
GO
CREATE RULE more_than0
AS
@value > 0
```

5.3.3　绑定规则

上节已经介绍，规则在绑定之后才开始应用。这一节讲述规则的绑定。绑定之后的数据库对象，就如同定义了 CHECK 约束一样，在插入或修改数据时检验新数据。

规则的绑定需要使用系统存储过程 sp_bindrule。存储过程读者也不陌生，具体语法如下所示。

```
USE 数据库名
```

```
GO
sp_bindrule 规则名 表名.字段名
[,@futureonly=< futureonly_flag >]
```

在上述语法中，[,@futureonly=< futureonly_flag >]参数在将规则绑定到用户自定义数据类型时使用。

如果 futureonly_flag 为空，该数据类型已有的数据将不受限制。如果不指定 futureonly，则该规则将绑定到所有使用该数据类型的列上并对已有数据进行验证。

【实践案例 5-19】

将"Users"数据库中的 more_than0 规则绑定到"Users"表的"Udays"字段，使用查询语句如下所示。

```
USE Users
GO sp_bindrule more_than0 Users.Udays
```

执行上述语句会在【消息】区域提示"已将规则绑定到表的列"，如图 5-7 所示。绑定完成后，在列属性中也可以查看。

图 5-7　规则绑定

因为规则不是针对某一列或某个用户自定义数据类型，所以在该数据库对象不再需要使用规则的时候，可以取消对规则的绑定而不需要直接删除规则。

取消对规则的绑定，需要使用系统存储过程 sp_unbindrule，使用查询语句如下所示。

```
USE 数据库名
GO
sp_unbindrule 表名.字段名
[,@futureonly=< futureonly_flag >]
```

【实践案例 5-20】

将"Users"数据库中"Users"表的"Udays"字段解除规则绑定，使用查询语句如下所示。

```
USE Users
GO
sp_unbindrule 'Users.Udays'
```

5.3.4　查看规则

使用存储过程 sp_help 查看规则，包括规则名称、所有者和创建时间等。具体语法如下所示。

```
USE 数据库名
GO
sp_help [规则名]
```

在不写规则名的情况下，系统会将指定数据库中所有规则、索引、约束等查询出来，这个结果里面没有创建时间。如图 5-8 和图 5-9 所示，分别展示【实践案例 5-21】省略规则名和【实践案例 5-22】使用规则名的结果。

图 5-8　查询数据库对象

图 5-9　查看规则

【实践案例 5-21】

查询"Users"数据库规则时省略规则名，使用查询语句如下所示。

```
USE Users
GO
sp_help
```

【实践案例 5-22】

查询"Users"数据库规则时指定明确规则名称 more_than0，使用查询语句如下所示。

```
USE Users
GO
sp_help more_than0
```

使用存储过程 sp_helptext 可以查看规则的定义信息。

【实践案例 5-23】

查询 Users 数据库规则 more_than0，使用存储过程 sp_helptext 查询语句如下所示。

```
USE Users
GO sp_helptext 'more_than0'
```

执行结果如图 5-10 所示。

图 5-10　查询规则的定义

5.3.5 删除规则

不再使用的规则用 DROP RULE 语句删除，具体语法如下所示。

```
USE 数据库名
DROP RULE 规则名
```

【实践案例 5-24】

删除"Users"数据库中的 more_than0 规则，执行语句如下所示。

```
USE Users
DROP RULE more_than0
```

5.4 默认值

本章 5.2.7 讲述了默认值的作用，那一节使用的默认值只能针对特定对象，对于默认值常量表达式相同的列还要重新创建。本节介绍能像使用规则一样使用的默认值。

对于常量表达式很复杂但是很常用的默认值，使用本节知识会很方便。

第 9 章介绍 SQL Server 中的函数，使用函数编辑这里的常量表达式是本节知识的常见应用，但由于本书到这里还没有涉及函数，本节就以常量数值作为常量表达式。

5.4.1 创建默认值

使用 CREATE DEFAULT 语句创建默认值，具体语法如下所示。

```
CREATE DEFAULT 默认值名
AS 常量表达式
```

【实践案例 5-25】

在"Users"数据库中创建名为"NewNum"的默认值，使用 1 为常量表达式，具体语法如下所示。

```
USE Users
GO
CREATE DEFAULT NewNum
AS 1
```

与创建规则一样，默认值的定义不能包含列名，需要绑定到列或是其他数据库对象才能使用。一个列只能绑定一个默认值，该列最好不是唯一性列。

在【对象资源管理器】中展开当前数据库节点，展开【可编辑性】节点，找到【默认值】节点并展开，有如图 5-11 所示结果，可以看到该默认值已经添加到了资源对象管理器。

图 5-11　创建默认值

5.4.2　绑定默认值

使用系统存储过程 sp_bindefault 实现默认值的绑定，使用查询语句如下所示。

```
sp_bindefault 默认值名,列名.字段名
```

【实践案例 5-26】

在"Users"数据库中将名为"NewNum"的默认值绑定到表"Users"的"Unum"字段，使用查询语句如下所示。

```
USE Users
GO
sp_bindefault NewNum,'Users.Unum'
```

若某列不再需要默认值，可以像规则那样取消绑定，使用系统存储过程 sp_unbindefault 语法如下所示。

```
sp_unbindefault 表名.字段名
```

【实践案例 5-27】

```
USE Users
GO
sp_unbindefault 'Users.Unum'
```

5.4.3　查看默认值

在创建的时候，读者已经看到了默认值创建后的结果，使用界面操作就可以查看默认值，包括默认值的定义内容，创建时间等；也可以使用查询语句，如同查看规则一样。

使用界面操作，展开当前数据库节点，展开【可编辑性】节点，找到【默认值】节点并展开，在需要查看的默认值名称上单击鼠标右键，如图 5-12 所示。

在快捷菜单【编写默认值脚本为】的子菜单中可选择的有【CREATE 到】、【DROP 到】和【DROP 和 CREATE 到】三个选项。鼠标放在它们任意一个上面，有如图 5-12 所示的菜单项，执行【新查询编辑器窗口】命令，【对象资源管理器】的右侧就有了一个查询编辑器窗口，在里面可以看到已经建好的 NewNum 默认值，有它的定义和创建时间。

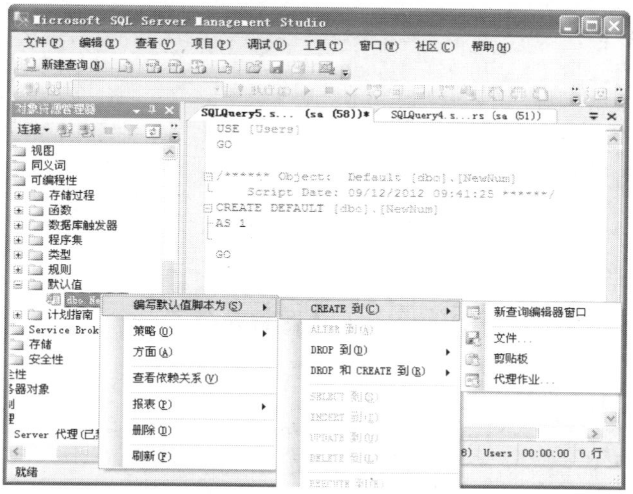

图 5-12　界面查看默认值

使用查询语句，语法和查看规则一样，使用存储过程 sp_help 或存储过程 sp_helptext。

【实践案例 5-28】

使用 sp_help 存储过程查询"Users"数据库中的 NewNum 默认值，使用查询语句如下，查询结果如图 5-13 所示。

```
USE Users
GO
sp_help NewNum
```

【实践案例 5-29】

使用 sp_helptext 存储过程查询"Users"数据库中的 NewNum 默认值，使用查询语句如下，查询结果如图 5-14 所示。

```
USE Users
GO
sp_helptext NewNum
```

图 5-13　使用 sp_help 查看默认值

图 5-14　使用 sp_helptext 查看默认值

5.4.4　删除默认值

默认值不再需要时就删除，使用 DROP DEFAULT 语句删除默认值。这里要保证默认值没有被绑定，否则该默认值尚在使用中，将无法删除。

【实践案例 5-30】

使用 DROP DEFAULT 语句删除 "Users" 数据库中的 NewNum 默认值，使用查询语句如下所示。

```
USE Users
GO
DROP DEFAULT NewNum
```

5.5　项目案例：管理网购注册用表

网购已经被越来越多的人接受和喜爱，可选择的网购网站也越来越多，还有一些厂家借助网站销售自己的商品。

结合本章维护数据完整性的内容，本案例介绍网购注册用表 "Customer" 的管理和维护。

【实例分析】

首先 "Customer" 表需要一个标识列为主键，客户注册的时候是不能自己填写主键的，这个主键要自动编号。这里还要涉及用户名、密码、验证邮箱、手机号码、常用邮寄地址、注册时间、累计消费总金额、参与评论的数量等。

具体要求如下所示。

❑ 在 "Users" 数据库中创建 "Customer" 表，包含字段 "id"、"name"、"password"、"email"、"phone"、"address"、"addTime"、"sums" 和 "comment_num"。

❑ 其中 "id" 字段为主键，设为标识列并自动编号，从 1 开始，一次加 1。"name" 字段、"password" 字段和 "email" 字段不能为空。

❑ "email" 字段创建唯一性约束。

❑ "sums" 字段和 "comment_num" 字段使用默认值 1。

❑ 创建默认值，常量表达式使用 GETDATE() 获取当前时间，并绑定到 "addTime" 字段。

❑ 对 "sums" 字段和 "comment_num" 字段使用 CHECK 约束验证两个字段不小于 0。

❑ 创建 phoneNum 规则验证手机号为第一个数字不为 0 的 11 位数字并绑定到 "phone" 字段。

实现步骤如下所示。

（1）创建 "Customer" 表并在创建中完成定义 "id" 为主键，标识列从 1 递加；"name" 字段、"password" 字段和 "email" 字段不为空；"sums" 字段和 "comment_num" 字段使用默认值 1；"email" 字段创建唯一性约束；"sums" 字段和 "comment_num" 字段验证不小于 0。

在查询分析器中输入如下代码并执行。

```
USE Users
GO
CREATE TABLE Customer
(
id int PRIMARY KEY IDENTITY(1,1),
name nvarchar(50) NOT NULL,
```

```
password nvarchar(50) NOT NULL,
email nvarchar(50) NOT NULL,
phone int,
address nvarchar(50),
addTime datetime,
sums int DEFAULT 1,
comment_num int DEFAULT 1,
CONSTRAINT email_unique
UNIQUE(email),
CONSTRAINT moreThan0
CHECK (sums>=0 and comment_num>=0)
)
```

执行查询结果如图 5-15 所示。因定义在列的约束在更改的时候需要先删除再重建，所以在创建表的时候直接定义约束会方便一些，这里就在创建时直接定义了。

图 5-15　创建 Customer 表

（2）创建默认值，使用 GETDATE()获取当前时间，在查询窗口输入代码如下并执行。

```
USE Users
GO
CREATE DEFAULT NewTime
AS GETDATE()
```

（3）将默认值 NewTime 绑定到"addTime"字段，在查询窗口输入以下代码并执行。

```
USE Users
GO
sp_bindefault NewTime,'Customer.addTime'
```

（4）创建 phoneNum 规则验证手机号，在查询窗口输入语句如下所示。

```
USE Users
GO
CREATE RULE phoneNum
AS
@value like'[1-9][0-9][0-9][0-9][0-9][0-9][0-9][0-9][0-9][0-9][0-9]'
```

（5）将 phoneNum 规则绑定到"phone"字段，输入查询语句如下所示。

```
USE Users
GO
sp_bindrule phoneNum,'Customer.phone'
```

到这里，网购注册用表"Customer"表的创建和维护就完成了。

5.6　习题

一、填空题

1. 唯一性约束与主键约束的不同在于它可以有＿＿＿＿＿＿，主键约束不允许。
2. 删除约束的语句是＿＿＿＿＿＿。
3. 规则与＿＿＿＿＿＿约束作用类似。
4. 对于表与表之间联系进行管理的是＿＿＿＿＿＿约束。
5. 主键约束包含了＿＿＿＿＿＿约束和唯一性约束。
6. 规则和 CHECK 约束之中一个列只能绑定一个＿＿＿＿＿＿。

二、选择题

1. 关于约束，下列说法正确的是＿＿＿＿＿＿。
   A. 表数据的完整性用表约束就足够了
   B. 自动编号的列数据都是有固定差值的
   C. 一个列只能有一个 CHECK 约束
   D. 唯一性约束列可以为 NULL

2. 下列说法正确的是＿＿＿＿＿＿。
   A. 规则的修改需要先删除，再重新创建
   B. 新建的列默认为 NOT NULL
   C. CHECK 约束修改需要先删除，再重建
   D. 默认值可以是任意有返回值的函数

3. 下列说法正确的是＿＿＿＿＿＿。
   A. 规则是数据库对象，所以规则的优先级别比 CHECK 约束高
   B. 绑定了规则的列不再需要规则时，要把规则删除
   C. 表删除了，那么关联表的规则和约束都被删除了
   D. 创建约束时没有定义约束的名称，系统会自动生成一个

4. 下列说法正确的是＿＿＿＿＿＿。
   A. 唯一性约束可以有多个数据为 NULL
   B. 默认值也是数据库的对象
   C. 规则和 CHECK 约束不能同时使用
   D. 外键约束只能通过关系图创建

三、上机练习

上机实践：青少年运动会运动员信息表管理

创建一个青少年运动会运动员信息表"Player"，包含有运动员编号、运动员姓名、性别、年龄、出生年月、籍贯、参赛项目、身份证号。

具体要求如下所示。

（1）"运动员编号"字段为主键，自动编号从 1 递加 1，"姓名"、"性别"、"年龄"和"参赛项目"字段不为空，"身份证号"字段创建唯一性约束。

（2）"年龄"为 int 型，创建 DEFAULT 约束默认值 16；创建默认值，常量表达式为"河南郑州"并绑定到"籍贯"字段。

（3）"年龄"使用 CHECK 约束验证年龄大于等于 7 且小于等于 40；创建规则验证"性别"为男或女，并绑定到"性别"字段。

5.7 实践疑难解答

5.7.1 默认值绑定

一个列绑定多个默认值

网络课堂：http://bbs.itzcn.com/thread-19757-1-1.html

【**问题描述**】：SQL Server 2008 列里面的规则和默认值肯定都只能有一个，既然一个已经绑定了规则的列又绑定其他规则的话，原规则就会被覆盖，那么一个已经绑定了默认值的列再绑定其他默认值，原规则会被覆盖吗？

【**解决办法**】：对于这个问题可以试验一下，利用 5.5 节的项目案例中的数据库，新建两个默认值 name1 和 name2，分别定义默认值常量表达式为"admin"和"user"，并先后绑定到"name"字段。

（1）创建默认值 name1，输入以下查询语句并执行。

```
USE Users
GO
CREATE DEFAULT name1
AS 'admin'
```

（2）创建默认值和 name2，输入以下查询语句并执行。

```
USE Users
GO
CREATE DEFAULT name2
AS 'user'
```

（3）将默认值 name1 绑定到"name"字段，输入查询语句并执行，结果显示如图 5-16

所示。

（4）将默认值 name2 绑定到 "name" 字段，输入查询语句并执行，结果显示如图 5-17 所示。

图 5-16　绑定 name1 默认值　　　　　图 5-17　绑定 name2 默认值

显然，原默认值也被覆盖了。这对于修改字段默认值无疑是比使用默认值约束要方便。对于 SQL Server 2008 系统，要根据书本不断尝试才能很好掌握。

5.7.2　约束产生的索引

约束产生的索引

网络课堂：http://bbs.itzcn.com/thread-19758-1-1.html

【问题描述】：在未创建索引的情况下查询数据时，显示的结果不对且无法查明原因，后来无意展开了索引节点，发现多了一个唯一非聚集索引，这个索引从何而来，如何删除？

【解决办法】：其实这个索引是创建唯一性约束时，系统自动生成的。系统会在创建主键或唯一性约束时自动生成索引，主键默认生成聚集索引，唯一性约束默认生成唯一非聚集索引。唯一索引可以直接删除，但删除之后唯一性约束也就没有了。

第6章

查询和管理表数据

数据是数据库的中心，数据库的所有功能都是围绕着数据的，前几章介绍的表、数据类型、视图、索引、约束、规则和默认值等，也都是在为数据服务。本章将详细讲述数据的查询、插入和删除。第 4 章曾介绍从表中提取数据并创建视图，提取数据的过程就是本章将要讲述的数据查询。

本章完全使用 Transact-SQL 语言，并详细介绍相关语法，但是本章涉及的 Transact-SQL 语句只是针对本章具体功能的实现，较深入的 Transact-SQL 语言将在第 8 章讲解。

本章学习要点：

➢ 熟练使用 SELECT 语句查询数据
➢ 掌握常用的 WHERE 限制语句语法
➢ 掌握分组统计结果集的方法
➢ 掌握插入表数据使用查询语句的三种方法
➢ 掌握删除数据使用查询语句的三种方法

6.1 基本 SELECT 查询

查询就是根据具体需求从一个或几个表中查找数据。就像要找出某个地区某个小学的一个班，就要先找到这个地区，再根据小学的名称和班级的名称找到这个班。查询数据就是根据列的名称查出这个列的数据，结果以列表的形式显示，包括列名和列的数据。

数据查询具体包括查询所有的列数据、查询指定列数据、排除重复数据和查询前几条数据等。

6.1.1 SELECT 语法格式

SELECT 是查询指令，如同 DROP 是删除指令一样。查询是在指定数据库中进行的，语法如下所示。

```
USE 数据库名❶
SELECT 字段列表❷
字段 3 AS 字段 3 的别名,❸
字段 4,……
[INTO 新表名]❹
```

```
FROM 表或视图名❺
[WHERE 条件表达式]❻
[GROUP BY 分组条件]❼
[HAVING 搜索条件]❽
[ORDER BY 字段名[ASC | DESC]]❾
```

各关键字说明如下所示。

❑ 标志❶：在关键字 USE 后编辑数据所在的数据库。

❑ 标志❷：在关键字 SELECT 后编辑需要查询的列的列表。

❑ 标志❸：使用关键字 AS 对指定的列进行重命名，这里的重命名只用于显示查询结果，并不针对原表中的列。

❑ 标志❹：使用关键字 INTO 可以为查询结果定义一个新的表，在 INTO 关键字后编辑新表的表名。这样使用 AS 重命名的列就会在新表中使用新的列名，但原表中的列名不变。

❑ 标志❺：在关键字 FROM 后编辑需要查询的列或视图。本章针对一个表进行查询，多个表之间的查询将在第 7 章介绍。

❑ 标志❻：在关键字 WHERE 后编辑查询的限制条件，条件表达式如同第 5 章 CHECK 约束的验证表达式。

❑ 标志❼：在关键字 GROUP BY 后编辑查询结果的分组条件，用来将查询结果集分组，常用于分组统计。

❑ 标志❽：在关键字 HAVING 后编辑搜索条件，与 WHERE 关键字类似，HAVING 主要针对组或集合，常与 GROUP BY 结合使用。

❑ 标志❾：在关键字 ORDER BY 后编辑字段列表，根据字段数据值排序，后跟 ASC（以升序排列）或 DESC（以降序排列）。

6.1.2 获取所有的列

项目用表中一部分表是可以直接展示的，把表中所有的列及列数据展示出来要使用符号"*"，它表示所有的。将"*"代替字段列表就包含了所有字段。获取整张表的数据使用 Transact-SQL 语言语法如下所示。

```
USE 数据库名
SELECT *
FROM 表名
```

【实践案例 6-1】

查询"Users"数据库中"Users"表的所有列，使用查询语句如下所示。

```
USE Users
SELECT *
FROM Users
```

执行结果显示如下所示。

```
Uid     Uname    Upassword  Uemail           UaddTime    Udays   Unum
------  -------  ---------  ---------------  ----------  ---  -----  ---------
```

1	林豆豆	LDD	LDD@126.COM	NULL	1	3
2	宋德福	SDF	SDF@126.COM	NULL	2	3
3	宋德福	SDF	SDF@126.COM	NULL	2	3
4	梦欢	MH	MH@126.COM	NULL	3	3
5	刘美琪	LMQ	LMQ@126.COM	NULL	3	3

 提示 也可以使用"表名.*"来查询表中所有列。在查询所有列的时候，不能再对列重命名。

6.1.3 获取指定列

将 6.1.2 节语法中的"*"换成所需字段的字段列表就可以查询指定列数据，若将表中所有的列都放在这个列表中，将查询整张表的数据。语法如下所示。

```
USE 数据库名
SELECT 字段列表
FROM 表名
```

【实践案例 6-2】

查询"Users"数据库中"Users"表的"Uid"字段、"Uname"字段和"Upassword"字段。查询语句如下所示。

```
USE Users
SELECT Uid, Uname, Upassword
FROM Users
```

执行结果如下所示。

```
Uid         Uname                               Upassword
---------   ----------------------------------  --------------------
1           林豆豆                                LDD
2           宋德福                                SDF
3           宋德福                                SDF
4           梦欢                                  MH
5           刘美琪                                LMQ
```

对指定的列重命名并显示在查询结果中，使用 AS 关键字，用于更清晰地解释字段内容，不会改变原表中的字段名。其应用如下所示。

【实践案例 6-3】

查询"Users"数据库中"Users"表的"Uid"字段、"Uname"字段和"Upassword"字段，分别使用新的字段名"用户编号"、"用户名"和"密码"，使用查询语句如下所示。

```
USE Users
SELECT Uid AS 用户编号, Uname AS 用户名, Upassword AS 密码
FROM Users
```

执行结果显示如下所示。

```
用户编号     用户名               密码
---------  ------------------  --------------
```

1	林豆豆	LDD
2	宋德福	SDF
3	宋德福	SDF
4	梦欢	MH
5	刘美琪	LMQ

6.1.4 获取不重复数据

使用 DISTINCT 关键字筛选结果集，对于重复行只保留并显示一行。这里的重复行是指，结果集数据行的每个字段数据值都一样。实践案例 6-3 中的结果，第三行和第四行只有"Uid"字段数据值不一样。下面在实践案例 6-4 和 6-5 中使用 DISTINCT 关键字，读者可以对比一下显示结果有什么不同。

【实践案例 6-4】

查询"Users"数据库中"Users"表的"Uid"字段、"Uname"字段和"Upassword"字段，删除重复行查询语句如下所示。

```
USE Users
SELECT DISTINCT Uid, Uname, Upassword
FROM Users
```

执行结果显示如下所示。

Uid	Uname	Upassword
1	林豆豆	LDD
2	宋德福	SDF
3	宋德福	SDF
4	梦欢	MH
5	刘美琪	LMQ

不再查询 Uid 字段，删除重复行的实践案例如下所示。

【实践案例 6-5】

查询"Users"数据库中"Users"表的"Uname"字段和"Upassword"字段，删除重复行查询语句如下所示。

```
USE Users
SELECT DISTINCT Uname, Upassword
FROM Users
```

执行结果显示如下所示。

Uname	Upassword
林豆豆	LDD
刘美琪	LMQ
梦欢	MH
宋德福	SDF

查询显示所有结果，使用关键字 ALL，使用方法与 DISTINCT 一致。省略这两个关键字，系统默认 ALL。

6.1.5　获取前几条数据

数据量很大的网站，一个模块也只是显示前几条数据的标题。限制查询条数并按插入顺序提取前几条，可以使用 TOP 关键字来实现。

- ❑　使用 TOP 和整数数值，返回确定条数的数据。
- ❑　使用 TOP 和百分比，返回结果集的百分比。
- ❑　若 TOP 后的数值大于数据总行数，则显示所有行。

具体语法如下所示。

```
SELECT TOP 整数数值或整数数值 PERCENT *
FROM 表名
```

【实践案例6-6】

查询"Users"数据库中"Users"表的"Uid"字段、"Uname"字段和"Upassword"字段，并获取前两个数值，使用语句如下所示。

```
USE Users
SELECT TOP 2 Uid, Uname, Upassword
FROM Users
```

执行结果如图 6-1 所示。

图 6-1　使用 TOP 查询

使用 TOP 关键字默认按插入顺序从最早插入的数据读取，这样的查询结果往往不实用。

　将 TOP 关键字和 ORDER BY 语句结合使用可以根据字段数据值排序并提取数据，本章 6.3 节将讲述 ORDER BY 语句的使用。

6.2　限定查询条件

项目中经常会对数据查询有限制条件，如提取成绩小于 60 分的学生参加补考，需要根据特定成绩来查询；用户登录，需要根据用户名查询用户详细信息来转入系统等。

SQL Server 提供了一系列方式来限制查询结果，使用 WHERE 加限制条件，基本语法如下所示。

```
USE 数据库名
```

145

```
SELECT * FROM 表名
WHERE 限制条件
```

这里的限制条件与第 5 章 CHECK 约束的验证表达式语法一样，本节提供了多种方式以满足不同的查询需求，如使用比较运算符、逻辑运算符、范围运算符等。

6.2.1 使用比较运算符

比较运算符，顾名思义，用来将两个数值表达式对比。参与对比的表达式可以是具体的值，也可以是函数或表达式，但对比的两个参数数据类型要一致。字符型的数值要用"'"引用，如民族= '汉'。比较运算符的符号及含义见表 6-1。

表 6-1 比较运算符

运算符	含义	运算符	含义
>	大于	<>	不等于
<	小于	>=	大于等于
=	等于	<=	小于等于

参与对比的表达式、比较运算符和 WHERE 结合，基本语法如下所示。

```
WHERE 表达式1 比较运算符 表达式2
```

【实践案例 6-7】

查询 "Users" 数据库中 "Customer" 表中 "sums" 字段值大于等于 10000 的数据行，查询结果包含 "id" 字段、"name" 字段和 "sums" 字段，使用语句如下所示。

```
USE Users
SELECT id,name, sums
FROM Customer
WHERE sums >=10000
```

查询结果如下所示。

```
id          name                                sums
---------   --------------------------------    --------------------
1           张力                                 12057
4           顾汉涵                               73491
5           李奇                                 58457
```

6.2.2 使用逻辑运算符

逻辑运算符用于连接一个或多个条件表达式，相关符号和具体含义，以及注意事项有以下几点。

- ❏ **AND** 与，当相连接的两个表达式都成立时，语句才成立。
- ❏ **OR** 或，当相连接的两个表达式中有一个成立时，语句就成立。
- ❏ **NOT** 非，当原表达式成立，则语句不成立；当原表达式不成立，则语句成立。

❏ 三个逻辑运算符的优先级从高到低为 NOT、AND、OR。使用 "( )" 改变系统执行顺序。

与 WHERE 关键字结合，基本语法如下所示。

```
WHERE 表达式 AND 表达式
WHERE 表达式 OR 表达式
WHERE NOT 表达式
```

【实践案例 6-8】

查询 "Users" 数据库中 "Customer" 表中 "sums" 字段值大于等于 10000 并且 "comment_num" 字段大于等于 100 的数据行，查询结果包含 "id" 字段、"name" 字段、"sums" 字段和 "comment_num" 字段，使用语句如下所示。

```
USE Users
SELECT id,name, sums,comment_num
FROM Customer
WHERE sums >=10000 AND comment_num>=100
```

查询结果如下所示。

```
id     name                               sums      comment_num
------ --------------------------------   --------- ----------------
4      顾汉涵                              73491     462
5      李奇                                58457     197
```

【实践案例 6-9】

查询 "Users" 数据库中 "Customer" 表中 "sums" 字段值大于等于 10000 或 "id" 字段小于 4 的数据行，查询结果包含 "id" 字段、"name" 字段和 "sums" 字段，使用语句如下所示。

```
USE Users
SELECT id,name, sums
FROM Customer
WHERE sums >=10000 OR id <4
```

查询结果如下所示。

```
id          name                          sums
---------   -------------------------   ------------
1           张力                          12057
3           司柯                          452
4           顾汉涵                        73491
5           李奇                          58457
```

【实践案例 6-10】

查询 "Users" 数据库中 "Customer" 表中 "sums" 字段值大于等于 10000 并且 "comment_num" 字段不小于 100 的数据行，查询结果包含 "id" 字段、"name" 字段、"sums" 字段和 "comment_num" 字段，使用语句如下所示。

```
USE Users
SELECT id,name, sums,comment_num
```

```
FROM Customer
WHERE sums >=10000 AND NOT comment_num<100
```

查询结果如下所示。

```
id     name                             sums        comment_num
------ -------------------------------- ----------  -----------------
4      顾汉涵                           73491       462
5      李奇                             58457       197
```

6.2.3　使用范围运算符

范围运算符用于描述一个范围，使用 BETWEEN AND 关键字和 NOT BETWEEN AND 关键字与 WHERE 关键字结合，语法如下所示。

```
WHERE 列名 BETWEEN | NOT BETWEEN 表达式1  AND 表达式2
```

上述语法结构要满足以下两个条件。

❑　两个表达式的数据类型要和 WHERE 后的列的数据类型一致。

❑　表达式1≤表达式2。

【实践案例6-11】

查询"Users"数据库中"Customer"表中"sums"字段值在10000到15000之间的数据行，查询结果包含"id"字段、"name"字段和"sums"字段，使用语句如下所示。

```
USE Users
SELECT id,name, sums
FROM Customer
WHERE sums BETWEEN 10000 AND 15000
```

查询结果如下所示。

```
id       name                 sums
-------- -------------------- -------
1        张力                 12057
```

【实践案例6-12】

查询"Users"数据库中"Customer"表中"sums"字段值在10000到15000之外的数据行，查询结果包含"id"字段、"name"字段和"sums"字段，使用语句如下所示。

```
USE Users
SELECT id,name, sums
FROM Customer
WHERE sums NOT BETWEEN 10000 AND 15000
```

查询结果如下所示。

```
id       name                             sums
-------- -------------------------------- -------
3        司柯                             452
4        顾汉涵                           73491
5        李奇                             58457
6        刘芬                             628
```

6.2.4 使用 IN 条件

使用 IN 关键字指定一个包含具体数据值的集合，以列表形式展开，并查询数据值在这个列表内的行。列表可以有一个或多个数据值，放在"()"内并用半角逗号隔开。具体语法如下所示。

```
WHERE 列名 IN 列表
```

【实践案例 6-13】

查询"Studentsys"数据库中"Student"表中"Dno"字段值为 1 或 2 的数据行，查询结果包含"Sno"字段、"Sname"字段和"Dno"字段，使用语句如下所示。

```
USE Studentsys
SELECT Sno, Sname, Dno
FROM Student
WHERE Dno IN (1,2)
```

执行结果如下所示。

```
Sno        Sname      Dno
-------    ----------  ---------
06001      张均焘       1
06002      许艳洲       1
06003      孟夏         2
06004      李振         2
06007      祝晓明       1
06008      朱悦桐       2
```

使用 NOT 查询不在列表内的数据行，实践案例如下所示。

【实践案例 6-14】

查询"Studentsys"数据库中"Student"表中"Dno"字段值不为 1 或 2 的数据行，查询结果包含"Sno"字段、"Sname"字段和"Dno"字段，使用语句如下所示。

```
USE Studentsys
SELECT Sno, Sname, Dno
FROM Student
WHERE Dno NOT IN (1,2)
```

执行结果如下所示。

```
Sno         Sname      Dno
----------  ----------  ---------
06005       刘明明       3
06006       陈高         3
06009       侯艳书       3
06013       贺雷         3
06014       孙萍         4
```

6.2.5 使用 LIKE 条件

上网搜素某个问题，又不确定关键字。如何只输入了一两个字就查到了要找的内容，这个就要用到本节要讲的 LIKE 关键字和通配符。

通配符是一种符号，通常跟 LIKE 关键字结合使用，描述了一种范围。常见通配符如表 6-2 所示。

表 6-2　通配符

通配符	含义
%	一个或多个任意字符
_	单个字符
[]	自定范围内的字符
[^]或[!]	不在范围内的字符

- □ **%**　使用字符与"%"结合，如查找姓名时使用'胡%'找出所有姓胡的人。
- □ **_**　使用字符与"_"结合，与使用"%"相比，精确了字符个数，如'胡_'只能是两个字并且第一个字为胡。
- □ **[]**　在[]内的任意单个字符，如[H-J]可以是 H、I 或 J。
- □ **[^]或[!]**　不在"[^]"或"[!]"内的任意单个字符，如[^H-J]可以是 1、2、3、d、e、A 等。

其中，"_"、"[]"、"[^]"和"[!]"都是有明确字符个数的，"%"可以是一个或多个字符。具体用法如下所示。

【实践案例 6-15】

查询"Users"数据库中"Customer"表中"name"字段（用户名）中姓张的人的数据，查询结果包含"id"字段、"name"字段和"address"字段，使用语句如下所示。

```
USE Users
SELECT id,name, address
FROM Customer
WHERE name LIKE '张%'
```

查询结果如下所示。

```
id        name                   address
--------- ---------------------- ---------------------
1         张力                    河南省郑州
8         张鹤玲                  湖南省长沙
10        张然                    四川省汶川
```

【实践案例 6-16】

查询"Users"数据库中"Customer"表中"name"字段（用户名）中姓张且名字为两个字的人的数据，查询结果包含"id"字段、"name"字段和"address"字段，使用语句如下所示。

```
USE Users
SELECT id,name, address
FROM Customer
WHERE name LIKE '张_'
```

查询结果如下所示。

```
id        name                   address
--------- ---------------------- ----------
```

```
1          张力                    河南省郑州
10         张然                    四川省汶川
```

【实践案例 6-17】

查询"Studentsys"数据库中"Student"表中"Sno"字段值在 06011 和 06019 之间的数据行，查询结果包含"Sno"字段"Sname"字段和"Dno"字段，使用语句如下所示。

```
USE Studentsys
SELECT Sno, Sname, Dno
FROM Student
WHERE Sno LIKE'0601[1-9]'
```

执行结果如下所示。

```
Sno           Sname           Dno
-----------   --------------  -----------
06011         郭凯            1
06012         王玲            2
06013         贺雷            3
06014         孙萍            4
06015         赵瑞丽          1
```

6.2.6 使用 IS NULL 条件

在数据量比较大的情况下，漏填不可避免。使用 IS NULL 关键字可以查询数据库中为 NULL 的值，语法格式如下所示。

```
WHERE 字段名 IS NULL
```

【实践案例 6-18】

查询"Studentsys"数据库中"Student"表中"Sadrs"字段值为空的数据行，查询结果包含"Sno"字段"Sname"字段和"Sadrs"字段，使用语句如下所示。

```
USE Studentsys
SELECT Sno, Sname, SAdrs
FROM Student
WHERE SAdrs IS NULL
```

执行结果如下所示。

```
Sno           Sname           SAdrs
-----------   --------------  ----------
06004         李振            NULL
06010         高阳            NULL
06016         李森            NULL
06018         刘文斌          NULL
```

6.3 格式化结果集

6.1 节和 6.2 节查询出来的结果在没有索引时，默认按插入时间排序。在日常生活中，人们需要的数据往往不只局限于简单的查询，而是趋向于更专业的统计，SQL Server 中就提供了规范查询结果的方法，包括排序、分组和统计。

6.3.1　排序结果集

使用 ORDER BY 对查询结果按指定字段进行排序。ASC 关键字表示升序排序，为系统默认排列方式；DESC 关键字为降序排序。ORDER BY 语句可以和 TOP 关键字结合使用，完成排序并提取前几行数据。语法如下所示。

```
SELECT [TOP 数值]字段列表
FROM 表名
WHERE 表达式
ORDER BY 字段名[ASC | DESC]
```

【实践案例 6-19】

查询"Studentsys"数据库中"Student"表中"Sno"字段、"Sname"字段和"Sbirth"字段，并按"Sbirth"字段降序排序，使用语句如下所示。

```
USE Studentsys
SELECT Sno, Sname, Sbirth
FROM Student
ORDER BY Sbirth DESC
```

执行结果如下所示。

```
Sno      Sname        Sbirth
-----    --------     -----------------------------------------
06014    孙萍         1989-10-20 22:00:00.000
06017    吴越         1989-08-10 00:00:00.000
06008    朱悦桐       1989-05-12 00:00:00.000
06011    郭凯         1989-03-11 00:00:00.000
06010    高阳         1989-02-14 00:00:00.000
06003    孟夏         1989-01-07 00:00:00.000
06001    张均焘       1988-12-05 00:00:00.000
```

排序可以使用多个字段，在第一个字段数据值相等时按第二个字段排序，之后是第三个字段，以此类推。

【实践案例 6-20】

查询"Studentsys"数据库中"Student"表中"Sno"字段、"Sname"字段和"Ssex"字段，并按"Ssex"字段降序排序，"Ssex"字段数据值相同时按"Sno"字段升序排序。使用语句如下所示。

```
USE Studentsys
SELECT Sno, Sname, Ssex
FROM Student
ORDER BY Ssex DESC,Sno ASC
```

执行结果如下所示。

```
Sno      Sname        Ssex
```

```
--------  --------------  -----------
06005     刘明明              女
06007     祝晓明              女
06008     朱悦桐              女
06009     侯艳书              女
06012     王玲               女
06014     孙萍               女
06015     赵瑞丽              女
06001     张均焘              男
06002     许艳洲              男
```

将 ORDER BY 语句与 TOP 关键字结合，可以查找指定列前几行或百分比的数据值，如实践案例 6-21 所示。

【实践案例 6-21】

查询"Studentsys"数据库中"Student"表中"Sno"字段、"Sname"字段和"Ssex"字段，按"Sno"字段降序排序并提取前四行，使用语句如下所示。

```
USE Studentsys
SELECT TOP 4 Sno, Sname, Ssex
FROM Student
ORDER BY Sno DESC
```

执行结果如下所示。

```
Sno             Sname              Ssex
--------------  -----------------  -----------
06018           刘文斌              男
06017           吴越               男
06016           李森               男
06015           赵瑞丽              女

(4 行受影响)
```

6.3.2　分组结果集

使用 GROUP BY 关键字可以对查询结果集分组和数据处理。通过一定的规则将一个数据集划分成若干个小的区域，然后对这些小的区域数据进行处理。语法格式如下所示。

```
SELECT 字段列表
FROM 表名 WHERE 表达式
GROUP BY [ALL]字段列表[WITH ROLLUP | CUBE]❶
```

语法说明如下所示。

- ❶所在行的字段列表必须包含 SELECT 后的字段列表。
- **ALL**　通常和 WHERE 一同使用，表示被 GROUP BY 分类的数据，即使不满足 WHERE 条件也要显示查询结果。
- **ROLLUP**　在存在多个分组条件时使用，只返回第一个分组条件指定的列的统计行。
- **CUBE**　ROLLUP 的扩展，除了返回 GROUP BY 子句指定的列以外，还要返回按照组统计的行。

GROUP BY 语句通常和统计函数或聚合函数结合使用，统计函数跟数学公式类似，通过数据的计算返回单个值，如表 6-3 所示；聚合函数是系统函数，作用与统计函数类似，将在第 9 章介绍。

表 6-3　常见统计函数

函数名	含义
SUM（表达式）	表达式中数据值的和
AVG（表达式）	表达式中数据值的平均数
MAX（表达式）	表达式中数据值中的最大数值
MIN（表达式）	表达式中数据值中的最小数值
COUNT（*）	选定的行数
COUNT（表达式）	表达式中数据值的个数

SELECT 关键字与 GROUP BY 语句结合使用如实践案例 6-22 所示。

【实践案例 6-22】

统计男女学生人数，查询"Studentsys"数据库中"Student"表中"Ssex"字段，并按"Ssex"字段分组，统计"Ssex"字段数据值相同的行数。使用语句如下所示。

```
USE Studentsys
SELECT Ssex,COUNT(*) AS num
FROM Student
GROUP BY Ssex
```

执行结果如下所示。

```
Ssex                num
------------------- -----------
男                  11
女                  7
```

在实践案例 6-22 中，若要使查询结果包含"Sname"字段，必须在 SELECT 后和 GROUP BY 后同时添加"Sname"字段，但此时分组条件就会改变，查询结果将和没有使用 GROUP BY 一样。

通过 ROLLUP 关键字解决这个问题，在多个分组条件共存的情况下按第一个条件执行。实践案例如下所示。

【实践案例 6-23】

统计男女学生人数，查询"Studentsys"数据库中"Student"表中"Ssex"字段和"Sname"字段，并按"Ssex"字段分组，统计"Ssex"字段数据值相同的行数。使用语句如下所示。

```
USE Studentsys
SELECT Sname,Ssex,COUNT(*) AS num
FROM Student
GROUP BY Ssex, Sname
WITH ROLLUP
```

执行结果如下所示。

```
Sname           Ssex                num
```

```
--------------- ----------------- ---------
陈高              男                 1
高阳              男                 1
郭凯              男                 1
贺雷              男                 1
李森              男                 1
NULL             男                 5
侯艳书            女                 1
刘明明            女                 1
孙萍              女                 1
NULL             女                 3
NULL             NULL              8
```

6.3.3　统计结果集

把 GROUP BY 语句和统计函数结合起来可以完成结果集的粗略统计，本节将使用 HAVING 语句来实现结果集的统计。

使用 HAVING 语句查询和 WHERE 关键字类似，即在关键字后面插入条件表达式来规范查询结果，但二者也有以下三点区别。

- ❑ WHERE 关键字针对的是列的数据，HAVING 针对统计组。
- ❑ WHERE 关键字不能与统计函数一起使用，HAVING 语句可以，而且一般都和统计函数结合使用。
- ❑ WHERE 关键字在分组前对数据进行过滤，HAVING 语句只过滤分组后的数据。

HAVING 语句一般和 GROUP BY 语句结合使用，结合实践案例，语法如下所示。

【实践案例 6-24】

将学生按所在系分组，并统计组中女生，即查询"Studentsys"数据库中"Student"表的"Sno"字段、"Dno"字段、"Ssex"字段和"Sname"字段，并按"Dno"字段分组。使用语句如下所示。

```
USE Studentsys
SELECT Sno,Sname,Ssex, Dno
FROM Student
GROUP BY Dno,Ssex, Sname,Sno
WITH ROLLUP
HAVING Ssex='女'
```

执行结果如下所示。

```
Sno       Sname          Ssex       Dno
-------   -------------   --------   ----------------
06015     赵瑞丽          女          1
NULL      赵瑞丽          女          1
06007     祝晓明          女          1
NULL      祝晓明          女          1
NULL      NULL           女          1
06012     王玲            女          2
NULL      王玲            女          2
NULL      NULL           女          2
```

6.4　插入数据

对于数据库，有表有数据才能对表和数据进行操作处理，数据是数据库的根本。本节讲述数据的插入，主要包括向表中插入新数据、数据转存或引入和创建新的表，使用Transact-SQL 语句实现。

6.4.1　使用 INSERT 语句插入数据

使用 INSERT 语句的方法是向表中插入数据的最常用的方法，可以添加一行或多行数据。添加的基本语法如下所示。

```
INSERT [INTO]表或视图名 字段列表
VALUES 数据值列表
```

❑ 字段列表放在 "( )"中，各字段之间用逗号隔开。
❑ 数据值列表放在 "( )"中，各项按与字段列表对应的顺序编辑并使用逗号隔开。若没有指定字段列表，各项按数据表中字段顺序对应编辑。
❑ 数据值列表各项必须和字段列表各项一一对应。
❑ 数据值列表中的数据值的数据类型必须对应相关字段的数据类型，其中字符型数据要加 "'"。
❑ 同时插入多行数据时，各行数据放在不同的 "( )"中，各 "( )"之间用逗号隔开。
❑ 插入数据时必须遵循定义在各列的约束和规则等。
❑ 在可以为空的字段插入值 NULL，则无论是否有默认值，插入该字段都为NULL。
❑ 标识列由系统自动插入数据，不需要在字段列表和数据值列表中出现。若要指定标识列，则需要先将表的 IDENTITY_INSERT 值设置为 ON。
❑ 对于字段列表中遗漏的列，是标识列或有默认值的，系统会根据标识属性和默认值自动插入，否则若该列不允许为空就会出错。

下面通过实践案例了解一下 INSERT 语句的使用方法。

【实践案例 6-25】

为"Users"数据库的表添加数据，其中"ID"字段（标识列），"UserName"字段、"password"字段和 "Email" 字段。使用语句如下所示。

```
USE Users
INSERT INTO Users(UserName,Password, Email)
VALUES('wen123','123',NULL), , ('lili', 'lili',NULL)
```

执行结果显示如下。

(2 行受影响)

"Users" 表数据增加两行，查看 "Users" 表数据，结果如图 6-2 所示。

图 6-2　使用 INSERT 语句插入数据

> **提示**　在表中插入数据也可以使用界面，在选定表的节点右击鼠标并执行【编辑前 200 行】命令，编辑数据并关闭当前窗口即可。

6.4.2　使用 INSERT…SELECT 语句插入数据

已经存在的表数据，可以转存到另一个表中，使用的是 INSERT…SELECT 语句。使用这种方法插入数据的行数不确定，并且插入数据有一定的特性。数据转存时，提供数据的表称为源表，接收数据的表称为目标表，语法结构如下所示。

```
INSERT 目标表名称
SELECT 字段列表
FROM 源表
WHERE 条件表达式
```

INSERT…SELECT 语句可以将源表中所有满足 WHERE 条件表达式的数据插入到目标表中。这里还要满足几个条件。

- ❏ 目标表必须在当前数据库存在。
- ❏ 目标表中对应的列的数据类型要和源表一致。
- ❏ 源表中查询的列必须包含目标表中所有非标识列，无论遗漏的列是否允许为空，是否有默认值。

使用 INSERT…SELECT 语句可以有效地将数据分类，存放在不同的表中。在分类数据表损坏或缺失时，源表就是很好的备份。下面通过实践案例了解一下 INSERT…SELECT 语句的使用方法。

【实践案例 6-26】

在"Studentsys"数据库中创建新表"VIPuser"，包含"Uid"字段、"Uname"字段、"Upad"字段和"Uemail"字段。其中"Uid"字段为标识列，"Uname"字段和"Upad"字段不为空。

将包含了"ID"字段、"UserName"字段、"Password"字段和"Email"字段的"Users"表中 ID<3 的数据行插入"VIPuser"表。执行语句如下所示。

```
USE Studentsys
CREATE TABLE VIPuser
(
Uid int PRIMARY KEY IDENTITY(1,1),
Uname nvarchar(50) NOT NULL,
Upad nvarchar(50) NOT NULL,
```

```
Uemail nvarchar(50) NULL
)
INSERT VIPuser
SELECT UserName,Password, Email
FROM Users
WHERE ID<3
```

执行语句并刷新"Studentsys"数据库，在表节点下找到"VIPuser"表，查看表数据，如图 6-3 所示。

图 6-3　数据转存

6.4.3　使用 SELECT…INTO 语句创建表

SELECT…INTO 语句与 INSERT…SELECT 语句用法类似，不同的是 INSERT…SELECT 语句是将数据插入到现有表，SELECT…INTO 语句将数据插入到新的表，隐式创建了新表。

新建表包含源表中部分字段，从源表中查找数据并插入新建表，使用语法如下所示。

```
SELECT 字段列表
INTO 新建表名称
FROM 源表
[WHERE 条件表达式]
```

SELECT 后的字段来源于源表，对源表中对应的列重命名，使用 AS 关键字，语法如下所示。

```
字段 1 AS 新列名, 字段 2 AS 新列名,……
```

与使用 INSERT…SELECT 语句类似，在转移数据的时候保留原表数据，在数据遗失时可以使用 INSERT…SELECT 语句重新插入。

【实践案例 6-27】

在"Studentsys"数据库将包含了"ID"字段、"UserName"字段、"Password"字段和"Email"字段的"Users"表中 ID<3 的数据行插入新的表"VIPuser2"表中。

```
USE Studentsys
SELECT ID,UserName,Password, Email
INTO VIPuser2
FROM Users
WHERE ID<3
```

执行结果如图 6-4 所示。刷新数据库并展开"Users"表和"VIPuser2"表，可以看到如图 6-4 左边所示，系统默认已将"Users"表列的数据类型即相关的标识列约束、NULL

约束和 NOT NULL 约束都定义在了"VIPuser2"表中。

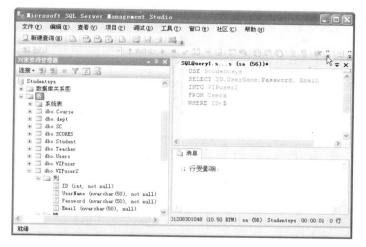

图 6-4   插入新的表

6.5   更新数据

数据库中保存的数据是不会自动改变的,但大多数据是需要改变的。例如,数据在插入时编辑有误、部分数据在不同时期的值不同等,这些都需要修改数据库的数据。商店促销商品的价格变化、物价上涨造成的商品价格变化、网站会员参与活动的积分变化等,这就是本节要讲的数据更新。

提示

更新表中数据也可以使用界面,在选定表的节点右击鼠标并执行【编辑前 200 行】命令,直接修改并关闭当前窗口即可。

6.5.1   修改表数据

使用 UPDATE 语句修改表中的数据,可以修改一个或多个字段值,修改一行或多行。语法如下所示。

```
USE 数据库名
UPDATE 表名
SET 字段=数据值,……
[WHERE 条件表达式]
```

若不使用 WHERE,将改变指定列所有行的数值。这里要保证数据值的数据类型与字段数据类型一致。

【实践案例 6-28】

将"Studentsys"数据库的"Users"表中"ID=3"的数据行的"Password"字段的数据值改为"123456",使用查询语句如下所示。

```
USE Studentsys
UPDATE Users
SET Password='123456'
WHERE ID=3
```

图 6-5 显示的是 "Users" 表的原始数据，执行实践案例 6-28 的查询语句、刷新表并重新查看表数据如图 6-6 所示。

ID	UserName	Password	Email
1	admin	admin888	admin@126.com
2	ADMIN	ADMIN	ADMIN@126.com
3	wen123	123	NULL
4	lili	lili	NULL
*	NULL	NULL	NULL	NULL

ID	UserName	Password	Email
1	admin	admin888	admin@126.com
2	ADMIN	ADMIN	ADMIN@126.com
3	wen123	123456	NULL
4	lili	lili	NULL
*	NULL	NULL	NULL	NULL

图 6-5 表数据修改前   图 6-6 表数据修改后

注意　标识列不能修改；将原有数据修改为 NULL 时，必须保证该列允许为空，否则会出错。

6.5.2 根据其他表更新数据

表之间是有联系的，有时要根据其他表中的数据来确定当前表需要修改的地方。这就是本节要讲的根据其他表更新数据。语法格式如下所示。

```
UPDATE 表名
SET 字段=数据值
FROM 数据库名
WHERE 条件表达式
```

从语法中看得出来，根据其他的表更新数据关键就在 WHERE 后的条件表达式。

条件表达式针对的是当前表，执行的就是修改表数据；条件表达式涉及其他表，就属于根据其他表更新数据。

【实践案例 6-29】

当在 "Users" 表中的 "Unum" 字段值等于 "VIPName" 表中 "Vname" 字段值为 "b" 对应的 "Vnum" 字段值时，修改 "Users" 表中的 "Udays" 字段值为 "365"。使用查询语句如下所示。

```
USE Users
UPDATE Users
SET Udays=365
WHERE Unum IN (
SELECT Vnum
FROM VIPName
WHERE Vname ='b'
)
```

6.5.3 使用 TOP 表达式修改数据

TOP 关键字在数据查询中使用过，使用 TOP 关键字不仅可以查询前几行或前多少百分比的数据，也可以一次性修改这些数据。具体语法如下所示。

```
USE 数据库名
UPDATE TOP （ 数值或百分比 表名 ）
SET 字段=数据值……
```

【实践案例 6-30】

将"Studentsys"数据库中"Users"表中前 3 行的"Password"字段数据值改为"123456"，使用查询语句如下所示。

```
USE Studentsys
UPDATE TOP(3) Users
SET Password='123456'
```

执行查询语句并刷新查看"Users"表数据，结果如图 6-7 所示。

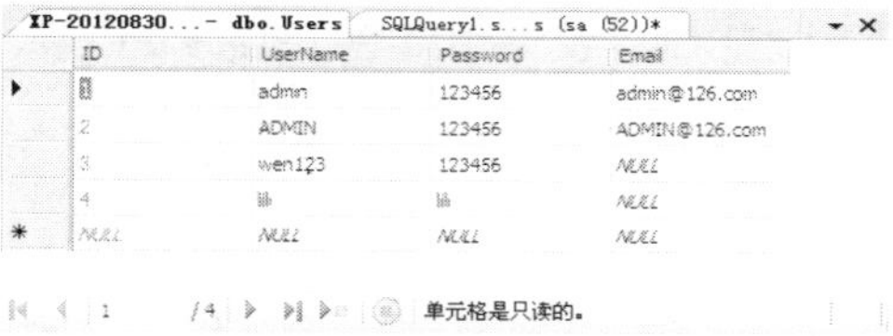

ID	UserName	Password	Email
1	admn	123456	admin@126.com
2	ADMIN	123456	ADMIN@126.com
3	wen123	123456	NULL
4	lih	lih	NULL
*	NULL	NULL	NULL

图 6-7 使用 TOP 表达式修改数据

6.6 删除数据

实际使用的项目中，经常见到不再需要的数据，如注销的用户信息、下架的商品信息、用户删除的日志等。不需要的数据就要删除，以节省磁盘空间。删除数据可以使用图形界面和三种查询语句。

使用界面删除数据需要主观选择需要删除的行，难免会有遗漏，所以建议用户尽量使用语句删除。使用界面的删除数据操作方法有以下两种。

❑ 打开表数据在选定行右击鼠标并执行【删除】命令，在弹出的对话框中单击【是】按钮即可。
❑ 批量删除列需要按 Ctrl 键选定需要删除的行，右击鼠标并执行【删除】命令，在弹出的对话框中单击【是】按钮即可。

使用查询语句删除数据的方法有三种，分别是使用 DELETE 语句删除当前表数据、使用 TRUNCATE TABLE 语句删除表中全部数据，以及删除基于其他表的数据。

6.6.1 使用 DELETE 语句删除数据

使用 DELETE 语句可以通过 WHERE 条件表达式删除表或视图中一行或多行数据，若省去 WHERE 语句，将删除表或视图中所有数据。语法结构如下所示。

```
DELETE
FROM 表或视图名
WHERE 条件表达式
```

语法说明如下所示。

❑ DELETE 语句只能删除整行数据，无法删除单个字段数据。

❑ DELETE 语句只能删除数据，无法删除表或视图。

❑ 除了使用 WHERE 条件表达式，还可以使用 TOP 指定删除的数据行。

❑ 表与表之间的联系限定了一些数据不能随意删除。

❑ 误删的数据要尽快恢复，可以使用日志记录。

如"会员信息"表有"会员等级"字段数据值为"二级"，"会员等级"表有"会员等级"字段和"等级权限"字段。删除了"会员等级"表中"会员等级"字段数据值为"二级"的数据行，"会员信息"中"会员等级"为"二级"的人员将找不到对应的等级权限，对会员的正常使用将造成影响。

【实践案例 6-31】

将"Studentsys"数据库中"Users"表中"ID=3"的数据行删除，使用查询语句如下所示。

```
USE Studentsys
DELETE
FROM Users
WHERE ID=3
```

使用 TOP 关键字同样可以删除数据行，删除前几行（百分比）的数据。

【实践案例 6-32】

将"Studentsys"数据库中"Users"表中前 1 行的数据删除，使用查询语句如下所示。

```
USE Studentsys
DELETE TOP (1)
FROM Users
```

在进行了实践案例 6-31 和实践案例 6-32 之后，查看表"Users"中的数据，显示如图 6-8 所示结果。

图 6-8　使用 DELETE 语句删除数据

6.6.2　使用 TRUNCATE TABLE 语句删除数据

使用 TRUNCATE TABLE 语句将删除表中全部数据，并将数据及索引所占的空间释放。数据库中的操作都会被写入日志记录，使用 DELETE 语句每删除一条记录就会在事务日志文件中记录一项。但使用 TRUNCATE TABLE 语句，在事务日志文件中留下的只是数据页的释放。因此 TRUNCATE TABLE 执行删除比使用 DELETE 语句快很多。

因为 TRUNCATE TABLE 操作不进行日志记录，建议删除前做好备份。

使用 TRUNCATE TABLE 语句删除数据的语法结构如下所示。

```
TRUNCATE TABLE 表或视图名
```

6.6.3　删除基于其他表中的数据行

删除基于其他表中的数据行，可以仿照根据其他表更新数据的原理，在 WHERE 条件表达式中使用嵌套，也可以使用 FROM 引入表的连接。表的连接在查询多表数据时常用到，本书在第 7 章将作详细介绍。依据这两种方法，给出以下两个实践案例。

【实践案例 6-33】

当"Users"表中"Unum"字段值等于"VIPName"表中"Vname"字段值为"b"对应的"Vnum"字段值时，删除"Users"表中该行数据，使用查询语句如下所示。

```
USE Users
DELETE
FROM Users
WHERE Unum IN (
SELECT Vnum
FROM VIPName
WHERE Vname ='b'
)
```

【实践案例 6-34】

当"Users"表中"Unum"字段值等于"VIPName"表中"Vname"字段值为"b"对应的"Vnum"字段值时，使用 FROM 和 WHERE 删除"Users"表中该行数据，使用查询语句如下所示。

```
USE Users
DELETE
FROM Users
FROM
VIPName INNER JOIN Users❶
ON VIPName. Vnum = Users. Unum
WHERE VIPName.Vname ='b'
```

标记❶为连接语句，是用于多表查询的一种语句，本书将在第 7 章介绍。

6.7　项目案例：管理用户表

本章主要讲述对表数据的操作，包含数据的查询、插入、修改和删除等。结合本章内容，管理用户信息表。

之前使用过表和数据库的创建，表和数据库的管理，本章在空表的基础上对表数据操作。现"Users"数据库有表"Customers"包含用户 ID、用户名、密码、邮箱、申请时间、登录累计天数、会员等级编号、用户分组等。对应字段分别为 Uid、Uname、Upassword、Uemail、UaddTime、Udays、Unum、Ugroup。表中没有数据。

根据用户注册、用户登录、修改密码等实际应用来操作用户表数据。

【实例分析】

数据的操作要以数据为基础，对于空表来说要先根据各字段的数据类型、约束和规则等插入数据。具体要求如下所示。

（1）添加数据完成用户注册，为方便操作，添加 10 个用户。

（2）验证要注册的用户名是否唯一。

（3）根据用户名找出对应密码并修改密码。

（4）查找"Uemail"字段为空的数据行。

（5）统计同一天注册的人数。

（6）将最早注册的 5 条记录的"Unum"字段值改为"2"。

（7）将前 5 条记录添加到新建表"Customer_top"中。

（8）将原表中"Uid"字段小于 8 的记录的"Udays"字段改为"2"。

（9）删除原表中第 2 条和第 5 条记录。

（10）将表中"Uname"列中姓王的用户的"Upassword"字段改为"wang"。

（11）将表中"Uname"列中姓王的用户记录复制到现有表"Customer_wang"中。

（12）删除"Customer_wang"表中所有数据。

实现步骤如下所示。

（1）查看表中所有约束、规则和默认值，表中"Uid"字段为主键和标识列（1,1）、"Uname"字段和"Upassword"字段不为空，"UaddTime"字段和"Ugroup"字段有默认值。

添加 10 个用户使用查询语句如下所示。

```
USE Users
INSERT INTO Customers(Uname,Upassword)
VALUES
('李娜','123'),
('王洪林','lili'),
('武文斌','123'),
('谢东明','123')
INSERT INTO Customers(Uname,Upassword,Uemail)
VALUES
('林飞','123','lf@163.com'),
('王力可','lili','wlk@qq.com'),
('张思淼','123','zsm@yahoo.com.cn'),
('马玉','123','my@126.com')
INSERT INTO Customers(Uname,Upassword)
VALUES
('王梦瑶','123')
INSERT INTO Customers(Uname,Upassword,Uemail)
VALUES
('李向安','123','lxa@sohu.com')
```

执行语句并查看表数据，显示结果如图 6-9 所示。

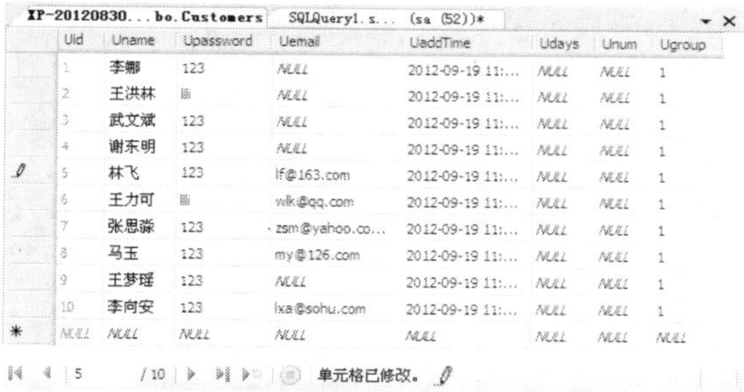

XP-20120830...bo.Customers　SQLQuery1.s... (sa (52))*

	Uid	Uname	Upassword	Uemail	UaddTime	Udays	Unum	Ugroup
	1	李娜	123	NULL	2012-09-19 11:...	NULL	NULL	1
	2	王洪林	llll	NULL	2012-09-19 11:...	NULL	NULL	1
	3	武文斌	123	NULL	2012-09-19 11:...	NULL	NULL	1
	4	谢东明	123	NULL	2012-09-19 11:...	NULL	NULL	1
	5	林飞	123	lf@163.com	2012-09-19 11:...	NULL	NULL	1
	6	王力可	llll	wlk@qq.com	2012-09-19 11:...	NULL	NULL	1
	7	张思淼	123	zsm@yahoo.co...	2012-09-19 11:...	NULL	NULL	1
	8	马玉	123	my@126.com	2012-09-19 11:...	NULL	NULL	1
	9	王梦瑶	123	NULL	2012-09-19 11:...	NULL	NULL	1
	10	李向安	123	lxa@sohu.com	2012-09-19 11:...	NULL	NULL	1
*	NULL	NULL	NULL	NULL	NULL	NULL	NULL	NULL

5 / 10　单元格已修改。

图 6-9　插入注册数据

（2）通过分组结果集的方法统计表中现有的用户名“武文斌”的个数。使用查询语句如下所示。

```
USE Users
SELECT Uid,Uname, COUNT(*) AS number
FROM Customers WHERE Uname='武文斌'
GROUP BY Uname,Uid
```

执行查询结果显示如下，用户名“武文斌”已经存在，数量为 1 个。

```
Uid          Uname                   number
---------  -------------------  --------------
3            武文斌                   1
```

（3）根据用户名找出密码属于简单的查询，使用查询语句如下所示。

```
USE Users
SELECT Uname,Upassword
FROM Customers
WHERE Uname='林飞'
```

执行查询结果显示如下所示。

```
Uname                              Upassword
-------------------------- ------------------------------
林飞                               123
```

修改林飞的密码为“linfei”，使用查询语句如下所示。

```
USE Users
UPDATE Customers
SET Upassword='linfei'
WHERE Uname='林飞'
```

（4）查找“Uemail”字段为空的数据行，使用 IS NULL 关键字，详细语句如下所示。

```
USE Users
SELECT Uid, Uname,Upassword
FROM Customers
WHERE Uemail IS NULL
```

执行查询结果显示如下所示。

```
Uid      Uname                                      Upassword
------   ---------------------------------          --------------------------
1        李娜                                         123
2        王洪林                                        lili
3        武文斌                                        123
4        谢东明                                        123
9        王梦瑶                                        123
```

（5）统计同一天注册的人数。使用 BETWEEN AND 限制 UaddTime 字段的范围并统计结果，语句如下所示。

```
USE Users
SELECT Uid, Uname,UaddTime,count( Uid ) AS number
FROM Customers
WHERE UaddTime BETWEEN  '2012-09-19 00:00:00.000' AND  '2012-09-19 23:59:59.999'
GROUP BY Ugroup,Uname,Uid,UaddTime
WITH ROLLUP
```

执行查询结果显示如图 6-10 所示，当天注册人数为 10。

图 6-10 统计范围内数据量

（6）将最早注册的 5 条记录的"Unum"字段值改为"2"，使用 TOP 关键字执行语句如下所示。

```
USE Users
UPDATE TOP (5) Customers
SET Unum=2
```

（7）将前 5 条记录添加到新建表"Customer_top"中，使用 TOP 关键字和 SELECT…INTO 执行语句如下所示。

```
USE Users
SELECT TOP 5 Uid,Uname,Upassword,Uemail,UaddTime,Udays,Unum,Ugroup
INTO Customer_top
FROM Customers
```

执行语句结果如图 6-11 所示，【对象资源管理器】有了【Customer_top】表的节点，【Customer】表的数据完整复制了。

（8）将原表中"Uid"字段小于 8 的记录的"Udays"字段改为"2"，使用比较运算符。语句如下所示。

```
USE Users
UPDATE Customers
```

```
SET Udays=2
WHERE Uid < 8
```

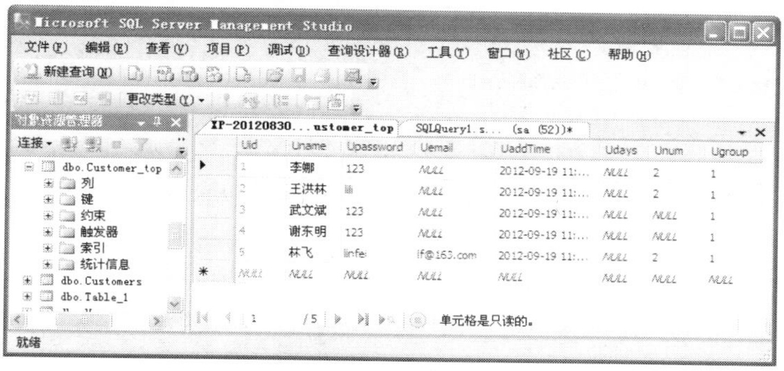

图 6-11 复制数据到新的表"Customer_top"

（9）删除原表中第 2 条和第 5 条记录，因为本案例中 Uid 字段是从 1 递加的，是连续的，所以使用 IN 关键字通过"Uid"字段的限制来实现，语句如下所示。

```
USE Users
DELETE
FROM Customers
WHERE Uid IN(2,5)
```

（10）将表中"Uname"列中姓王的用户的"Upassword"字段改为"wang"，使用 LIKE 和通配符%语句如下所示。

```
USE Users
UPDATE Customers
SET Upassword='wang'
WHERE Uname LIKE '王%'
```

（11）将表中"Uname"列中姓王的用户记录复制到现有表"Customer_wang"中，使用 INSERT…SELECT 语句，执行语法如下所示。

```
USE Users
INSERT Customer_wang
SELECT Uname,Upassword,Uemail,UaddTime, Udays,Unum,Ugroup
FROM Customers
WHERE Uname LIKE '王%'
```

如图 6-12 所示为表"Customer_wang"接收数据之后的表数据。

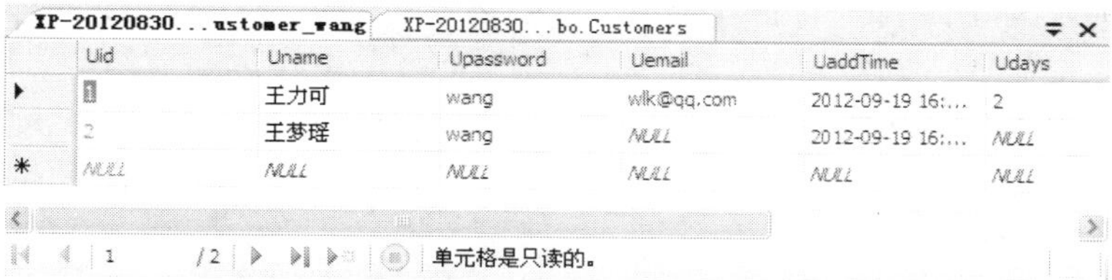

图 6-12 表"Customer_wang"接收数据

（12）删除"Customer_wang"表中所有数据，使用 TRUNCATE TABLE 语句删除并释放数据所占空间。执行语句如下所示。

```
USE Users
TRUNCATE TABLE Customer_wang
```

执行语句后再次查看表数据，结果如图 6-13 所示。

这个案例对数据的所有操作就结束了，此时表 Customers 中数据如图 6-14 所示。

图 6-13　表"Customer_wang"释放数据　　　　图 6-14　所有操作完成后的数据

6.8　习题

一、填空题

1．查询语句使用＿＿＿＿＿＿关键字来限制查询结果。

2．使用＿＿＿＿＿＿关键字可以获取不重复的结果集。

3．逻辑运算符有 OR、＿＿＿＿＿＿和 AND。

4．比较运算符◇的含义是＿＿＿＿＿＿。

5．通配符%表示＿＿＿＿＿＿。

6．关键字 DESC 表示＿＿＿＿＿＿。

二、选择题

1．关于约束，下列说法正确的是＿＿＿＿＿＿。

    A．使用 INSERT…SELECT 语句插入语句可以省略允许为空的列

    B．范围运算符列举出了字段可以取的数据值

    C．ORDER BY 语句默认的是升序排序

    D．使用 IS NOT NULL 查找不为空的数据

2．下列各项不是一类的是＿＿＿＿＿＿。

    A．[]、%、*、[^]

    B．OR、AND、NOT

    C．ASC、DESC

    D．<、>、>=、=

3．下列说法正确的是＿＿＿＿＿＿＿＿。

　　A．WHERE 语句在查询、插入、删除表中所有数据操作中都可以使用

　　B．使用 INSERT 语句可以省略允许为空的列和数据

　　C．使用 SELECT…INTO 创建新表要编辑各字段的数据类型

　　D．使用 INSERT…SELECT 语句转存数据，将会删除原表中对应数据

4．以下不是统计函数的是＿＿＿＿＿＿＿＿。

　　A．SUM（表达式）

　　B．GETDATE（）

　　C．COUNT（*）

　　D．COUNT（表达式）

5．下列各选项不是一类的是＿＿＿＿＿＿＿＿。

　　A．ALL、DISTINCT

　　B．WHERE、HAVING

　　C．_、%

　　D．MAX、MIN

6．下列说法正确的是＿＿＿＿＿＿＿＿。

　　A．使用 GROUP BY 分组结果集时，只能分组被 WHERE 过滤掉后的数据行

　　B．数据修改只能依据和针对当前表

　　C．%代表一个任意字符

　　D．使用 IN 将数据值限定在一个列表

三、上机练习

上机实践：管理网购客户信息表

通过对"Users"数据库中网购客户信息表"Customer"的管理，完成对客户信息的查找、删除和插入等操作。已知表中字段有 id、name、password、email、phone、address、addTime、sums 和 comment_num，对应的意义分别是用户编号、用户名、密码、验证邮箱、手机号码、常用邮寄地址、注册时间、累计消费总金额和参与评论的数量。

其中"id"为主键和标识列（1,1），"name"、"password"、"email"不能为空，"addTime"、"sums"和"comment_num"有默认值。

具体要求如下所示。

（1）注册用户。用户名：张雯；密码：zhangwen；邮箱 zhangwen@000.com。

（2）验证要注册的用户名"李善"是否唯一。

（3）根据用户名"惠雯雯"找出对应密码并将密码修改为"hww"。

（4）查找"phone"字段为空的数据行并修改 phone 值。

（5）统计 2012 年 9 月 20 日注册的人数。

（6）将"sums"大于 10000 的记录添加到新建表"Customer_VIP"中。

（7）删除原表中"sums"大于 10000 的记录。

6.9 实践疑难解答

6.9.1 使用 TOP 与 ORDER BY 结合修改数据

使用 TOP 与 ORDER BY 结合修改数据

网络课堂：http://bbs.itzcn.com/thread-19759-1-1.html

【问题描述】：使用 TOP 关键字与 ORDER BY 语句结合，可以查询按指定列排序并提取前几行数据。那么能不能使用 TOP 与 ORDER BY 结合修改数据？具体语法又是怎么样的？

【解决办法】：若想使用 TOP 与 ORDER BY 结合修改数据，需要换一种方式，而且要保证表中有唯一性约束的列。

例如，改变"Studentsys"数据库中"Users"表中按"ID"字段降序排序前 3 行的"Password"字段值，使用语句如下所示。

```
USE Studentsys
UPDATE  Users
SET Password='A'
FROM (SELECT TOP 3  ID  FROM  Users ORDER BY ID DESC) AS top3
WHERE Users. ID=top3. ID
```

实例中先找出了需要改变"Password"字段的数据行的 ID 值，再使用 WHERE 语句指定修改的条件表达式，但若表中"ID"字段值有重复，则被修改的数据行不一定只有 3 行。

6.9.2 判断非数值类型的数据表达式大小

判断非数值类型的数据表达式大小

网络课堂：http://bbs.itzcn.com/thread-19760-1-1.html

【问题描述】：使用 BETWEEN AND 语句来控制查询结果的范围的时候，除了可以使用数值型表达式，是否也可以使用字母或汉字表达式？若可以，那字母和汉字表达式可否比较？

【解决办法】：表达式按类型可以分为数值型、字母型和汉字型。使用 BETWEEN AND 是可以比较字母或汉字表达式的，在 SQL Server 系统中有比较的方法。

数值的大小不用多说，字母按照从小到大排列为 abcdefghijklmnopqrstuvwxyzABCDEF GHIJKLMNOPQRSTUVWXYZ。汉字的顺序是按拼音顺序排列的，拼音的顺序与字母的顺序一致。下面通过实例来验证一下。

查询"Studentsys"数据库中"Student"表"Sname"字段在"个"和"卡"之间的数据行，查询结果包含字段"Sno"和"Sname"。使用查询语句如下所示。

```
USE Studentsys
SELECT Sno,Sname
FROM Student
WHERE Sname BETWEEN '个' AND '卡'
```

执行上述语句，结果如图 6-15 所示。

图 6-15　汉字范围查询

6.9.3　在修改和删除数据时的 TOP 问题

在修改和删除数据时的 TOP 问题

网络课堂：http://bbs.itzcn.com/thread-19761-1-1.html

【问题描述】：TOP 不是用来限制或是提取前几条数据的吗？为什么我用 TOP 插入和删除数据的时候，变化的条数没错，但操作是跳跃性的，毫无规律可言？

【解决办法】：这位同学遇到的问题应该是在修改或删除数据的时候，使用 TOP 并没有如想象的一样改变前几条数据行。

其实系统总是有默认的排序规则的，在没有任何索引的情况下默认按插入顺序排序，此时使用 TOP 就是按插入顺序提取。但是只要存在索引，就会依据索引排序，索引的排序跟插入顺序不一定一样。

例如，只存在主键约束时，按主键索引设置的顺序排序（索引默认是按升序排序，在创建主键的时候系统会创建索引）。

索引优先级从强到弱为：唯一索引、不唯一索引、主键索引。

但如果同时存在多个索引，就要根据索引的类型和数量及对应字段数据值的排列顺序是否一致等因素判断。

所以在多个索引存在的情况下，要么不使用 TOP，要么使用 TOP 与 ORDER BY 结合。

第**7**章

查询复杂数据

表与表之间的联系决定了一些数据的查询要涉及多个表；人们需要的数据往往不是一个简单的 SELECT 语句就能找到的，于是 SQL Server 提供了满足各种需求的复杂数据查询方法。

例如，查询一篇日志：日志在一张表上，包含日志编号、日志标题、日志内容、插入时间、作者编号等；评论在另一张表上，包含评论编号、评论内容、评论所属日志的编号等。展示一篇日志包含日志和评论，要在日志信息表中找出标题、内容，再根据日志编号在评论表中找出相关评论。

这就是简单的多表查询。本章将详细介绍复杂数据查询的方法，包括多表连接、内连接、外连接、自连接、交叉连接等。

本章学习要点：
➢ 掌握多表连接
➢ 熟练运用内连接
➢ 熟练运用外连接
➢ 了解联合查询
➢ 掌握自连接
➢ 掌握子查询

7.1 多表连接

涉及多个表的查询在实际应用中很常见，尤其是在大中型项目中，有简单的两个表之间的查询，也有多个表查询。多表连接语法结构很简单，但首先要清楚表之间的关联，这是多表查询的基础。将多个表结合在一起的查询也叫作连接查询。

三个以上的表连接的查询虽然可以实现，但表之间的复杂联系使得这个过程和结果都不好控制，容易出错。较为常见的是使用两个表的连接。可以一次连接两个表，将查询结果存为视图，再与第三个表连接。

7.1.1 基本连接操作

基本连接操作是建立在同一个数据库基础上的，语法结构同单表数据查询类似，多表查询和单表查询的语法比较如下。

单表查询语法如下所示。

```
SELECT 字段列表❶
FROM 表名❷
[WHERE 条件表达式]❸
```

多表查询语法如下所示。

```
SELECT 字段列表❹
FROM 表名❺
WHERE 同等连接表达式❻
```

以下是两种语法的对比及多表连接的语法解释。

❶与❹比较，❶中的字段列表不用指明字段来源，每个字段源于同一个表，在❷中通过 FROM 来指定；❹中的字段为避免因不同表的相同字段名引起的查询不明确，要使用"表名.字段名"的格式。

❷与❺比较，❷中只能有一个表；❺中存在多个表，使用逗号隔开。

❸与❻比较，❸中在 WHERE 关键字后面跟着的是一条限制性的表达式，用来定义查询结果的范围，一般针对字段值。❻中在 WHERE 关键字后也是限制性的表达式，但多表连接的 WHERE 表达式可以定义一个同等的条件，将多表数据联系在一起。

在❻中省略多表连接 WHERE 关键字后的同等条件会生成多表中数据行的所有可能的组合，查询结果通常没有意义。

如果要在多表查询中加入对字段值的限制，也可以使用条件表达式，将条件表达式放在 WHERE 关键字后面，使用 AND 与同等连接表达式结合在一起。这里的条件表达式最好放在括号内，以免因优先级的问题发生错误。

提示

> 在多表查询中，字段名与连接的表中的字段名不重复的可以单独使用字段名。但字段名若有重复，必须使用"表名.字段名"的形式。

下面通过两个实践案例比较一下单表查询和多表查询的异同。

【实践案例 7-1】

查询学生信息表"Student"中学生编号"Sno"字段在 06001 到 06004 之间的学生姓名"Sname"和所在系的编号"Dno"，语句如下所示。

```
USE Studentsys
SELECT Sname,Dno
FROM Student
WHERE Sno BETWEEN 06001 AND 06004
```

执行结果如下所示。

```
Sname                        Dno
---------------------        -------
张均焘                        1
许艳洲                        1
孟夏                          2
李振                          2
```

【实践案例 7-2】

查询学生信息表"Student"中学生编号"Sno"字段在 06001 到 06004 之间的学生姓

名"Sname"和学生所在系的编号"Dno",并查询系院表"Dept"中院系编号"Dno"与"Student"表中"Dno"字段相等的系名称"Dname",语句如下所示。

```
USE Studentsys
SELECT Student.Sname,Student.Dno,Dept.Dname
FROM Student,Dept
WHERE Student.Dno = Dept.Dno AND (Student.Sno BETWEEN 06001 AND 06004)
```

执行结果如下所示。

```
Sname        Dno         Dname
----------   ----------  ------------------
张均焘        1           计算机科学与技术
许艳洲        1           计算机科学与技术
孟夏          2           通信工程
李振          2           通信工程
```

显然使用实践案例 7-2 查询出来的结果集更实用,这就是多表连接的意义。

7.1.2　使用别名

在第 6 章介绍查询语句时曾使用过 AS 关键字将查询的字段重命名。这里要讲述的使用别名也用 AS 关键字,原理与第 6 章数据查询一样,但增加了对表使用别名。对表使用别名除了增强可读性,还可以简化原有的表名,使用方便。其语法格式如下所示。

```
USE 数据库名
SELECT 字段列表
FROM 原表 1 AS 表 1,原表 2 AS 表 2
WHERE 表 1.字段名=表 2.字段名
```

这里的 AS 也只是改变查询结果中的表名,对原表不产生影响;AS 关键字可以省略,使用空格隔开原名与别名。

【实践案例 7-3】

查询学生信息表"Student"中的学生姓名"Sname"和所在系编号"Dno",并根据所在系的编号查询系院表"Dept"中对应的系名称"Dname"。其中,"Student"表别名"S","Dept"表别名"D","Student"表中的"Dno"字段重命名为"学生编号","Dept"表中的"Dname"字段重命名为"所在系别"。使用语句如下所示。

```
USE Studentsys
SELECT S.Sname,S.Dno AS 学生编号,D.Dname AS 所在系别
FROM Student AS S,Dept AS D
WHERE S.Dno = D.Dno
```

执行结果如下所示。

```
Sname       学生编号      所在系别
---------   ----------  ------------------
张均焘       1           计算机科学与技术
许艳洲       1           计算机科学与技术
```

孟夏	2	通信工程	
李振	2	通信工程	
陈高	3	信息安全	
祝晓明	1	计算机科学与技术	
朱悦桐	2	通信工程	

【实践案例7-4】

查询学生信息表"Student"中的学生姓名"Sname"和所在系编号"Dno"，并根据所在系的编号查询系院表"Dept"中对应的系名称"Dname"。其中，"Student"表别名"S"，"Dept"表别名"D"，"Student"表中的"Dno"字段重命名为"学生编号"，"Dept"表中的"Dname"字段重命名为"所在系别"。使用语句如下所示。

```
USE Studentsys
SELECT S.Sname,S.Dno AS 学生编号,D.Dname AS 所在系别
FROM Student S,Dept D
WHERE S.Dno = D.Dno
```

执行结果如下所示。

```
Sname        学生编号       所在系别
---------    ----------    -------------------
张均焘        1            计算机科学与技术
许艳洲        1            计算机科学与技术
孟夏          2            通信工程
李振          2            通信工程
陈高          3            信息安全
祝晓明        1            计算机科学与技术
朱悦桐        2            通信工程
```

 注意　若为表指定了字段名，则只能用"别名.字段名"来表示同名字段，不能用"表名.字段名"表示。

7.1.3　多表连接查询

多表连接查询与两个表之间的连接一样，只是在 WHERE 后使用 AND 将同等连接表达式连接在一起。基本语法如下所示。

```
USE 数据库
SELECT 字段列表
FROM 表1,表2,表3,……
WHERE 表1.字段名=表2.字段名 AND 表1.字段名=表3.字段名
```

多表连接查询的原理同两个表之间的查询一样，找出表之间关联的列，将表数据组合在一起。

【实践案例7-5】

查询选课表"SC"中的学生编号"Sno"、课程编号"Cno"，通过学生编号找出学生信息表"Student"中的学生姓名"Sname"，通过课程编号找出课程表"Course"中的课程名称"Cname"和课程学分"Credit"。

使用语句如下所示。

```
USE Studentsys
SELECT Student.Sname,Course.Cname,Course.Credit
FROM Student,SC,Course
WHERE Student.Sno=SC.Sno AND SC.Cno=Course.Cno
```

执行结果如下所示。

```
Sname        Cname                    Credit
---------    --------------------     ---------
张均焘       电子技术                 2.0
张均焘       C程序设计                4.0
张均焘       数据结构                 4.0
许艳洲       C程序设计                4.0
许艳洲       操作系统                 3.0
李振         C程序设计                4.0
李振         操作系统                 3.0
李振         数据处理                 2.0
```

【实践案例 7-6】

　　查询"Student"表中"Sno"字段在 06001 到 06004 之间的学生姓名"Sname"和系编号"Dno"，根据系编号查询"Dept"表中系名称"Dname"和系主任教师编号"DmanageTno"，根据系主任教师编号查询教师信息表"Teacher"中的教师编号"Tno"对应的教师姓名"Tname"和电话"Tphone"，显示学生姓名、系名称、教师姓名和电话。使用语句如下所示。

```
USE Studentsys
SELECT Student.Sname,Dept.Dname,Teacher.Tname,Teacher.Tphone
FROM Student,Dept,Teacher
WHERE Student.Dno =Dept.Dno AND Dept.DmanageTno=Teacher.Tno
AND (Student.Sno BETWEEN 06001 AND 06004)
```

执行结果如下所示。

```
Sname        Dname                        Tname            Tphone
---------    ------------------------     ------------     ----------------
张均焘       计算机科学与技术             郑志荣           15045845759
许艳洲       计算机科学与技术             郑志荣           15045845759
孟夏         通信工程                     张丽             13980280236
李振         通信工程                     张丽             13980280236
```

7.1.4　含有 JOIN 关键字的连接查询

　　使用 JOIN 关键字同样可以完成表的连接，它通过如下两种方式指明两个表在查询中的关系。

　　❑　指定表中用于连接的字段　即指出相连接的一个表中用来与另一个表对应的列。若在一个基表中指定了外键，另一个要指定与其关联的键。

　　❑　使用比较运算符连接两个表中的列，与多表的基本连接用法相似。

　　连接语句可以用在 SELECT 后、FROM 后或 WHERE 后，使用 JOIN 与不同的关键字组合可以实现多种不同类型的连接，如内连接、外连接、交叉连接和自连接。

　　使用[INNER] JOIN [ON]关键字构成内连接查询方式；使用 LEFT/RIGHT/FULL

OUTER 关键字与 JOIN 连用构成外连接查询方式；使用 CROSS 关键字与 JOIN 连用构成交叉连接查询方式。

7.2 内连接

内连接是将两个表中满足连接条件的记录组合在一起。连接条件的一般格式如下所示。

```
ON 表名 1.字段名 比较运算符 表名 2.字段名
```

内连接的完整语法格式有两种。

```
第一种格式：SELECT 字段列表 FROM 表名 1 [INNER] JOIN 表名 2  ON 表名 1.字段名=表名 2.
字段名
第二种格式：SELECT 字段列表 FROM 表名 1,表名 2  WHERE 表名 1.字段名=表名 2.字段名
```

第一种格式使用 JOIN 关键字与 ON 关键字结合将两个表的字段联系在一起，实现多表数据的连接查询；第二种格式之前使用过，是基本的两个表的连接。比较两种格式的实践案例如下所示。

【实践案例 7-7】

根据学生编号"Sno"查询学生信息表"Student"中的学生姓名"Sname"和学生成绩表"SCORES"中的课程编号"Cno"和课程成绩"SScore"，使用第一种格式语句如下所示。

```
USE Studentsys
SELECT Student.Sname, SCORES. Cno, SCORES. SScore
FROM Student INNER JOIN SCORES
ON Student. Sno = SCORES. Sno
```

执行结果如下所示。

Sname	Cno	SScore
张均焘	1	100.0
张均焘	2	95.8
张均焘	3	85.0
许艳洲	3	64.0
许艳洲	4	90.0
许艳洲	5	49.0
陈高	4	85.0

【实践案例 7-8】

根据学生编号"Sno"查询学生信息表"Student"中的学生姓名"Sname"和学生成绩表"SCORES"中的课程编号"Cno"和课程成绩"SScore"，使用第二种格式语句如下所示。

```
USE Studentsys
SELECT Student.Sname, SCORES. Cno, SCORES. SScore
FROM Student, SCORES
WHERE Student. Sno = SCORES. Sno
```

执行结果如下所示。

Sname	Cno	SScore
张均焘	1	100.0
张均焘	2	95.8
张均焘	3	85.0
许艳洲	3	64.0
许艳洲	4	90.0
许艳洲	5	49.0
陈高	4	85.0

在关键字 ON 和 WHERE 后使用包含比较运算符的同等表达式将多表字段联系在一起。当比较运算符为 "=" 时，称为等值连接。若在等值连接的结果集中去除相同的列，则为自然连接。使用除 "=" 之外的运算符的连接为非等值连接。在实际应用中，连接条件通常采用 "ON 主键=外键" 的形式。

7.2.1　等值连接查询

等值连接查询属于内连接的一种，实践案例 7-7 和实践案例 7-8 就是典型的等值连接查询，属于内连接的基础查询。

等值连接查询将列出连接表中所有的列，包括重复列，使用 JOIN ON 语句或 WHERE 表达式。

【实践案例 7-9】

查询学生选课表 "SC" 的授课老师编号 "Tno" 及其对应的和学生编号 "Sno"，再根据学生编号 "Sno" 在学生信息表 "Student" 找出学生编号 "Sno" 对应的学生姓名 "Sname"。使用语句如下所示。

```
USE Studentsys
SELECT Student.Sname, SC.Tno, SC.Sno
FROM Student, SC
WHERE Student. Sno = SC.Sno
```

执行结果如下所示。

Sname	Tno	Sno
张均焘	4	06001
张均焘	5	06001
张均焘	2	06001
许艳洲	5	06002
许艳洲	1	06002
李振	5	06004

【实践案例 7-10】

使用 JOIN 关键字连接，查询学生选课表 "SC" 的授课老师编号 "Tno" 和学生编号 "Sno"，再根据学生编号 "Sno" 在学生信息表 "Student" 找出学生编号 "Sno" 对应的学生姓名 "Sname"。使用语句如下所示。

```
USE Studentsys
SELECT Student.Sname, SC.Tno, SC.Sno
```

```
FROM Student INNER JOIN SC
ON Student. Sno = SC.Sno
```

执行结果如下所示。

```
Sname         Tno                 Sno
-----------   ---------------     ---------
张均焘         4                   06001
张均焘         5                   06001
张均焘         2                   06001
许艳洲         5                   06002
许艳洲         1                   06002
李振          5                   06004
```

7.2.2 非等值连接查询

连接条件使用除 "=" 以外运算符的连接为非等值连接，这些运算符包括=、<、>、<=、>=和<>，也可以是范围，如 BETWEEN AND。

【实践案例 7-11】

根据学生信息表 "Student" 找出所在系编号不在系院表 "Dept" 系编号 "Dno" 里面的学生编号 "Sno" 学生姓名 "Sname" 和系编号 "Sno"。系院表的系编号是 int 型自动编号的字段。使用语句如下所示。

```
USE Studentsys
SELECT DISTINCT Student.Sno, Student.Sname,Student.Dno
FROM Student,Dept
WHERE Student.Dno NOT BETWEEN (SELECT TOP 1 Dno FROM Dept ORDER BY Dno)
AND(SELECT TOP 1 Dno FROM Dept ORDER BY Dno DESC)
```

执行结果如下所示。

```
Sno         Sname             Dno
---------   ---------------   -----------
06007       祝晓明             9
06009       侯艳书             10
06012       王玲              9
```

7.2.3 自然连接查询

去掉重复列的等值连接为自然连接。自然连接是连接的主要形式，在实际应用中最为广泛。下面通过实践案例将自然连接与等值连接进行对比。

【实践案例 7-12】

查询学生信息表 "Student" 中的学生编号 "Sno" 及其对应的学生姓名 "Sname"，再根据学生编号 "Sno" 在学生成绩表 "SCORES" 中找出对应的学生编号 "Sno"、课程编号 "Cno" 的课程成绩 "Sscore"，使用等值连接语句如下所示。

```
USE Studentsys
SELECT Student. Sno ,Student.Sname, SCORES. Sno ,SCORES. Cno, SCORES. SScore
```

```
FROM Student INNER JOIN SCORES
ON Student. Sno = SCORES. Sno
```

执行结果如下所示。

```
Sno          Sname          Sno        Cno         SScore
----------   -----------    --------   --------    --------------------
06001        张均焘          06001      1           100.0
06001        张均焘          06001      2           95.8
06001        张均焘          06001      3           85.0
06002        许艳洲          06002      3           64.0
06002        许艳洲          06002      4           90.0
06002        许艳洲          06002      5           49.0
06006        陈高            06006      4           85.0
06006        陈高            06006      3           95.0
```

【实践案例 7-13】

查询学生信息表"Student"中的学生编号"Sno"，及其对应的学生姓名"Sname"，再根据学生编号"Sno"在学生成绩表"SCORES"中找出对应的课程编号"Cno"和课程成绩"SScore"，使用自然连接语句如下所示。

```
USE Studentsys
SELECT DISTINCT Student. Sno ,Student.Sname, SCORES. Cno, SCORES. SScore
FROM Student INNER JOIN SCORES
ON Student. Sno = SCORES. Sno
ORDER BY Student. Sno
```

执行结果如下所示。

```
Sno          Sname          Cno            SScore
----------   --------------  -------------  ----------------------
06001        张均焘          1              100.0
06001        张均焘          2              95.8
06001        张均焘          3              85.0
06002        许艳洲          3              64.0
06002        许艳洲          4              90.0
06002        许艳洲          5              49.0
06006        陈高            3              95.0
06006        陈高            4              85.0
```

7.3 外连接

外连接通常用于相连接的表中至少有一个表需要显示所有数据行。外连接又分为左外连接、右外连接、全外连接 3 种。外连接的结果集中不但包含满足连接条件的记录，还包含相应表中的不满足连接条件的记录。

□ **左外连接** 返回所有匹配行和关键字 JOIN 左边的表中所有不匹配的行。

□ **右外连接** 返回所有匹配行和关键字 JOIN 右边的表中所有不匹配的行。

□ **全外连接** 返回相连接表中的所有行。

7.3.1 左外连接查询

左外连接的结果集中包括了左表的所有记录，而不仅仅是满足连接条件的记录。如果左表的某记录在右表中没有匹配行，则该记录在结果集行中属于右表的相应列值均为NULL。

左外连接的语法格式如下所示。

```
SELECT 字段列表
FROM 表名 1 LEFT [OUTER] JOIN 表名 2
ON 表名 1.字段名=表名 2.字段名
```

下面通过实践案例将左外连接与基本表连接进行比较。

【实践案例 7-14】

查询学生信息表 "Student" 中学生编号 "Sno"、学生姓名 "Sname"、学生所在系的编号 "Dno" 并根据 "Dno" 查找系院表 "Dept" 系编号 "Dno" 对应的系名称 "Dname"，语句如下所示。

```
USE Studentsys
SELECT Student. Sno ,Student.Sname,Student.Dno,Dept.Dname
FROM Student LEFT OUTER JOIN Dept
ON Student. Dno = Dept.Dno
```

执行结果如下所示。

```
Sno           Sname           Dno             Dname
-----------   -----------     -------------   ----------------------------
06001         张均焘          1               计算机科学与技术
06002         许艳洲          1               计算机科学与技术
06003         孟夏            NULL            NULL
06004         李振            2               通信工程
06005         刘明明          NULL            NULL
06006         陈高            3               信息安全
06007         祝晓明          1               计算机科学与技术
```

【实践案例 7-15】

查询学生信息表 "Student" 中学生编号 "Sno"、学生姓名 "Sname"、学生所在系的编号 "Dno" 并根据 "Dno" 查找系院表 "Dept" 系编号 "Dno" 对应的系名称 "Dname"，语句如下所示。

```
USE Studentsys
SELECT Student. Sno ,Student.Sname,Student.Dno,Dept.Dname
FROM Student JOIN Dept
ON Student. Dno = Dept.Dno
```

执行结果如下所示。

```
Sno           Sname           Dno             Dname
-----------   -----------     -------------   ----------------------------

06001         张均焘          1               计算机科学与技术
```

06002	许艳洲	1	计算机科学与技术
06004	李振	2	通信工程
06006	陈高	3	信息安全
06007	祝晓明	1	计算机科学与技术

显然实践案例 7-14 比实践案例 7-15 查询结果多了两行，就是 Student.Dno 为 NULL 的两行。

7.3.2 右外连接查询

右外连接的结果集中包括了右表的所有记录，而不仅仅是满足连接条件的记录。如果右表的某记录在左表中没有匹配行，则该记录在结果集行中属于左表的相应列值均为 NULL。

右外连接的语法格式如下所示。

```
SELECT 字段列表
FROM 表名 1 RIGHT [OUTER] JOIN 表名 2
ON 表名 1.字段名=表名 2.字段名
```

将创建右外连接的实践案例 7-16 与基本表连接（实践案例 7-15）进行比较，如下所示。

【实践案例 7-16】

查询学生信息表"Student"中学生编号"Sno"、学生姓名"Sname"、学生所在系的编号"Dno"并根据"Dno"查找系院表"Dept"系编号"Dno"对应的系名称"Dname"，语句如下所示。

```
USE Studentsys
SELECT S. Sno ,S.Sname,S.Dno,D.Dname
FROM Student S RIGHT OUTER JOIN Dept D
ON S. Dno = D.Dno
```

执行结果如图 7-1 所示。

图 7-1　右外连接

7.3.3 全外连接查询

全外连接的结果集中包括了左表和右表的所有记录。当某记录在另一个表中没有匹配记录时，则另一个表的相应列值为 NULL。

全外连接的语法格式如下所示。

```
SELECT 字段列表
FROM 表名 1 FULL [OUTER] JOIN 表名 2
ON 表名 1.字段名=表名 2.字段名
```

【实践案例 7-17】

查询学生信息表"Student"中学生编号"Sno"、学生姓名"Sname"、学生所在系的编号"Dno"并根据"Dno"查找系院表"Dept"系编号"Dno"对应的系名称"Dname",语句如下所示。

```
USE Studentsys
SELECT Student. Sno ,Student.Sname,Student.Dno,Dept.Dname
FROM Student FULL OUTER JOIN Dept
ON Student. Dno = Dept.Dno
```

执行结果如下所示。

```
Sno          Sname          Dno              Dname
----------   -------------  ---------------  --------------------------
06001        张均焘         1                计算机科学与技术
06002        许艳洲         1                计算机科学与技术
06003        孟夏           NULL             NULL
06004        李振           2                通信工程
06005        刘明明         NULL             NULL
06006        陈高           3                信息安全
06007        祝晓明         1                计算机科学与技术
NULL         NULL           NULL             电子商务
NULL         NULL           NULL             土木工程
```

7.4 自连接

自连接是将一个表与它自身连接,它不同于第 6 章所讲的表数据的查询,是将表如同分身一样分成两个,使用不同的别名,成为两个独立的表,之后的操作与多表连接的操作一致。自连接通常用于查询表中具有相同列值的行数据。

【实践案例 7-18】

查询教师信息表"Teacher"中,所在系院的编号相同的男女教师信息。

```
USE Studentsys
SELECT A.Tname,A.Tsex,A.Tprof,B.Tname,B.Tsex,B.Tprof
FROM Teacher A,Teacher B
WHERE A.Dno =B.Dno AND A.Tsex='男'AND A.Tsex<>B.Tsex
```

执行结果如下所示。

```
Tname        Tsex    Tprof       Tname       Tsex     Tprof
----------   ------  ---------   ---------   -----    ----------------------
祝红涛       男      教授        王霞        女       高级讲师
董鹏         男      讲师        王霞        女       高级讲师
```

【实践案例 7-19】

查询学生信息表"Student"中,所在系院的编号为"06001"的学生户籍信息。

```
USE Studentsys
```

```
SELECT DISTINCT A.Sno,A.Sname,A.SAdrs,B.Sno,B.Sname,B.SAdrs
FROM Student A,Student B
WHERE A.Dno =B.Dno AND A.Sno<>B.Sno AND A.Sno='06001'
```

执行结果如下所示。

Sno	Sname	SAdrs	Sno	Sname	SAdrs
06001	张均焘	郑州	06002	许艳洲	郑州
06001	张均焘	郑州	06010	高阳	NULL
06001	张均焘	郑州	06011	郭凯	周口
06001	张均焘	郑州	06018	刘文斌	NULL

7.5 交叉连接

交叉连接又称非限制连接，将两个表组合在一起而不限制两基表列之间的联系。之前讲述的表联系都会通过两表之间的列将两个表的数据对应在一起，构成有一定条件的表连接查询。交叉连接没有这种限制，它生成的是两个基表中各行的所有可能组合。使用 CROSS JOIN 连接两个基表，语法结构如下所示。

```
SELECT 字段列表
FROM 表名 1 [ CROSS JOIN ]表名 2
[WHERE 条件表达式]
[ORDER BY 字段名]
```

交叉连接也有 WHERE 限制条件，这里的一个条件表达式一般只针对一个表中的字段，多个条件表达式之间使用 AND 连接。

7.5.1 不使用 WHERE 子句的交叉连接查询

不使用 WHERE 的交叉查询会将两个表不加任何约束地组合在一起，也就是将第一个表的所有记录分别与第二个表的每条记录拼接组成新记录，连接后结果集的行数就是两个表行数的乘积，结果集的列数就是两个表的列数之和。

【实践案例 7-20】

现有两个表如图 7-2 所示，将两个表"Customer_top"和"UserTb"交叉连接，查询"Customer_top"表的"Uid"字段和"Uname"字段，以及"UserTb"表的"Unum"字段和"Uname"字段，使用 CROSS JOIN 语句如下所示。

```
USE Users
SELECT C.Uid,C.Uname,U.Unum,U.Uname
FROM Customer_top C CROSS JOIN UserTb U
```

图 7-2 交叉连接用表

执行结果如下所示。

Uid	Uname	Unum	Uname
1	李娜	1	陈均
2	王洪林	1	陈均
3	武文斌	1	陈均
1	李娜	2	吴克林
2	王洪林	2	吴克林
3	武文斌	2	吴克林
1	李娜	3	苏霆
2	王洪林	3	苏霆
3	武文斌	3	苏霆

【实践案例 7-21】

现有两个表如图 7-2 所示，将两个表"Customer_top"和"UserTb"交叉连接，查询"Customer_top"表的"Uid"字段和"Uname"字段，以及"UserTb"表的"Unum"字段和"Uname"字段，不使用 CROSS JOIN 语句如下所示。

```
USE Users
SELECT C.Uid,C.Uname,U.Unum,U.Uname
FROM Customer_top C,UserTb U
```

执行结果如下所示。

Uid	Uname	Unum	Uname
1	李娜	1	陈均
2	王洪林	1	陈均
3	武文斌	1	陈均
1	李娜	2	吴克林
2	王洪林	2	吴克林
3	武文斌	2	吴克林
1	李娜	3	苏霆
2	王洪林	3	苏霆
3	武文斌	3	苏霆

7.5.2 使用 WHERE 子句的交叉连接查询

【实践案例 7-22】

现有两个表如图 7-2 所示，将两个表"Customer_top"和"UserTb"交叉连接，查询"UserTb"表中"Unum"小于 3 的数据行，使用语句如下所示。

```
USE Users
SELECT C.Uid,C.Uname,U.Unum,U.Uname
FROM Customer_top C,UserTb U
WHERE U.Unum<3
```

执行结果如下所示。

Uid	Uname	Unum	Uname

1	李娜	1	陈均
2	王洪林	1	陈均
3	武文斌	1	陈均
1	李娜	2	吴克林
2	王洪林	2	吴克林
3	武文斌	2	吴克林

7.6　联合查询

联合查询是将多个查询结果组合在一起，使用 UNION 语句连接各个结果集，语法格式如下所示。

```
SELECT 语句 1 UNION [ALL] SELECT 语句 2……
```

语法的解释如下所示。

- ❏ UNION 合并的各结果集的列数必须相同，对应的数据类型也必须兼容。
- ❏ 默认情况下系统将自动去掉合并后的结果集中重复的行，使用关键字 ALL 将所有行合并到最终结果集。
- ❏ 最后结果集中的列名来自第一个 SELECT 语句。

联合查询合并的结果集通常是同样的基表数据在不同查询条件下的查询结果。例如，查询几个年级的学生情况，然后将结果集联合构成一个学校的学生情况。

【实践案例 7-23】

查询学生信息表 "Student" 中学生编号 "Sno" 字段在 06001 到 06004 之间的学生姓名 "Sname" 和所在系的编号 "Dno"，语句如下所示。

```
USE Studentsys
SELECT Sname,Dno
FROM Student
WHERE Sno BETWEEN 06001 AND 06004
```

执行结果如下所示。

```
Sname   Dno
-----   ------
张均焘   1
许艳洲   1
孟夏    NULL
李振    2
```

根据学生信息表 "Student" 中学生编号 "Sno" 字段在 06001 到 06004 之间的学生所在系的编号 "Dno" 查找系院表 "Dept" 中院系编号 "Dno" 与 "Student" 表 "Dno" 字段相等的 "Student" 表中的学生姓名 "Sname" 和系编号 "Dno"。语句如下所示。

```
SELECT Student.Sname,Student.Dno
FROM Student,Dept
WHERE Student.Dno = Dept.Dno AND (Student.Sno BETWEEN 06001 AND 06004)
```

执行结果如下所示。

```
Sname        Dno
------  -----------
张均焘        1
许艳洲        1
李振          2
```

将查询结果联合在一起，语句如下所示。

```
USE Studentsys
SELECT Sname,Dno
FROM Student
WHERE Sno BETWEEN 06001 AND 06004
UNION
SELECT Student.Sname,Student.Dno
FROM Student,Dept
WHERE Student.Dno = Dept.Dno AND (Student.Sno BETWEEN 06001 AND 06004)
```

执行结果如下所示。

```
Sname        Dno
------  -----------
李振          2
孟夏          NULL
许艳洲        1
张均焘        1
```

7.7   子查询

　　查询多个表的数据不一定要使用表的连接，使用子查询也可以实现。第 6 章曾介绍过根据其他表修改数据，使用的就是子查询。将数据限制条件放在一个查询里，查询结果供另一个查询使用。第一个查询就是自查询，第二个查询是外部查询。

　　表连接和使用子查询都可以涉及两个或多个表，它们之间的区别在于，表连接可以合并两个或多个表中的数据；而使用子查询是以 SELECT 语句的结果集为限制条件，通过不同的关键字和运算符来限制外部查询的结果集。

　　根据子查询返回结果集的行数和列数不同可以将其分为：IN 关键字子查询、EXISTS 关键字子查询、单值查询和嵌套查询。

　　使用子查询可以将一个复杂的查询分解为一系列的小查询，结构简单，条理清晰；而使用表连接执行速度更快。

7.7.1   使用 IN 关键字

　　第 6 章曾用到过 IN 关键字，用来定义查询结果所属的数据列表。大多的查询结果都是一个集合，关键字 IN 引导的又是另一个数据集合，可以是数据值列表，也可以是一个查询语句。

　　查询语句与 IN 结合构成限制条件，用于其他的查询，这个查询语句就是一个子查询。

系统先进行子查询，再使用查询结果集进行其他的查询。子查询一般放在括号内。

【实践案例 7-24】

查询教师信息表 Teacher 中，编号"Tno"包含在系院表"Dept"的系主任教师编号"DmanageTno"中的教师姓名"Tname"和编号"Tno"，语句如下所示。

```
USE Studentsys
SELECT DISTINCT T.Tname,T.Tno
FROM Teacher T,Dept D
WHERE T.Tno IN (SELECT DManageTno FROM Dept)
```

执行结果如下所示。

```
Tname                    Tno
-------------------- -------------
祝红涛                    1
张丽                      2
郑志荣                    4
周静                      5
王霞                      7
```

【实践案例 7-25】

查询学生信息表"Student"中，学生所在系的编号"Dno"包含在系院表"Dept"的系编号"Dno"中的学生编号"Sno"、学生姓名"Sname"和系编号，使用语句如下所示。

```
USE Studentsys
SELECT S.Sno,S.Sname,S.Dno
FROM Student S
WHERE S.Dno IN (SELECT Dno FROM Dept)
```

执行结果如下所示。

```
Sno       Sname        Dno
--------- ------------ ----------
06001     张均焘        1
06002     许艳洲        1
06004     李振          2
06006     陈高          3
06008     朱悦桐        2
06010     高阳          1
```

IN 关键字引导的 SELECT 语句只能返回一个字段的数据值。

7.7.2 使用 EXISTS 关键字

EXISTS 关键字返回布尔类型，与 WHERE 关键字连用可以构成查询条件。它使用查询语句返回一个值，描述子查询是否有数据行，有数据返回真，没有数据返回假。由 EXISTS 关键字执行的 SELECT 语句可以返回一列或多列数据，EXISTS 执行后只返回一个布尔值。

语法如下所示。

```
SELECT 字段列表
FROM 表名
WHERE EXISTS 子查询
```

【实践案例7-26】

若学生信息表"Student"中籍贯"Sadrs"有空值，查询所有学生编号"Sno"、学生姓名"Sname"和籍贯"SAdrs"，使用语句如下所示。

```
USE Studentsys
SELECT S.Sno,S.Sname,S.SAdrs
FROM Student S
WHERE EXISTS(SELECT * FROM Student WHERE SAdrs IS NULL)
```

执行结果如下所示。

```
Sno          Sname              SAdrs
----------   ----------------   --------------------
06001        张均焘             郑州
06002        许艳洲             郑州
06003        孟夏               NULL
06004        李振               NULL
06005        刘明明             安阳
06006        陈高               洛阳
```

【实践案例7-27】

假设有如图7-3所示的"Customer_top"表，编写查询实现如果"Uemail"字段没有空值，则显示"Uid"字段和"Uemail"字段。

使用语句如下所示。

图7-3 使用EXISTS关键字子查询用表

```
USE Users
SELECT C.Uid,C.Uemail
FROM Customer_top C
WHERE EXISTS(SELECT * FROM Customer_top WHERE Uemail IS NOT NULL)
```

执行结果如下所示。

```
Uid      Uemail
------   ------------------------------
(0 行受影响)
```

7.7.3　使用比较运算符

与第6章单表查询使用比较运算符不同的是，这里引入一些在子查询中进行比较的关键字 ANY、ALL 和 SOME，通过关键字与运算符的结合可以比较一个字段与一个结果集的关系。语法格式如下所示。

```
SELECT 字段列表
FROM 表名
WHERE 字段 比较运算符[ ANY/ALL/SOME ] ( 子查询语句 )
```

语法的解释如下所示。

❑ ANY 和 SOME 表示相比较的两个数据集中，至少有一个值的比较为真，就满足搜索条件。若子查询结果集为空，则不满足搜索条件。

❑ ALL 与结果集中所有值比较都为真，才满足搜索条件。

ANY 关键字与 SOME 关键字用法一样，下面通过实践案例学习并区分 ANY 和 ALL 的用法。

【实践案例 7-28】

在学生信息表"Student"中，查询学生的姓名"Sname"、所在系编号"Dno"和出生日期"Sbirth"，要求查询学生编号"Sno"在 06001 到 06009 之间的学生中，出生日期"Sbirth"大于学生编号在 06010 到 06018 之间的某一个出生日期的记录。语句如下所示。

```
USE Studentsys
SELECT Sname,Dno,Sbirth
FROM Student
WHERE Sbirth>ANY
(SELECT Sbirth FROM Student WHERE Sno BETWEEN 06010 AND 06018)
AND(Sno BETWEEN 06001 AND 06009)
```

执行结果如下所示。

```
Sname      Dno        Sbirth
------     -----      ------------------------------------
张均焘      1          1988-12-05 00:00:00.000
许艳洲      1          1987-05-16 00:00:00.000
孟夏        NULL       1989-01-07 00:00:00.000
李振        2          1988-11-08 00:00:00.000
刘明明      NULL       1988-09-19 00:00:00.000
陈高        3          1987-12-10 00:00:00.000
祝晓明      9          1988-01-21 00:00:00.000
朱悦桐      2          1989-05-12 00:00:00.000
```

【实践案例 7-29】

在学生信息表"Student"中，查询学生的姓名"Sname"、所在系编号"Dno"和出生日期"Sbirth"，要求查询学生编号"Sno"在 06001 到 06009 之间的学生中，出生日期"Sbirth"大于学生编号在 06010 到 06018 之间的某一个出生日期的记录。语句如下所示。

```
USE Studentsys
SELECT Sname,Dno,Sbirth
FROM Student
WHERE Sbirth>SOME
(SELECT Sbirth FROM Student WHERE Sno BETWEEN 06010 AND 06018)
AND(Sno BETWEEN 06001 AND 06009)
```

执行结果如下所示。

```
Sname      Dno        Sbirth
------     -----      ------------------------------------
张均焘      1          1988-12-05 00:00:00.000
```

许艳洲	1	1987-05-16 00:00:00.000
孟夏	NULL	1989-01-07 00:00:00.000
李振	2	1988-11-08 00:00:00.000
刘明明	NULL	1988-09-19 00:00:00.000
陈高	3	1987-12-10 00:00:00.000
祝晓明	9	1988-01-21 00:00:00.000
朱悦桐	2	1989-05-12 00:00:00.000

【实践案例 7-30】

在学生信息表"Student"中，查询学生的姓名"Sname"、所在系编号"Dno"和出生日期"Sbirth"，要求查询学生编号"Sno"在 06001 到 06009 之间的学生中，出生日期"Sbirth"大于所有学生编号在 06010 到 06018 之间的出生日期的记录。语句如下所示。

```
USE Studentsys
SELECT Sname,Dno,Sbirth
FROM Student
WHERE Sbirth>ALL
(SELECT Sbirth FROM Student WHERE Sno BETWEEN 06010 AND 06018)
AND(Sno BETWEEN 06001 AND 06009)
```

执行结果显如下所示。

```
Sname    Dno    Sbirth
------   -----  ----------------
(0 行受影响)
```

【实践案例 7-31】

获取学生信息表"Student"中学生出生日期最大的两个值，查询学生信息表"Student"中学生姓名"Sname"、所在系编号"Dno"和出生日期"Sbirth"，满足学生编号"Sno"在 06001 到 06009 之间，学生出生日期"Sbirth"小于最大的两个值，语句如下所示。

```
USE Studentsys
SELECT Sname,Dno,Sbirth
FROM Student
WHERE Sbirth<ALL
(SELECT TOP 2 Sbirth FROM Student ORDER BY Sbirth DESC )
AND(Sno BETWEEN 06001 AND 06009)
```

执行结果如下所示。

```
Sname    Dno    Sbirth
------   -----  --------------------------------
张均焘    1      1988-12-05 00:00:00.000
许艳洲    1      1987-05-16 00:00:00.000
孟夏      NULL   1989-01-07 00:00:00.000
李振      2      1988-11-08 00:00:00.000
刘明明    NULL   1988-09-19 00:00:00.000
陈高      3      1987-12-10 00:00:00.000
祝晓明    9      1988-01-21 00:00:00.000
朱悦桐    2      1989-05-12 00:00:00.000
侯艳书    10     1986-12-13 00:00:00.000
```

7.7.4 返回单值的子查询

返回单值的子查询就是返回单个数据值的子查询。只返回一个数据值，在使用比较运算符时不需要使用 ANY、SOME 和 ALL。返回单值的子查询语法结构与使用比较运算符类似，语法如下所示。

```
SELECT 字段列表
FROM 表名
WHERE 字段 比较运算符 ( 子查询语句 )
```

子查询返回单个值，就相当于一个常数，对常数的操作是最简单的，下面直接通过实践案例描述返回单个数据值的子查询。

【实践案例 7-32】

获取学生信息表"Student"中学生出生日期"Sbirth"最大值，找出学生信息表"Student"中出生日期等于这个值的学生姓名"Sname"、所在系编号"Dno"和出生日期"Sbirth"，语句如下所示。

```
USE Studentsys
SELECT Sname,Dno,Sbirth
FROM Student
WHERE Sbirth=
(SELECT TOP 1 Sbirth FROM Student ORDER BY Sbirth DESC)
```

执行结果如下所示。

```
Sname     Dno      Sbirth
--------  -----    ------------------------------------
孙萍       4       1989-10-20 22:00:00.000
```

7.7.5　使用嵌套子查询

在查询语句中包含一个或多个子查询，这种查询方式就是嵌套查询。通过前面几节的学习，读者对子查询都有了一定了解。嵌套子查询的执行不依赖于外部查询，通常放在括号内先被执行，并将结果传给外部查询，作为外部查询的条件来使用，然后执行外部查询，并显示整个查询结果。

例如，查询选课表"SC"中学生编号"Sno"为 06001 的学生的所选科目的任课老师中，男老师的姓名"Tname"和职称"Tprof"。

选课表中没有教师姓名、性别，只有教师编号"Tno"，要先从选课表中找出学生编号"Sno"为 06001 的学生所选科目的任课老师编号，使用语句如下所示。

```
SELECT Tno FROM SC WHERE Sno=06001
```

查询结果是一个列表，都属于"Tno"字段，接着查询教师信息表"Teacher"中，编号在这个范围内的，男老师的姓名"Tname"和职称"Tprof"，使用语句如下所示。

```
USE Studentsys
SELECT T.Tname,T.Tprof
FROM Teacher T
WHERE T.Tno IN (SELECT Tno FROM SC WHERE Sno=06001)
AND T.Tsex='男'
```

执行结果如下所示。

```
Tname       Tprof
-----       ----------------
郑志荣       高级讲师
```

【实践案例7-33】

通过系院表"Dept"的系主任编号"DmanageTno"，查找教师表"Teacher"中系主任教师的姓名"Tname"、性别"Tsex"和电话"Tphone"，使用语句如下所示。

```
USE Studentsys
SELECT T.Tname,T.Tsex,T.Tphone
FROM Teacher T
WHERE T.Tno IN
(SELECT D.DManageTno FROM Dept D)
```

执行结果如下所示。

```
Tname        Tsex     Tphone
----------   -------  ----------------------
祝红涛        男       13678133567
张丽          女       13980280236
郑志荣        男       15045845759
王霞          女       13624585487
李娟          女       13745824565
```

【实践案例7-34】

实践案例 7-33 的结果中没有教师任教的课程名，教师信息表中只存取了课程编号"Cno"，课程名称在课程表"Course"中，查询系主任姓名"Tname"、性别"Tsex"、任教课程"Cname"，使用语句如下所示。

```
USE Studentsys
SELECT T.Tname,T.Tsex,C.Cname
FROM Teacher T,Course C
WHERE T.Cno=C.Cno
AND (T.Tno IN
(SELECT D.DManageTno FROM Dept D))
```

执行结果如下所示。

```
Tname        Tsex      Cname
----------   --------  ----------------
祝红涛        男        C++程序设计
张丽          女        移动通信
郑志荣        男        人工智能
王霞          女        经济数学
李娟          女        工程图学
```

7.8 项目案例：学生选课系统

本章讲的复杂数据查询，包含了多表查询、联合查询、嵌套查询等。结合本章内容，对学生选课系统"Studentsys"完成复杂的数据查询。

【实例分析】

在学生选课系统中包含了如下表。

- ❑ 教师信息表"**Teacher**" 包含教师编号"Tno"、姓名"Tname"、性别"Tsex"、电话"Tphone"、所在系编号"Dno"和任教课程编号"Cno"。
- ❑ 学生信息表"**Student**" 包含学生编号"Sno"、学生姓名"Sname"、性别"Ssex"、出生日期"Sbirth"、入学时间"Stime"、所在系院"Dno"和籍贯"Sadrs"。
- ❑ 课程表"**Course**" 包含课程编号"Cno"、课程名称"Cname"、所在系名称"Dno"和是否为必修课"Smust"。
- ❑ 系院表"**Dept**" 包含院系编号"Dno"、院系名称"Dname"、院系主任的教师编号"DmanageTno"。
- ❑ 学生选课表"**SC**" 包含学生编号"Sno"、课程编号"Cno"、任课教师编号"Tno"和考生成绩"Grade"。

根据具体功能查询需要的表，具体要求如下所示。

（1）使用 IN 查询学生选课表中成绩小于 75 分的学生编号和学生姓名。

（2）不使用 IN 查询学生选课表中成绩小于 60 分的学生编号和学生姓名。

（3）将以上两个结果集联合在一起。

（4）查询成绩小于 75 分的学生姓名和该课程的任课老师的姓名。

（5）查询年龄最大的学生的选课科目和课程成绩。

（6）查询课程表中教师为男性的课程名称、课程编号和教师信息表中的教师姓名，要求显示课程表中全部课程名称及编号。

（7）查询院系表中男女学生所在的系名称。

实现步骤如下所示。

（1）使用 IN 查询学生选课表中成绩小于 75 分的学生编号和学生姓名，将成绩在 75 分以下的学生编号查询出来构成查询列表，再根据在列表内的学生编号查询学生姓名，使用语句如下所示。

```
USE Studentsys
SELECT S.Sno,S.Sname
FROM Student S
WHERE S.Sno IN
(SELECT Sno FROM SC WHERE Grade<75)
```

执行结果如下所示。

```
Sno        Sname
---------  --------------
06001      张均焘
06002      许艳洲
06004      李振
06006      陈高
```

（2）不使用 IN 查询学生选课表中成绩小于 60 分的学生编号和学生姓名，可以使用简单的两个表的连接，语句如下所示。

```
USE Studentsys
SELECT DISTINCT S.Sno,S.Sname
FROM Student S,SC
WHERE S.Sno=SC.Sno AND SC.Grade<60
```

执行结果如下所示。

```
Sno       Sname
--------  ------------
06001     张均焘
06002     许艳洲
```

（3）将以上两个结果集联合在一起，直接在两个查询语句之间使用 UNION，语句如下所示。

```
USE Studentsys
(SELECT S.Sno,S.Sname
FROM Student S
WHERE S.Sno IN
(SELECT Sno FROM SC WHERE Grade<75))
UNION
(SELECT DISTINCT S.Sno,S.Sname
FROM Student S,SC
WHERE S.Sno=SC.Sno AND SC.Grade<60)
```

执行结果如下所示。

```
Sno       Sname
--------  ------------
06001     张均焘
06004     李振
06009     候艳书
```

（4）查询成绩小于 75 分的学生姓名和该课程的任课老师的姓名，成绩在选课表中，学生姓名在学生信息表中，任课老师姓名在教师信息表中，此查询涉及 3 个表，使用多表连接，语句如下所示。

```
USE Studentsys
SELECT DISTINCT S.Sname,T.Tname
FROM Student S,SC,Teacher T
WHERE S.Sno=SC.Sno AND SC.Tno=T.Tno AND SC.Grade<75
```

执行结果如下所示。

```
Sname     Tname
-------   ----------------
陈高       段亚飞
李振       张丽
许艳洲     郑志荣
张均焘     董鹏
张均焘     林思思
张均焘     郑志荣
```

（5）查询年龄最大的学生的选课科目和课程成绩，要先查询学生表中年龄最大的学生的学生编号，再查询选课表中对应的课程编号和成绩，同时根据课程编号找出课程表中的课程名称，使用语句如下所示。

```
USE Studentsys
SELECT C.Cname,SC.Grade
```

```
FROM SC,Course C
WHERE C.Cno=SC.Cno
AND SC.Sno=(SELECT TOP 1 Sno FROM Student ORDER BY Sbirth)
```

执行结果如下所示。

Cname	Grade
人工智能	58.0
C++程序设计	89.0
数据结构	92.0

（6）查询课程表中教师为男性的课程名称、课程编号和教师信息表中的教师姓名，要求显示课程表中全部课程名称和编号，使用外连接在男性教师查询完同时显示其他课程名称及编号，语句如下所示。

```
USE Studentsys
SELECT T.Tname,C.Cno,C.Cname
FROM Teacher T RIGHT OUTER JOIN Course C
ON T.Cno=C.Cno AND T.Tsex='男'
```

执行结果如图 7-4 所示。

图 7-4　男老师讲授的课程

（7）查询院系表中男女学生所在的系名称，一个表中男女学生的对比，使用内连接，但学生的性别在学生信息表中，使用嵌套连接，语句如下所示。

```
USE Studentsys
SELECT M.Dname '男生所在系',W.Dname '女生所在系'
FROM Dept M,Dept W
WHERE M.Dno IN(SELECT Dno FROM Student WHERE Ssex='男')
AND W.Dno IN(SELECT Dno FROM Student WHERE Ssex='女')
```

执行结果如下所示。

男生所在系	女生所在系
计算机科学与技术	通信工程
通信工程	通信工程
信息安全	通信工程
智能科学与技术	通信工程
计算机科学与技术	广告学
通信工程	广告学
信息安全	广告学
智能科学与技术	广告学

7.9　习题

一、填空题

1. WHERE 后面多个条件表达式之间使用＿＿＿＿＿＿关键字连接。
2. 使用＿＿＿＿＿＿关键字返回一个真值或假值。
3. 能与比较运算符一起使用的关键字有＿＿＿＿＿＿、ANY 和 ALL。
4. 左外连接在 OUTER JOIN 语句前使用＿＿＿＿＿＿关键字。
5. 联合查询使用关键字＿＿＿＿＿＿连接各 SELECT 语句。

二、选择题

1. 关于约束，下列说法不正确的是＿＿＿＿＿＿。
   A. 使用别名的语句：FROM 表名 AS 别名
   B. 多表连接，FROM 关键字后使用 "，" 隔开各表
   C. 使用别名的语句：FROM 表名　别名
   D. 使用 SELECT DISTINCT 就是自然连接

2. 下列说法正确的是＿＿＿＿＿＿。
   A. 自连接就是表内部的连接，就是单个表的查询
   B. 嵌套连接要使用嵌套关键字
   C. 交叉连接的结果集行数是两基表满足查询条件的行的乘积
   D. 表的连接只能通过 WHERE 联系各表的列

3. 下列说法正确的是＿＿＿＿＿＿。
   A. 联合查询就是联合各表的查询
   B. EXISTS 关键字跟 IN 和 BETWEEN AND 一样，用来限定查询范围
   C. 内连接就是数据库内的连接
   D. 外连接就是数据库之间的连接

4. 下列说法正确的是＿＿＿＿＿＿。
   A. 右外连接只保存 JOIN 右边的表满足连接条件的记录
   B. 全外连接与交叉连接的结果是一样的
   C. 在查询中进行比较的关键字 ANY 和 SOME 用法是一样的
   D. 左外连接和右外连接联合查询，就是获取 JOIN 左右两边的表满足连接条件的记录

三、上机练习

上机实践：学生选课系统的复杂查询

认识学生选课系统 "Studentsys" 中表和字段之间的联系并完成复杂的数据查询。
学生选课系统用表与 7.8 节项目案例中学生选课系统用表一样，参考项目案例完成学

生选课系统的复杂查询。

根据具体功能查询需要的表，具体要求如下所示。

（1）使用 IN 查询选课表中选择必修课的学生编号和课程编号。

（2）不使用 IN 查询选课表中选择选修课的学生编号和课程编号。

（3）将以上两个结果集联合在一起。

（4）查询系主任的姓名和所教课程。

（5）查询单科成绩最少的学生姓名和籍贯。

（6）查询课程表中教师为女性的课程名称、课程编号和教师信息表中的教师姓名，要求显示教师表中所有女教师姓名。

（7）查询院系表中必修课和选修课所在的系。

7.10 实践疑难解答

7.10.1 查询多表中的不匹配行

 查询多表中的不匹配行

网络课堂：http://bbs.itzcn.com/thread-19762-1-1.html

【问题描述】：如图 7-5 所示，有两张不同地区连锁店的会员制度表，若要找出不同的行进行对比讨论，如何通过查询语句实现？

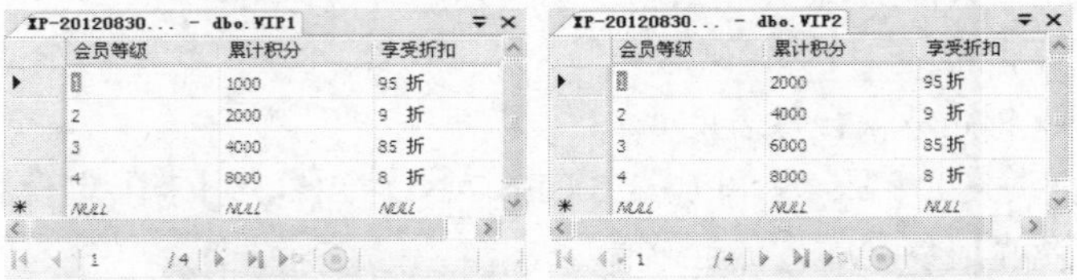

图 7-5　会员制度表

【解决办法】：实现的方法很简单，使用 EXISTS 关键字即可，语句如下所示。

```
USE Users
SELECT * FROM VIP1
WHERE NOT EXISTS
(SELECT * FROM VIP2
WHERE VIP1.会员等级=VIP2.会员等级 AND VIP1.累计积分=VIP2.累计积分
AND VIP1.享受折扣=VIP2.享受折扣)
```

执行结果如下所示。

会员等级	累计积分	享受折扣
1	1000	95 折
2	2000	9 折
3	4000	85 折

7.10.2　EXISTS 的使用

EXISTS 的使用

网络课堂：http://bbs.itzcn.com/thread-19763-1-1.html

【问题描述】：EXISTS 和 WHERE 连用，要么查询全部数据，要么没有数据，可为什么有时候使用 EXISTS 查询的结果会减少？

【解决办法】：EXISTS 除了返回布尔值，还可以返回一个列表，其用法和 IN 关键字类似。但 EXISTS 的返回值究竟是列表还是一个布尔值，下面通过实例说明一下。

使用如图 7-5 所示的表，有如下两段代码。

第一段代码，使用 EXISTS 关键字返回 TRUE 或 FALSE，语句如下所示。

```
USE Users
SELECT * FROM VIP1
WHERE NOT EXISTS
(SELECT VIP2.* FROM VIP2,VIP1
WHERE VIP1.会员等级=VIP2.会员等级 AND VIP1.累计积分=VIP2.累计积分
AND VIP1.享受折扣=VIP2.享受折扣)
```

执行结果如下所示。

会员等级	累计积分	享受折扣

(0 行受影响)

第二段代码，使用 EXISTS 关键字返回数据，语句如下所示。

```
USE Users
SELECT * FROM VIP1
WHERE NOT EXISTS
(SELECT * FROM VIP2
WHERE VIP1.会员等级=VIP2.会员等级 AND VIP1.累计积分=VIP2.累计积分
AND VIP1.享受折扣=VIP2.享受折扣)
```

执行结果如下所示。

会员等级	累计积分	享受折扣
1	1000	95 折
2	2000	9 折
3	4000	85 折

通过比较可以发现，两段代码只有子查询的内容不同，而且只有 FROM 后的数据表不同。

第一段代码的子查询完全可以独立运行，与外部查询无关；而第二段代码的子查询使用了外部用表 VIP1，独立运行会出错。这个就是问题的关键。

当子查询独立的情况下，子查询就跟外部查询没有关联，EXISTS 关键字只是一个判

199

断子查询有没有返回数据的布尔值。但是当子查询不独立，与外部查询共存，此时的 EXISTS 返回 FALSE 或返回 TRUE，以及子查询结果的数据行。

当 EXISTS 返回数据行的时候与 IN 的使用类似，通过第二段代码可以看出，减少的数据行就是子查询通过的数据行，使用 NOT EXISTS 排除了子查询数据行，有了如上的结果集。

使用 EXISTS 返回数据集与 IN 的不同有以下三点。

- ❑ IN 关键字通过对某一字段的查询使用字段值限制外部查询；EXISTS 返回的不一定只是一个字段，他返回的可以是数据行，检测数据行的存在。

- ❑ IN 关键字的子查询与外查询中的表没有关系；而 EXISTS 子查询是与外查询中的表共存的，当 EXISTS 子查询独立的时候，只返回 TRUE 或 FALSE，不返回列表。

- ❑ EXISTS 和 IN 的运行机理不同，运行效率也不同。如果查询的两个表大小相当，那么用 IN 和 EXISTS 差别不大。如果两个表中一个是小表，一个是大表，则子查询表大的用 EXISTS，子查询表小的用 IN。

第8章

Transact-SQL 语言基础

在 SQL Server 2008 数据库系统中虽然提供了使用方便、直观的图形化操作界面，但各种功能实现的底层是 Transact-SQL 语言。Transact-SQL 语言是 SQL Server 2008 的核心元素，它在标准 SQL 基础上增加了很多程序设计的特性，具有功能强大、简单易学的特点。

本章将对 Transact-SQL 语言的语法基础进行详细介绍，包括 Transact-SQL 简介、常量和变量、运算符及控制语句，等等。在第 9 章将介绍 Transact-SQL 编程的具体应用。

本章学习要点：

➢ 了解 SQL 与 Transact-SQL 的关系

➢ 了解 Transact-SQL 语言的功能分类

➢ 掌握局部变量的声明和赋值

➢ 熟悉 Transact-SQL 语言中提供的各类运算符

➢ 掌握改变 Transact-SQL 运算符优先级的方法

➢ 掌握注释和语句块的使用

➢ 掌握 IF 和 CASE 语句实现分支结构的方法

➢ 掌握 WHILE 语句实现循环结构的方法

➢ 熟悉 TRY…CATCH、BREAK 和 WAITFOR 语句的使用

8.1 Transact-SQL 语言概述

在 SQL Server 2008 中，各种图形化操作都有其所对应的语句实现方式，这些语句都是 Transact-SQL 语言的组成部分。Transact-SQL 语言可以实现所有用图形向导实现的功能，而且提供了很多更强大的功能。本节将对 Transact-SQL 语言进行详细介绍。

8.1.1 Transact-SQL 简介

SQL（Structure Query Language，结构化查询语言）是由美国国家标准协会（American National Standards Institute，ANSI）和国际标准化组织（International Standards Organization，ISO）定义的标准，而 Transact-SQL 是 Microsoft 公司对此标准的一个实现，可以简称为 T-SQL。

最新的 SQL 标准是 1999 年出版发行的 ANSI SQL-99，SQL Server 2008 中的 Transact-SQL 就遵循该标准。Transact-SQL 在 SQL 基础上进行了扩展，增加了变量、运算

符、函数和流程控制等特性，使得其功能更加强大。

Transact-SQL 主要具有如下特点。

❑ **一体化** 将数据定义语言、数据操纵语言、数据控制语言元素集为一体。

❑ **简单的使用方式** 有两种使用方式，即交互使用方式和嵌入到高级语言中的使用方式。例如，Transact-SQL 语言可以嵌套到 C#语言中使用。

❑ **非过程化语言** 只需要提出"做什么"，不需要指出"如何做"，语句的操作过程由系统自动完成。

❑ **人性化** 符合人们的思维方式，容易理解和掌握。

8.1.2 Transact-SQL 分类

在 SQL Server 2008 中按照功能可以将 Transact-SQL 分为三种类型，即数据定义语言、数据操纵语言和数据控制语言。

1. 数据定义语言

数据定义语言（Data Definition Language，DDL）是最基础的 Transact-SQL 语言类型，用来定义数据的结构，如创建、修改和删除数据库对象。这些数据库对象包括数据库、表、触发器、存储过程、视图、索引、函数、类型，以及用户等。

常用的数据定义语言有如下几种。

❑ **CREATE 语句** 用于创建对象。

❑ **ALTER 语句** 用于修改对象。

❑ **DROP 语句** 用于删除对象。

2. 数据操纵语言

使用数据定义语言可以创建表和视图，而表和视图中的数据则需要通过数据操纵语言（Data Manipulation Language，DML）进行管理。例如，查询、插入、更新和删除表中的数据。

常用的数据操纵语言有如下几种。

❑ **SELECT 语句** 用于查询表（或视图）中的数据。

❑ **INSERT 语句** 用于向表（或视图）中插入数据。

❑ **UPDATE 语句** 用于更新表（或视图）中的数据。

❑ **DELETE 语句** 用于删除表（或视图）中的数据。

3. 数据控制语言

数据控制语言（Data Control Language，DCL）用于设置或者更改数据库用户或角色的权限。默认状态下，只有"sysadmin"、"dbcreator"、"db_owner"或"db_securityadmin"等角色的用户成员才有权限执行数据控制语言。

常用的数据控制语言有如下几种。

❑ **GRANT 语句** 用于将语句权限或者对象权限授予其他用户和角色。

❑ **REVOKE 语句**　用于删除授予的权限，但是该语句并不影响用户或者角色从其他角色中作为成员继承过来的权限。

❑ **DENY 语句**　用于拒绝给当前数据库内的用户或者角色授予权限，并防止用户或角色通过组或角色成员继承权限。

8.2　常量与变量

每种语言都有它自己的语法，Transact-SQL 语言也不例外。本节将对 Transact-SQL 中最基础的常量、局部变量和全局变量进行介绍。

8.2.1　常量

常量表示一个固定的且在程序运行过程中始终不会改变的值，所以又称为字面量或者标量值。在 Transact-SQL 中定义常量的格式取决于它所表示的值的数据类型。在表 8-1 中，列出了 SQL Server 2008 中可用的常量类型及常量的表示说明。

表 8-1　常量类型

类型	说明
字符串常量	字符串常量必须使用单引号括起来，由字母（a-z、A-Z）、数字（0-9）及其他特殊字符（如@、#、*等）组成。例如，'idE#2l@*d'
二进制整型常量	由 0、1 构成，不需要使用引号。例如，100101
十进制整型常量	不带小数点的十进制数据。例如，12345、+12345、-12345
十六进制整型常量	通过在十六进制数据前添加前缀 0x（数字 0 和字母 x）来表示。例如，0x123EF
日期常量	使用单引号将日期时间括起来。例如，'2012-12-25 18:20:15'
实型常量	分为定点表示和浮点表示两种。定点表示如 123.456；浮点表示如 10E24
货币常量	以前缀为可选的小数点和可选的货币符号的数字字符串来表示。例如，$123.45

如下是一些常量的示例。

```
11001
5E102
49394.02
$394.01
0x3AFE
'2012-12-31'
'010-66202195'
'你好啊。他说："大家早"。'
```

8.2.2　局部变量

与常量相反，在程序运行过程中变量的值可以改变。变量由变量名与变量值组成，其类型与常量一样，但变量名不能与 SQL Server 2008 的系统关键字相同。按照变量的有效作用域可以分为局部变量和全局变量。

局部变量可以保存单个特定类型数据值的对象，只在一定范围内起作用。Transact-SQL 中声明局部变量需要使用 DECLARE 语句，语法如下所示。

```
DECLARE
{
{{ @local_variable [AS] data_type } | [ = value ] }
  | { @cursor_variable_name CURSOR }
} [,...n]
  | { @table_variable_name [AS] <table_type_definition> }
```

语法说明如下所示。

❏ **@local_variable**　变量的名称。变量名必须以 "@" 开头。

❏ **data_type**　变量的数据类型，可以是系统提供的或用户定义的数据类型，但不能是 text、ntext 或 image 数据类型。

❏ **value**　以内联方式为变量赋值。值可以是常量或表达式，但它必须与变量声明的数据类型匹配，或者可隐式转换为该类型。

❏ **@cursor_variable_name**　游标变量的名称。

❏ **CURSOR**　指定变量是局部游标变量。

❏ **n**　表示可以指定多个变量并对变量赋值的占位符。但声明表数据类型变量时，表数据类型变量必须是 DECLARE 语句中声明的唯一变量。

❏ **@table_variable_name**　表数据类型变量的名称。

❏ **table_type_definition**　定义表数据类型。

例如，要声明一个用于保存身份证号码的变量，可用如下语句。

```
DECLARE @creditID char(18)
```

上面语句执行后将声明一个名称为@creditID 的变量，变量数据类型是 char，长度是 18。

【实践案例 8-1】

使用 DECLARE 语句还可以同时声明多个变量。例如，要声明变量表示学生学号、姓名、性别和出生日期，语句如下所示。

```
DECLARE @s_id int , @s_name varchar(20) , @s_sex char(2) , @s_birthday datetime
```

上面声明了 4 个变量，即 int 类型的@s_id 变量（学号）、varchar(20)类型的@s_name 变量（姓名）、char(2)类型的@s_sex 变量（性别）、datetime 类型的@s_birthday 变量（出生日期）。

声明变量之后还没有值，也没有实际意义。为变量赋值可以在声明时进行，也可以在声明后使用 SET 语句或 SELECT 语句完成。赋值的语法形式如下所示。

```
SET @local_variable = expression
SELECT @local_variable = expression [, ...n]
```

其中，@local_variable 不可以是 cursor、text、ntext、image 或 table 类型变量的名称；

expression 则表示任何有效的表达式。

一个 SELECT 语句可以同时为多个变量赋值，变量之间使用逗号分隔。当 SELECT 语句的 expression 返回多个值时，则将返回的最后一个值赋给变量。

【实践案例 8-2】

使用 SET 和 SELECT 语句为前面声明的变量赋值，如下所示。

```
DECLARE @creditID char(18)='000000000000000000'
DECLARE @s_id int , @s_name varchar(20) , @s_sex char(2) , @s_birthday datetime
SET @s_id=1001
SELECT @s_name='祝红涛'
SELECT @s_sex='男',@s_birthday='1990-12-30'
SELECT @s_id '学号',@s_name '姓名',@s_sex '性别',@s_birthday '出生日期',@creditID
'身份证号'
```

由于局部变量只在一个程序块内有效，所以为变量赋值的语句应该与声明变量的语句一起执行。运行结果如图 8-1 所示。

图 8-1　使用局部变量

8.2.3　全局变量

全局变量在所有程序中都有效，是由 SQL Server 系统自身提供并赋值的变量，并且用户不能自定义系统全局变量，也不能手工修改系统全局变量的值。

SQL Server 的全局变量分为两类。

❑ 与当前 SQL Server 连接有关的全局变量，与当前处理有关的全局变量。例如，@@ROWCOUNT 表示最近一个语句影响的行数；@@ERROR 保存最近执行操作的错误状态。

❑ 与整个 SQL Server 系统有关的全局变量。例如，@@VERSION 表示 SQL Server 的版本信息。

表 8-2 列出了 SQL Server 中最常用的全局变量及其含义说明。

表 8-2　常用全局变量

全局变量名称	说明
@@CONNECTIONS	返回 SQL Server 启动后，所接受的连接或试图连接的次数
@@CURSOR ROWS	返回游标打开后，游标中的行数

全局变量名称	说明
@@ERROR	返回上次执行 SQL 语句产生的错误数
@@LANGUAGE	返回当前使用的语言名称
@@OPTION	返回当前 SET 选项信息
@@PROCID	返回当前的存储过程标识符
@@ROWCOUNT	返回上一个语句所处理的行数
@@SERVERNAME	返回运行 SQL Server 的本地服务器名称
@@SERVICENAME	返回 SQL Server 运行时的注册名称
@@VERSION	返回当前 SQL Server 服务器的日期、版本和处理器类型

【实践案例 8-3】

调用全局变量显示当前 SQL Server 2008 的服务器名称、语言及版本，语句如下所示。

```
SELECT @@SERVERNAME '服务器名称',@@LANGUAGE '语言',@@VERSION '版本'
```

在查询窗口中执行上述语句，结果如下所示。

```
服务器名称    语言        版本
---------  ----------  ------------------------------------------------
HZKJ       简体中文     Microsoft SQL Server 2008 R2 (RTM) - 10.50.1600.1
(Intel X86) …
```

8.3 运算符

运算符是一种特殊的符号，用于指定在一个或者多个表达式中执行的计算操作。例如，连接两个数字类型的变量，将一个日期变量与字符变量相加或者进行比较，等等。

Transact-SQL 语言中的运算符主要分为赋值运算符、算术运算符、字符串连接运算符、比较运算符、逻辑运算符、一元运算符和位运算符。

8.3.1 赋值运算符

Transact-SQL 语言中赋值运算符只有等号"="一个。赋值运算符有两个主要的用途，用于将表达式的值赋值给一个变量，或者在列标题和定义列值的表达式之间建立关系。

【实践案例 8-4】

编写一个程序计算长方形的面积，其中宽和高需要在程序内指定，实现语句如下所示。

```
DECLARE @width int,@height int,@result int=0
SET @width=24
SET @height=5
SET @result=@width*@height
SELECT @width '宽',@height '高',@result '结果'
```

上面声明了三个变量@width、@height 和@result，然后使用 SET 语句为@width 和@height 变量赋值时就使用了赋值运算符。第 4 行语句将@width 和@height 的乘积赋给@result 变量。输出结果如下所示。

```
宽           高           结果
-------    ---------   -------------------
24           5           120
```

【实践案例 8-5】

赋值运算符还可以直接使用在 SELECT 语句中为列指定值、更改列的值，或者指定查询条件。通过下面的例子使用读者有一个简单的了解。

```
USE studentsys
GO
SELECT tno '编号',tname '姓名',tpay=tpay*1.2, '是否退休'='否'
FROM teacher WHERE tprof='讲师'
```

上面的第一个赋值运算符将工资增涨 20%，第二个赋值运算符指定"是否退休"列的值为"否"，第三个赋值运算符指定仅筛选出 tprof 是"讲师"的列。

8.3.2 算术运算符

算术运算符用于对两个表达式进行数学运算，一般得到的结果是数值型。表 8-3 列出了 Transact-SQL 语言中的算术运算符。

表 8-3 算术运算符

运算符	说明
+	加法运算
-	减法运算
*	乘法运算
/	除法运算，如果两个表达式的值都是整数，那么结果只取整数值，小数值将忽略
%	取模运算，返回两数相除后的余数

其中，加（+）和减（-）运算符也可用于对 datatime 及 samlldatatime 值执行算术运算。而取模运算符（求余运算）返回一个除法的余数。例如，33%10=3，这是因为 33 除以 10，余数为 3。

【实践案例 8-6】

编写一个程序对两个整数使用算术运算符并输出结果。

```
DECLARE @number1 int=20,@number2 int=6
SELECT '加'=@number1+@number2,'减'=@number1-@number2,
    '乘'=@number1*@number2,'除'=@number1/@number2,'余'=@number1%@number2
```

执行后的输出结果如下所示。

```
加      减      乘      除      余
----------------------------------------
26      14      120     3       2
```

【实践案例 8-7】

在 "studentsys" 数据库的 "student" 表的 "sbirth" 列中保存了学生的出生日期，利用当前的日期与学生出生日期相减可以得到学生年龄。具体语句如下所示。

```
USE studentsys
GO
SELECT sno '学号',sname '姓名',ssex '性别',year(GETDATE()-sbirth)-1900 as '年龄' FROM student
```

执行后的输出结果如下所示。

```
学号      姓名        性别   年龄
------  ---------  -----  -------------
06001   张均焘      男     23
06002   许艳洲      男     25
06005   刘明明      女     23
06007   祝晓明      女     24
06008   朱悦桐      女     23
06009   侯艳书      女     25
```

8.3.3 字符串连接运算符

字符串连接运算符用于连接字符串，SQL Server 中的字符串连接运算符是加号（+）。除了字符串连接操作以外，其他所有字符串操作都使用字符串函数（如 SUBSTRING 函数）进行处理。

连接的两个表达式必须具有相同数据类型，或者其中一个表达式必须能够隐式转换为另一表达式的数据类型。若要连接两个数值，这两个数值都必须显式转换为某种字符串数据类型。

例如，下面的语句声明一个字符串变量，使其与一个字符串常量连接。

```
DECLARE @str char(6)
SET @str='Hello'
SELECT @str+'world',@str+''+'world'
```

输出结果为 "Hello world Hello world"。

下面使用连接运算符将 "course" 表的 "cno" 和 "cname" 组合成字符串作为一列。

```
SELECT cno+cname '组合字符串' FROM course
```

> **注意**　默认情况下，在连接 varchar、char 或 text 数据类型的数据时，空的字符串被解释为空字符串，如'a' + '' + 'b'的结果为'ab'。但是，如果兼容级别设置为 65，则空的字符串将作为单个空白字符处理，此时'a' + '' + 'b'的结果为'a b'。

8.3.4　比较运算符

比较运算符，顾名思义就是比较两个数值的大小，比较完成之后，返回的值为布尔值。比较表达式通常作为控制语句的判断条件。

SQL Server 2008 中的比较运算符如表 8-4 所示，可以用于除了 text、ntext 或 image 数据类型以外的所有的表达式。

表 8-4　比较运算符

比较运算符	含义
=（等于）	A = B，判断两个表达式 A 和 B 是否相等。如果相等，则返回 TRUE；否则返回 FALSE
>（大于）	A > B，判断表达式 A 的值是否大于表达式 B 的值。如果大于，则返回 TRUE；否则返回 FALSE
<（小于）	A < B，判断表达式 A 的值是否小于表达式 B 的值。如果小于，则返回 TRUE；否则返回 FALSE
>=（大于等于）	A >= B，判断表达式 A 的值是否大于等于表达式 B 的值。如果大于等于，则返回 TRUE；否则返回 FALSE
<=（小于等于）	A <= B，判断表达式 A 的值是否小于等于表达式 B 的值。如果小于等于，则返回 TRUE；否则返回 FALSE
<>（不等于）	A <> B，判断表达式 A 的值是否不等于表达式 B 的值。如果不等于，则返回 TRUE；否则返回 FALSE
!=（不等于）	A != B，非 ISO 标准
!<（不小于）	A !< B，非 ISO 标准
!>（不大于）	A !> B，非 ISO 标准

【实践案例 8-8】

从"studentsys"数据库的"student"表中查询出性别为"男"学生的学号、姓名、性别和城市。语句如下所示。

```
SELECT sno '学号',sname '姓名',ssex '性别',sadrs '城市' FROM student WHERE
ssex='男'
```

执行结果如下所示。

```
学号      姓名        性别    城市
------  ----------  -----  --------------
06001   张均焘      男      郑州
06004   李振        男      开封
06006   陈高        男      洛阳
06011   郭凯        男      周口
06013   贺雷        男      安阳
```

由于性别只有"男"和"女"两个值，因此上面的语句也可以写成如下形式。

```
SELECT sno '学号',sname '姓名',ssex '性别',sadrs '城市' FROM student WHERE
ssex<>'女'
```

【实践案例 8-9】

从"studentsys"数据库的"sc"表中查询出成绩不小于 90 的学号、课程编号和成绩。语句如下所示。

```
SELECT sno '学号',cno '课程编号',grade '成绩' FROM sc WHERE grade>=90
```

执行结果如下所示。

```
学号      课程编号     成绩
------   ---------   --------------------
06002    3           90.0
06002    4           98.0
06004    4           92.0
06010    7           94.0
06012    4           94.0
```

8.3.5　逻辑运算符

逻辑运算符是指对某些条件进行测试，返回最终结果。与比较运算符相同，逻辑运算符的返回值为 TRUE（真）或 FALSE（假）。如表 8-5 列出 SQL Server 2008 支持的逻辑运算符。

表 8-5　逻辑运算符

运算符	含义
ALL	如果一组的比较都为 TRUE，那么就为 TRUE
AND	如果两个布尔表达式都为 TRUE，那么就为 TRUE
ANY	如果一组的比较中任何一个为 TRUE，那么就为 TRUE
BETWEEN	如果操作数在某个范围之内，那么就为 TRUE
EXISTS	如果子查询包含一些行，那么就为 TRUE
IN	如果操作数等于表达式列表中的一个，那么就为 TRUE
LIKE	如果操作数与一种模式相匹配，那么就为 TRUE
NOT	对任何其他布尔运算符的值取反
OR	如果两个布尔表达式中的一个为 TRUE，那么就为 TRUE
SOME	如果在一组比较中，有些为 TRUE，那么就为 TRUE

【实践案例 8-10】

例如，要查询出成绩大于 90 或者课程编号为 2 的学生姓名、课程名称和成绩。语句如下所示。

```
SELECT sname '姓名',cname '课程名称',grade '成绩' FROM course c,student t,sc s
WHERE s.sno=t.sno AND s.cno=c.cno AND (grade >=90 OR s.cno=2)
```

在这里使用了两个 AND 运算符表示并列条件，括号里面使用 OR 运算符表示满足两个条件中的任何一个即可。

执行结果如下所示。

姓名	课程名称	成绩
张均焘	电子技术	67.0
许艳洲	C++程序设计	90.0
许艳洲	操作系统	98.0
李振	操作系统	92.0
高阳	PASCAL 语言	94.0
王玲	操作系统	94.0

【实践案例 8-11】

假设要查询年龄在 24 和 25 之间，或者出生地是"安阳"的学生学号、姓名、性别、年龄和城市。语句如下所示。

```
SELECT sno '学号',sname '姓名',ssex '性别',year(GETDATE()-sbirth)-1900 '年龄',
sadrs '城市'
FROM student
WHERE (year(GETDATE()-sbirth)-1900 BETWEEN 24 AND 25) OR (sadrs='安阳')
```

这里使用 OR 运算符来连接两个表达式，任何一个表达式的值为 TRUE 都可输出。结果如下所示。

学号	姓名	性别	年龄	城市
06002	许艳洲	男	25	郑州
06005	刘明明	女	23	安阳
06007	祝晓明	女	24	信阳
06009	侯艳书	女	25	安阳
06012	王玲	女	24	开封
06013	贺雷	男	25	安阳

8.3.6 一元运算符

一元运算符仅能对一个表达式执行操作，SQL Server 2008 提供的一元操作符有+（正）、-（负）和~（位反）。其中，+（正）、-（负）运算符可以用于数字数据类型中的任一数据类型的表达式，而~（位反）运算符只能用于整数数据类型类别中任一数据类型的表达式。

【实践案例 8-12】

例如，声明一个变量@Num，然后对该变量赋值，最后对变量执行取正操作，语句如下所示。

```
DECLARE @Num float
SET @Num=-250.14
SELECT -@Num
```

上述语句在变量@Num 前加上"-"（负）号对变量取正，执行后输出"250.14"。

如果需要对一个整数取反，则可以使用运算符"~"。例如，声明一个变量@Mynum，然后对该变量赋值，最后对变量执行取反操作，语句如下所示。

```
DECLARE @Mynum int
SET @Mynum=254
SELECT~(@Mynum)
```

执行后输出 "-254"。

8.3.7 位运算符

位运算符用于对两个表达式执行位操作，这两个表达式可以是整数或二进制字符串数据类型（image 数据类型除外），但两个操作数不能同时是二进制字符串数据类型。

SQL Server 2008 中的位运算符如表 8-6 所示。

表 8-6　位运算符

位运算符	含义
&　（位与）	位与逻辑运算。从两个表达式中取对应的位，当且仅当两个表达式中的对应位的值都为 1 时，结果中的位才为 1；否则，结果中的位为 0
|　（位或）	位或逻辑运算。从两个表达式中取对应的位，如果两个表达式中的对应位只要有一个位的值为 1，结果的位就被设置为 1；两个位的值都为 0 时，结果中的位才被设置为 0
^（位异或）	位异或运算。从两个表达式中取对应的位，如果两个表达式中的对应位只有一个位的值为 1，结果中的位就被设置为 1；而当两个位的值都为 0 或 1 时，结果中的位被设置为 0

【实践案例 8-13】

使用表 8-5 的位运算符对 2012 和 2010 进行计算，语句如下所示。

```
DECLARE @num1 int,@num2 int,@num3 int
SET @num1=2012&2010
SET @num2=2012|2010
SET @num3=2012^2010
SELECT  @num1 AS '2012 & 2010' ,@num2 AS '2012 | 2010' ,@num3 AS '2012 ^ 2010'
```

上述语句查询 2012 与 2010 的各种位运算结果。当对整型数据进行位运算时，整型数据会首先被转换为二进制数据，然后再对二进制数据进行位运算。2012 与 2010 对应的二进制数据分别为：11111011100（2012）、11111011010（2010）。

语句的执行结果如下所示。

```
2012 & 2010   2012 | 2010   2012 ^ 2010
-----------   -----------   -----------
2008          2014          6
```

8.3.8 运算符优先级

当一个复杂的表达式有多个运算符时，运算符优先级可用于指定执行运算的先后顺序。

例如，表达式 "1+3*5" 的结果是 16，而不是 20。因为乘号（*）的优先级比加号（+）高。但是可以用括号来强制改变优先级。例如，"(1+3) * 5" 的值为 20。如果运算符优先级相同，则使用从左到右的左联顺序。

SQL Server 2008 中运算符优先级如表 8-7 所示，在一个表达式中按先高后低的顺序进行运算（即数字越小其优先级越高）。

表 8-7 运算符优先级

优先级	运算符
1	～（位反）
2	*（乘）、/（除）、%（取模）
3	+（正）、-（负）、+（加）、(+ 连接)、-（减）、&（位与）
4	=、>、<、>=、<=、<>、!=、!>、!<（比较运算符）
5	^（位异或）、|（位或）
6	NOT
7	AND
8	ALL、ANY、BETWEEN、IN、LIKE、OR、SOME
9	=（赋值）

当一个表达式中的两个运算符有相同的运算符优先级别时，将按照它们在表达式中的位置，一元运算符按从右向左的顺序运算，二元运算符按从左到右的顺序进行求值。

例如，声明一个变量将一个表达式赋值给该变量，语句如下所示。

```
DECLARE @MyNumber int
SET @MyNumber = 2 * 4 /3+ 5
SELECT @MyNumber
```

在上述语句中，首先定义一个变量，然后对该变量赋值，在表达式中按照优先级先执行 "*"，再执行 "/"，最后执行 "+" 运算，执行的结果为 7。

如果表达式中带有括号，则括号中的表达式优先级最高，所以应先对括号中的内容进行求值，从而产生一个值，然后括号外的运算符才可以使用这个值。如果括号内嵌套括号，则应先对最内部的括号求值，然后次层括号的运算符才可以使用该值，依次类推。

例如，声明一个变量，将一个表达式赋值给该变量，语句如下所示。

```
DECLARE @Num int
SET @Num= 2 * (4 + (5 - 3))/2
SELECT @Num
```

在上述语句中，对于表达式应先执行内部括号中的内容，然后次层括号的运算符使用该值，最后分别执行 "*" 与 "/" 运算，执行后的结果为 6。

8.4 控制语句

Transact-SQL 在标准 SQL 基础上增加了用于控制程序执行顺序的语句，使程序更加灵活，从而实现一些复杂的功能。例如，使用注释为程序添加说明书，使用条件语句实现多分支，或者使用循环重复，等等。

本节将详细介绍 Transact-SQL 中的这些控制语句，包括注释语句、IF 语句和 WHILE语句等。

8.4.1 注释语句

注释（备注）是程序代码中不执行的文本字符串，主要用来对程序代码进行解释说明，以提高代码的可阅读性，为代码的后期维护提供方便。

Transact-SQL 语言支持两种形式的注释，分别是单行注释和多行注释。

1. 单行注释

单行注释的方法是在被注释内容前添加双连字符（--），语法形式如下所示。

```
--这里注释的是内容
```

使用双连字符（--）添加的注释文本内容可以与运行的代码在同一行上，也可以单独成一行。系统认为双连字符开始，到该行的末尾均为注释部分。

【实践案例 8-14】

使用单行注释对程序添加解释和说明，语句如下所示。

```
DECLARE
@stuid int , --声明一个 int 类型变量 stuid
@stuname varchar(20) --声明一个 varchar(20)类型变量 stuname
--下面使用 SET 语句和 SELECT 语句为上述几个变量赋值
--并在最后使用 SELECT 语句查看变量中的值
SET @stuid = 1
SELECT @stuname = (SELECT stuname FROM student WHERE stuid = 1)
SELECT @stuid AS 'ID' , @stuname AS '姓名'
```

2. 多行注释

通常有一些详细的功能描述或其他解释说明需要放在程序中，而这些说明可能包括多行。此时，便可以使用多行注释，它包含注释的开始和结束标记，被注释的内容以"/*"标记开始，以"*/"结束。

语法形式如下所示。

```
/*
这里是多行注释的内容
*/
```

在运行时"/*"和"*/"之间的内容将被忽略。

【实践案例 8-15】

使用多行注释对程序添加解释和说明，语句如下所示。

```
DECLARE
@stuid int , /* int 类型变量 stuid */
@stuname varchar(20) /* varchar(20)类型变量 stuname*/
/*
      下面使用 SET 语句和 SELECT 语句为上述几个变量赋值
      并在最后使用 SELECT 语句查看变量中的值
*/
SET @stuid = 1
SELECT @stuname = (SELECT stuname FROM student WHERE stuid = 1)
SELECT @stuid AS 'ID' , @stuname AS '姓名'
```

8.4.2   语句块

语句块又称为复合语句,由很多个基本语句组成,一个语句块将被看作是一个单独的语句。

在 Transact-SQL 中使用关键字 BEGIN 和 END 定义语句块,语法格式如下所示。

```
BEGIN
{
语句块内的语句列表
}
END
```

其中,关键字 BEGIN 定义语句块的开始位置,关键字 END 定义语句块的结尾,大括号可以省略,并且允许语句块嵌套。

【实践案例 8-16】

在"studentsys"数据库中按系部编号排序,显示学生的学号、姓名、性别、年龄和所在系部名称。具体语句如下所示。

```
USE studentsys
GO
BEGIN
    DECLARE @year int
    SET @year=year(getdate())
    SELECT sno '学号',sname '姓名',ssex '性别',@year-YEAR(sbirth) '年龄',
dname '所在系部'
    FROM student s,dept d
    WHERE s.dno=d.dno
    ORDER BY s.dno
END
```

上面使用 BEGIN 和 END 的语句块中包含了三条语句,他们将作为一个语句块进行处理。

8.4.3   IF 语句

IF 语句是 Transact-SQL 语言中最简单的分支语句,它为分支代码的执行提供了一种便利的方法。IF 语句的最简单格式构成了单分支结构,此时表示"如果满足某种条件,就进行某种处理"。例如,如果到 18:00 点就下班,如果明天不下雨就去逛街,等等。

IF 语句的语法格式如下所示。

```
IF boolean_expression
    { sql_statement | statement_block }
[ ELSE
    { sql_statement | statement_block } ]
```

语法说明如下所示。

❑ **boolean_expression**　布尔表达式，返回 TRUE 或 FALSE。如果布尔表达式中含有 SELECT 语句，则必须用括号将 SELECT 语句括起来。

❑ **sql_statement**　任何有效的 Transact-SQL 语句。

❑ **statement_block**　任何有效的 Transact-SQL 语句块。

【实践案例 8-17】

IF 语句的 ELSE 子句不是必须的。例如，下面使用 IF 语句实现如果学号为 06001 的学生总成绩大于 200，则输出"你真的很棒。"。

```
DECLARE @count int=0
SET @count=(SELECT sum(grade) FROM sc WHERE sno='06001')
IF @count>200
BEGIN
    PRINT '你真的很棒。'
END
```

上述语句在@count 变量中保存了学号为 06001 的学生总成绩。然后在 IF 语句中使用大于运算符判断总成绩是否大于 200，如果满足这个条件，则执行 BEGIN END 语句块输出提示。

【实践案例 8-18】

ELSE 子句在不满足 IF 语句指定的条件时执行。下面对实践案例 8-17 进行扩展，在小于 200 时输出"加油哦。"。

```
DECLARE @count int=0
SET @count=(SELECT sum(grade) FROM sc WHERE sno='06001')
IF @count>200
BEGIN
    PRINT '你真的很棒。'
END
ELSE
BEGIN
    PRINT '加油哦。'
END
```

现在执行后无论总成绩是否大于 200 都可以看到输出结果。

【实践案例 8-19】

编写程序统计选择系编号为 1 的学生数量，如果大于 10 输出"非常热门"，否则输出"欢迎加入"。语句如下所示。

```
DECLARE @count int=0
SET @count=(SELECT count(sno) FROM student WHERE dno=1)
```

```
IF @count>10
    PRINT '非常热门'
ELSE
    PRINT '欢迎加入'
```

【实践案例 8-20】

IF 语句和 ELSE 子句还可以嵌套使用从而实现判断复杂的条件。假设，已知计算机科学与技术系的编号是 1，通信工程系的编号是 2，现在要比较两个系的课程数量并给出结果。语句如下所示。

```
--声明变量
DECLARE @number1 int=0,@number2 int=0
--统计计算机科学与技术系的课程数量
SET @number1=(SELECT COUNT(cno) FROM course WHERE dno=1)
--统计通信工程系的课程数量
SET @number2=(SELECT COUNT(cno) FROM course WHERE dno=2)
--判断是否相等
IF @number1=@number2
    PRINT '课程数量相同'
ELSE
BEGIN                       --不相等时执行此语句块
    IF @number1>@number2
        PRINT '计算机科学与技术系胜'
    ELSE
        PRINT '通信工程系胜'
END
```

上述语句首先声明两个变量分别保存课程数量，然后在 IF 语句中判断是否相等。如果不相等，则执行 ELSE 的语句块判断哪个系的课程多。

8.4.4　CASE 语句

IF 语句一次最多只能判断两个条件，如果需要同时判断多个条件则需要多个 IF 语句的嵌套，但是这种语法结构比较复杂。此时可以使用 CASE 语句，它可以同时进行多个条件的判断，并返回相应的值。

在 Transact-SQL 中 CASE 语句可以分为两种形式，即简单 CASE 语句和 CASE 搜索语句。

1. 简单 CASE 语句

简单 CASE 语句用于将某个表达式与一组简单表达式进行比较以确定结果。其语法如下所示。

```
CASE input_expression
    WHEN when_expression THEN result_expression
    [,…n ]
    [
        ELSE else_result_expression
    ]
END
```

语法说明如下所示。

❑ **input_expression**　要计算的表达式，可以是任意有效的表达式。

❑ **when_expression**　要与 input_expression 进行比较的简单表达式，可以是任意有效的表达式。input_expression 和每个 when_expression 的数据类型必须相同，或者可以隐式转换为相同类型。

❑ **n**　表明可以使用多个 WHEN when_expression THEN result_expression 子句。

❑ **result_expression**　当 input_expression = when_expression 这个表达式的比较结果为 TRUE 时返回的表达式，可以是任意有效的表达式。

❑ **else_result_expression**　当 input_expression = when_expression 这个表达式的比较结果为 FALSE 时返回的表达式，可以是任意有效的表达式。

　　else_result_expression 和任何 result_expression 的数据类型必须相同，或者可以隐式转换为相同类型。

简单 CASE 语句的结果取值步骤如下所示。

（1）计算 input_expression，然后按指定顺序对每个 WHEN 子句的 input_expression = when_expression 进行计算。

（2）返回 input_expression = when_expression 的第一个计算结果为 TRUE 的 result_expression。

（3）如果 input_expression = when_expression 的计算结果均不为 TRUE，则根据 ELSE 子句返回结果。如果指定了 ELSE 子句，返回 else_result_expression；如果没有指定 ELSE 子句，返回 NULL。

【实践案例 8-21】

假设将学生成绩分为 5 个等级，分别是 A、B、C、D 和 E，成绩范围如下所示。

❑ 成绩在 90 到 100 之间为 A
❑ 成绩在 80 到 89 之间为 B
❑ 成绩在 70 到 79 之间为 C
❑ 成绩在 60 到 69 之间为 D
❑ 成绩在 0 到 59 之间为 E

编写程序实现给出一个等级，输出对应的范围。语句如下所示。

```
DECLARE @level char(1)
SET @level = 'A'
SELECT '成绩 A' =
CASE @level
    WHEN 'A' THEN '成绩在 90 到 100 之间'
    WHEN 'B' THEN '成绩在 80 到 89 之间'
    WHEN 'C' THEN '成绩在 70 到 79 之间'
    WHEN 'D' THEN '成绩在 60 到 69 之间'
    WHEN 'E' THEN '成绩在 0 到 59 之间'
    ELSE '没有相应等级'
END
```

上述语句执行时会将 @level 的值与 CASE 语句下每个 WHEN 子句进行比较，如果相同则返回 THEN 后面的值，如果找不到相同的则返回 ELSE。这里执行后输出"成绩在 90 到 100 之间"。

2. CASE 搜索语句

CASE 搜索语句用于计算一组布尔表达式以确定结果。其语法如下所示。

```
CASE
    WHEN boolean_expression THEN result_expression
    [, …n ]
    [
        ELSE else_result_expression
    ]
END
```

语法说明如下所示。

❏ **boolean_expression** 要计算的布尔表达式，可以是任意有效的布尔表达式。

❏ **result_expression** 当 boolean_expression 表达式的结果为 TRUE 时返回的表达式，可以是任意有效的表达式。

CASE 搜索语句的结果取值步骤如下所示。

（1）按指定顺序对每个 WHEN 子句的 boolean_expression 进行计算。

（2）返回 boolean_expression 的第一个计算结果为 TRUE 的 result_expression。

（3）如果 boolean_expression 计算结果均不为 TRUE，则根据 ELSE 子句返回结果。如果指定了 ELSE 子句，返回 else_result_expression；如果没有指定 ELSE 子句，返回 NULL。

【实践案例 8-22】

使用实践案例 8-22 的等级标准查询出每个学生的成绩及等级。语句如下所示。

```
SELECT sno '学号',cno '课程编号',grade '成绩' ,'等级'=
    CASE
        WHEN grade>= 90 THEN 'A'
        WHEN grade>=80 THEN 'B'
        WHEN grade>=70 THEN 'C'
        WHEN grade>=60 THEN 'D'
        WHEN grade>0 THEN 'E'
        ELSE '没有相应等级'
    END
FROM sc
```

上述语句的"等级"列会返回 grade 执行 CASE 语句比较之后的返回值。部分结果如下所示。

```
学号        课程编号     成绩        等级
--------  ----------  --------  ----------
06001         2         67.0        D
06002         3         90.0        A
06002         4         98.0        A
```

06004	6	58.0	E
06008	1	78.0	C
06010	7	94.0	A
06011	1	78.0	C

8.4.5　WHILE 语句

WHILE 语句适用于需要重复一段代码直到不满足特定条件为止。WHILE 语句也是 Transact-SQL 唯一的循环语句，它需要一个条件表达式及一个循环执行的语句块，只要表达式为 TRUE 则一直执行语句块，直到表达式为 FALSE 时结束。

WHILE 循环语句的语法如下所示。

```
WHILE boolean_expression
    { sql_statement | statement_block }
    [ BREAK ]
    { sql_statement | statement_block }
    [ CONTINUE ]
    { sql_statement | statement_block }
```

语法说明如下所示。

❏ **boolean_expression**　布尔表达式，返回 TRUE 或 FALSE。如果布尔表达式中含有 SELECT 语句，则必须用括号将 SELECT 语句括起来。

❏ **sql_statement | statement_block**　任何有效的 Transact-SQL 语句或语句块。

❏ **BREAK**　从最内层的 WHILE 循环中退出。

❏ **CONTINUE**　使 WHILE 循环重新开始执行，忽略 CONTINUE 关键字后面的任何语句。

【实践案例 8-23】

假设要输出从 1 到 100 之间的数，使用 WHILE 循环语句的实现代码如下所示。

```
--声明一个变量表示循环初始值
DECLARE @number int=1
--判断是否满足循环条件，即小于等于100
WHILE @number<=100
BEGIN                              --开始循环
    PRINT @number                  --输出当前的数字
    SET @number = @number + 1      --将数字增加1
END                                --结束循环
```

【实践案例 8-24】

假设要利用 WHILE 循环求 1+2+3+…+100 的和，语句如下所示。

```
DECLARE @sum int,@i int
SET @sum=0
SET @i=1
WHILE @i<=100
BEGIN
    SET @sum=@sum+@i
```

```
        SET @i=@i+1
    END
    SELECT @sum as '结果'
```

在上述语句中首先定义两个变量@sum 与@i，然后分别对这两个变量赋值。在 WHILE
语句块中，利用循环对@sum 进行赋值，从而计算出最终结果，执行后结果为"5050"。

8.4.6　TRY…CATCH 语句

TRY…CATCH 语句用于对 Transact-SQL 程序执行时的错误进行捕捉和处理。方法是
将 Transact-SQL 语句包含在 TRY 语句块中，如果 TRY 语句块内部发生错误，则会将控制
传递给 CATCH 语句块中包含处理错误的语句。

TRY…CATCH 语句的语法如下所示。

```
BEGIN TRY
    { sql_statement | statement_block }
END TRY
BEGIN CATCH
    [ { sql_statement | statement_block } ]
END CATCH
```

其中，sql_statement | statement_block 表示任何有效的 Transact-SQL 语句或语句块。使
用 TRY…CATCH 错误处理语句应注意以下几点。

- ❑ TRY 语句块后必须紧跟相关联的 CATCH 语句块。
- ❑ TRY…CATCH 语句不能跨越多个批处理。
- ❑ 如果 TRY 语句块所包含的代码中没有错误，则会将控制传递给紧跟相关联 END
  CATCH 语句之后的语句。
- ❑ 当 CATCH 语句块中的代码完成时，会将控制传递给紧跟在 END CATCH 语句之
  后的语句。
- ❑ TRY…CATCH 语句可以嵌套。

下面的代码演示了如何使用 TRY…CATCH 语句处理错误。

```
BEGIN TRY
SELECT 10/0 AS '结果'
END TRY
BEGIN CATCH
SELECT  ERROR_NUMBER() AS '错误编码',ERROR_MESSAGE() AS '错误信息'
END CATCH
```

8.4.7　其他语句

除了前面介绍的几种控制语句以外，Transact-SQL 中还有 BREAK 语句、CONTINUE
语句、WAITFOR 语句和 GOTO 语句等。

1. BREAK 语句

BREAK 语句只能用在 WHILE 语句块内，表示强制从当前的语句块退出，执行语句块后面的语句。

例如，下面代码从 1 开始累加，当结果大于 200 时停止。

```
DECLARE @sum int=0,@i int=1
WHILE @i<=100
BEGIN
    SET @sum=@sum+@i
    IF @sum>200 BREAK          --如果当前的累加结果大于200则使用BREAK语句退出循环
    SET @i=@i+1
END
SELECT @sum as '结果'
```

2. CONTINUE 语句

CONTINUE 语句将重新开始一个 WHILE 循环，在 CONTINUE 之后的任何语句都将被忽略。通常 IF 语句 CONTINUE 语句一起使用。

3. WAITFOR 语句

WAITFOR 语句用于在达到指定时间或时间间隔之前，或者指定语句至少修改或返回之前，阻止（延迟）执行批处理、存储过程或事务。

WAITFOR 延迟语句的语法如下所示。

```
WAITFOR
{
    DELAY 'time_to_pass'
    | TIME 'time_to_execute'
    | [ ( receive_statement ) | ( get_conversation_group_statement ) ]
    [ , TIMEOUT timeout ]
}
```

语法说明如下所示。

- **DELAY**　指定可以继续执行批处理、存储过程或事务之前必须经过的指定时段，最长可为 24 小时。
- **time_to_pass**　表示要等待的时段。可以使用 datetime 数据可接受的格式之一指定 time_to_pass，也可以将其指定为局部变量，但是不能指定日期。
- **TIME**　指定运行批处理、存储过程或事务的时间。
- **time_to_execute**　表示 WAITFOR 语句完成的时间。
- **receive_statement**　有效的 RECEIVE 语句。
- **get_conversation_group_statement**　有效的 GET CONVERSATION GROUP 语句。
- **TIMEOUT timeout**　指定消息到达队列前等待的时间（以毫秒为单位）。

例如，使用 WAITFOR 语句延迟 1 小时再执行存储过程 sp_helpdb。

```
BEGIN
    WAITFOR DELAY '01:00'
    EXECUTE sp_helpdb
END
```

例如，使用 WAITFOR 语句的 TIME 选项指定到晚上 23 点执行对"studentsys"数据库的收缩。

```
BEGIN
    WAITFOR TIME '23:00'
    DBCC SHRINKDATABASE (studentsys )
END
```

4. GOTO 语句

GOTO 跳转语句用于将执行流更改到标签处，也就是跳过 GOTO 后面的 Transact-SQL 语句，并从标签位置继续处理。GOTO 语句和标签可以在过程、批处理或语句块中的任何位置使用且可以嵌套使用。

GOTO 跳转语句的语法比较简单，如下所示。

```
GOTO label
```

其中，label 表示已设置的标签。如果 GOTO 语句指向该标签，则其为处理的起点。标签必须符合标识符规则，并且无论是否使用 GOTO 语句，标签均可作为注释方法使用。

使用 GOTO 语句实现跳转将破坏结构化语句的结构，建议尽量不要使用 GOTO 语句。

8.5　项目案例：查询学生的科目成绩并划分级别

本章学习了 Transact-SQL 语言中常量、变量、各种运算符及控制语句的使用。下面综合这些知识从"studentsys"数据库完成对学生课程成绩的查询并划分级别。

【实例分析】

首先根据学生的姓名进行查询找到学号，然后根据该学号在成绩表进行查找，看是否有成绩信息。如果有则输出学生考试的课程名称、考试分数及级别。主要分为如下几个级别。

- ❑ **优秀**　90 分以上。
- ❑ **良好**　80 分以上。
- ❑ **及格**　60 分以上。
- ❑ **不及格**　60 分以下。

如果该学生没有参加考试，则输出他所学习的课程名称及学分。语句如下所示。

```
USE studentsys
GO
```

```
--查找考生是否有成绩信息
IF(SELECT COUNT(cno) FROM SC JOIN student S ON sc.Sno=S.Sno WHERE Sname='
张均焘')>0
/*如果有则输出课程名称、分数和级别
 这里需要关联三个表，分别是成绩表sc、课程表course、学生信息表student
*/
    SELECT cname '课程名称',grade '分数',
    (                                    --难点，使用CASE划分级别
        CASE
            WHEN grade BETWEEN 90 AND 100 THEN '优秀'
            WHEN grade BETWEEN 80 AND 89 THEN '良好'
            WHEN grade BETWEEN 60 AND 79 THEN '及格'
            ELSE '不及格'
        END
    )
    AS '级别'
/*
使用CASE语句对grade列也就是学生的成绩进行比较，将成绩划分成4个等级。
并将最后的结果使用名为"级别"的列标题显示出来。
*/
    FROM course c,student s,sc
    WHERE c.Cno=sc.Cno and sc.Sno=s.Sno AND Sname='张均焘'
ELSE    --没有成绩信息时执行
    SELECT cname '课程',credit '学分' FROM course c JOIN student s  ON
c.Dno=s.Dno
    WHERE Sname='张均焘'
```

上述 SELECT 语句中以查看"张均焘"的成绩信息为例。首先使用 IF 语句进行判断，然后在 SELECT 中关联多个表，并使用 CASE 语句将成绩划分为 4 个等级，最后作为"级别"列显示。执行效果如图 8-2 所示。

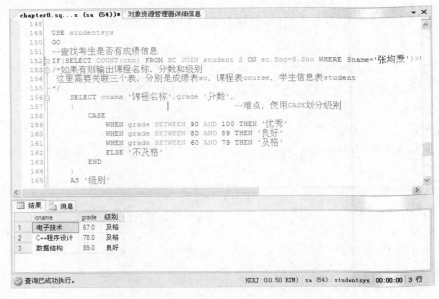

图 8-2　查看"张均焘"成绩执行效果

8.6 习题

一、填空题

1. Transact-SQL 按功能可以分为数据定义语言、_____和数据控制语言。

2. 假设要声明一个名为@size，int 类型的变量，应该使用语句_____。

3. 使用全局变量_____可以返回当前 SQL Server 服务器的日期、版本和处理器类型。

4. 表达式 "3+(3*(4+4))*(3/2)" 的执行结果是_____。

5. 下面程序执行后的输出结果是_____。

```
IF ('11'+22)>(11+22)
    PRINT 'A'
ELSE
    PRINT 'B'
```

二、选择题

1. 下列不属于常量的是_____。

   A. 'DECLARE @d'

   B. DECLARE @d

   C. $1E12

   D. 0x1FA

2. 下面关于变量的使用，错误的是_____。

   A. DECLARE @d int=0

   B. SET @d=10

   C. SET @a=1,@b=2

   D. SELECT @a=1,@b=2

3. 下列运算符中，优先级最高的是_____。

   A. &

   B. *

   C. |

   D. OR

4. 下列属于 Transact-SQL 支持流程控制语句的是_____。

   A. IF…THEN…ELSE

   B. BEGIN…END

   C. DO…CASE

   D. DO…WHILE

三、上机练习

 上机实践 1：比较两个数的大小

在本章介绍了如何声明变量、为变量赋值、使用运算符和控制语句。本次上机实践要求读者编写一个程序实现比较两个整数的大小关系，并输出"A 最大"、"B 最大"或者"A 等于 B"。

 上机实践 2：输出一个菱形

使用 WHILE 语句和 IF...ELSE 语句嵌套，在屏幕上输出一个图形，效果如下所示。

```
*
***
*****
*******
```

8.7 实践疑难解答

8.7.1 如何使用 Transact-SQL 实现顺序编号

 如何使用 Transact-SQL 实现顺序编号
网络课堂：http://bbs.itzcn.com/thread-778-1-1.html

【**问题描述**】：如何在 SQL 中用命令给某数据库的某字段重新生成一个 6 位数的序号？比如，以 000001 这样一直累加下去直到 000456。

【**解决办法**】：如下所示，可以通过定义变量的方法来实现。

```
declare @i int
select @i=0
update 表
set @i=@i+1,
自动编号=right('000000'+convert(varchar,@i),6)
Select *from 表
```

执行后的结果如图 8-3 所示。

在上述代码中，首先使用 select 语句为变量设置初值，然后更新表，给变量赋值，在这里需要注意的是，自动编号列的数据类型必须是 varchar 类型；如果不是，则应将其显式转换为 vachar 类型。另外，在该代码中还运用了 right 函数，该函数用于返回字符表达式中从起始位置（从右端开始）到指定字符位置（从右端开始计数）的部分。

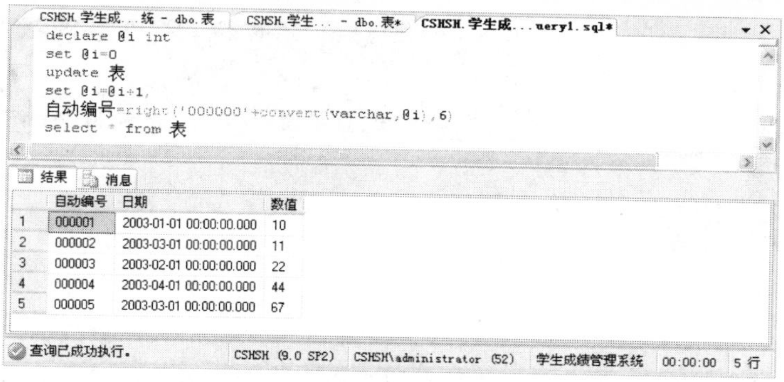

图 8-3　查看执行结果集

8.7.2　利用 Transact-SQL 解方程式的问题

利用 Transact-SQL 解方程式的问题
网络课堂：http://bbs.itzcn.com/thread-849-1-1.html

【**问题描述**】：假设有方程式：4X+3Y=15（X、Y 均为自然数）。
要求得 Y 的最大值。用一种 SQL 语法写出最佳的实现过程。

【**解决办法**】：可以按照下述步骤操作。

（1）自然数的定义是大于等于 0 的整数。

（2）Y=(15-4X)/3。

（3）编写实现代码，如下所示。

```
declare @Y int
declare @i int     --1.定义一个循环变量
set @i=0           --2.设定初始值为 0
set @Y=-1
WHILE (1=1)        --3.无限循环，满足条件即可自动退出循环
  begin
    IF (15-4*@i)%3=0
      begin
        set @Y=(15-4*@i)/3
        break
      end
    set @i=@i+1
  end
print 'X='+cast(@i as varchar(10))+',Y='+cast(@Y as varchar(10))
                                     --打印出 Y 的最大值
```

Transact-SQL 实用编程

第9章

Transact-SQL 是使用 SQL Server 2008 的核心，用于管理 SQL Server 数据库实例、创建和管理数据库对象，以及插入、检索、修改和删除数据，等等。因此，无论是数据库管理员，还是数据库程序员都必须熟练掌握 Transact-SQL 语言进行数据库设计编程的内容。

通过对第 8 章的学习掌握了 Transact-SQL 语言的基础知识，本章将讲解 Transact-SQL 语言在数据库中的编程应用，如创建自定义函数、调用系统函数处理数据、使用游标及事务等。

本章学习要点：

➢ 掌握标量值函数和内联式表值函数的使用

➢ 熟悉常用数学函数的使用

➢ 熟悉常用字符串函数的使用

➢ 熟悉常用聚合函数的使用

➢ 熟悉数据类型转换函数的使用

➢ 熟悉常用日期和时间函数的使用

➢ 掌握使用游标检索数据的过程

➢ 理解事务的概念和类型

➢ 掌握事务的使用

➢ 了解 SQL Server 的锁模式

➢ 熟悉查看锁的方法

9.1 用户定义函数

函数是完成一个特定功能的代码集合，按照类型可以分为系统函数和用户定义函数两种。系统函数由 SQL Server 2008 系统提供，只能适用于解决某些特定问题，但无法根据实际需求进行调整。这时，用户可以通过创建自定义函数来解决。

9.1.1 用户定义函数简介

在 SQL Server 2008 中允许用户创建自定义的函数以实现特殊的功能。自定义函数可以接受零个或多个输入参数，执行操作并将操作结果以值的形式返回，返回值可以是单个标量值或者结果集。用户定义函数最多可支持 1024 个参数，但是不支持输出参数。

创建自定义函数需要使用 CREATE FUNCTION 语句。根据函数返回值多少，可以将函数分为标量值函数和表值函数。如果函数返回单个值，则称为标量值函数；如果返回一个表，则称为表值函数。

在创建用户定义函数时，允许在函数主体内使用的有效 Transact-SQL 语句包括如下几种。

- ❑ **DECLARE 语句**　该语句用于定义函数局部变量和游标。
- ❑ **除 TRY…CATCH**　语句之外的流程控制语句。
- ❑ **SELECT 语句**　该语句包含具有函数的局部变量的表达式的选择列表。
- ❑ **EXECUTE 语句**　该语句用于调用存储过程。
- ❑ **为函数局部变量赋值的语句**　如使用 SET 为标量和表局部变量赋值。可以使用 INSERT、UPDATE、DELETE 语句修改函数内局部表变量。
- ❑ **游标操作**　该操作引用在函数中声明、打开、关闭和释放的局部游标。不允许使用 FETCH 语句将数据返回到客户端，仅允许使用 FETCH 语句通过 INTO 子句给局部变量赋值。

不能在用户定义函数内执行的操作包括对数据库表的修改，对不在函数上的局部游标进行操作，发送电子邮件，尝试修改目录，以及生成返回给用户的结果集。

9.1.2 标量值函数

标量值函数返回一个确定类型的标量值，其返回值的类型为除了 text、ntext、image、cursor、timestamp 和 table 类型之外的其他数据类型。

创建标量值函数的语法结构如下所示。

```
CREATE FUNCTION function_name
([{@parameter_name scalar_ parameter_data_type [ = default ]}[,…n]])
RETURNS scalar_return_data_type
[WITH ENCRYPTION]
[AS]
BEGIN
  function_body
  RETURN scalar_expression
END
```

语法中各参数含义如下所示。

- ❑ **function_name**　自定义函数的名称。
- ❑ **@parameter_name**　输入参数名。
- ❑ **scalar_ parameter_data_type**　输入参数的数据类型。
- ❑ **RETURNS scalar_return_data_type**　该子句定义了函数返回值的数据类型，该数据类型不能是 text、ntext、image、cursor、timestamp 和 table 类型。
- ❑ **WITH**　该子句指出了创建函数的选项。如果指定了 ENCRYPTION 参数，则创建的函数是被加密的，函数定义的文本将以不可读的形式存储在 "syscomments" 表中，任何人都不能查看该函数的定义，包括函数的创建者和系统管理员。

❑ **BEGIN…END**　该语句块内定义了函数体（function_body），以及包含 RETURN 语句，用于返回值。

【实践案例 9-1】

了解创建标量值函数的语法格式及参数含义之后，下面创建一个非常简单的求长方形面积的函数。语句如下所示。

```
CREATE FUNCTION area(@width int,@height int)
RETURNS int
AS
BEGIN
    RETURN @width*@height
END
```

上面执行后将创建一个名为 area 的函数，该函数有两个 int 类型的参数，@width 表示宽，@height 表示长。RETURNS int 表示 area 函数返回值是一个整型。在 BEGIN…END 语句块内是函数具体实现，这里直接使用 RETURN 关键字将两个参数的乘积返回。

要调用用户定义函数，必须保证该函数在当前数据库中，而且在自定义函数前要指定所有者。例如，要调用 area() 函数，语句如下所示。

```
SELECT dbo.area(4,7) '面积'
```

执行结果如图 9-1 所示。

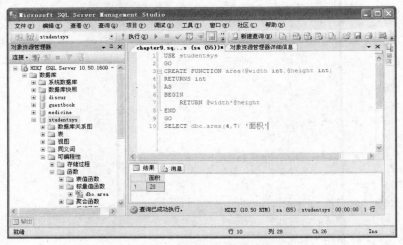

图 9-1　调用 area() 函数

提示

查看标量值函数的方法是展开创建时所在的数据库节点，然后展开【可编程性】|【函数】|【标量值函数】节点。在图 9-1 中列出了 area() 函数的所有者和名称。

【实践案例 9-2】

在 "studentsys" 数据库中创建一个根据学生学号获取系部主任姓名的函数。语句如下所示。

```
USE studentsys
GO
CREATE FUNCTION GetTeacherNameBySno(@sno char(5))
RETURNS varchar(10)
AS
BEGIN
    DECLARE @dno int,@tno char(4),@teachername varchar(10)='无'
    SET @dno=(SELECT dno FROM student WHERE sno=@sno)
    SET @tno=(SELECT dmanageTno FROm dept WHERE dno=@dno)
    SET @teachername=(SELECT tname FROM teacher WHERE tno=@tno)
    RETURN @teachername
END
```

上述语句创建的函数名称为 GetTeacherNameBySno，它接受 5 位的值作为学号，返回一个字符串。在函数体内首先根据学号找到对应的系编号，根据系编号找到对应的教师编号，再根据教师编号获取其姓名，最后返回。

接下来调用 GetTeacherNameBySno()函数显示学号为 06001 和 06012 的学生所在系的系主任名称，语句如下所示。

```
SELECT dbo.GetTeacherNameBySno('06001') as '06001 的系主任'
SELECT dbo.GetTeacherNameBySno('06012') as '06012 的系主任'
```

执行结果如图 9-2 所示。

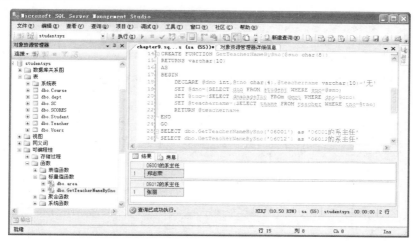

图 9-2　调用 GetTeacherNameBySno()函数

9.1.3　表值函数

表值函数又可以分为内联式表值函数和多语句式表值函数。内联式表值函数以表的形式返回一个返回值，即它返回的是一个表。内联式表值函数没有由 BEGIN…END 语句块中包含的函数体，而是直接使用 RETURN 子句，其中包含的 SELECT 语句将数据从数据库中筛选出来形成一个表。

使用内联式表值自定义函数可以提供参数化的视图功能。因为在 SQL Server 中不允许在视图的 WHERE 子句中使用多个参数作为搜索条件。例如，下面的语句在视图中只能返回"计算机科学与技术"系的课程信息，如果要查询其他系的课程信息则需要重新定义视图。

```
SELECT cno '课程编号',cname '名称',credit '学分'
FROM course c JOIN dept d ON c.dno=d.dno
WHERE d.dname='计算机科学与技术'
```

不能在视图中使用参数，限制了视图的灵活性。但是，内联式表值函数支持在 WHERE 子句中使用参数。下面的语句创建了一个允许用户在查询时指定系部名称的内联式函数。

```
CREATE FUNCTION getAllClassByDname(@dname varchar(20))
RETURNS table
AS
RETURN(
SELECT cno '课程编号',cname '名称',credit '学分' FROM course c JOIN dept d ON c.dno=d.dno
WHERE d.dname=@dname
)
```

上述语句执行之后将会在【表值函数】节点看到创建的 getAllClassByDname() 函数。下面的语句调用该函数查询"计算机科学与技术"和"通信工程"系的课程信息。

```
SELECT * FROM getAllClassByDname('计算机科学与技术')
SELECT * FROM getAllClassByDname('通信工程')
```

执行结果如图 9-3 所示。

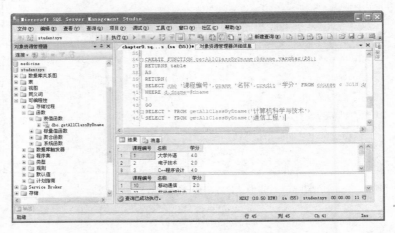

图 9-3　调用内联式表值函数

多语句式表值函数可以看作标量值函数和内联式表值函数的结合体。该类函数的返回值是一个表，但它和标量值函数一样使用 BEGIN…END 语句块定义函数体，返回值表中的数据是由函数体中的语句插入的。由此可见，它可以进行多次查询，对数据进行多次筛选与合并，弥补了内联式表值自定义函数的不足。

9.1.4　修改和删除用户定义函数

修改用户定义函数，需要使用 ALTER FUNCTION 语句。修改函数的语法与创建函数的语法一样，只需要将 CREATE 关键字换成 ALTER 即可。

删除用户定义函数，需要使用 DROP FUNCTION 语句，语法如下所示。

```
DROP FUNCTION { [ schema_name. ] function_name } [ ,…n ]
```

【实践案例 9-3】

删除前面创建的 getAllClassByDname()函数，语句如下所示。

```
DROP FUNCTION getAllClassByDname
```

9.2　系统函数

为了方便数据的统计与处理，SQL Server 2008 提供了多种类型的系统函数，如数学函数、字符串函数和聚合函数等。

9.2.1　数学函数

SQL Server 2008 提供了 20 多种用于处理整数与浮点值的数学函数。这些数学函数可在 Transact-SQL 的任何位置调用，如表 9-1 列出最常用的数学函数及说明。

表 9-1　数学函数

函数	说明
ABS()	返回数值表达式的绝对值
EXP()	返回指定表达式以 e 为底的指数
CEILING()	返回大于或等于数值表达式的最小整数
FLOOR()	返回小于或等于数值表达式的最大整数
LN()	返回数值表达式的自然对数
LOG()	返回数值表达式以 10 为底的对数
POWER()	返回对数值表达式进行幂运算的结果
RAND()	返回一个介于 0 到 1（不包括 0 和 1）之间的伪随机 float 值
ROUND()	返回舍入到指定长度或精度的数值表达式
SIGN()	返回数值表达式的正号（+）、负号（−）或零（0）
SQUARE()	返回数值表达式的平方
SQRT()	返回数值表达式的平方根

【实践案例 9-4】

使用表 9-1 的 ABS()、POWER()、SQUARE()、SQRT()和 ROUND()函数编写一个程序，语句如下所示。

```
SELECT ABS(-15.687) '绝对值',
POWER(5,3) '5 的 3 次幂',
SQUARE(5) '5 的平方',
SQRT(25) '25 的平方根',
ROUND(12345.34567,2) '精确到小数点后 2 位',
ROUND(12345.34567,-2) '精确到小数点前 2 位'
```

执行后的输出结果如下所示。

```
绝对值    5 的 3 次幂    5 的平方    25 的平方根    精确到小数点后 2 位    精确到小数点前 2 位
------    ----------    --------    ----------    ----------------    ----------------
15.687    125           25          5             12345.35000         12300.00000
```

【实践案例 9-5】

假设要产生一个 0 到 100000 之间的随机整数，可用如下语句。

```
DECLARE @i int
SET @i=RAND()*100000
SELECT @i '随机数'
```

9.2.2 字符串函数

与数学函数一样，SQL Server 2008 为了方便用户进行字符数据的各种操作和运算，提供了功能全面的字符串函数。这些字符串函数都是具有确定性的函数。这意味着每次用一组特定的输入值调用它们时，都返回相同的值。如表 9-2 列出了常用字符串函数及说明。

表 9-2　字符串函数

函数	说明
ASCII()	ASCII 函数，返回字符表达式中最左侧字符的 ASCII 代码值
CHAR()	ASCII 代码转换函数，返回指定 ASCII 代码的字符
LEFT()	从左求子串函数，返回字符串中从左边开始指定个数的字符
LEN()	返回指定字符串表达式的字符（而不是字节）数，其中不包含尾随空格
LOWER()	将大写字符数据转换为小写字符数据后返回字符表达式
LTRIM()	返回删除字符串左边空格之后的字符表达式
REPLACE()	替换函数，用第三个表达式替换第一个字符串表达式中出现的所有第二个指定字符串表达式的匹配项
REPLICATE()	复制函数，以指定的次数重复字符表达式
RIGHT()	从右求子串函数，返回字符串中从右边开始指定个数的字符
RTRIM()	返回删除字符串右边空格之后的字符表达式
SPACE()	空格函数，返回由重复的空格组成的字符串
STR()	数字向字符转换函数，返回由数字数据转换来的字符数据
SUBSTRING()	求子串函数，返回字符表达式、二进制表达式、文本表达式或图像表达式的一部分
UPPER()	将小写字符数据转换为大写字符数据后返回字符表达式

【实践案例9-6】

使用表9-2列出的函数对字符串进行各种操作。

```
DECLARE @str varchar(20)
SET @str=' Hello world '          --定义原始字符串
SELECT @str '原始字符串', LEN(@str) '长度', LOWER(@str) '转换小写', UPPER(@str)
'转换大写',
     LEFT(@str,3) '左边取前3', RIGHT(@str,3) '右边取前3'
```

在这里使用了 LEN()、LOWER()、UPPER()、LEFT()和 RIGHT()函数，执行后的输出结果如下所示。

原始字符串	长度	转换小写	转换大写	左边取前3	右边取前3
Hello world	12	hello world	HELLO WORLD	He	ld

【实践案例9-7】

下面编写一组代码演示对字符串的复制、替换和截取操作，语句如下所示。

```
DECLARE @str varchar(100)
SET @str='A A'
PRINT '字符串原始值=''A A'''
PRINT '长度: '+STR(LEN(@str))
SET @str=REPLICATE(@str,5)
PRINT '使用 REPLICATE()函数'
PRINT '内容: '''+@str+''''
PRINT '长度: '+STR(LEN(@str))
SET @str=SPACE(5)+@str
PRINT '使用 SPACE()函数'
PRINT '内容: '''+@str+''''
PRINT '长度: '+STR(LEN(@str))
SET @str=REPLACE(@str,'A A','B')
PRINT '使用 REPLACE()函数'
PRINT '内容: '''+@str+''''
PRINT '长度: '+STR(LEN(@str))
SET @str='ABCDE';
PRINT '从第1位开始取3位: '+SUBSTRING(@str, 1, 3)
PRINT '从第3位开始取3位: '+SUBSTRING(@str, 3, 3)
```

在上述语句中同时使用了 STR()、LEN()、REPLICATE()、SPACE()、REPLACE()和 SUBSTRING()共6个字符串函数。执行后的输出结果如下所示。

```
字符串原始值='A A'
长度:      3
使用 REPLICATE()函数
内容: 'A AA AA AA AA A'
长度:       15
使用 SPACE()函数
内容: '    A AA AA AA AA A'
长度:       20
```

235

```
使用 REPLACE() 函数
内容：'      BBBBB'
长度：        10
从第 1 位开始取 3 位：ABC
从第 3 位开始取 3 位：CDE
```

9.2.3　聚合函数

聚合函数是指对一组值执行计算并返回单个值。它通常与 SELECT 语句的 GROUP BY、HAVING 子句一起使用。所有聚合函数均为确定性函数，也就是说只要使用一组特定输入值调用聚合函数，该函数总是返回相同的值。

在 SQL Server 2008 提供的所有聚合函数中，除了 COUNT 函数以外，聚合函数都会忽略空值。表 9-3 中列出了一些常用聚合函数。

表 9-3　聚合函数

函数	说明
AVG()	返回组中各值的平均值，如果为空将被忽略
CHECKSUM()	用于生成哈希索引，返回按照表的某一行或一组表达式计算出来的校验和值
CHECKSUM_AGG()	返回组中各值的校验和，如果为空将被忽略
COUNT()	返回组中各值的数量，如果为空也将计数
COUNT_BIG()	返回组中各值的数量。与 COUNT 函数唯一的差别是它们的返回值。COUNT_BIG 始终返回 bigint 数据类型值。COUNT 始终返回 int 数据类型值
GROUPING()	当行由 CUBE 或 ROLLUP 运算符添加时，该函数将导致附加列的输出值为 1；当行不由 CUBE 或 ROLLUP 运算符添加时，将导致附加列的输出值为 0
MAX()	返回组中各值的最大值
MIN()	返回组中各值的最小值
SUM()	返回组中各值的总和
STDEV()	返回指定表达式中所有值的标准偏差
STDEVP()	返回指定表达式中所有值的总体标准偏差
VAR()	返回指定表达式中所有值的方差
VARP()	返回指定表达式中所有值的总体方差

【实践案例 9-8】

在 "studentsys" 数据库中统计学习 "大学外语" 课程的学生数量。语句如下所示。

```
SELECT COUNT(*) FROM course c JOIN student s ON c.Dno=s.Dno
WHERE cname='大学外语'
```

上述语句使用 COUNT() 函数对 SELECT 查询的结果集进行计数，并返回行数。

【实践案例 9-9】

在 "studentsys" 数据库中计算 "计算机科学与技术" 系的课程总学分。语句如下所示。

```
SELECT sum(credit) '学分' FROM course c JOIN dept d ON c.dno=d.dno
WHERE d.dname='计算机科学与技术'
```

为了对学分进行求和计算，这里使用了 SUM() 函数。

【实践案例 9-10】

从"studentsys"数据库的"sc"表中找出最高分和最低分。这就需要使用 MAX()和 MIN()函数，语句如下所示。

```
SELECT MAX(grade) '最高分',MIN(grade) '最低分' FROM sc
```

9.2.4 数据类型转换函数

当两个类型不一致的数据进行运算时，必须把它们转换为统一的类型。在默认情况下，SQL Server 2008 会对表达式中的类型进行自动转换，也称为隐式转换。例如，比较 char 和 datetime 表达式时，smallint 和 int 表达式或不同长度的 char 表达式。如果没有自动执行数据类型的转换，则需要调用数据类型转换函数将一种数据类型的值转换为另一种数据类型，这种转换称为显式转换。

SQL Server 2008 中的数据类型转换函数有 CAST()和 CONVERT()，使用时需要提供以下信息。

❑ 要转换的表达式。

❑ 要将指定的表达式转换为的数据类型，如 varchar 或其他系统数据类型。

 提示 CAST()函数和 CONVERT()函数还可用于获取各种特殊数据格式，并可用于选择列表、WHERE 子句及允许使用表达式的任何位置中。

CAST()和 CONVERT()函数的语法格式很简单，如下所示。

```
-- CAST 函数
CAST ( expression AS data_type [ (length ) ])
-- CONVERT 函数
CONVERT ( data_type [ ( length ) ] , expression [ , style ] )
```

参数说明如下所示。

❑ **expression**   任何有效的表达式。

❑ **data_type**   目标数据类型。这包括 xml、bigint 和 sql_variant。

❑ **length**   指定目标数据类型长度的可选整数。默认值为 30。

❑ **style**   指定 CONVERT 函数如何转换 expression 的整数表达式。如果样式为 NULL，则返回 NULL。

【实践案例 9-11】

例如，当一个字符串和一个浮点类型进行运算时必须进行类型转换，否则将出错。示例代码如下所示。

```
PRINT '随机数: '+RAND()
```

解决的方法是将浮点转换为字符串，如下所示使用 CAST()和 CONVERT()的实现代码。

```
PRINT '使用 CAST()函数'
PRINT '随机数: '+CAST(RAND() AS char(50))
```

```
PRINT '使用 CONVERT()函数'
PRINT '随机数: '+CONVERT(char(50), RAND())
```

运行效果如图 9-4 所示。

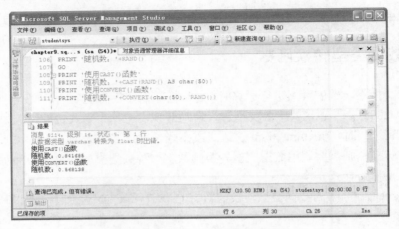

图 9-4　使用数据类型转换函数

9.2.5　日期和时间函数

SQL Server 2008 提供了 9 个日期和时间处理函数，如表 9-4 所示。

表 9-4　日期和时间函数

函数	说明
DATEADD()	返回给指定日期加上一个时间间隔后的新 datetime 值
DATEDIFF()	返回跨两个指定日期的日期边界数和时间边界数
DATENAME()	返回表示指定日期的指定日期部分的字符串
DATEPART()	返回表示指定日期的指定日期部分的整数
DAY()	返回一个整数，表示指定日期的天 DATEPART 部分
GETDATE()	以 datetime 值的 SQL Server 2008 标准内部格式返回当前系统的日期和时间
GETUTCDATE()	返回表示当前的 UTC 时间（通用协调时间或格林尼治标准时间）的 datetime 值。当前的 UTC 时间来自当前的本地时间和运行 SQL Server 2008 实例计算机操作系统中的时区设置
MONTH()	返回表示指定日期的"月"部分的整数
YEAR()	返回表示指定日期的年份的整数

上述日期和时间函数中，DATENAME()、GETDATE()和 GETUTCDATE()具有不确定性。而 DATEPART 除了用作 DATEPART(dw,date)外还具有确定性，其中，dw 是 weekday 的日期部分，取决于设置每周的第一天的 SET DATEFIRST 所设置的值。除此之外的上述日期和时间函数都具有确定性。

其中的一些函数接受 datepart 常量，该常量指定函数处理日期与时间所使用的时间单位，如表 9-5 列出了 datepart 常量可用的时间单位格式。

表 9-5　datepart 常量

值格式	含义	值格式	含义
Yy 或 yyyy	年	Dy 或 y	年日期（1 到 366）
Qq 或 q	季	Dd 或 d	日
Mm 或 m	月	Hh 或 h	时
Wk 或 ww	周	Mi 或 n	分
Dw 或 w	周日期	Ss 或 s	秒
Ms	毫秒		

例如，DATEADD()函数接受一个年日期常量、一个数量和一个日期作为参数，并返回给指定日期添加上指定数量的日期后的结果。若要在当前日期上增加 5 天，可以使用下列语句。

```
DATEADD(d,5,GETDATE())   --返回 5 天后的日期
```

【实践案例 9-12】

使用 GETDATE()函数获取当前系统日期时间，并使用 DATEADD()函数获取明天的日期时间，语句如下所示。

```
SELECT GETDATE() AS '今天' , DATEADD(DAY , 1 , GETDATE()) AS '明天'
```

执行后的输出结果如下所示。

```
今天                        明天
------------------------   ------------------------
2012-09-17 18:03:45.187    2012-09-18 18:03:45.187
```

9.3　数据库游标

为了方便用户对结果集中单独的数据行进行访问，SQL Server 2008 提供了一种特殊的访问机制：游标。使用游标，用户可以通过单独处理每一行，逐条收集信息并对数据逐行进行操作，从而降低系统开销和潜在的阻隔情况。

9.3.1　定义游标

在 SQL Server 2008 中，游标主要包括游标结果集和游标位置两部分，游标结果集是由定义游标的 SELECT 语句返回行的集合，游标位置则是指向这个结果集中某一行的指针。

SQL Server 2008 中的游标具有以下特点。

❑ 游标返回一个完整的结果集，但允许程序设计语言只调用集合中的一行。

❑ 允许定位在结果集的特定行。

❑ 从结果集的当前位置检索一行或多行。

❑ 支持对结果集中当前位置的行进行数据修改。

❑ 对于其他用户对显示在结果集中的数据库数据所做的更改，可以为其提供不同级别的可见性支持。

❑ 提供脚本、存储过程和触发器中使用的访问结果集中数据的 Transact-SQL 语句。

在使用游标之前首先要定义游标，包括游标的滚动属性和用于生成游标所操作结果集的查询等。定义游标的语法格式如下所示。

```
DECLARE cursor_name [ INSENSITIVE ] [ SCROLL ] CURSOR
    FOR select_statement
    [ FOR { READ ONLY | UPDATE [ OF column_name [ ,…n ] ] } ]
```

语法说明如下所示。

❑ **cursor_name**　表示用户定义的游标名。

❑ **INSENSITIVE**　定义一个游标，以创建将由该游标使用的数据临时副本。

❑ **SCROLL**　指定所有的提取选项（FIRST、LAST、PRIOR、NEXT、RELATIVE 和 ABSOLUTE）均可用。

❑ **select_statement**　定义游标结果集的标准 SELECT 语句。在声明游标的 select_statement 中不允许使用关键字 COMPUTE、COMPUTE BY、FOR BROWSE 和 INTO。

❑ **READ ONLY**　禁止通过该游标进行更新。在 UPDATE 或 DELETE 语句的 WHERE CURRENT OF 子句中不能引用该游标。

❑ **UPDATE**　定义游标中可更新的列。如果指定了 OF column_name [,…n]，则只允许修改所列出的列。如果没有指定列则可以更新所有列。

❑ **column_name**　允许修改的列名称。

【实践案例 9-13】

为 "studentsys" 数据库的学生信息表 "student" 创建一个名称为 "cur_student" 的普通游标。具体语句如下所示。

```
DECLARE cur_student CURSOR
FOR SELECT * FROM student
```

9.3.2　打开游标

只有定义游标之后，才可以进行后续的操作，像打开游标、检索游标特定行、关闭游标和释放游标。

打开游标需要使用 OPEN 语句，语法如下所示。

```
OPEN { { [ GLOBAL ] cursor_name } | cursor_variable_name }
```

如果正在引用由 GLOBAL 关键字声明的游标，则必须使用 GLOBAL 关键字。可以直接使用游标的名称，也可以使用游标变量的名称。游标变量是用 DECLARE 语句声明，并且使用 SET 语句设置成等于游标的变量。

例如，要打开前面创建的 "cursor_student" 游标，可用如下语句。

```
OPEN cur_student
```

提示

一旦打开了游标，就可以用@@CURSOR_ROWS 全局变量检索游标中的行数。但要注意的是，在某些条件下@@CURSOR_ROWS 并不反映游标中的实际行数。

9.3.3　检索游标

在打开游标以后就可以从游标结果集中提取数据，这个操作称为检索游标。检索游标需要使用 FETCH 语句，其语法如下所示。

```
FETCH
[ [ NEXT | PRIOR | FIRST | LAST
| ABSOLUTE { n | @nvar }
| RELATIVE { n | @nvar }
]
FROM
]
{ { [ GLOBAL ] cursor_name } | @cursor_variable_name }
[ INTO @variable_name [ ,...n ] ]
```

游标是一个带指针的记录集，其中指针指向记录集中的某一条特定记录。从 FETCH 语句的上述定义中不难看出，FETCH 语句用来移动这个记录指针。

在打开"cur_student"游标之后，下面使用 FETCH 语句来检索游标中的可用数据。

```
FETCH NEXT FROM cur_student
WHILE @@FETCH_STATUS = 0
BEGIN
   FETCH NEXT FROM cur_student
END
```

上述语句中@@FETCH_STATUS 全局变量保存的是 FETCH 操作的结束信息。如果为 0，则表示有记录检索成功。如果值不为 0，则 FETCH 语句由于某种原因而操作失败。

9.3.4　关闭游标

在打开游标以后，SQL Server 2008 会专门为游标开辟一定的内存空间存放游标操作的结果集，同时游标的使用也会根据具体情况对某些数据进行锁定。所以在不使用游标的时候，一定要关闭游标，以通知服务器释放游标所占用的资源。

关闭游标的具体语法如下所示。

```
CLOSE { { [ GLOBAL ] cursor_name } | cursor_variable_name }
```

例如，关闭上面检索的"cur_student"游标，可用如下语句。

```
CLOSE cur_student
```

9.3.5 释放游标

游标结构本身也会占用一定的计算机资源，所以使用完游标之后，为了回收被游标占用的计算机资源，应该将游标释放。当释放最后的游标引用时，组成该游标的数据结构由 SQL Server 2008 释放。具体语法如下所示。

```
DEALLOCATE { { [ GLOBAL ] cursor_name } | @cursor_variable_name }
```

当释放完游标以后，如果要重新使用这个游标必须重新执行声明游标的语句。最后，释放游标"cur_student"的语句如下所示。

```
DEALLOCATE cur_student
```

经过上面的一些操作，完成对游标"cur_student"的声明、打开、检索、关闭和释放操作，执行后的结果如图 9-5 所示。

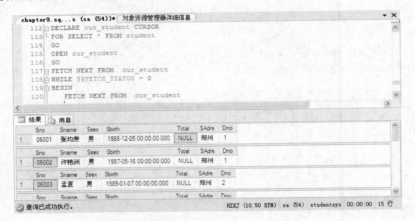

图 9-5　使用"cur_student"游标

9.4　事务

事务是数据库的重要组成部分，用来维护数据库数据的完整性和有效性。在事务中的语句如果执行成功将修改保存到数据库；如果任何一个语句出错将导致事务回滚，取消对数据的修改，恢复到执行前的状态。

9.4.1　事务的概念

所谓事务是指用户为完成某项任务所定义的多个操作的序列。在序列中的操作要么全部完成，要么全部不执行。整个序列构成一个不可分割的工作单位，是数据库中不可再分的部分。

关于事务的一个典型案例就是银行转账操作。例如，需要从 A 账户向 B 账户转账 1000

元钱。转账操作主要分为两步：第一步，从 A 账户中减去 1000 元；第二步，向 B 账户中添加 1000 元。

为了便于从形式上说明银行转账问题，假定事务采用以下两种操作来访问数据。

❑ **Read(x)** 从数据库发送数据项 x 到事务工作区。

❑ **Write(x)** 从事务工作区把数据项 x 传回数据库。

假如，现在要从账户 A 过户 100 元到账户 B，可用下列形式定义转账事务。

```
Read(A);
A=A-100;
Write(A);
Read(B)
B=B+100;
Write(B);
```

事务的主要作用就是保证数据库的完整性。因此，从保证数据库完整性出发，我们要求数据库管理系统维护事务的几个性质：原子性（Atomicity）、一致性（Consistency）、隔离性（Isolation）、持久性（Durability），简称为 ACID，下面将分别对它们加以介绍。

1. 原子性

事务的原子性是指事务中包含的所有操作要么全做，要么全不做。如果只执行一些语句，返回这些执行结果，则事务在完成之前就失败了。只有在所有的语句都正确完成的情况下，事务才能完成并把结果应用于数据库。也就是说，事务的所有活动在数据库中要么全部反映，要么全部不反映，以保证数据库是一致的。

例如，转账事务在 Write(A)操作执行完之后、Write(B)操作执行之前，数据库反映出来的结果为账户 A 少了 100 元，而账户 B 并未增加 100 元，此时账户 A 与账户 B 的总额少了 100 元。所以事务仅仅执行到某个时刻，该数据库是不一致的，但是事务执行完成后，这个暂时的内部不一致状态就会被账户 B 增加 100 元所代替。

保证原子性的基本思路如下：对于事务要执行写操作的数据项，数据库系统中磁盘上记录其旧值，如果事务没有完成，旧值被恢复，好像事务从未被执行过。

2. 一致性

事务开始之前，数据库处于一致性的状态；事务结束后，数据库必须仍处于一致性状态。以转账事务为例，尽管事务执行完成后账户 A、B 的状态多种多样，但一致性要求事务的执行不应改变账户 A 和 B 的总额，即转入和转出应该是平衡的。如果没有这种一致性要求，转账过程中就会发生钱无中生有或不翼而飞的现象。事务应该把数据库从一个一致状态转换到另一个一致状态。

3. 隔离性

在事务的处理过程中暂时不一致的数据不能被其他事务应用，直到数据再次一致。换句话说，当事务使数据不一致时，其他事务将不能访问该事务中不一致的数据。例如，转账事务在执行完 Write(A)之后、执行 Write(B)之前，数据库中账户 A 中少了 100 元，账户

B 并没有增加 100 元，这就是不一致的。如果另一处事务基于此不一致状态开始为每个账户结算利息的话，那么显然银行会少支付由这 100 元产生的利息。

4. 持久性

一个事务成功完成后，它对数据库的改变就被保护起来，即便是在系统遇到故障的情况下也不会丢失。例如，如果转账事务执行完毕，意味资金的流转已经发生了，那么用户无论何时都应该能够对此加以验证，系统就必须保证在任何系统故障时都不会丢失与这次转账相关的数据。

事务一旦发生任何问题，整个事务就重新开始。数据库也返回到事务开始前的状态。所发生的任何行为都会被取消，数据也回复到其原始状态。事务要成功完成的话，所有的变化都在实行。在整个过程中，无论事务是否完成或者是否必须重新开始，事务总是确保数据库的完整性。

要完全符合 ACID 特性是很难的，但是这些准则的实现方式是很灵活的。SQL Server 利用冗余机制实现这些要求，在执行数据修改过程中会进行如下操作。

（1）所有的数据都在 8KB 的存储单元中进行管理。该存储单元称为数据页，在内存中定位并读取要修改记录的数据页，如果这些数据页不存在内存中，就将它们从磁盘中读入内存。

（2）在内存中，插入、更新或者删除适合的数据页。

（3）将修改写入到事务日志文件中。

（4）在服务器端设置一个检查点，把内存中已改变的数据页写回磁盘，然后删除内存中的数据页。如果提交了进行修改操作的事务，就释放这些数据页，其他请求或事务就可以对它们进行访问。如果检查点在事务提交之前设置，则页面仍处于锁定状态，直到事务提交为止。

9.4.2　事务类型

在 SQL Server 2008 中可以使用 4 种事务类型运行，包括自动提交事务、显式事务、隐式事务和批处理级事务。

1. 自动提交事务

自动提交事务是指每个单独的 Transact-SQL 语句都是一个事务，并且每个 Transact-SQL 语句在完成时都被提交或回滚。如果一个语句成功完成，则提交该语句；如果遇到错误，则回滚该语句。

自动提交事务是 SQL Server 的默认事务管理类型。只要自动提交事务模式没有被显式或隐式事务代替，则 SQL Server 连接时就以该默认模式进行操作。而且每个 Transact-SQL 语句在提交时不必指定任何语句控制事务。

2. 显式事务

显式事务也称为用户定义或用户指定的事务，是指可以显式地在其中定义事务的启动、提交、回滚和结束。每个事务均以 BEGIN TRANSACTION 语句显式开始，以 COMMIT 或 ROLLBACK 语句显式结束。

3. 隐式事务

在前一个事务完成时新事务隐式启动，但每个事务仍以 COMMIT 或 ROLLBACK 语句显式完成。

4. 批处理级事务

只能应用于多个活动结果集（MARS），在 MARS 会话中启动的 Transact-SQL 显式或隐式事务变为批处理级事务。当批处理完成时，没有提交或回滚的批处理级事务自动由 SQL Server 进行回滚。

9.4.3 事务控制语句

SQL Server 2008 主要提供了 4 个语句来控制事务，即 BEGIN TRANSACTION（开始事务）、COMMIT TRANSACTION（提交事务）、SAVE TRANSACTION（保存事务）和 ROLLBACK TRANSACTION（回滚事务）。

1. BEGIN TRANSACTION

BEGIN TRANSACTION 语句标记一个本地显式事务的起始点，用于开始事务。其语法如下所示。

```
BEGIN { TRAN | TRANSACTION }
    [ { transaction_name | @tran_name_variable }
        [ WITH MARK [ 'description' ] ]
]
```

其中，transaction_name 表示分配给事务的名称；@tran_name_variable 表示用户定义的、含有有效事务名称的变量名称；WITH MARK ['description']指定在日志中标记事务，description 是描述该标记的字符串。

例如，使用下面语句开始一个名为"tran_updateAccountMoney"的事务。

```
BEGIN TRANSACTION tran_updateAccountMoney
```

如果希望把事务的开始记录到日志中可以使用 WITH 选项、例如，可使用如下的语句。

```
BEGIN TRANSACTION tran_updateAccountMoney WITH MARK
```

2. COMMIT TRANSACTION

COMMIT TRANSACTION 语句用于提交事务，标志一个隐式事务或显式事务的结束，将事务所做的数据修改保存到数据库。其语法如下所示。

```
COMMIT { TRAN | TRANSACTION } [ transaction_name | @tran_name_variable ]
```

例如，提交上面开始的"tran_updateAccountMoney"的事务。语句如下所示。

```
COMMIT TRANSACTION tran_updateAccountMoney
```

245

3. SAVE TRANSACTION

SAVE TRANSACTION 语句用于在事务执行期设置保存点。该保存点可以定义在按条件取消某个事件的一部分后，该事务可以返回的一个位置。其语法如下所示。

```
SAVE { TRAN | TRANSACTION } { savepoint_name | @savepoint_variable }
```

其中，savepoint_name 表示分配给保存点的名称；@savepoint_variable 表示包含有效保存点名称的用户定义变量的名称。

例如，在转账事务中创建一个用于读取账户金额信息成功时的保存点，语句如下所示。

```
SAVE TRANSACTION ReadAccountMoneySuccess
```

4. ROLLBACK TRANSACTION

ROLLBACK TRANSACTION 语句用于取消（回滚）事务对数据的修改，将显式事务或隐式事务回滚到事务的起点或事务内的某个保存点。其语法如下所示。

```
ROLLBACK { TRAN | TRANSACTION }
    [ transaction_name | @tran_name_variable
    | savepoint_name | @savepoint_variable]
```

例如，在出错时回滚到上次的保存点 ReadAccountMoneySuccess，语句如下所示。

```
ROLLBACK TRANSACTION ReadAccountMoneySuccess
```

假设要回滚整个"tran_updateAccountMoney"事务，可用如下语句。

```
ROLLBACK TRANSACTION tran_updateAccountMoney
```

9.4.4　使用事务示例

在上面介绍了 SQL Server 中事务的概念，支持的事务类型和事务控制语句之后，本节将通过一个具体示例演示事务的应用。

【实践案例 9-14】

（1）本案例首先将开始一个事务，然后在事务中创建一个用于测试的"test"表，再查询表中的行数。语句如下所示。

```
--开始事务
BEGIN TRANSACTION tran_test
--创建表
CREATE TABLE test([value] int)
--查询表中的行
SELECT COUNT(*) '第一次结果' FROM test
```

上述语句中指定事务的名称为"tran_test"，创建的"test"表仅包含一个 int 列。此时由于刚创建的表中没有任何数据，所以查询的结果为 0。

（2）接下来向"test"表中插入两行数据后再次执行查询，语句如下所示。

```
--插入两行数据
INSERT INTO test VALUES(1)
INSERT INTO test VALUES(2)
SELECT COUNT(*) '第二次结果' FROM test
```

现在执行结果将会显示有两条数据。

（3）使用 SAVE TRANSACTION 语句为此时"test"表的数据状态创建一个保存点。

```
--创建事务保存点
SAVE TRANSACTION initTable
```

（4）再次插入两行数据然后查询结果。

```
--再插入两行数据
INSERT INTO test VALUES(3)
INSERT INTO test VALUES(4)
SELECT COUNT(*) '第三次结果' FROM test
```

现在执行结果将会显示有 4 条数据。

（5）使用 ROLLBACK TRANSACTION 语句回滚事务，然后查询表中的结果。

```
--回滚到保存点状态，此时刚插入的数据将消失
ROLLBACK TRANSACTION initTable
SELECT COUNT(*) '第四次结果' FROM test
```

上述语句执行后会撤销第 4 步的插入结果，将数据恢复到上次的 initTable 保存点。因此现在执行结果将会显示有两条数据。

（6）再次插入两行数据。

```
--第 3 次插入两行数据
INSERT INTO test VALUES(5)
INSERT INTO test VALUES(6)
```

（7）使用 COMMIT TRANSACTION 语句提交事务，然后查询表中的结果。

```
--提交事务
COMMIT TRANSACTION tran_test
SELECT COUNT(*) '第五次结果' FROM test
```

上述语句将会把"tran_test"事务当前对"test"表的修改提交到数据库保存。因此执行结果会显示有 4 条数据，分别是 1、2、5 和 6，如图 9-6 所示。

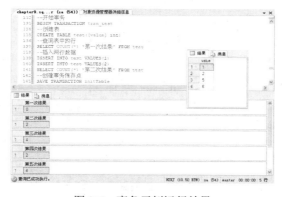

图 9-6　事务示例运行效果

9.5 锁

事务和锁是两个紧密联系的概念。事务确保多个数据的修改能作为一个单元来处理。而锁可以在多用户情况下，防止其他用户修改另外一个还没有完成的事务中的数据。

9.5.1 锁机制

事务可以多个串行或嵌套，嵌套即每个时刻只有一个事务运行，其他事务必须等到这个事务结束以后才能运行。事务在执行过程中需要不同的资源，有时需要 CPU，有时需要存取数据库，有时需要 I/O，等等。如果事务串行执行时，则许多系统资源将处于空闲状态。因此，为了充分利用系统资源，发挥数据库共享的特点，允许许多个事务并行地执行。

如果没有锁定且多个用户同时访问一个数据库，则当他们的事务同时使用相同的数据时可能会发生并发问题。这些问题包括丢失更新、脏读（未确认的相关性）、不可重复读（不一致的分析）和幻像读 4 种。

1. 丢失更新

丢失更新就是指当一个事务修改了数据，并且这种修改还没有提交到数据库中时，另外一个事务又对同样的数据进行了修改，并且把这种修改提交到了数据库中去。这样，数据库中没有出现第一个事务修改数据的结果，好像这种数据修改丢失了一样。

如图 9-7 所示，描述了并发事务时的丢失更新问题。用户 A 读取 Item100 的记录，则记录被传送到用户的工作区。根据记录，还有 10 套存货，用户 B 读取 Item100 的记录，这些数据又到了该用户的工作区。同样，根据记录还有 10 套存货，现在用户 A 提取了 5 套，在他的用户工作区数目减为 5，并将记录重新写入 Item100。而用户 B 提取了三套，在他的用户工作区将数目减为 7，并将记录重新写入 Item100。

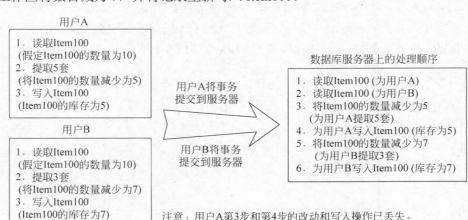

图 9-7　丢失更新问题

这样数据库将出现错误，显示还有 7 套 Item100 库存。但是回顾一下该流程，开始时库存为 10，用户 A 提取了 5 套，用户 B 提取了 3 套，数据库最后显示库存中还剩 7 套，这显然是错误的。

两个用户刚取得数据时，这些数据是正确的，但是当用户 B 读取记录的时候，用户 A 已经有了一个需要更新的副本。这种情况称为丢失更新问题或并发更新问题。

2. 脏读（未确认的相关性）

脏读就是指当一个事务正在访问数据，并且对数据进行了修改，而这种修改还没有提交到数据库中，这时另外一个事务也访问这个数据，然后使用了这个数据。因为这个数据是还没有提交的数据，那么另外一个事务读到的这个数据是脏数据，依据脏数据所做的操作可能是不正确的。

例如，用户 A 从 Item100 的库存中提取 5 套后，将结果提交（Item100 的库存减为 5）；用户 B 从 Item100 的库存（库存为 5）中提取 3 套后，用户 A 由于某种原因被撤销，这时用户 A 已修改过的数据恢复原值（库存为 10）；用户 B 读到的数据就与数据库中的数据不一致，则用户 B 读取的数据就为"脏"数据，即不正确的数据。

3. 不可重复读（不一致的分析）

不可重复读是指在一个事务内，多次读同一数据。在这个事务还没有结束时，另外一个事务也访问该同一数据。那么，在第一个事务中的两次读数据之间，由于第二个事务的修改，那么第一个事务两次读到的数据可能是不一样的。这样就发生了在一个事务内两次读到的数据是不一样的，因此称为是不可重复读。

例如，用户 A 两次读取同一数据（Item100 的库存），但在两次读取之间，用户 B 修改了该数据。当用户 A 第二次读取时，数据已被更改，原始数据读取不可重复。如果在用户 A 全部完成修改后，用户 B 才读取数据，则可以避免该问题。

4. 幻觉读

幻觉读是指当事务不是独立执行时发生的一种现象。例如，第一个事务对一个表中的数据进行了修改，这种修改涉及表中的全部数据行。同时，第二个事务也修改这个表中的数据，这种修改是向表中插入一行新数据。那么，以后就会发生操作第一个事务的用户发现表中还有没有修改的数据行，就好像发生了幻觉一样。

9.5.2　SQL Server 锁模式

事务对数据库的操作可以概括为读和写。当两个事务对同一个数据项进行操作时，可能的情况有"读-读"、"读-写"、"写-读"和"写-写"。除"读-读"这种情况外，其他情况下都可能产生数据的不一致，因此要通过锁来避免这几种情况的发生。

SQL Server 2008 提供了多种锁模式，主要包括排他锁、共享锁、更新锁、意向锁、键范围锁、架构锁和大容量更新锁，在表 9-6 中列出了这些锁的说明。

表 9-6　锁模式

锁类型	说明
排他锁	如果事务 T1 获得了数据项 R 上的排他锁，则 T1 对数据项既可读又可写。事务 T1 对数据项 R 加上排他锁，则其他事务对数据项 R 的任何封锁请求都不会成功，直至事务 T1 释放数据项 R 上的排他锁
共享锁	如果事务 T1 获得了数据项 R 上的共享锁，则 T1 对数据项 R 可以读但不可以写。事务 T1 对数据项 R 加上共享锁，则其他事务对数据项 R 的排他锁请求不会成功，而对数据项 R 的共享锁请求可以成功
更新锁	更新锁可以防止死锁情况出现。当一个事务修改数据时，可以对数据项施加更新锁，如果事务修改资源，则更新锁会转换成排他锁，否则会转换成共享锁。一次只有一个事务可以获得资源上的更新锁，它允许其他事务对资源的共享式访问，但阻止排他式的访问
意向锁	意向锁用来保护共享锁或排他锁放置在锁层次结构的底层资源上。之所以命名为意向锁，是因为在较低级别锁前可获取它们，因此会通知意向将锁放置在较低级别上
键范围锁	键范围锁可防止幻觉读。通过保护行之间键的范围，它还防止对事务访问的记录集进行幻象插入或删除
架构锁	执行表的 DDL 操作（例如添加列）时使用架构修改锁。在架构修改锁起作用的期间，会防止对表的并发访问。这意味着在释放架构修改锁之前，该锁之外的所有操作都将被阻止
大容量更新锁	大容量更新锁允许多个进程将数据并行地大容量复制到同一个表中，同时防止其他不进行大容量复制的进程访问该表

9.5.3　查看锁

上面介绍了有关锁的机制及 SQL Server 2008 支持的锁模式，下面来学习如何查看锁。由于锁是 SQL Server 2008 内部维护数据完整性的一种机制，因此不能使用普通的方式进行创建、设置和修改。但是提供了一个"sys.dm_tran_locks"视图快速了解 SQL Server 2008 的加锁情况。

在默认情况下，任何一个拥有 VIEW SERVER STATE 权限的用户均可以通过执行语句查询"sys.dm_tran_locks"视图。例如，在查询窗口中输入下列语句。

```
SELECT * FROM sys.dm_tran_locks
```

执行语句的结果如图 9-8 所示。

图 9-8　使用"sys.dm_tran_locks"视图查看锁

"sys.dm_tran_locks"视图有两个主要用途。

（1）帮助数据库管理员查看服务器上的锁，如果"sys.dm_tran_locks"视图的输出包含许多状态为 WAIT 或 CONVERT 的锁，就应该怀疑存在死锁问题。

（2）"sys.dm_tran_locks"视图可以帮助了解一条特定 SQL 语句所放置的实际锁，因为用户可以检索一个特定进程的锁。

用户也可以使用 sp_lock 系统存储过程显示 SQL Server 2008 中当前持有的所有锁的信息，了解服务器的运行情况，从而诊断可能出现的问题。执行结果如图 9-9 所示。

图 9-9　使用 sp_lock 存储过程查看锁

在图 9-9 中，sp_lock 返回的结果集中的各列含义如下所示。

❏ **spid**　SQL Server 进程标识号。

❏ **dbid**　锁定资源的数据库标识号。

❏ **Objid**　锁定资源的数据库对象标识号。

❏ **indid**　锁定资源的索引标识号。

❏ **Type**　锁的类型，可选值有 DB（数据库）、FIL（文件）、IDX（索引）、PG（页）、KBY（键）、TAB（表）、EXT（区域）和 RID（行标识符）。

❏ **Resource**　被锁定的资源信息。

❏ **Mode**　锁请求资源的锁定类型。

❏ **Status**　锁的请求状态，可选值有 GRANT（锁定）、WAIT（阻塞）和 CONVERT（转换）。

9.6　项目案例：学生选课系统的扩展功能

经过本章的学习，掌握了 Transact-SQL 语言在自定义函数、系统函数、游标和事务方面的具体应用。本节将综合使用这些知识，以学生选课系统数据库为例，对它的功能进行扩展，例如添加一个标量值函数根据学号求总成绩等等。

【实例分析】

在学生选课系统数据库中实现如下功能。

❏ 显示某一学生的总分、平均分、最高分、最低分。

❏ 按组显示所有学生的总分、平均分、最高分、最低分。

❑ 使用游标修改学生的城市。

❑ 使用事务维护成绩的完整性。

（1）使用 SQL Server Management Studio 连接到服务器，新建一个查询编辑器窗口。

（2）执行如下语句打开"studentsys"数据库。

```
USE studentsys
GO
```

（3）学生成绩信息保存在"scores"表中，其中包含 3 列，即"sno"（学号）、"cno"（课程编号）和"sscore"（成绩）。要计算总分、平均分、最高分和最低分需要使用聚合函数，另外为了此功能可以多次调用，这里封装到函数中，函数类型是内联式表值。具体语句如下所示。

```
CREATE FUNCTION GetScoreBySno(@sno char(5))
RETURNS table
AS
RETURN(
    SELECT SUM(sscore) '总分',AVG(sscore) '平均分',MAX(sscore) '最高分',
MIN(sscore) '最低分'
    FROM SCORES WHERE Sno=@sno
)
```

上述创建的表值函数为 GetScoreBySno，参数@sno 为学生的编号。

（4）编写调用 GetScoreBySno()函数查看 06001 和 06002 的成绩情况，语句如下所示。

```
--测试函数
SELECT * FROM dbo.GetScoreBySno('06001');
SELECT * FROM dbo.GetScoreBySno('06002');
```

执行后会看到两行结果，如图 9-10 所示。

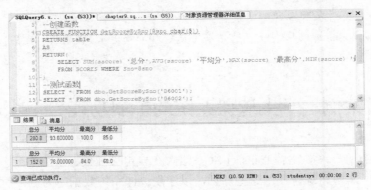

图 9-10　GetScoreBySno()函数执行效果

（5）GetScoreBySno()函数一次只能获取一个学生的成绩情况，如果要查看所有学生的成绩情况则需要创建一个函数。这个函数属于多语句式表值类型，具体语句如下所示。

```
CREATE FUNCTION GetAllScoresByGroup()
RETURNS @resultTable TABLE(
```

```
学号 int ,
总分 decimal,
平均分 decimal,
最高分 decimal,
最低分 decimal
)
AS
BEGIN
    INSERT @resultTable
    SELECT sno '学号',CAST(SUM(sscore) AS float) '总分',CAST(AVG(sscore) AS
float) '平均        分',CAST(MAX(sscore) AS float) '最高分',CAST(MIN(sscore) AS
float) '最低分'
    FROM SCORES
    GROUP BY sno
    ORDER BY '总分' DESC
    RETURN
END
```

上述语句创建的 GetAllScoresByGroup()函数返回一个 TABLE 类型，且其中包含的列可以自定义，这是内联式表值函数所不具备的特性。

（6）编写 GetAllScoresByGroup()函数的调用语句。

```
--测试函数
select * from dbo.GetAllScoresByGroup();
```

在执行结果中会看到很多行的成绩信息，如图 9-11 所示。

图 9-11　GetAllScoresByGroup()函数执行结果

（7）在本章的 9.3 节介绍了如何使用游标来检索数据，其实游标同样具有修改数据的功能。例如，这里使用游标将学生所在城市为"郑州"的修改为"安阳"，可以使用如下语句。

```
DECLARE cur_UpdateStudentCity CURSOR
FOR
SELECT * FROM 学生基本信息
WHERE 城市='郑州'
FOR UPDATE OF 城市
OPEN cur_UpdateStudentCity
FETCH cur_UpdateStudentCity
UPDATE 学生基本信息
SET 城市='安阳'
```

```
WHERE CURRENT OF cur_UpdateStudentCity
CLOSE cur_UpdateStudentCity
DEALLOCATE cur_UpdateStudentCity
```

（8）为了测试游标是否修改成功，可以在游标的前后使用如下语句查看结果。

```
SELECT COUNT(*) '安阳的学生数量' FROM 学生基本信息 WHERE 城市='安阳'
```

从执行结果中会发现数量增加了 1，也就是游标修改成功，如图 9-12 所示。

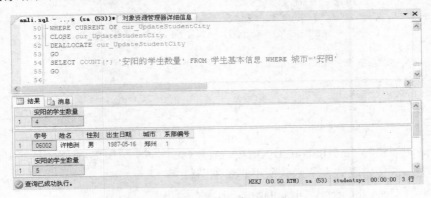

图 9-12　使用游标修改数据

（9）在成绩"scores"表中同一个学生的同一门课程不可以有两个成绩，当有重复时会报错。下面使用事务来测试成绩的唯一性，具体语句如下所示。

```
--第一次查询
SELECT Sno '学号' ,Cno '课程编号',SScore '分数' FROM SCORES WHERE Sno='06010'
BEGIN TRY
    BEGIN TRANSACTION
    INSERT INTO SCORES VALUES('06010',3,90),
                ('06010',1,85)
    --第二次查询
    SELECT Sno '学号' ,Cno '课程编号',SScore '分数'  FROM SCORES WHERE
Sno='06010'
    SAVE TRANSACTION s
    INSERT INTO SCORES VALUES('06010',3,90)
    COMMIT TRANSACTION
END TRY
BEGIN CATCH                          --开始异常处理
    print('出现错误，事务回滚。')
    ROLLBACK TRANSACTION s           --回滚事务
END CATCH
--第三次查询
SELECT Sno '学号' ,Cno '课程编号',SScore '分数' FROM SCORES WHERE Sno='06010'
```

上述语句主要可以分为两部分，第一部分为 BEGIN TRY 到 END TRY 之间的语句，主要用于测试对"scores"表的插入。第二部分为 BEGIN CATCH 到 END CATCH 之间的语句，主要用于显示错误提示和回滚事务。

在第一部分中有两个 INSERT 语句，第一个语句插入两行不重复的成绩信息，然后使用 SAVE TRANSACTION 创建了一个保存点。第二个语句插入一个重复的成绩，由于违反唯一性约束插入失败，此时执行第二部分将状态回滚到上一个保存点（即有两行数据的状态）。

因此最后一个 SELECT 的结果中只有两行数据，如图 9-13 所示。

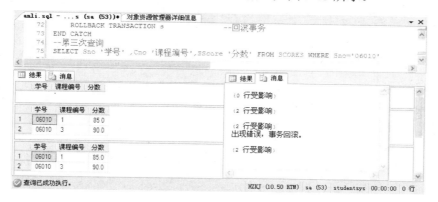

图 9-13　使用事务

9.7　习题

一、填空题

1. 在下面程序空白处填写合适语句，使 getMax() 可以返回 @num1 和 @num2 中的最大数。

```
CREATE _____ getMax(@num1 int,@num2 int)
RETURNS int
AS
BEGIN
    IF @num1>@num2
        _____ @num1
    ELSE
        RETURN @num2
END
```

2. 表值函数可以分为内联式表值函数和_____。

3. 假设有语句 CAST(getdate() AS varchar(10))，编写使用 CONVERT() 函数的实现语句_____。

4. 下列语句执行后的输出结果是_____。

```
DECLARE @result int
SET @result=POWER(3,2)
SET @result=SQUARE(4)+@result
PRINT @result
```

5. 下列语句执行后的输出结果是_____。

```
DECLARE @result varchar(50)
SET @result='123'
SET @result=@result+SPACE(5)
SET @result=@result+REPLACE('abc','abc','ABC')
PRINT @result
```

6. 事务必须具备 4 个属性，即原子性、一致性、_____和持久性。

二、选择题

1. 在用户定义函数中不能执行_____操作。

    A．声明变量

    B．使用游标

    C．对不在函数上的局部游标进行操作

    D．调用系统函数

2. 下列语句中可以实现删除 fun()函数的是_____。

    A．CREATE FUNCTION fun

    B．ALTER FUNCTION fun

    C．DELETE FUNCTION fun

    D．DROP FUNCTION fun

3. 下列描述不属于游标特点的是_____。

    A．可以返回一个完整的结果集

    B．可以返回结果集中的一行

    C．支持对结果集中当前位置的行进行数据修改

    D．支持事务

4. 表达式 SUBSTRING('abcdefg' , 2 , 4)的返回结果为_____。

    A．'bcde'

    B．'de'

    C．'ef'

    D．'cdef'

5. 执行下面 SELECT 语句返回结果为_____。

```
SELECT '111' + 222
```

    A．'111222'

    B．333

    C．'333'

    D．报错，无返回结果

6. 使用下列的_____语句可以创建事务保存点。

    A．SAVE TRANSACTION

    B．ROLLBACK

    C. COMMIT

    D. SAVEPOINT

7. 系统中有两个并发事务，第 1 个事务修改表中的数据，第 2 个事务在提交第 1 个事务所做的修改前查看了这些改变，然后第 1 个事务再撤销了这些改变。这会发生哪类数据现象？_____

    A. 幻象读

    B. 不可重复读

    C. 丢失更新

    D. 脏读

三、上机练习

上机实践 1：产生固定长度的随机数

    SQL Server 2008 允许用户自定义函数以实现系统函数无法实现的功能。本次上机要求读者创建一个名为 getRandomNumber 的标量值函数，该函数有一个整型参数用于指定产生随机数的长度。调用后的执行效果如图 9-14 所示。

图 9-14　产生随机数运行效果

上机实践 2：使用常用函数

    本次上机主要是针对 9.2 节列出的几类系统函数来进行，包括聚合函数、字符串函数及日期和时间函数等。

（1）使用聚合函数统计出每个系的学生数量。

（2）分析下面两段程序代码的执行结果。

```
--代码
DECLARE @str VARCHAR(16)
SET @str = '清华大学出版社'
SELECT SUBSTRING(@str,1,4)
--代码
DECLARE @str VARCHAR(20)
SET @str = '清华大学'
SELECT REPLACE(@str,'清华','北京')
```

（3）使用日期函数来获得当前年、月、日。如下所示为部分查询结果。

```
年          月          日
--------------------------------------
2012        12          23
```

（4）使用时间函数创建一个新年倒计时程序。

 上机实践 3：事务的嵌套使用

在 SQL Server 2008 中事务可以嵌套使用。本次上机要求读者创建一个嵌套层次的事务案例，其中事务 T1 包含事务 T2，而事务 T2 又由事务 T3 组成。

如下所示是事务的结构。

```
BEGIN TRANSACTION T1
--省略语句
BEGIN TRANSACTION T2
--省略语句
ROLLBACK TRANSACTION T2
BEGIN TRANSACTION T3
--省略语句
ROLLBACK TRANSACTION T3
--省略语句
COMMIT TRANSACTION T3
COMMIT TRANSACTION T2
COMMIT TRANSACTION T1
```

9.8 实践疑难解答

9.8.1 创建自定义函数的问题

 创建自定义函数的问题
网络课堂：http://bbs.itzcn.com/thread-19751-1-1.html

【问题描述】：一个非常简单的标量值函数，只有一行代码直接返回随机数，但是运行时总是报错。报错信息如下所示。

在函数内对带副作用的运算符 'rand' 的使用无效。

错误如图 9-15 所示。如果进行单独测试没有问题，那错误到底怎么造成的，该如何解决呢？

【解决办法】：这个函数的代码虽然简单，但是由于 rand() 是不确定性函数，而 SQL Server 的自定义标量值函数不允许使用它，所以才会出现错误。

在自定义函数内部不能使用如下内容。

（1）在函数内部不可以创建或者访问临时表，也不会动态执行，但可以使用表变量。

（2）在函数内部不可以修改表中的数据或者调用产生副作用的函数（像 rand()、newid()、getdate()）。

对于第 2 点也不是没有解决办法。例如，可以首先创建一个视图，语句如下所示。

```
CREATE VIEW v_random
AS
  SELECT rand() AS random
GO
```

然后，利用这个视图返回随机数再到函数中使用。如下所示是修改后的语句。

```
CREATE FUNCTION getRadmon()
RETURNS varchar(50)
AS
BEGIN
  RETURN (SELECT * FROM v_random)
END
```

创建之后，使用"SELECT dbo.getRadmon()"进行测试，结果如图 9-16 所示。

图 9-15　错误提示　　　　　　　　　图 9-16　正确结果

9.8.2　求出每个值与其所在列平均值的乘积

求出每个值与其所在列平均值的乘积
网络课堂：http://bbs.itzcn.com/thread-817-1-1.html

【问题描述】：如何使用自定义函数求出数据库中某个表内每个值与其所在列平均值的乘积？

【解决办法】：其实，直接使用系统内置函数 AVG() 就可以轻松求出每个值与其所在列平均值的乘积。假设表名为 table1，字段为 field1、field2 和 field3。使用下列 SQL 语句就可以实现要求。

```
USE A
GO
SELECT a.field1*b.field1 AS x_field1,
       a.field2*b.field2 AS x_field2,
       a.field3*b.field3 AS x_field3
FROM table1 a,(
   SELECT AVG(field1) AS field1,
          AVG(field2) AS field2,
          AVG(field3) AS field3
FROM table1
) b
```

这样就可以直接求出结果了，如果一定要使用自定义函数，语句会比较复杂使用自定义函数实现的 SQL 语句如下所示。

```
CREATE  FUNCTION F_GetAvg (@p_fieldstr varchar(254))
RETURNS float AS
BEGIN
DECLARE @rtn float;
SELECT @rtn=(CASE WHEN @p_fieldstr='field1' THEN AVG([field1])
                  WHEN @p_fieldstr='field2' THEN AVG([field2])
                  WHEN @p_fieldstr='field3' THEN AVG([field3])
                  ELSE 0 END)
FROM table1
RETURN @rtn
END
GO
SELECT field1*dbo.F_GetAvg('field1'),
       field2*dbo.F_GetAvg('field2'),
       field3*dbo.F_GetAvg('field3')
FROM table1
```

9.8.3 如何防止和解决死锁

如何防止和解决死锁

网络课堂：http://bbs.itzcn.com/thread-743-1-1.html

【问题描述】：公司开发的 ERP 系统在客户刚使用的时候，由于处理数据量还小，感觉不到 SQL 处理延时的问题。现在（两年后）客户使用系统查询与提交数据时，SQL 经常会返回以下错误提示。

```
System.Data.SqlClient.SqlException: Transaction (Process ID 79) was
deadlocked on lock resources with another process and has been chosen as the
deadlock victim.
```

请问，如何解决这个问题，若想减少死锁，在软件开发过程中应该注意哪些问题？

【**解决办法**】：若想真正解决这个问题恐怕需要修改很多 SQL 语句。如果不想修改 SQL 语句，也可以通过事件查看器处理死锁。

在数据库中一旦产生死锁就会让事务无限期等待下去，因此在设计数据库时，以及编写 SQL 语句时，要尽量减少死锁。通常情况下，使用下列方法编写 SQL 语句可以减少死锁的发生。

（1）对所有的事务性更新，尽量按相同的更新顺序来执行。

（2）优化索引。

（3）对所有报表、非事务性的 SELECT 语句在 FROM 子句后面加 WITH(NOLOCK)。

（4）避免事务中的用户交互。

（5）保持事务简短并处于一批处理中。

（6）使用较低的隔离级别。

（7）使用基于行版本控制的隔离级别。

第10章

管理存储过程和触发器

存储过程是由一系列 Transact-SQL 语句组成的程序，用来满足更高的应用需求。存储过程可以通过名称直接调用，且 SQL Server 本身也内置了大量的系统存储过程辅助开发人员增强数据库功能，同时允许用户自定义存储过程。

触发器是一种特殊类型的存储过程，是 SQL Server 为执行业务规则和保持数据完整性而提供的一种机制。触发器会在执行插入、删除、更新等操作前/后自动由 SQL Server 触发。

存储过程和触发器都是 SQL Server 管理中重要的角色，可以提高程序执行效率、确保数据一致性。本章主要针对 SQL Server 2008 中自定义存储过程和触发器的内容进行介绍。

本章学习要点：

➢ 了解 SQL Server 2008 中存储过程的类型
➢ 熟悉常用的系统存储过程
➢ 掌握存储过程的创建和执行
➢ 掌握存储过程参数的使用
➢ 掌握查看、修改和删除存储过程的方法
➢ 了解 SQL Server 2008 中触发器的类型
➢ 掌握各种 DML 触发器的创建方法
➢ 掌握 DDL 触发器的创建方法
➢ 理解嵌套触发器和递归触发器的概念
➢ 掌握修改、禁用、启用和删除触发器的方法

10.1 存储过程简介

存储过程提供了很多 Transact-SQL 语言没有的高级特性，其传递参数和执行逻辑的功能，为处理各种复杂任务提供了支持。并且，由于存储过程是经过编译后存储在服务器上的，这减少了执行过程中的传输带宽和执行时间。相反，如果用 Transact-SQL 则每次需要经过编译再传输和执行。

10.1.1 什么是存储过程

存储过程是 SQL Server 2008 中一个非常重要的数据库对象，它实际是一组为了完成特定功能的 Transact-SQL 语句集合。存储过程经编译后存储在数据库中，用户通过指定存储

过程的名称并给出相应的参数就可以对其进行执行。

SQL Server 2008 中的存储过程与其他程序设计语言中的过程类似，具有如下相同点。

- ❑ 能够包含执行各种数据库操作的语句，并且可以调用其他的存储过程。
- ❑ 能够接受输入参数，并以输出参数的形式将多个数据值返回给调用程序或批处理。
- ❑ 向调用程序或批处理返回一个表明成功或者失败（及失败原因）的状态。
- ❑ 存储过程经过编译后存储在数据库中，用户通过使用存储过程的名字并指定参数来执行它。

存储过程与函数不同，因为存储过程不返回取代其名称的值，也不能直接在表达式中使用。在 SQL Server 中使用存储过程而不使用存储在客户端计算机本地的 Transact-SQL 程序的原因如下。

- ❑ 存储过程已在服务器注册。
- ❑ 存储过程具有安全特性（如权限）和所有权链接，以及可以附加到它们的证书。用户可以被授予权限来执行存储过程而不必直接对存储过程中引用的对象具有权限。
- ❑ 存储过程可以强制应用程序的安全性。参数化存储过程有助于保护应用程序不受 SQL 注入攻击。
- ❑ 存储过程允许模块化程序设计。存储过程一旦创建，以后即可在程序中调用任意多次。这可以改进应用程序的可维护性，并允许应用程序统一访问数据库。
- ❑ 存储过程是命名代码，允许延迟绑定。这提供了一个用于简单代码演变的间接级别。
- ❑ 存储过程可以减少网络通信流量。一个需要数百行 Transact-SQL 代码的操作可以通过一条执行过程代码的语句来执行，而不需要在网络中发送数百行代码。

10.1.2　存储过程的类型

在 SQL Server 2008 中包含多种可用的存储过程，主要包括用户定义存储过程、扩展存储过程和系统存储过程。

1．用户定义存储过程

存储过程是指封装了可重用代码的模块或者例程。存储过程可以接受输入参数、向客户端返回表格或者标量结果和消息、调用数据定义语言（DDL）和数据操作语言（DML），然后返回输出参数。

在 SQL Server 2008 中，用户定义的存储过程有两种类型，即 Transact-SQL 和 CLR，如表 10-1 所示。

表 10-1　用户定义存储过程的两种类型

存储过程类型	说明
Transact-SQL	Transact-SQL 存储过程是指保存的 Transact-SQL 语句集合，可以接受和返回用户提供的参数。存储过程也可能从数据库向客户端应用程序返回数据
CLR	CLR 存储过程是指对 Microsoft .NET Framework 公共语言运行时方法的引用，可以接受和返回用户提供的参数。它们在.NET Framework 程序集中是作为类的公共静态方法来实现的

2．扩展存储过程

扩展存储过程以在 SQL Server 环境外执行的动态链接库（DLL，Dynamic-Link Libraries）来实现。扩展存储过程通过前缀"xp_"来标识，它们以与系统存储过程相似的方式来执行。

3．系统存储过程

系统存储过程主要存储在 master 数据库中并以"sp_"为前缀，并且系统存储过程主要是从系统表中获取信息，从而为系统管理员 SQL Server 提供支持。通过系统存储过程，MS SQL Server 中的许多管理性或者信息性的活动都可以被顺利有效地完成。

10.2 创建存储过程

存储过程与表、视图及关系图这些数据库对象一样，在使用时必须先进行创建。在 SQL Server 2008 中存储过程的创建方式有很多，本节将详细介绍它们。

10.2.1 创建规则

在创建存储过程之前，必须具有 CREATE PROCEDURE 权限才能创建。除此之外，还需要了解创建时的规则及限制。这些约束条件如下所示。

（1）CREATE PROCEDURE 定义自身可以包括任意数量和类型的 SQL 语句，但不能在存储过程的任何位置使用表 10-2 中的语句。

表 10-2　**CREATE PROCEDURE** 定义中不能出现的语句

CREATE AGGREGATE	CREATE RULE
CREATE DEFAULT	CREATE SCHEMA
CREATE 或者 ALTER FUNCTION	CREATE 或者 ALTER TRIGGER
CREATE 或者 ALTER PROCEDURE	CREATE 或者 ALTER VIEW
SET PARSEONLY	SET SHOWPLAN_ALL
SET SHOWPLAN_TEXT	SET SHOWPLAN_XML
USE Database_name	

（2）可以引用在同一存储过程中创建的对象，只要引用时已经创建了该对象即可。

（3）可以在存储过程内引用临时表。

（4）如果在存储过程内创建本地临时表，则临时表仅为该存储过程而存在。

（5）如果执行的存储过程将调用另一个存储过程，则被调用的存储过程可以访问由第一个存储过程创建的所有对象。

（6）如果执行远程 SQL Server 2008 实例进行更改远程存储过程，则不能回滚更改。

（7）存储过程参数的最大数量为 2100。

（8）存储过程中局部变量的最大数量仅受可用内存的限制。

（9）根据可用内存的不同，存储过程最大可达 128MB。

10.2.2　简单存储过程

在 SQL Server 2008 中使用 CREATE PROCEDURE 语句创建存储过程，具体的语法格式如下所示。

```
CREATE PROC[EDURE]procedure_name[;number]
[{@parameter data_type}
[VARYING][=default][OUTPUT]][,…n]
[WITH
{RECOMPILE|ENCRYPTION|RECOMPILE,ENCRYPTION}]
[FOR REPLICATION]
AS sql_statement[…n]
```

下面简单介绍各参数的含义。

❑ **procedure_name**　用于指定存储过程的名称。

❑ **number**　用于指定对同名的过程分组。

❑ **@parameter**　用于指定存储过程中的参数。

❑ **data_type**　用于指定参数的数据类型。

❑ **VARYING**　用于指定作为输出参数支持的结果集，仅适用于游标参数。

❑ **default**　用于指定参数的默认值。

❑ **OUTPUT**　用于指定参数是输出参数。

❑ **RECOMPILE**　用于指定数据库引擎不缓存该过程的计划，该过程在运行时编译。

❑ **ENCRYPTION**　用于指定 SQL Server 加密 "syscomments" 表中包含 CREATE PROCEDURE 语句文本的条目。

❑ **FOR REPLICATION**　用于指定不能在订阅服务器上执行为复制创建的存储过程。

❑ **<sql_statement>**　要包含在过程中的一个或者多个 Transact-SQL 语句。

在命名自定义存储过程时，建议不要使用 "sp_" 作为名称前缀，因为 "sp_" 前缀是用于标识系统存储过程的。如果指定的名称与系统存储过程相同，由于系统存储过程的优先级高，那么自定义的存储过程永远也不会执行。本书中的自定义存储过程都以 "proc_" 作为前缀。

【实践案例 10-1】

例如，要创建一个用于从 "studentsys" 数据库中获取学生学号、姓名、性别、出生日期、城市和系部编号的存储过程。语句如下所示。

```
USE studentsys
GO
--创建一个作用于 student 表的存储过程
CREATE PROCEDURE proc_GetStudents
AS
BEGIN
```

```
    --这里是存储过程包含的语句块
    SELECT sno '学号',sname '姓名',ssex '性别',sbirth '出生日期',sadrs '城市',dno
'系部编号'
    FROM student
END
```

上述语句执行后会在"studentsys"数据库中创建一个名为"proc_GetStudents"的存储过程，在 BEGIN…END 语句块中是存储过程包含的语句，这里仅使用了一个 SELECT 语句。

查看存储过程的方法是在【对象资源管理器】窗格中展开【数据库】|【studentsys】|【可编程性】|【存储过程】节点，如图 10-1 所示。

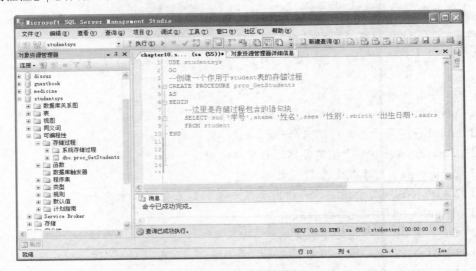

图 10-1 查看存储过程

实际应用时，存储过程中可能包含复杂的业务逻辑处理，在本章作为示例仅包含了最简单的 SELECT 语句。

【实践案例 10-2】

在创建存储过程时指定 WITH RECOMPILE 子句可使存储过程不被缓存或存储在内存中。创建一个不被缓存用于获取性别为女学生信息的存储过程。语句如下所示。

```
CREATE PROCEDURE proc_GetGirlStudents
WITH RECOMPILE
AS
BEGIN
    SELECT sno '学号',sname '姓名',ssex '性别',sbirth '出生日期',sadrs '城市',dno
'系部编号'
    FROM student
    WHERE Ssex='女'
END
```

注意　如果指定了 FOR REPLICATION 则不能使用此选项。对于 CLR 存储过程，不能指定 RECOMPILE。

除了使用 CREATE PROCEDURE 语句之外，还可以使用图形向导创建存储过程。具体方法是，在【对象资源管理器】中选择要创建存储过程的数据库，然后展开【可编程性】节点再右击【存储过程】执行【新建存储过程】命令。此时将打开创建存储过程的代码编辑器，并提供了基本的模板，如图 10-2 所示。

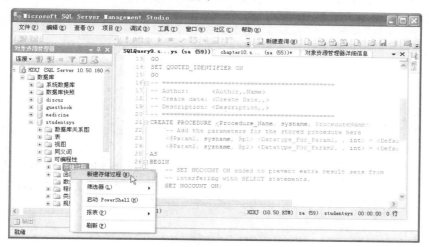

图 10-2　使用图形向导新建存储过程

在代码编辑器中根据需要更改存储过程名称、语句及其他部分，最后单击【执行】按钮完成创建。

10.2.3　临时存储过程

临时存储过程又分为本地临时存储过程和全局临时存储过程。与创建临时表类似，通过给名称添加"#"和"##"前缀的方法进行创建。其中"#"表示本地临时存储过程，"##"表示全局临时存储过程。SQL Server 关闭后，这些临时存储过程将不复存在。

【实践案例 10-3】

例如，创建一个本地临时存储过程获取系部名称及对应的主任名称，语句如下所示。

```
CREATE PROCEDURE #proc_GetDnameAndTname
AS
BEGIN
    SELECT dname '系部名称',tname '主任名称'
    FROM dept d JOIN teacher t ON d.DManageTno=t.tno
END
```

上述语句创建了一个名为"#proc_GetDnameAndTname"的存储过程，该存储过程的结果来源于"dept"和"teacher"表。当 SQL Server 关闭或者重启之后，该存储过程将无效。

10.2.4　加密存储过程

如果需要对创建的存储过程进行加密，则可以使用 WITH ENCRYPTION 子句。加密后的存储过程将无法查看其文本信息。

【实践案例 10-4】

例如，创建一个加密的存储过程实现从"**studentsys**"数据库中查询学号、课程名称和成绩，并对其进行加密。语句如下所示。

```
CREATE PROCEDURE proc_GetScoreForStudent
WITH ENCRYPTION
AS
BEGIN
    SELECT sno '学号',cname '课程名称',grade '成绩'
    FROM sc s JOIN course c ON s.Cno=c.Cno
END
```

在上述语句中，首先指定存储过程名称为"**proc_GetScoreForStudent**"，然后使用 WITH ENCRYPTION 子句对其加密，最后定义 SELECT 查询语句。在"**proc_GetScoreForStudent**"存储过程创建完成后，使用如下语句查看其内容信息。

```
EXEC sp_helptext proc_GetScoreForStudent
```

在执行结果中会看到提示文本已加密，如图 10-3 所示。

图 10-3　查看加密的存储过程

10.2.5　嵌套存储过程

所谓嵌套存储过程是指在一个存储过程中调用另一个存储过程。嵌套存储过程的层次最高可达 32 级，每当调用的存储过程开始执行时，嵌套层次就增加一级，执行完成后嵌套层次就减少一级。

【实践案例 10-5】

在 SQL Server 2008 中可以使用@@NESTLEVEL 全局变量返回当前的嵌套层次。例如，

创建一个存储过程 proc_testA，再创建一个 proc_testB 存储过程调用 proc_testA，每个过程
都显示当前过程的@@NESTLEVEL 值。语句如下所示。

```
CREATE PROCEDURE proc_testA AS
    --输出内层存储过程的层次
    SELECT @@NESTLEVEL AS '内层存储过程'
GO
CREATE PROCEDURE proc_testB AS
    --输出外层存储过程的层次
    SELECT @@NESTLEVEL AS '外层存储过程'
    --调用 proc_testA
    EXEC proc_testA
GO
EXEC proc_testB
GO
```

在上述语句中，创建了两个存储过程，即 proc_testA 与 proc_testB。在执行存储过程时，
应先执行内层存储过程，然后再执行外层存储过程。执行后的结果如图 10-4 所示，由执行
结果可以看出，proc_testB 存储过程的层次为 1，当执行@@NESTLEVEL 时返回的值为"1+
当前嵌套层次"，因而 proc_testA 存储过程的层次为 2。

可以通过使用 SELECT、EXEC、sp_executesql 调用@@NESTLEVEL 以查看它们的返
回值，语句如下所示。

```
CREATE PROCEDURE proc_testNestLevelValue AS
SELECT @@NESTLEVEL AS 'SELECT 层次'
EXEC ('SELECT @@NESTLEVEL AS EXEC 层次')
EXEC sp_executesql N'SELECT @@NESTLEVEL as sp_executesql 层次'
GO
EXEC proc_testNestLevelValue
GO
```

执行后的结果如图 10-5 所示。

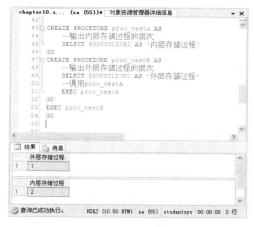

图 10-4　创建嵌套存储过程

图 10-5　调用@@NESTLEVEL

10.3　存储过程的操作

掌握各种类型存储过程的创建之后，本节将介绍存储过程的操作，如执行（调用）存储过程、查看存储过程信息及修改存储过程等等。

10.3.1　执行存储过程

存储过程创建之后必须通过执行才有意义，就像函数必须调用一样。SQL Server 2008 系统中提供了三种执行存储过程的方式，本节将详细讲解这三种存储过程的执行方式。

1. EXECUTE 语句执行存储过程

在 SQL Server 2008 中可以使用 EXECUTE 语句执行存储过程，也可以简写为 EXEC。其语法格式如下所示。

```
[EXEC[UTE]]
{
[@return_status=]
{procedure_name[;number]|@procedure_name_var}
[[@parameter=]{value|@variable[OUTPUT]|[DEFAULT]}]
[,...n]
[WITH RECOMPILE]
```

【实践案例 10-6】
例如，要执行实践案例 10-1 创建的 proc_GetStudents 存储过程，可以使用如下语句。

```
EXEC proc_GetStudents
```

执行后返回的结果集如图 10-6 所示。

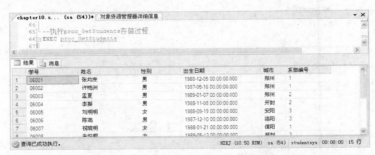

图 10-6　执行 proc_GetStudents 存储过程

如果要执行的存储过程有参数，则需要在执行时提供各个参数值，可以使用直接指定和间接指定两种方式来实现。

❑　直接指定
该方式在 EXEC 语句中直接为存储过程的参数提供数据值，并且这些数据值的数量和顺序与定义存储过程时参数的数据和顺序相同。

例如，要调用的 proc_GetStudentByWhere 存储过程有两个参数，第一个@city 是字符串，第二个@did 是整型。语句如下所示。

```
EXEC proc_GetStudentByWhere '郑州',1
```

在上述语句中为所需的两个参数指定了具体值，并且这些数据值的数量和顺序与定义存储过程时参数的数据和顺序相同。如果参数是字符类型或者日期类型，还应该将这些参数值使用单引号引起来。

❑ 间接指定

该方式是指在执行之前声明变量并且为这些变量赋值，然后在 EXEC 语句中将这些变量作为参数传递到存储过程中。

例如，同样是调用 proc_GetStudentByWhere 存储过程，使用间接方式的语句如下所示。

```
DECLARE @city varchar(10),@did int
SET @city='郑州'
SET @did=1
EXEC proc_GetStudentByWhere @city,@did
```

无论是提供参数值的直接方式还是间接方式，都需要严格按照存储过程中定义的顺序提供数据值。

2. 在 INSERT 语句中执行

这种执行方式指将存储过程返回的结果集使用 INSERT 语句插入到一个数据表中。使用这种方式要注意数据表必须存在，且包含的列数量和列数据类型必须与存储过程返回的结果集相同。

【实践案例 10-7】

例如，要将执行 proc_GetStudents 存储过程的结果保存到"学生基本信息"表。首先要创建该表，语句如下所示。

```
CREATE TABLE 学生基本信息
(
学号 varchar(10) NOT NULL PRIMARY KEY,
姓名 varchar(10) NOT NULL,
性别 varchar(4),
出生日期 date NOT NULL,
城市 varchar(10) NULL,
系部编号 int
)
```

上述语句主要创建了一个"学生基本信息"表，下面使用 INSERT 语句执行这个存储过程，语句如下所示。

```
INSERT INTO 学生基本信息
EXEC proc_GetStudents
```

执行该语句后可以通过 SELECT 语句查询执行结果，如图 10-7 所示。

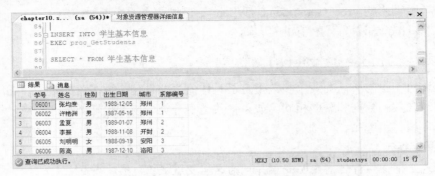

图 10-7　查看学生基本信息表

3．通过图形界面执行

除了上面使用 EXEC 语句执行存储过程外，还可以在图形界面通过右击存储过程名称执行【执行存储过程】命令来实现。

10.3.2　查看存储过程信息

对于已经创建好的存储过程，SQL Server 2008 提供了查看其文本信息、基本信息及详细信息的方法，下面将详细介绍具体的应用。

1．查看文本信息

查看存储过程文本信息最简单的方法是调用 sp_helptext 系统存储过程。

【实践案例 10-8】

例如，查看 proc_GetStudents 存储过程的文本信息，语句如下所示。

```
sp_helptext proc_GetStudents
```

从执行结果中可以看到 proc_GetStudents 存储过程语句的文本信息，如图 10-8 所示。

用户还可以使用 OBJECT_DEFINITION()函数来查看存储过程的文本信息。同样查看 proc_GetStudents 存储过程的文本信息，使用 OBJECT_DEFINITION()函数的实现语句如下所示。

```
SELECT OBJECT_DEFINITION(OBJECT_ID(N'proc_GetStudents'))
AS [存储过程 proc_GetStudents 的文本信息]
```

此时的执行结果如图 10-9 所示。

2．查看基本信息

使用 sp_help 系统存储过程可以查看存储过程的基本信息。

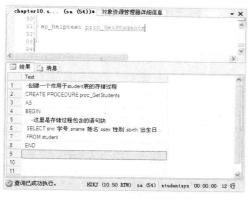
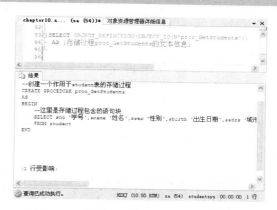

图 10-8　使用 sp_helptext
查看存储过程文本信息

图 10-9　使用 OBJECT_DEFINITION()函数
查看存储过程文本信息

【**实践案例 10-9**】

例如，查看 proc_GetStudents 存储过程的基本信息，语句如下所示。

```
EXEC sp_help proc_GetStudents
```

执行后的结果如图 10-10 所示，显示了该存储过程的所有者、类型、创建时间，如果有参数还会显示参数名、类型、长度等基本信息。

3. 查看详细信息

查看存储过程的详细信息，可以使用 sys.sql_dependencies 对象目录视图或 sp_depends 系统存储过程。

【**实践案例 10-10**】

例如，查看 proc_GetStudents 存储过程的详细信息，语句如下所示。

```
EXEC sp_depends proc_GetStudents
```

从执行结果中可以看到 proc_GetStudents 存储过程的名称、类型、更新等信息，如图 10-11 所示。

图 10-10　使用 sp_help 查看
存储过程基本信息

图 10-11　使用 sp_depends 查看
存储过程详细信息

在【对象资源管理器】中展开【数据库】|【可编程性】|【存储过程】节点，右击存储过程名称执行【属性】命令即可查看存储过程信息。

10.3.3 修改存储过程

在 SQL Server 2008 中通常使用 ALTER PROCEDURE 语句修改存储过程，具体的语法格式如下所示。

```
ALTER PROCEDURE procedure_name[;number]
[{@parameter data_type}
[VARYING][=default][OUTPUT]]
[,...n]
[WITH
{RECOMPILE|ENCRYPTION|RECOMPILE,ENCRYPTION}]
[FOR REPLICATION]
AS
sql_statement[...n]
```

在使用 ALTER PROCEDURE 语句时，应注意以下事项。

❑ 如果要修改具有任何选项的存储过程，必须在 ALTER PROCEDURE 语句中包括该选项以保留该选项提供的功能。

❑ ALTER PROCEDURE 语句只能修改一个单一的过程，如果过程调用其他存储过程，嵌套的存储过程不受影响。

❑ 在默认状态下，允许该语句的执行者是存储过程最初的创建者、sysadmin 服务器角色成员和 db_owner 与 db_ddladmin 固定的数据库角色成员，用户不能授权执行 ALTER PROCEDURE 语句。

建议不要直接修改系统存储过程，但是可以通过从系统存储过程中复制语句来创建用户定义的存储过程，然后修改它以满足要求。

【实践案例 10-11】

修改 proc_GetStudents 存储过程，要求仅返回学生的学号、姓名、城市和系部编号信息，语句如下所示。

```
ALTER PROCEDURE proc_GetStudents
AS
BEGIN
    SELECT sno '学号',sname '姓名',sadrs '城市',dno '系部编号'
    FROM student
END
```

再使用 EXEC 语句执行修改后的存储过程，语句如下所示。

```
EXEC proc_GetStudents
```

从执行的结果集可以看到修改生效了，如图 10-12 所示。

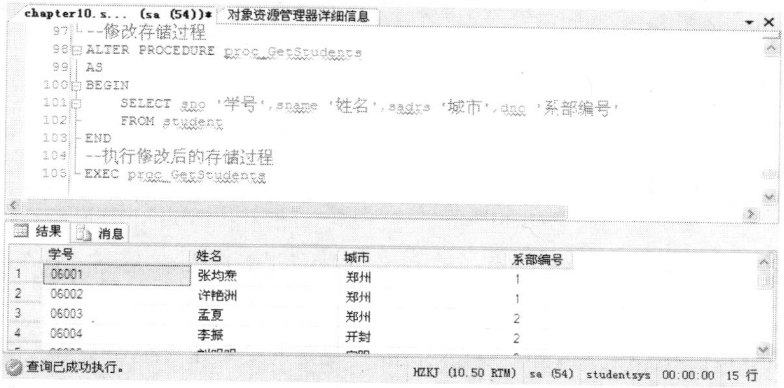

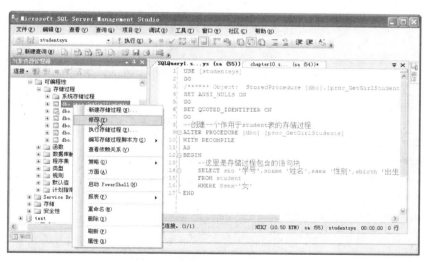

图 10-12　执行修改后的存储过程

修改存储过程与删除和重建存储过程不同。修改存储过程仍保持存储过程的权限不发生变化，而删除和重建存储过程将会撤销与该存储过程关联的所有权限。

另外，用户也可以通过 SQL Server 2008 的图形界面打开修改存储过程的编辑器。方法是在【对象资源管理器】中展开【studentsys】|【可编程性】|【存储过程】节点，再右击要修改的存储过程执行【修改】命令。然后将打开该存储过程的编辑器，修改完成之后单击【执行】按钮进行保存，如图 10-13 所示。

图 10-13　修改存储过程代码窗口

10.3.4　删除存储过程

在 SQL Server 2008 中删除存储过程有语句和图形界面两种方式。一般会使用 DROP PROCEDURE 语句删除当前数据库中的自定义存储过程，基本语法如下所示。

```
DROP PROCEDURE {procedure_name}[,...n]
```

【实践案例 10-12】

例如，删除 proc_GetStudents 存储过程，语句如下所示。

```
DROP PROCEDURE proc_GetStudents
```

技巧　在图形界面中只需右击存储过程名称执行【删除】命令即可删除该存储过程。

如果另一个存储过程调用某个已被删除的存储过程，SQL Server 2008 将在执行调用进程时显示一条错误消息。但是，如果定义了具有相同名称和参数的新存储过程来替换已被删除的存储过程，那么引用该存储过程的其他存储过程仍能成功执行。

试一试　在删除存储过程前，用户应该先执行 sp_depends 存储过程来确定是否有对象依赖于此存储过程。

10.3.5　系统存储过程

在 SQL Server 2008 中许多管理活动和信息活动都可以使用系统存储过程来执行。在表 10-3 中列出了这些系统存储过程的类型及其描述。

表 10-3　系统存储过程的类型及描述

类型	描述
活动目录存储过程	用于在 Windows 的活动目录中注册 SQL Server 实例和 SQL Server 数据库
目录访问存储过程	用于实现 ODBC 数据字典功能，并且隔离 ODBC 应用程序，使之不受基础系统表更改的影响
游标过程存储过程	用于实现游标变量功能
数据库引擎存储过程	用于 SQL Server 数据库引擎的常规维护
数据库邮件和 SQL Mail 存储过程	用于从 SQL Server 实例内执行电子邮件操作
数据库维护计划存储过程	用于设置管理数据库性能所需的核心维护任务
分布式查询存储过程	用于实现和管理分布式查询
全文搜索存储过程	用于实现和查询全文索引
日志传送存储过程	用于配置、修改和监视日志传送配置
自动化存储过程	用于在 Transact-SQL 批处理中使用 OLE 自动化对象
通知服务存储过程	用于管理 Microsoft SQL Server 2008 系统的通知服务
复制存储过程	用于管理复制操作
安全性存储过程	用于管理安全性
Profile 存储过程	在 SQL Server 代理用于管理计划的活动和事件驱动活动
Web 任务存储过程	用于创建网页
XML 存储过程	用于 XML 文本管理

虽然 SQL Server 2008 中的系统存储过程被放在 master 数据库中，但是仍可以在其他数据库中对其进行调用，而且在调用时不必在存储过程名前加上数据库名。甚至当创建一个新数据库时，一些系统存储过程会在新数据库中被自动创建。

SQL Server 2008 支持表 10-4 所示的系统存储过程，这些存储过程用于对 SQL Server 2008 实例进行常规维护。

表 10-4　系统存储过程

sp_add_data_file_recover_suspect_db	sp_help	sp_recompile
sp_addextendedproc	sp_helpconstraint	sp_refreshview
sp_addextendedproperty	sp_helpdb	sp_releaseapplock
sp_add_log_file_recover_suspect_db	sp_helpdevice	sp_rename
sp_addmessage	sp_helpextendedproc	sp_renamedb
sp_addtype	sp_helpfile	sp_resetstatus
sp_addumpdevice	sp_helpfilegroup	sp_serveroption
sp_altermessage	sp_helpindex	sp_setnetname
sp_autostats	sp_helplanguage	sp_settriggerorder
sp_attach_db	sp_helpserver	sp_spaceused
sp_attach_single_file_db	sp_helpsort	sp_tableoption
sp_bindefault	sp_helpstats	sp_unbindefault
sp_bindrule	sp_helptext	sp_unbindrule
sp_bindsession	sp_helptrigger	sp_updateextendedproperty
sp_certify_removable	sp_indexoption	sp_updatestats
sp_configure	sp_invalidate_textptr	sp_validname
sp_control_plan_guide	sp_lock	sp_who
sp_create_plan_guide	sp_monitor	sp_createstats
sp_create_removable	sp_procoption	sp_cycle_errorlog
sp_datatype_info	sp_detach_db	sp_executesql
sp_dbcmptlevel	sp_dropdevice	sp_getapplock
sp_dboption	sp_dropextendedproc	sp_getbindtoken
sp_dbremove	sp_dropextendedproperty	sp_droptype
sp_delete_backuphistory	sp_dropmessage	sp_depends

1. sp_who 存储过程

sp_who 存储过程用于查看当前用户、会话和进程的信息。该存储过程可以筛选信息以便只返回那些属于特定用户或特定会话的非空闲进程。语法格式如下所示。

```
sp_who [ [ @loginame = ] 'login' | session ID | 'ACTIVE' ]
```

其中，login 用于标识属于特定登录名的进程，session ID 是属于 SQL Server 实例的会话标识号，ACTIVE 排除正在等待用户发出下一个命令的会话。

【实践案例 10-13】

例如，查看"studentsys"数据库中所有的当前用户信息，语句如下所示。

```
USE studentsys
EXEC sp_who
GO
```

执行后的结果集如图 10-14 所示，显示了状态、登录名、数据库名称等信息。

图 10-14　使用 sp_who 存储过程

当然，用户也可以通过登录名查看有关单个当前用户的信息。例如，查看 sa 用户的信息，语句如下所示。

```
USE 学生成绩管理系统
EXEC sp_who sa
GO
```

2. sp_helpdb 存储过程

sp_helpdb 存储过程用于报告有关指定数据库或所有数据库的信息，语法格式如下所示。

```
sp_helpdb [ [ @dbname= ] 'name' ]
```

其中，[@dbname=] 'name'用于指定数据库名称。例如，查看"studentsys"数据库的信息，语句如下所示。

```
EXEC sp_helpdb studentsys
```

在上述语句中，指定@dbname 的值为"studentsys"，执行结果如图 10-15 所示，显示了"studentsys"数据库的相关信息。例如，大小、所有者、创建时间及状态等信息。

如果执行 sp_helpdb 存储过程时没有指定特定数据库，则表示查看所有数据库信息，执行结果如图 10-16 所示。

注意

当指定单个数据库时，需要具有数据库中的 public 角色成员身份。当没有指定数据库时，需要具有 master 数据库中的 public 角色成员身份。

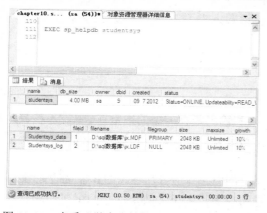

图 10-15　查看"学生成绩管理系统"数据库信息

图 10-16　查看所有数据库信息

3. sp_monitor 存储过程

sp_monitor 存储过程用于显示有关 SQL Server 的统计信息。执行该操作时，必须具有 sysadmin 固定服务器角色的成员身份。语法格式如下所示。

```
sp_monitor
```

例如，查看 SQL Server 的统计信息，语句如下所示。

```
EXEC sp_monitor
```

执行结果如图 10-17 所示，显示了上次运行 sp_monitor 时间、当前运行 sp_monitor 时间、sp_monitor 自运行以来所经过的秒数、CPU 处理 SQL Server 工作所用的秒数等信息。

图 10-17　查看 SQL Server 的统计信息

10.4　带参数的存储过程

前面学习了创建存储过程的方法及如何操作存储过程。本节将详细介绍存储过程的高级应用，即如何为存储过程添加参数，这包括输入参数、输出参数及参数默认值，等等。

10.4.1 指定参数名称和参数值

在 SQL Server 2008 中存储过程可以使用输入和输出两种类型的参数，其中输入参数允许用户将数据值传递到存储过程或者函数；输出参数允许存储过程将数据值或者游标变量传递给用户。

存储过程的参数在创建时位于 CREATE PRODURCE 和 AS 关键字之间，每个参数都要指定参数名和数据类型，参数名必须以@符号为前缀，各个参数定义之间用逗号隔开，具体语法如下所示。

```
@parameter_name data_type [=default] [OUTPUT]
```

【实践案例 10-14】

例如，创建一个可以根据性别和工资返回教师编号、姓名、性别、职称和工资的存储过程。语句如下所示。

```
--创建一个带有两个参数的存储过程
CREATE PROCEDURE proc_GetTeachersBySalary_Sex
@salary int,@sex varchar(4)
AS
BEGIN
    SELECT Tno '编号',tname '姓名' ,Tsex '性别',Tprof '职称',Tpay '工资'
    FROM teacher
    WHERE Tsex=@sex AND tpay>=@salary
END
```

在上述语句中定义存储过程名称为"proc_GetTeachersBySalary_Sex"。然后定义整型参数@salary 表示工资，字符串型参数@sex 表示性别，再使用 SELECT 语句的 WHERE 子句将两个条件进行合并。

在执行带参数的存储过程时必须为参数指定值，SQL Server 2008 提供了两种传递参数的方式。

1. 按位置传递

这种方式是在执行存储过程的语句中直接给出参数的值。当有多个参数时，给出的参数顺序与创建存储过程语句中的参数顺序一致。

例如，执行 proc_GetTeachersBySalary_Sex 存储过程，语句如下所示。

```
EXEC proc_GetTeachersBySalary_Sex 3000,'男'
```

在上述语句中，参数的顺序就是创建存储过程语句中的参数顺序。执行结果如图 10-18 所示。

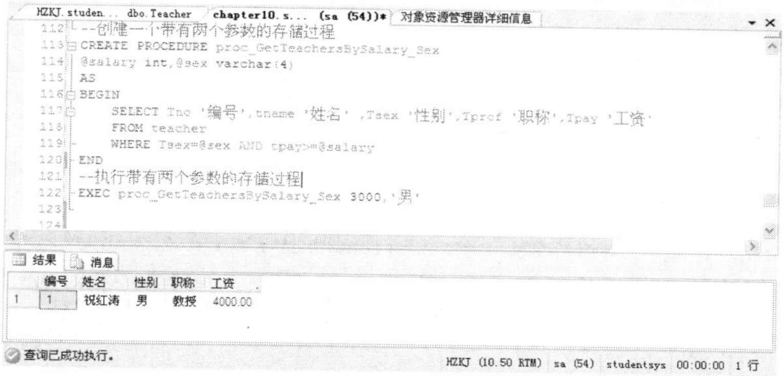

图 10-18　执行按位置传递参数的存储过程

2．通过参数名传递

这种方式是在执行存储过程的语句中，使用"参数名=参数值"的形式给出参数值。通过参数名传递参数的好处是，参数可以以任意顺序给出。

例如，执行 proc_GetTeachersBySalary_Sex 存储过程，语句如下所示。

```
EXEC proc_GetTeachersBySalary_Sex @sex='女',@salary=3000
```

在上述语句中通过参数名传递参数值，所以参数的顺序可以任意排列，执行结果如图 10-19 所示。

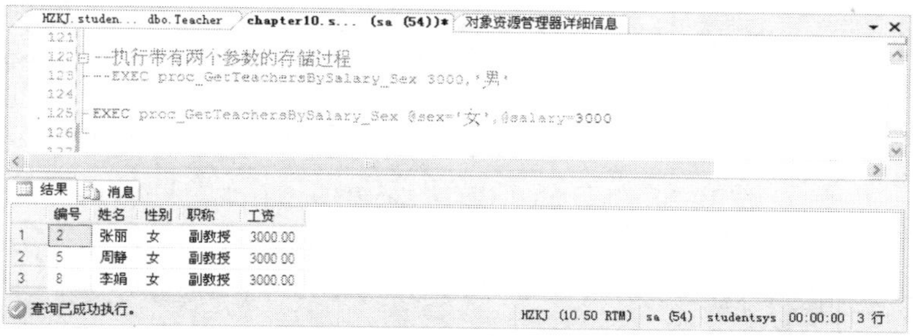

图 10-19　执行按参数名传递参数的存储过程

10.4.2　指定输入参数

输入参数是指在存储过程中设置一个条件，在执行存储过程时为这个条件指定值，通过存储过程返回相应的信息。使用输入参数可以利用同一存储过程多次查找数据库。

【实践案例 10-15】

例如，创建一个存储过程，根据指定的系部编号返回系部名称和主任姓名，语句如下所示。

```
--根据系部编号查找主任名称
CREATE PROCEDURE proc_GetTeacherByDno
@dno int
```

```
AS
BEGIN
    SELECT dname '系部名称',tname '主任姓名'
    FROM teacher t JOIN dept d ON t.Tno=d.DManageTno
    WHERE d.Dno=@dno
END
```

上述语句指定存储过程名称为"proc_GetTeacherByDno"，然后定义一个@dno 参数表示要指定的系部编号，最后通过 SELECT 进行多表查询返回该编号的对应结果。

当完成存储过程的创建之后，可以使用执行存储过程查看不同系部编号的信息，语句如下所示。

```
--执行存储过程
EXEC proc_GetTeacherByDno @dno=1
EXEC proc_GetTeacherByDno @dno=2
```

在上述执行语句中查看系部编号为 1 和 2 的系部信息，执行结果如图 10-20 所示。

图 10-20　执行 proc_GetTeacherByDno 存储过程

10.4.3　指定默认值

在创建存储过程的参数时可以为其指定一个默认值，那么执行该存储过程时如果未指定其他值，则使用默认值。

【实践案例 10-16】

例如，创建一个根据指定的分数查询学生姓名、课程名称和分数的存储过程，要求默认情况下分数大于等于 60。语句如下所示。

```
--创建一个带默认值参数的存储过程
CREATE PROCEDURE proc_GetScoreByWhere
@score int=60
AS
BEGIN
    SELECT Sname '姓名',cname '课程名称',grade '分数'
    FROM course c,student s,sc
    WHERE c.Cno=sc.Cno AND sc.Sno=s.Sno AND Grade>=@score
```

```
        ORDER BY grade
    END
```

上述语句指定存储过程名称为"proc_GetScoreByWhere",然后定义整型参数@score 表示要查询的分数,并在这里为它指定初始值是 60。再使用 SELECT 语句查询相关表并获取结果后按升序排列。

创建完成后,假设要查询分数大于 60 的结果,可以使用如下三种语句。

```
--执行时使用默认值
EXEC proc_GetScoreByWhere
--直接传递参数值
EXEC proc_GetScoreByWhere 60
--间接传递参数值
EXEC proc_GetScoreByWhere @score=60
```

上述三行语句的效果相同,执行结果如图 10-21 所示。

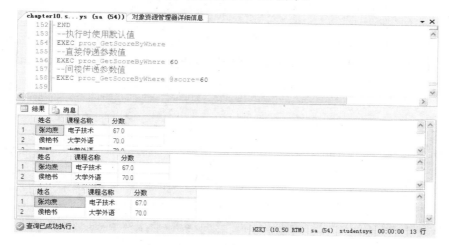

图 10-21   使用默认值

10.4.4 指定输出参数

通过输出参数可以从存储过程中返回一个或者多个值。要指定输出参数,需要在创建存储过程时为参数指定 OUTPUT 关键字。

【实践案例 10-17】

例如,创建一个存储过程,可以根据指定的学号参数返回该学生的总成绩。语句如下所示。

```
--根据学号返回总成绩
CREATE PROCEDURE proc_GetScoresBySno
@sno char(5),
@result int OUTPUT
AS
```

```
BEGIN
    SELECT @result=SUM(grade)
    FROM sc
    WHERE sno=@sno
END
```

上述语句创建的存储过程名称为"proc_GetScoresBySno",它包含两个参数,@sno 表示要查询的学号参数,@result 表示总成绩的输出(返回)参数。

为了接收存储过程的返回值需要一个变量来保存返回的参数值,而且执行有返回的存储过程时,必须为变量添加 OUTPUT 关键字。具体代码如下所示。

```
--声明一个保存存储过程返回值的变量
DECLARE @result int
--执行存储过程并指定变量
EXEC proc_GetScoresBySno '06001',@result OUTPUT
--显示结果
SELECT sno '学号',sname '姓名',@result '总成绩'
FROM student
WHERE Sno='06001'
```

上述语句使用@result 变量保存 06001 学号的总成绩,执行结果如图 10-22 所示。

图 10-22　执行带输出参数的存储过程

10.5　触发器简介

在前面详细讲解了存储过程,其实触发器(Trigger)就是一种特殊的存储过程,它与表紧密相连,可以看作是表定义的一部分。当用户修改表或者视图中的数据时,触发器将会自动执行。触发器为数据库提供了有效的监控和处理机制,确保了数据和业务的完整性。

10.5.1　触发器的定义

触发器是建立在触发事件上的。例如,对表执行 INSERT、UPDATE 或 DELETE 等操作时,SQL Server 就会自动执行建立在这些操作上的触发器。在触发器中包含了一系列用于定义业务规则的 SQL 语句,用来强制用户实现这些规则,从而确保数据的完整性。

触发器具有如下优点。

- ❑ 触发器自动执行。当表中的数据作了任何修改时，触发器将立即激活。
- ❑ 触发器可以通过数据库中的相关表进行层叠更改。这比直接将代码写在前台的做法更安全合理。
- ❑ 触发器可以强制用户实现业务规则，这些限制比用 CHECK 约束所定义的更复杂。

1. 触发器的作用

触发器的主要作用是实现由主键和外键所不能保证的、复杂的参照完整性和数据一致性。触发器能够对数据库中的相关表进行级联修改，还可以自定义错误消息，维护非规范化数据，以及比较数据修改前后的状态。

在下列情况下，使用触发器将强制实现复杂的引用完整性。

- ❑ 强制数据库间的引用完整性。
- ❑ 创建多行触发器。当插入、更新或者删除多行数据时，必须编写一个处理多行数据的触发器。
- ❑ 执行级联更新或者级联删除这样的操作。
- ❑ 级联修改数据库中所有相关表。
- ❑ 撤销或者回滚违反引用完整性的操作，防止非法修改数据。

2. 触发器的执行环境

所谓触发器的执行环境，可以理解为创建在内存中、用于在触发器执行过程中保存语句进程的空间。当调用触发器时，就会创建触发器的执行环境。如果调用多个触发器，就会分别为每个触发器创建执行环境。不过在任何时候，一个会话中只有唯一的一个执行环境是活动的。

触发器的执行环境如图 10-23 所示。

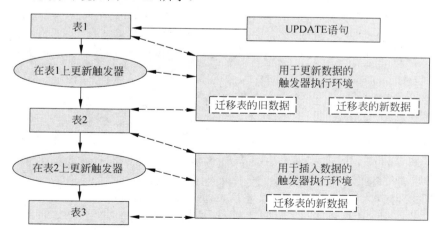

图 10-23　两个触发器的执行环境

在图 10-23 中显示了两个触发器，一个是定义在表 1 上的 UPDATE 触发器，一个是定义在表 2 上的 INSERT 触发器。当对表 1 执行 UPDATE 操作时，UPDATE 触发器被激活，系统为该触发器创建执行环境。而 UPDATE 触发器需要向表 2 中添加数据，这时就会触发表 2 上的 INSERT 触发器，此时系统为 INSERT 触发器创建执行环境，该环境变成活动状态。INSERT 触发器执行结束后，它所在的执行环境被销毁，UPDATE 触发器的执行环境再次变为活动状态。当 UPDATE 触发器执行结束后，它所在的执行环境也被销毁。

10.5.2 SQL Server 触发器的类型

在 SQL Server 2008 中按照触发事件的不同可以把触发器分成两大类型，即 DML 触发器和 DDL 触发器。

1. DML 触发器

DML 触发器是指当数据库中发生数据操作语言（DML）事件时要执行的操作。通常所说的 DML 触发器主要包括三种：INSERT 触发器、UPDATE 触发器、DELETE 触发器。DML 触发器在以下方面非常有用。

❑ DML 触发器可通过数据库中的相关表实现级联更改。

❑ DML 触发器可以防止恶意或者错误的 INSERT、UPDATE 及 DELETE 操作，并强制执行比 CHECK 约束定义的限制更为复杂的其他限制。

❑ DML 触发器可以评估数据修改前后表的状态，并根据该差异采取措施。

一个表中的多个同类 DML 触发器（INSERT、UPDATE 和 DELETE）允许采取多个不同的操作来响应同一个修改语句。

SQL Server 2008 为每个 DML 触发器语句创建两种特殊的表：deleted 表和 inserted 表。这是两个逻辑表，由系统自动创建和维护，存放在内存而不是数据库中，用户不能对它们进行修改。这两个表的结构总是与定义触发器的表的结构相同。触发器执行完成后，与该触发器相关的这两个表也会被删除。这两个表的作用如下所示。

❑ **deleted 表** 用于存放对表执行 UPDATE 或 DELETE 操作时，要从表中删除的所有行。

❑ **inserted 表** 用于存放对表执行 INSERT 或 UPDATE 操作时，要向表中插入的所有行。

2. DDL 触发器

DDL 触发器是指当服务器或者数据库中发生数据定义语言（DDL）事件时要执行的操作。如果要执行以下操作，可以使用 DDL 触发器。

❑ 要防止对数据库架构进行某些更改。

❑ 希望数据库中发生某种情况以响应数据库架构中的更改。

❑ 要记录数据库架构中的更改或者事件。

提示

根据使用的语言划分，触发器还有一类称为 CLR 触发器。CLR 触发器既可以是 AFTER 触发器或 INSTEAD OF 触发器，也可以是 DDL 触发器。在本书第 13 章中介绍。

10.6 创建触发器

创建触发器需要使用 CREATE TRIGGER 语句，该语句必须是批处理中的第一个语句，其后面的所有其他语句都将被解释为 CREATE TRIGGER 语句定义的一部分。下面将详细介绍每类触发器的具体创建。

10.6.1 DML 触发器

DML 触发器其实是一种特殊类型的存储过程，所以 DML 触发器的创建和存储过程的创建方式有很多相似之处，使用 Transact-SQL 语句创建 DML 触发器的基本语法格式如下所示。

```
CREATE TRIGGER trigger_name
ON { table | view }
{
    { { FOR | AFTER | INSTEAD OF }
    { [DELETE] [,] [INSERT] [,] [UPDATE] }
        AS
        sql_statement
    }
}
```

在 CREATE TRIGGER 的语法中，各主要参数的含义如下所示。

❑ **trigger_name**　用于指定创建触发器的名称。

❑ **table | view**　用于指定在其上执行触发器的表或者视图。

❑ **FOR|AFTER|INSTEAD OF**　用于指定触发器触发的时机。

❑ **DELETE|INSERT|UPDATE**　用于指定在表或者视图上执行哪些数据修改语句时将触发触发器的关键字。

❑ **sql_statement**　用于指定触发器所执行的 Transact-SQL 语句。

 创建 DML 触发器的权限默认是分配给表的所有者，且不能将该权限授权，另外不能对临时表和系统表创建 DML 触发器。

SQL Server 2008 提供的 DML 触发器可分成 4 种，即 INSERT 触发器、DELETE 触发器、UPDATE 触发器和 INSTEAD OF 触发器。下面将详细介绍每种 DML 触发器的创建。

1. 创建 INSERT 触发器

INSERT 触发器在对定义触发器的表执行 INSERT 语句时被执行。创建 INSERT 触发器，需要在 CREATE TRIGGER 语句中指定 AFTER INSERT 选项。

【实践案例 10-18】

在 "teacher" 表上创建一个 INSERT 触发器用于检查新添加的教师职称是否有效；如果无效则拒绝添加该数据。触发器的创建语句如下所示。

```
USE studentsys
GO
CREATE TRIGGER trig_CheckProfOnInsert
ON teacher
AFTER INSERT
AS
IF (SELECT Tprof FROM inserted) NOT IN ('讲师','高级讲师','副教授','教授')
BEGIN
    PRINT '教师的职称无效，请核对!'
    ROLLBACK TRANSACTION
END
```

上述语句创建的 INSERT 触发器名称为"trig_CheckProfOnInsert"，ON 关键字指定该触发器作用于"teacher"表，AFTER INSERT 表示在"teacher"表的 INSERT 操作之后触发。

使用 SELECT 语句从系统自动创建的 inserted 表中查询新添加教师的职称是否为"讲师"、"高级讲师"、"副教授"或者"教授"之一。如果不是，则使用 PRINT 命令输出错误信息，并使用 ROLLBACK TRANSACTION 语句进行事务回滚，拒绝向"teacher"表中添加。

例如，使用如下语句向"teacher"表中插入一行数据测试上述的触发器。

```
INSERT INTO Teacher(tno,Tname,Tsex,Tprof,Dno) VALUES(9,'石飞','男','讲授',3)
```

上面的 INSERT 语句中将"tprof"列（职称）设为"讲授"，明显不符合规范。该语句执行时将会显示"教师的职称无效，请核对!"，如图 10-24 所示。

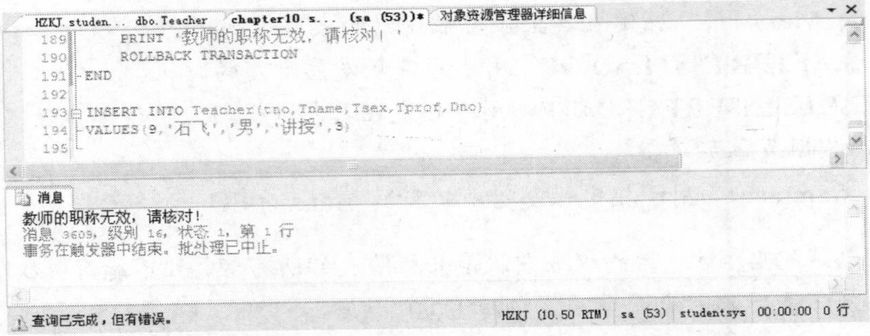

图 10-24　测试 trig_CheckProfOnInsert 触发器

2. 创建 DELETE 触发器

当针对目标表运行 DELETE 语句时就会激活 DELETE 触发器。DELETE 触发器用于约束用户能够从数据库中删除的数据。创建 DELETE 触发器需要在 CREATE TRIGGER 语句中指定 AFTER DELETE 选项。

使用 DELETE 触发器时，需要考虑以下的事项和原则。

❑ 当某行被添加到 deleted 表中时，该行就不再存在于数据库表中，因此 deleted 表和数据库表没有相同的行。

□ 创建 deleted 表时空间从内存中分配，且 deleted 临时表总是被存储在高速缓存中。

【实践案例 10-19】

例如，在"studentsys"数据库中创建一个 DELETE 触发器用于按学号删除学生信息时显示该学生的详细信息。

触发器的创建语句如下所示。

```
CREATE TRIGGER trig_ShowStudentInfoOnDelete
ON student
AFTER DELETE
AS
SELECT sno '已删除学生学号',sname '已删除学生姓名', ssex '性别',sbirth '出生日期',
sadrs '城市',dno '所在系部编号'
FROM DELETED
```

在上述语句中指定触发器名称为"trig_ShowStudentInfoOnDelete"，然后使用 ON 关键字定义触发器作用于"student"表，最后定义 SELECT 语句从 deleted 表中查询已删除学生的信息。

编写一条语句测试 DELETE 触发器是否创建成功，语句如下所示。

```
DELETE FROM student WHERE sno='06002'
```

执行后的结果如图 10-25 所示，显示了学号为 06002 学生的信息，说明上述触发器创建成功。

图 10-25　测试 trig_ShowStudentInfoOnDelete 触发器

对于含有用 DELETE 操作定义的外键的表，不能定义 INSTEAD OF DELETE 触发器。

【实践案例 10-20】

在"studentsys"数据库中创建一个 DELETE 触发器，在删除系部时检查该系中是否还有学生，如果有则提示删除失败，否则显示系部信息。触发器的创建语句如下所示。

```
CREATE TRIGGER trig_CheckStuOnDelete
ON dept
AFTER DELETE
AS
```

```
IF (SELECT COUNT(*) FROM student WHERE dno IN(SELECT dno FROM DELETED))>0
BEGIN
    PRINT '该系不能删除，请先移除相关的学生信息。'
    ROLLBACK TRANSACTION
END
ELSE
    SELECT dno '编号',dname '姓名',dmanagetno '主任编号' FROM DELETED
```

上述语句使用 SELECT dno FROM DELETED 语句获取要删除系部的编号，然后统计学生信息中与此匹配的记录数量。如果数量大于 0 则提示不能删除，否则显示该系的信息。

接下来使用如下的删除语句来测试 trig_CheckStuOnDelete 触发器。

```
DELETE FROM dept WHERE dno=1
```

由于该系下包含学生，所以删除失败，效果如图 10-26 所示。如图 10-27 所示为删除成功后的效果。

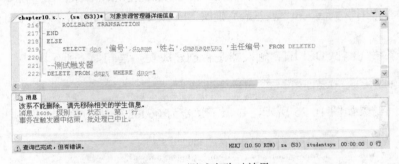

图 10-26　测试失败时效果

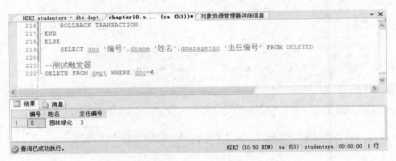

图 10-27　测试成功时效果

3. 创建 UPDATE 触发器

UPDATE 触发器在对定义触发器的表执行 UPDATE 语句时被执行。这种类型的触发器专门用于约束用户能修改的现有数据。当在定义有触发器的表上执行 UPDATE 语句时，原始行被移入到临时表 deleted，更新行被移入到临时表 inserted。创建 UPDATE 触发器需要在 CREATE TRIGGER 语句中指定 AFTER UPDATE 选项。

【实践案例 10-21】

在"studentsys"数据库中创建一个 UPDATE 触发器显示更新前后系主任姓名、职称和工资的变化。触发器的创建语句如下所示。

```
CREATE TRIGGER trig_UpdateDept
ON dept
AFTER UPDATE
AS
BEGIN
    SELECT tname '原来系主任姓名', tprof '职称' ,tpay '工资'  FROM teacher
    WHERE tno=(SELECT dmanagetno FROM deleted)
    SELECT tname '现在系主任姓名', tprof '职称' ,tpay '工资'  FROM teacher
    WHERE tno=(SELECT dmanagetno FROM inserted)
END
```

在触发器的 BEGIN…END 语句块中包含了两个 SELECT 语句，一个用于从 deleted 表中查询更新之前的信息，一个用于从 inserted 表中查询更新之后的信息。

编写 UPDATE 触发器的测试语句，如下所示。

```
UPDATE dept SET DManageTno=8 WHERE DManageTno=7
```

执行结果如图 10-28 所示。

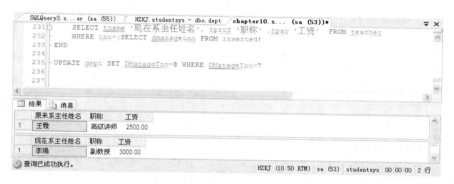

图 10-28　测试 trig_UpdateDept 触发器

【实践案例 10-22】

如果数据表中的某一列不允许被修改，那么可以在该列上定义 UPDATE 触发器，并且使用 ROLLBACK TRANSACTION 选项回滚事务。

例如，在"studentsys"数据库的成绩信息"scores"表上定义 UPDATE 触发器，使其禁止更新分数数据列"Sscore"。触发器语句如下所示。

```
CREATE TRIGGER trig_DenyUpdateScore
ON scores
FOR UPDATE
AS
IF UPDATE(Sscore)
BEGIN
    PRINT '分数已经生成且不能被改变。'
    ROLLBACK TRANSACTION
END
```

上述语句指定触发器名称为"trig_DenyUpdateScore"，然后使用 ON 关键字指定触发器作用于"scores"表。IF UPDATE(Sscore)语句指定仅在更新"Sscore"列时触发，接下来显示提示信息，使用 ROLLBACK TRANSACTION 选项回滚事务。

当创建完成触发器之后，可以更新成绩信息表中的"分数"列数据，以测试触发器创建是否成功。

例如，编写 UPDATE 语句将学生 06002 的 5 号课程成绩修改为 100，语句如下所示。

```
UPDATE scores SET Sscore='100' WHERE sno='06002' AND cno=5
```

执行后的结果如图 10-29 所示，显示了触发器中定义的提示信息。

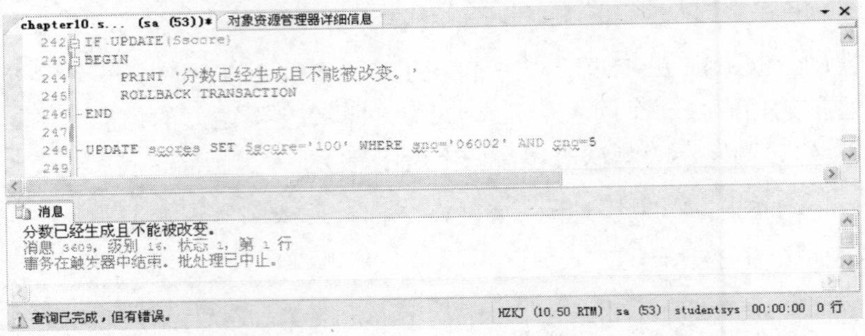

图 10-29　创建并测试 trig_DenyUpdateScore 触发器

> **注意**
> 对于含有用 UPDATE 操作定义的外键的表，不能定义 INSTEAD OF UPDATE 触发器。

4. 创建 INSTEAD OF 触发器

INSTEAD OF 触发器可以指定执行触发器的 SQL 语句，从而屏蔽原来的 SQL 语句，转向执行触发器内部的 SQL 语句。对于每一种触发动作（INSERT、UPDATE 或者 DELETE），每一个表或者视图只能有一个 INSTEAD OF 触发器。

【实践案例 10-23】

例如，在"studentsys"数据库的"student"表上创建 INSTEAD OF 触发器，当按学号删除学生信息时同时级联删除"scores"表中与之相关的成绩信息。触发器创建语句如下所示。

```
CREATE TRIGGER trig_DeleteScoreOnStu
ON student
INSTEAD OF DELETE
AS
BEGIN
    DELETE scores WHERE sno IN (SELECT sno FROM DELETED)
    DELETE student WHERE sno IN (SELECT sno FROM DELETED)
END
```

触发器创建之后，接下来编写测试语句，如下所示。

```
SELECT * FROM scores WHERE sno='06013'
DELETE FROM student WHERE sno='06013'
```

```
SELECT * FROM scores WHERE sno='06013'
```

在上述语句中，定义了两个 SELECT 语句，第一个用于查询删除前的成绩信息，第二个用于查询删除后的成绩信息，执行后的结果如图 10-30 所示。

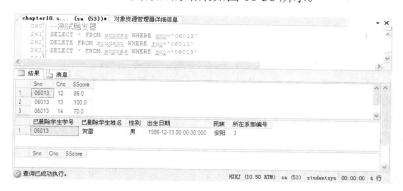

图 10-30 测试 INSTEAD OF 触发器

从图 10-30 可知，当在"student"上执行删除语句后，则触发"scores"表中与之相关的成绩信息随之删除。

10.6.2 DDL 触发器

DDL 触发器是一种特殊的触发器，在响应数据定义语言（DDL）语句时触发。DDL 触发器通常用于在数据库中执行管理任务，如审核和规范数据库操作等。

创建 DDL 触发器的语法如下所示。

```
CREATE TRIGGER trigger_name
ON { ALL SERVER | DATABASE }
[ WITH <ddl_trigger_option> [ ,…n ] ]
{ FOR | AFTER } { event_type | event_group } [ ,…n ]
AS { sql_statement [ ; ] [ ,…n ] }
```

语法说明如下所示。

❑ **ALL SERVER**

将 DDL 或登录触发器的作用域应用于当前服务器。如果指定了此参数，则只要当前服务器中的任何位置上出现 event_type 或 event_group，就会激发该触发器。

❑ **DATABASE**

将 DDL 触发器的作用域应用于当前数据库。如果指定了此参数，则只要当前数据库中出现 event_type 或 event_group，就会激发该触发器。

❑ **event_type**

执行之后将导致激发 DDL 触发器的 Transact-SQL 语言事件的名称，如 DROP_TABLE、ALTER_TABLE。

❑ **event_group**

预定义的 Transact-SQL 语言事件分组的名称。执行任何属于 event_group 的

Transact-SQL 语言事件之后，都将激发 DDL 触发器。

　　DML 触发器主要针对 INSERT、UPDATE 和 DELETE 这 3 种类型的 DML 触发事件，而 DDL 所针对的 DDL 触发事件要复杂得多，主要可分为数据库作用域 DDL 语句和服务器作用域 DDL 语句。

　　常见数据库作用域的 DDL 语句如表 10-5 所示。

表 10-5　数据库作用域的 DDL 语句

CREATE_APPLICATION_ROLE	ALTER_APPLICATION_ROLE	DROP_APPLICATION_ROLE
CREATE_FUNCTION	ALTER_FUNCTION	DROP_FUNCTION
CREATE_INDEX	ALTER_INDEX	DROP_INDEX
CREATE_PROCEDURE	ALTER_PROCEDURE	DROP_PROCEDURE
CREATE_ROLE	ALTER_ROLE	DROP_ROLE
CREATE_TABLE	ALTER_TABLE	DROP_TABLE
CREATE_USER	ALTER_USER	DROP_USER
CREATE_VIEW	ALTER_VIEW	DROP_VIEW

【实践案例 10-24】

　　针对"studentsys"数据库创建一个 DDL 触发器，该触发器用于拒绝用户对当前数据库中的表执行 DROP 或 ALTER 操作。触发器的创建语句如下所示。

```
USE studentsys
GO
CREATE TRIGGER protect_Table
ON DATABASE
FOR ALTER_TABLE , DROP_TABLE
AS
BEGIN
    PRINT '不能对本数据库中的表进行删除或修改操作！'
    ROLLBACK
END
```

　　上述语句指定触发器的名称为"protect_Table"，ON DATABASE 指定触发器作用于当前的"studentsys"数据库上，FOR 子句确定在执行 ALTER_TABLE 和 DROP_TABLE 操作时触发。使用 PRINT 命令输出针对 DDL 操作的错误信息，并使用 ROLLBACK 命令进行回滚。

　　常见服务器作用域的 DDL 语句如表 10-6 所示。

表 10-6　服务器作用域的 DDL 语句

CREATE_AUTHORIZATION_ SERVER	ALTER_AUTHORIZATION_ SERVER	DROP_AUTHORIZATION_ SERVER
CREATE_DATABASE	ALTER_DATABASE	DROP_DATABASE
CREATE_LOGIN	ALTER_LOGIN	DROP_LOGIN

【实践案例 10-25】

　　针对当前服务器创建一个禁止删除数据库和用户的触发器，语句如下所示。

```
CREATE TRIGGER protect_Server
ON ALL SERVER
FOR DROP_DATABASE , DROP_LOGIN
AS
BEGIN
    PRINT '当前服务器禁用此操作，请联系数据库管理员！'
    ROLLBACK
END
```

上述语句中的 **ON ALL SERVER** 指定触发器的作用域为整个服务器。

10.6.3 嵌套触发器

嵌套触发器是指在执行某个触发器时会触发其他触发器的执行。触发器最多可以嵌套 32 层。如果一个触发器更改了包含另一个触发器的表，则第二个触发器将被触发，然后该触发器又可以调用第 3 个触发器，依此类推。如果链中任意一个触发器引发了无限循环，则会超出嵌套级限制，从而导致取消触发器。

1. 嵌套触发器注意事项

使用嵌套触发器时，需要注意如下几点注意事项与原则。

❑ 默认情况下，嵌套触发器配置选项开启。

❑ 在同一个触发器事务中，一个嵌套触发器不能被触发两次，触发器不会调用它自己来响应触发器中对同一表的第二次更新。例如，如果在触发器中修改了一个表，接着又修改了定义该触发器的表，触发器不会被再次触发。

❑ 由于触发器是一个事务，如果在一系列嵌套触发器的任意层中发生错误，则整个事务都将取消，而且所有数据修改都将回滚。

2. 禁用和启用嵌套

特殊情况下，如果需要禁用触发器的嵌套功能，可以通过使用系统存储过程 sp_configure，设置服务器配置选项 nested triggers 的值为 0 来实现。

禁用嵌套的语句如下所示。

```
EXEC sp_configure 'nested triggers' , 0
```

如果需要重新启用嵌套，只需要通过系统存储过程 sp_configure，设置服务器配置选项 nested triggers 的值为 1 即可。

启用嵌套的语句如下所示。

```
EXEC sp_configure 'nested triggers' , 1
```

提示　用户如果想要查看当前触发器嵌套的层数，可以使用系统函数@@NESTLEVEL。

10.6.4　递归触发器

在任何触发器中都可以包含对同一个表或者另一个表的 UPDATE、INSERT 或者 DELETE 操作语句。如果启用递归触发器选项，那么改变表中数据的触发器，通过递归执行就可以再次触发自己。

1．递归触发器的类型

在 SQL Server 2008 中递归触发器有如下两种类型。

❑　**直接递归**

即触发器被触发并执行一个操作，而该操作又使同一个触发器再次被触发。例如，当对 T1 表执行 UPDATE 操作时，触发了 T1 表上的 trig_ForUpdate 触发器；而在 trig_ForUpdate 触发器中又包含有对 T1 表的 UPDATE 语句，这就导致 trig_ForUpdate 触发器再次被触发。

❑　**间接递归**

即触发器被触发并执行一个操作，而该操作又使另一个触发器被触发；第二个触发器执行的操作又再次触发第一个触发器。例如，当对 T1 表执行 UPDATE 操作时，触发了 T1 表上的 trig_ForUpdate 触发器；而在 trig_ForUpdate 触发器中又包含有对 T2 表的 UPDATE 语句，这就导致 T2 表上的 b_update 触发器被触发；又由于 b_update 触发器中包含有对 T1 表的 UPDATE 语句，使得 trig_ForUpdate 触发器再次被触发。

2．递归触发器注意事项

递归触发器具有复杂特性，可以用来解决诸如自引用这样的复杂关系。使用递归触发器时，需要注意如下几点注意事项和基本原则。

❑　递归触发器很复杂，必须经过有条理的设计和全面的测试。

❑　在任意点的数据修改会触发一系列触发器。尽管提供处理复杂关系的能力，但是如果要求以特定的顺序更新用户的表时，使用递归触发器就会产生问题。

❑　所有触发器一起构成一个大事务。任何触发器中的任何位置上的 ROLLBACK 命令都将取消所有数据的修改。

❑　触发器最多只能递归 16 层。如果递归链中的第 16 个触发器激活了第 17 个触发器，则结果与使用 ROLLBACK 命令一样，将取消所有数据的修改。

3．禁用与启用递归

在数据库创建时，默认情况下递归触发器选项是禁用的。如果想要启用触发器的递归功能，可以通过使用系统存储过程 sp_dboption，设置数据库选项 RECURSIVE_TRIGGERS 的值为 TRUE 来实现。

启用递归的语句如下所示。

```
EXEC sp_dboption 'database_name' , 'RECURSIVE_TRIGGERS' , 'TRUE'
```

其中，database_name 表示数据库名。

禁用递归的语句如下所示。

```
EXEC sp_dboption 'database_name' , 'RECURSIVE_TRIGGERS' , 'FASLE'
```

上述语句仅仅只能禁用直接递归，如果想要禁用间接递归，需要设置 nested triggers 服务器配置选项值为 0。

10.7 触发器的操作

前面介绍了各种触发器的创建，本节将介绍如何对已存在的触发器进行操作，包括修改触发器、禁用与启用触发器，以及删除触发器。

10.7.1 修改触发器

修改触发器需要使用 ALTER TRIGGER 语句，该语句使用的语法与 CREATE TRIGGER 相同。

【实践案例 10-26】

对实践案例 10-19 创建的 DELETE 触发器进行修改，语句如下所示。

```
--修改触发器
ALTER TRIGGER trig_ShowStudentInfoOnDelete
ON student
AFTER DELETE
AS
BEGIN
    SELECT sno '已删除学生学号',sname '已删除学生姓名', sadrs '城市',dno '所在
系部编号'
    FROM DELETED
    SELECT dno '该生所属系部编号',dname '系部名称'
    FROM dept WHERE Dno IN(SELECT Dno FROM DELETED)
END
```

如上述语句所示，修改后的触发器在删除学生时不仅显示学生信息，还会显示该生所在系部名称。编写触发器的测试语句，如下所示。

```
--测试修改后的触发器
DELETE FROM student WHERE sno='06015'
```

执行结果如图 10-31 所示。

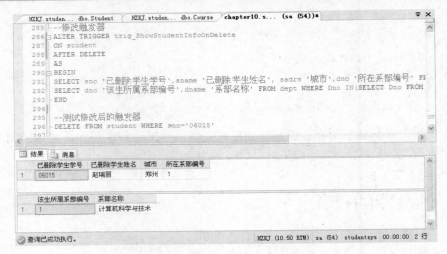

图 10-31 测试修改后的触发器

10.7.2 禁用与启用触发器

触发器在创建后将自动启用，不需要该触发器起作用时可以禁用它，然后在需要的时候再次启用它。

1. 禁用触发器

触发器被禁用后，仍然作为对象存储在当前数据库中，但是当执行 INSERT、UPDATE 或 DETELE 语句时，触发器将不再激活。

禁用触发器的语法如下所示。

```
DISABLE TRIGGER { [ schema_name . ] trigger_name [ ,…n ] | ALL }
ON { object_name | DATABASE | ALL SERVER }
```

语法说明如下所示。

- ❑ **schema_name** 触发器所属架构名称，只针对 DML 触发器。
- ❑ **trigger_name** 触发器名称。
- ❑ **ALL** 指示禁用在 ON 子句作用域中定义的所有触发器。
- ❑ **object_name** 触发器所在的表或视图名称。
- ❑ **DATABASE | ALL SERVER** 针对 DDL 触发器，指定数据库范围或服务器范围。

【实践案例 10-27】

例如，要禁用 "student" 表上的 DML 触发器 trig_ShowStudentInfoOnDelete，语句如下所示。

```
DISABLE TRIGGER trig_ShowStudentInfoOnDelete ON student
```

例如，要禁用 "studentsys" 数据库上的 DDL 触发器 protect_Table，语句如下所示。

```
DISABLE TRIGGER protect_Table ON DATABASE
```

【实践案例 10-28】

用户还可以通过 ALTER TABLE…DISABLE 语句禁用 DML 触发器。同样是禁用 "student" 表上的 DML 触发器 trig_ShowStudentInfoOnDelete，语句如下所示。

```
ALTER TABLE student
DISABLE TRIGGER trig_ShowStudentInfoOnDelete
```

2. 启用触发器

启用触发器的语法如下所示。

```
ENABLE TRIGGER { [ schema_name . ] trigger_name [ ,…n ] | ALL }
ON { object_name | DATABASE | ALL SERVER }
```

启用触发器的语法与禁用触发器的大致相同，只是一个使用 DISABLE 关键字，一个使用 ENABLE 关键字。针对 DML 触发器，还可以使用 ALTER TABLE…ENABLE 语句启用。

【实践案例 10-29】

启用 "student" 表上的 DML 触发器 trig_ShowStudentInfoOnDelete，语句如下所示。

```
ENABLE TRIGGER trig_ShowStudentInfoOnDelete ON student
```

启用 "studentsys" 数据库上的 DDL 触发器 protect_Table，语句如下所示。

```
ENABLE TRIGGER protect_Table ON DATABASE
```

使用 ALTER TABLE…ENABLE 语句启用 "student" 表上的 DML 触发器 trig_ShowStudentInfoOnDelete，语句如下所示。

```
ALTER TABLE student
ENABLE TRIGGER trig_ShowStudentInfoOnDelete
```

当然，用户也可以使用图形界面禁用触发器，右击需要禁用的触发器节点，执行【禁用】命令即可。

10.7.3 删除触发器

针对 DML 触发器与 DDL 触发器两种不同类型的触发器，删除触发器的语句也不同。

1. 删除 DML 触发器

删除 DML 触发器的语法如下所示。

```
DROP TRIGGER trigger_name [ ,…n ]
```

例如，删除 "student" 表上的 DML 触发器 trig_ShowStudentInfoOnDelete，语句如下所示。

```
DROP TRIGGER trig_ShowStudentInfoOnDelete
```

2. 删除 DDL 触发器

删除 DDL 触发器的语法如下所示。

```
DROP TRIGGER trigger_name [ ,…n ]
ON { DATABASE | ALL SERVER }
```

其中，DATABASE 表示如果在创建或修改触发器时指定了 DATABASE，则删除时也必须指定 DATABASE；ALL SERVER 同理。

例如，删除"studentsys"数据库上的 DDL 触发器 protect_Table，语句如下所示。

```
DROP TRIGGER protect_Table ON DATABASE
```

另外，用户也可以使用图形界面删除触发器，右击需要删除的触发器节点，执行【删除】命令即可。

10.8 项目案例：维护学生选课系统数据库

通过对本章内容的学习，相信读者一定掌握了 SQL Server 中存储过程的创建和执行，使用触发器维护数据完整性的内容。本节将综合使用这些知识，讲解如何对学生选课系统数据库的数据进行维护。

【实例分析】

在本章主要介绍了存储过程和触发器，因此同样要求使用它们来实现。在学生选课系统数据库中使用存储过程完成如下功能。

❑ 检索考试不及格学生的学号和课程名称。

❑ 动态指定要查询的表和条件。

❑ 返回指定查询影响的结果集。

❑ 按组查看所有学号的总分、平均分、最高分和最低分。

❑ 查看某生的所有学习信息，包括基本信息、所在系部信息、课程信息和考试信息。

在学生选课系统数据库中使用触发器完成如下功能。

❑ 限制成绩不能重复。

❑ 限制每系最多 5 门课程。

❑ 修改成绩时新成绩必须大于原来成绩，且小于100。

❑ 限制不能删除有依赖的课程编号。

❑ 当删除学生信息时进行备份。

（1）在 SQL Server Management Studio 中新建一个查询编辑器窗口并打开"studentsys"数据库。

（2）要获取考试不及格学生的学号和课程名称需要对"scores"表进行查询，并关联"course"表获取课程名称。使用存储过程的实现语句如下所示。

```
/*检索考试不及格学生的学号和课程名称*/
CREATE PROCEDURE SelectLessScore
AS
BEGIN
    SELECT Sno '学号',cname '课程名称' FROM SCORES s JOIN Course c ON
s.Cno=c.Cno
        WHERE SScore<=60
END
GO
--调用存储过程
EXEC SelectLessScore
```

上面创建了名为"SelectLessScore"的存储过程，它返回 sscore 小于等于 60 的学号和课程名称。最后一行是存储过程的调用语句，执行结果如图 10-32 所示。

（3）在学生选课系统中经常需要获取某个查询执行之后返回的行数。为此在这里编写了一个存储过程可以向指定的表中执行特定的条件查询，并输出查询影响的结果数，语句如下所示。

```
/*动态指定要查询的表和条件*/
CREATE PROCEDURE GetRowsCount
    @tablename varchar(100),@where varchar(200)
AS
BEGIN
    declare @sql varchar(100)
    SET @sql='SELECT COUNT(*) ''结果'' FROM '+@tablename+' WHERE '+@where
    exec(@sql)
END
GO
--调用存储过程
EXEC GetRowsCount 'scores','sscore<60'
EXEC GetRowsCount 'student','ssex=''女'''
```

上述语句创建的存储过程名为"GetRowsCount"，它有两个参数：@tablename 参数指定查询的表名，@where 参数指定查询的条件。在存储过程中将这两个参数与 SELECT 语句进行组合，然后调用系统存储过程 exec 进行执行。最后是两行调用语句，执行结果如图 10-33 所示。

图 10-32　执行 SelectLessScore 存储过程效果　　　图 10-33　执行 GetRowsCount 存储过程效果

（4）上步创建的 GetRowsCount 存储过程仅能返回动态查询结果集中的行数，接下来创建一个存储过程，可以返回动态结果集，语句如下所示。

```
/*返回指定查询影响的结果集*/
CREATE PROCEDURE DynamicSearch
    @tablename varchar(100),@where varchar(200)
AS
BEGIN
    declare @sql varchar(100)
    set @sql='SELECT * FROM '+@tablename+' WHERE '+@where
    exec(@sql)
END
GO
--调用存储过程
EXEC DynamicSearch 'scores','sscore<60'
EXEC DynamicSearch 'student','ssex=''女'''
```

如上述语句所示，DynamicSearch 与 GetRowsCount 最大不同之处是没有使用 COUNT 统计数量。现在的执行结果如图 10-34 所示。

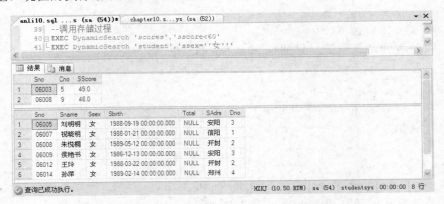

图 10-34　执行 DynamicSearch 存储过程效果

（5）编写存储过程实现按组查看所有学号的总分、平均分、最高分和最低分。

```
/*按组查看所有学号的总分、平均分、最高分和最低分*/
CREATE PROCEDURE GetScoresByGroup
AS
BEGIN
    SELECT sno '学号',SUM(sscore)'总分',AVG(sscore) '平均分',MAX(sscore)'最
高分',MIN(sscore)    '最低分'
    FROM SCORES
    GROUP BY sno
    ORDER BY '总分' DESC
END
GO
--调用存储过程
EXEC GetScoresByGroup
```

上述存储过程比较简单，执行后的结果集如图 10-35 所示。

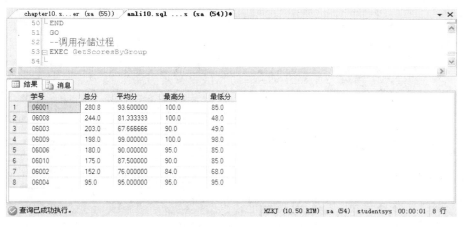

图 10-35　执行 GetScoresByGroup 存储过程效果

（6）编写存储过程实现按学号查询该生在系统中的所有学习信息，包括基本信息、所在系部信息、课程信息和考试信息。

```
/*查看学生的所有学习信息*/
CREATE PROCEDURE GetReportBySno
    @sno char(5)
AS
BEGIN
    DECLARE @dno int=0
    SELECT @dno=Dno FROM student WHERE Sno=@sno
    SELECT sno '学生学号',sname '姓名',ssex '性别','年龄'=YEAR(getdate())-
YEAR(sbirth),sadrs '城市' FROM student
    WHERE Sno=@sno
    SELECT d.dno '所在系部编号' ,dname '名称',tname '主任名称' FROM dept d JOIN
Teacher t ON d.DManageTno=t.Tno
    WHERE d.Dno=@dno
    SELECT cno '学习课程编号',cname '名称',credit '学分' FROM Course WHERE
Dno=@dno
    SELECT sc.sno '学生学号',cname '考试课程名称',sscore '考试成绩' FROM SCORES
sc ,Course c, student s
    WHERE sc.Sno=s.Sno AND sc.Cno=c.Cno AND sc.Sno=@sno
END
GO
--调用存储过程
EXEC GetReportBySno @sno='06001'
```

这里主要是为存储过程指定一个参数，然后进行查询返回不同的结果，如图 10-36 所示。

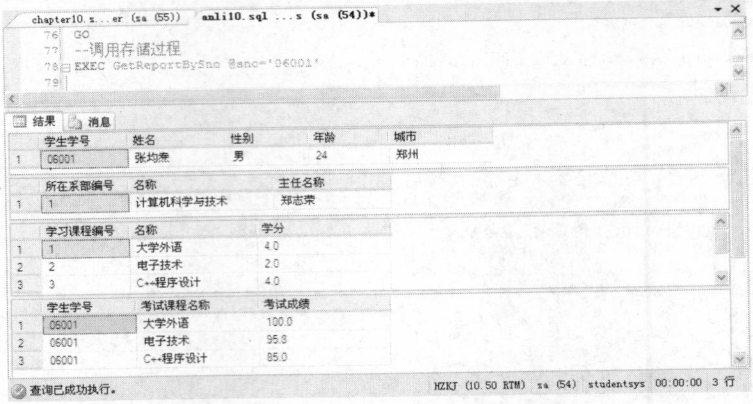

图 10-36　执行 GetReportBySno 存储过程效果

（7）为了保证学生考试成绩的唯一性，需要限制同一个学生的考试课程编号不可以重复出现。这需要针对"scores"表的 INSERT 操作进行检测，如果重复就禁止提交。触发器的创建语句如下所示。

```
/*限制成绩不能重复*/
CREATE TRIGGER CheckScore
ON scores
AFTER INSERT
AS
BEGIN
IF EXISTS(SELECT sno FROM SCORES WHERE Sno IN(SELECT Sno FROM inserted)
    AND Cno IN (SELECT Cno FROM inserted)
    )
    PRINT '成绩添加失败。原因：相同学生的课程编号不可以重复。'
    ROLLBACK TRANSACTION
END
GO
--测试触发器
INSERT INTO SCORES VALUES('06001',1,40)
```

上述语句创建的 CheckScore 触发器会在表"SCORES"的 INSERT 语句执行时触发。在触发器中对要插入的学号和课程编号进行查询，如果找到已存在记录则提示错误。最后一行是触发器的测试语句，执行效果如图 10-37 所示。

（8）在课程表 course 中有一列"dno"表示系部编号，通过该列进行分组统计可以计算出每个系的课程数量。要限制每系最多 5 门课程需要在 INSERT 操作执行时检测，触发器的语句如下所示。

```
/*限制每系最多5门课程*/
CREATE TRIGGER CheckCourse
ON course
AFTER INSERT
AS
BEGIN
IF(SELECT COUNT(cno) FROM Course WHERE dno IN(SELECT dno FROM inserted))>5
```

```
        PRINT '课程添加失败。原因: 超出系部允许的最大课程数量5。'
        ROLLBACK TRANSACTION
END
GO
--测试触发器
INSERT Course VALUES('16','数据结构',5,4.0,1)
```

触发器的测试效果如图 10-38 所示。

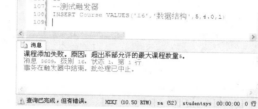

图 10-37   测试 CheckScore 触发器效果　　　　图 10-38   测试 CheckCourse 触发器效果

（9）假设在学生选课系统中规定：要修改的新成绩如果小于原来的成绩则被视为无效成绩。编写触发器对此规定进行验证，语句如下所示。

```
/*修改成绩时新成绩必须大于原来成绩，且小于100*/
CREATE TRIGGER UpdateScore
ON SCORES
AFTER UPDATE
AS
BEGIN
    DECLARE @s1 AS decimal(5,1)
    DECLARE @s2 AS decimal(5,1)
    SELECT @s1=sscore FROM deleted
    SELECT @s2=sscore FROM inserted
    IF @s2<@s1
    BEGIN
        PRINT '成绩添加失败。原因: 新成绩不能小于原来成绩。'
        ROLLBACK TRANSACTION
    END
    IF @s2>100
    BEGIN
        PRINT '成绩添加失败。原因: 成绩不能大于100。'
        ROLLBACK TRANSACTION
    END
END
GO
--测试触发器
UPDATE SCORES SET SScore=120
WHERE Sno='06001' AND Cno=1
```

在触发器中对成绩的两种情况进行了判断，测试效果如图 10-39 所示。

（10）在课程表中有一列"cpno"，如果该列有值则表示该值对应的课程是当前课程的依赖课程，并且在删除有依赖的课程编号时要进行提示。

```
/*限制不能删除有依赖的课程编号*/
CREATE TRIGGER CheckCnoOnDelete
ON course
AFTER DELETE
AS
BEGIN
    DECLARE @cno AS char(3)
    SELECT @cno=cno FROM deleted
    IF(SELECT COUNT(cno) FROM Course WHERE cpno=@cno)>0
    BEGIN
        PRINT '课程删除失败。原因：当前课程是其他课程的依赖项，不能删除。'
        ROLLBACK TRANSACTION
    END
END
GO
--测试触发器
delete FROm Course where Cno=5
```

触发器的测试效果如图 10-40 所示。

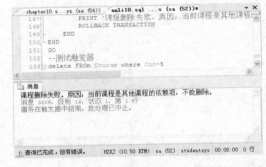

图 10-39　测试 UpdateScore 触发器效果　　图 10-40　测试 CheckCnoOnDelete 触发器效果

（11）编写一个触发器实现当删除学生信息时将数据备份到另外一个表中。实现语句如下所示。

```
/*当删除学生信息时进行备份*/
CREATE TRIGGER BakupStudentOnDelete
ON student
INSTEAD OF DELETE
AS
BEGIN
    IF NOT EXISTS(SELECT * FROM sysobjects WHERE name='学生信息备份')
    BEGIN
        CREATE TABLE 学生信息备份(
            学号 varchar(10) NOT NULL,
            姓名 varchar(10) NOT NULL,
```

```
                性别 varchar(4) NULL,
                出生日期 date NOT NULL,
                城市 varchar(10) NULL,
                系部编号 int NULL
        )
    END
    INSERT INTO 学生信息备份
    SELECT sno,sname,ssex,sbirth,sadrs,dno FROM deleted
    DELETE FROM student WHERE Sno IN(SELECT Sno FROM deleted )
END
GO
--测试触发器
Delete FROM student WHERE sno='06002'
SELECT * FROM 学生信息备份
```

在触发器中首先判断是否有要保存备份信息的"学生信息备份"表，如果没有则进行创建。接下来向该表中插入数据，再执行删除操作，测试效果如图 10-41 所示。

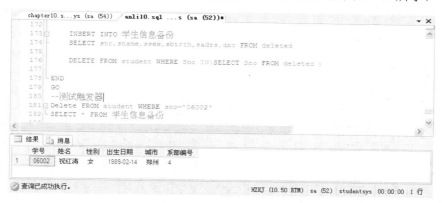

图 10-41   测试 BakupStudentOnDelete 触发器效果

10.9 习题

一、填空题

1. 系统存储过程的名称一般以_____开头，存放在 master 数据库中，但其他数据库也可以调用。

2. 在创建存储过程时使用了_____子句，则无法了解存储过程的定义信息。

3. 下面是一段不完整的创建存储过程的代码，请将它填补正确。

```
CREATE PROCEDURE get_student_name
    _____ int ,
@student_name varchar(20) OUTPUT
AS
    SELECT @student_name = stuname FROM student
    WHERE stuid = @student_id
```

4．SQL Server 2008 中常规触发器类型有_____和 DDL 触发器。

5．系统为 DML 触发器自动创建两个表_____和 deleted，分别用于存放向表中插入的行和从表中删除的行。

二、选择题

1．如果要创建本地临时存储过程，应在存储过程名前面添加_____。

    A．@

    B．@@

    C．#

    D．##

2．下列属于系统存储过程的是_____。

    A．xp_sqlwho

    B．sp_sqlwho

    C．proc_sqlwho

    D．syssqlwho

3．使用如下语句创建了一个存储过程。

```
CREATE PROCEDURE check_user
@user_id int,
@user_password varchar(20)
AS
    IF (SELECT COUNT(*) FROM user
        WHERE userid = @user_id AND userpassword = @user_password) = 0
        PRINT 'ID 或口令错误！'
    ELSE
        PRINT '验证通过！'
```

下列哪个语句不可以正确调用 check_user 存储过程？_____

    A．EXEC check_user 1 , '1001001'

    B．EXEC check_user @user_id = 1 , @user_password = '1001001'

    C．EXEC check_user '1001001' , 1

    D．EXEC check_user @user_password = '1001001' , @user_id = 1

4．下面哪条语句可以正确删除一个触发器 trig？_____

    A．DROP * FROM trig

    B．DROP trig

    C．DROP TRIGGER trig

    D．DROP TRIGGER WHERE NAME = 'trig'

5．下面哪种子句不属于创建 DML 触发器的语句中的内容？_____

    A．AFTER DELETE

    B．AFTER UPDATE

    C．INSTEAD OF DELETE

    D．FOR DROP_TABLE

6. 禁用触发器应该使用下列哪种语句？_____

A. ALTER TRIGGER

B. ENABLE TRUGGER

C. DISABLE TRIGGER

D. DROP TRIGGER

三、上机练习

上机实践 1：编写存储过程

假设有一个"person"表，表中包括如下字段：id(int)、name(varchar(10))、sex(char(2))、age(int)。要求读者编写存储过程完成如下操作。

（1）编写一个名为"proc_InsertPerson"的存储过程，实现向"person"表插入记录。

（2）编写一个名为"proc_GetCountBySex"的存储过程，实现传递 1 返回性别为"男"的数量，传递 0 返回性别为"女"的数量。

（3）编写一个名为"proc_UpdatePerson"的存储过程，实现按"id"修改"person"的信息。

（4）修改"proc_InsertPersoon"存储过程，要求在存储过程中实现数据过滤。其中"sex"字段的值只允许为"男"或"女"，"age"值只允许在 18 到 55 之间。如果数据不符合要求，使用自定义消息进行提示。

（5）针对上面创建的存储过程编写调用语句。

上机实践 2：编写触发器

假设有一个"person"表，表中包括如下字段：id(int)、name(varchar(10))、sex(char(2))、age(int)。要求读者编写触发器完成如下操作。

（1）编写一个名为"trig_InsertPerson"的 INSERT 触发器，对要插入的数据进行验证。其中，"sex"字段的值只允许为"男"或"女"，"age"值只允许在 18 到 55 之间。如果数据不符合要求，则提示错误信息，并进行回滚。

（2）编写一个名为"trig_DenyUpdateId"的 UPDATE 触发器，禁止对"id"进行数据修改。

（3）编写一个名为"trig_UpdatePerson"的 UPDATE 触发器，检查更新时是否有相同的"name"，如果有则提示错误信息，并进行回滚。

（4）编写一个名为"trig_DeletePerson"的 INSTEAD OF 触发器。要求不允许直接删除"name"中以"admin_"开头的记录，如果删除这些记录，则应该先将它们转储到"person_temp"表中，然后再删除。其中，"person_temp"表不要事先创建，应该在触发器中判断"person_temp"表是否已经存在，如果不存在再使用语句创建它。

（5）针对上面创建的触发器编写测试语句。

（6）禁用触发器之后再进行测试，最后删除这些触发器。

10.10 实践疑难解答

10.10.1 关于执行带参数存储过程的问题

(?) 关于执行带参数存储过程的问题
网络课堂：http://bbs.itzcn.com/thread-755-1-1.html

【问题描述】假设在数据库中创建了一个存储过程，使用的是如下语句。其中，@sum_1 是输入参数，@_kc_id 是输出参数。

```
CREATE PROCEDURE [dbo].[StoryProc]
@_kc_id int , @sum_1 int OUTPUT
AS
BEGIN
    SELECT @sum_1 = COUNT(*)
    FROM Results   WHERE 课程编号= @_kc_id
END
```

存储过程创建成功了，然后调用它并传递参数，编写了下面的语句。

```
DECLARE @return_value int, @sum_1 int,  @_kc_id int
EXEC @_kc_id = 7 @return_value = [dbo].[StoryProc] @sum_1 = @sum_1 OUTPUT
SELECT @sum_1 as N'@sum_1'
SELECT 'Return Value' = @return_value
```

但是执行上面 SQL 语句时，总是提示如下错误，这是为什么呢？

```
消息 102，级别 15，状态 1，第 5 行
'7' 附近有语法错误。
```

【解决办法】提示错误的原因是把存储过程返回值和输出参数弄混淆了。在执行存储过程时，输出参数和返回值是不同的。因为如果存储过程有参数，那么执行时必须提供参数，否则会报错。

在调用存储过程并传递参数的代码中，使用 EXEC 执行存储过程正确，但是提供参数的方式是错误的。并且在创建的存储过程中并没有返回值，所以没必要获取存储过程的返回值。如果一定要获取其返回值，获取到的值是 0。请看下面执行存储过程的 SQL 语句。

```
DECLARE @return_value int, @sum_1 int,   @_kc_id int
SET @_kc_id = 7
EXEC @return_value = [dbo].[StoryProc] @sum_1  OUTPUT ,@_kc_id
SELECT @sum_1 AS N'@sum_1'
SELECT 'Return Value' = @return_value
```

只需要稍微修改一下执行存储过程的 SQL 语句，就处理了执行存储过程时出现的错误。扎实掌握基础知识还是非常有必要的。

10.10.2 如何在删除数据时进行额外处理

 如何在删除数据时进行额外处理

网络课堂：http://bbs.itzcn.com/thread-528-1-1.html

【问题描述】：请问下面的问题如何解决？

有一个数据库保存了非常重要的数据，现在需要删除交易信息表中的数据，要求检查被删除的数据是否是一个月以前的交易信息。如果是，则备份到"backupTable"中；否则报告错误，撤销删除操作。

【解决办法】：在解决这个问题时，首先要确定应该使用 DELETE 触发器，另外，还需要应用一个求日期差的 datediff() 函数。主要步骤如下所示。

（1）首先定义一个"transinfo"表，用于存放交易信息。然后在"transinfo"表上创建 DELETE 触发器 tri_transinfo_delete。

（2）在创建过程中，首先定义 3 个变量：@cardid、@oldtime 和@monthtime，分别用于获取产品的 ID 号、产品交易时间和从产品交易到现在的时间差。

（3）之后定义 if...else 语句，判断删除的数据是不是一个月以前的，如果不是，则禁止删除；反之，则允许删除该数据。

（4）最后定义嵌套的 if...else 语句，判断在系统对象中是否存在备份设备，如果存在，则直接将删除的数据插入到备份设备中；反之，则创建备份设备并将删除的数据插入备份设备中。

下面是示例触发器的创建语句。

```
CREATE TRIGGER tri_transinfo_delete
ON transinfo
AFTER DELETE
AS
BEGIN
 DECLARE @cardid varchar(5), @oldtime datetime, @monthtime int
 SELECT @cardid = cardid, @oldtime = transDate FROM deleted
 SET @monthtime = datediff(mm, @oldtime, getdate())
 IF(@monthtime<1)
 BEGIN
  PRINT '删除错误! 一个月内的记录不能删除!'
  ROLLBACK
 END
 ELSE
 BEGIN
   IF exists(SELECT * FROM sys.objects WHERE [name] = 'transinfo_bak')
   BEGIN
     INSERT INTO transinfo_bak SELECT * FROM deleted
   END
   ELSE
   BEGIN
    SELECT * INTO transinfo_bak FROM deleted
   END
 END
END
```

第11章

大多数据库通过网络与用户相连，但并不是网络上的所有人都有权利操作数据库，否则数据库的真实性和运行能力将会被破坏，严重的话直接导致系统瘫痪。本章将详细讲述为确保数据库的安全，SQL Server 2008 提供的一系列安全管理方法，包括身份验证、账户和数据库用户的管理、角色和权限。

本章学习要点：

➢ 理解 SQL Server 2008 安全管理机制
➢ 掌握 SQL Server 的身份验证模式和账户创建
➢ 掌握 SQL Server 服务器账户的管理
➢ 理解数据库用户的定义
➢ 掌握数据库的管理
➢ 理解角色和权限的概念
➢ 掌握角色的管理
➢ 掌握权限的管理

11.1 安全机制简介

SQL Server 安全管理的主要途径是将数据库对象的操作权限授权给不同角色或用户，之后在用户登录时对用户进行一系列的验证，找出用户拥有的角色和权限。

安全机制分为 5 个等级：客户端安全机制、网络传输安全机制、实例级别安全机制、数据库级别安全机制和对象级别安全机制。

1. 客户端安全机制

SQL Server 是运行在特定操作系统上的应用程序，客户机操作系统的安全性将直接影响 SQL Server 的安全性。用户使用客户机访问网络上的 SQL Server 服务器时，要获得客户计算机操作系统的使用权。

SQL Server 2008 采用集成 Windows NT 网络安全性的机制，操作系统安全性的地位得到提高，但同时管理数据库系统的安全性和灵活性难度加大。

2．网络传输安全机制

网络传输安全机制主要保护数据的安全，具体措施有两种：数据加密和备份加密。

数据加密是在数据写入磁盘时对数据加密，从磁盘读取数据时解密。通过 SQL Server 系统来管理加密和解密，在保护数据安全性的同时，减轻了程序开发人员设计程序时对数据进行加密解密的负担。

备份加密主要防止数据的泄露和篡改，备份的恢复权属于特定用户。

3．实例级别安全机制

在打开 SQL Server 之前需要先登录，登录是实现安全性的重要途径，通过验证用户名和密码决定用户能否访问 SQL Server 服务器，这就是实例级别安全机制。

4．数据库级别安全机制

SQL Server 服务器的用户有很多，不是每个 SQL Server 用户都可以访问 SQL Server 服务器的所有对象。数据库级别安全机制是定义在数据库访问权限上的机制，通过在登录到服务器的基础上为数据库指定用户和权限，实现数据库级别的安全性。

5．对象级别安全机制

对象级别安全机制是验证用户权限的最后一个安全等级，它定义在具体的数据库对象上，如表、视图等。数据库用户获得的是具体对象的操作权限。

实现对数据库对象的操作要依次通过这 5 层安全级别的验证，如图 11-1 所示。

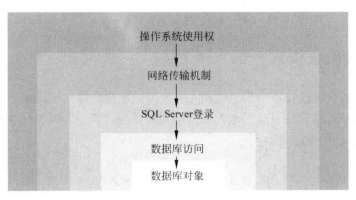

图 11-1　SQL Server 安全机制

针对这 5 层安全机制，SQL Server 提供了身份验证、SQL Server 账户管理、数据库用户管理、角色管理和权限管理的方法来实现，详细内容将在接下去的各节中分别介绍。

11.2　安全管理概述

SQL Server 按照上述的安全级别通过层层的验证将权限赋予用户，用户首先登录操作系统获得操作系统的使用权，接着登录 SQL Server 服务器，SQL Server 服务器根据用户名验证用户拥有的权限并配合用户完成权限内的操作。

安装完 SQL 服务器后，系统自动建立一个 SQL 服务器用户"sa"即系统管理员，他对整个系统有操作权，其他用户均由系统管理员创建。在 SQL Server 中有三种特殊的用户。

- ❏ **系统管理员** 拥有整个系统的操作权。
- ❏ **数据库所有者** 对他所拥有的数据库具有全部操作权。
- ❏ **一般用户** 对特定的数据库拥有被授权的操作权限。

这些特殊用户并不是直接创建的，在实际操作中创建的 SQL Server 的用户有两种，即 SQL Server 服务器用户和数据库用户，根据这两种用户的创建定义了上述三种特殊用户。

SQL Server 服务器用户是能够登录到 SQL Server 服务器的用户，而数据库的用户是拥有对特定数据库访问权的用户。

一个 SQL Server 服务器中可以有很多数据库，因此数据库的用户一定是 SQL Server 用户，但 SQL Server 用户不一定是特定数据库的用户。SQL Server 用户拥有其自身创建的数据库的操作权，但不一定拥有其他数据库的访问权。接下来将详细讲述 SQL Server 服务器用户和数据库用户。

11.3 SQL Server 服务器账户

保存着个人信息的网站，只有知道用户名和密码的用户，登录时才不会使个人私密信息泄露。SQL Server 的登录不如网站登录那样简单，有着多种身份验证模式和更为复杂的账户管理机制。本节将讲述 SQL Server 服务器账户的类型、创建和管理。

11.3.1 身份验证模式

SQL Server 提供了两种身份验证模式来验证用户登录权限：Windows 身份验证模式和混合身份验证模式。数据库管理员根据用户的实际情况选择适合的验证模式。

1．Windows 身份验证模式

SQL Server 2008 是运行在操作系统上的，在登录 SQL Server 之前用户必须先登录操作系统，使用 Windows 身份验证模式需要在 Windows 操作系统平台下进行，提供 Windows 操作系统的登录用户名和密码。

Windows 身份验证模式使用 Windows 操作系统中的信息验证账户名和密码。数据库管理员不再需要管理用户账户，由操作系统全权负责客户端的身份验证和账户的管理。

使用 Windows 身份验证模式，用户不需要独立的 SQL Server 账户和密码，默认情况下 SQL Server 2008 使用本地账户登录，但用户要遵从 Windows 安全模式下的所有规则。

2．混合身份验证模式

SQL Server 的账户分为两种，即 Windows 账户和 SQL Server 账户。虽然在登录 SQL

Server 之前用户必须先登录操作系统，但混合身份验证模式并不是同时验证 Windows 账户和 SQL Server 账户，它可以使用 SQL Server 账户验证非 Windows 平台下的账户，具体使用的验证方式取决于在最初的通信时使用的网络库。

它支持更大范围的用户，一个应用程序可以使用单个 SQL Server 登录。

11.3.2 配置身份验证模式

SQL Server 2008 提供两种身份验证模式，虽然 SQL Server 2008 在安装的时候就需要指定身份验证模式，但更多的用户在安装好的环境上使用 SQL Server。SQL Server 的验证模式可以根据需要修改，具体步骤如下所示。

（1）打开【SQL Server Management Studio】窗口连接 SQL Server 服务器，在【对象资源管理器】中右击服务器名称执行【属性】命令，打开【服务器属性】窗口。

（2）单击左侧选项页列表的【安全性】选项卡，如图 11-2 所示，在右侧的【服务器身份验证】区域选择需要的验证模式并单击【确定】按钮返回。

图 11-2　修改验证模式

（3）重启 SQL Server 服务器完成验证模式修改。

注意　在修改身份验证模式时，登录服务器的账户必须拥有对服务器的最高控制权，否则将无法修改。

11.3.3 创建登录账户

只有去银行开了户才可以使用账户、密码管理自己在银行的财务，不同的用户使用不同的账户和密码，确保财产安全。SQL Server 服务器同样需要创建属于个人的账户来确保数据的安全性。

SQL Server 服务器的账户有两种，即 Windows 账户和 SQL Server 账户，支持使用图形界面或 Transact-SQL 语句创建账户。

1. 创建 Windows 登录账户

在 Windows 操作系统平台下登录 SQL Server 服务器，默认的身份验证类型为 Windows 身份验证。但使用 Windows 身份验证，登录账户要存在于 Windows 系统的账户数据库中。新创建的 Windows 登录账户要映射到下列 3 项中的一项。

- 单个用户。
- 管理员已经创建的 Windows 组。
- Windows 内部组（如 Administrator）。

通常将 Windows 登录映射到管理员已经创建的 Windows 组，方便登录的管理。

在创建 Windows 登录之前必须确定这个登录映射到上述 3 项中的哪一项，然后在操作系统中创建用户，具体实现步骤如下所示。

（1）执行【控制面板】|【管理工具】|【计算机管理】命令打开【计算机管理】窗口，如图 11-3 所示。

图 11-3　【计算机管理】窗口

（2）展开【本地用户和组】节点右击【用户】节点，在弹出菜单中执行【新用户】命令，打开【新用户】对话框如图 11-4 所示。

图 11-4　添加计算机系统用户

（3）编辑用户名和密码，禁用默认的【用户下次登录时须更改密码】复选框，启用【密码永不过期】复选框，再单击【创建】按钮完成新用户的添加。添加多个用户后，单击【关闭】按钮返回【计算机管理】窗口。

（4）将新建的用户放在新建的用户组，在【计算机管理】窗口右击【组】节点，执行【新建组】命令打开【新建组】对话框，如图 11-5 所示。编辑新建组信息并单击【添加】按钮打开【选择用户】对话框，如图 11-6 所示。

（5）在【输入对象名称来选择】文本区域内填写创建好的用户名，一次只能写一个。单击【确定】按钮返回【新建组】对话框，如图 11-7 所示，单击【添加】按钮继续添加组用户。

图 11-5　新建组

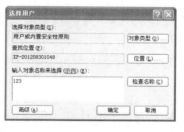
图 11-6　添加组用户

图 11-7　用户添加完成

（6）用户添加完成后，依次单击【创建】按钮和【关闭】按钮，完成用户和组的创建。

（7）将新建组添加到本地登录，执行【控制面板】|【管理工具】|【本地安全策略】命令，打开【本地安全设置】窗口。展开【本地策略】节点，选择【用户权利指派】节点，如图 11-8 所示。在右侧找到【在本地登录】策略并双击打开如图 11-8 所示的【在本地登录 属性】对话框。

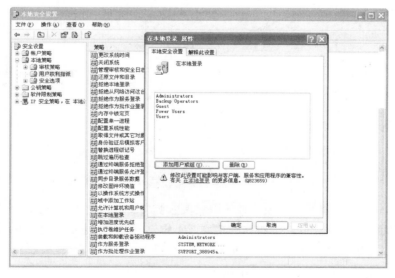
图 11-8　用户组属性

（8）在【在本地登录 属性】对话框中单击【添加用户或组】按钮，打开【选择用户或

组】对话框，如图 11-9 所示。单击【对象类型】按钮，打开【对象类型】对话框，如图
11-10 所示，启用【组】复选框并单击【确定】按钮返回【选择用户或组】对话框。

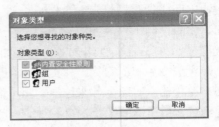

图 11-9　选择用户或组　　　　　　　　　图 11-10　选择对象类型

　　（9）在【输入对象名称来选择】的文本区域内的输入组的名称，单击【确定】按钮返
回【在本地登录 属性】对话框，完成新建组添加到本地登录。

　　（10）将创建的 Windows 登录映射到组，打开 SQL Server Management Studio 的【对象
资源管理器】，展开【安全性】节点，然后右击【登录名】节点执行【新建登录名】命令，
打开【登录名-新建】窗口，如图 11-11 所示。在【登录名】文本区域内编辑组名；也可以
单击【搜索】按钮，在【选择用户或组】对话框选择组。在【默认数据库】下拉列表中选
择目标数据库。

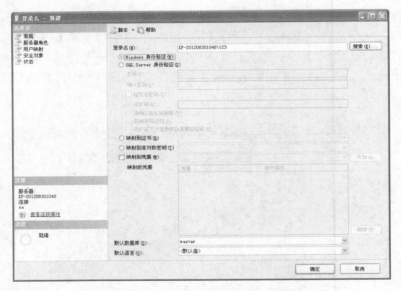

图 11-11　新建登录名

　　（11）单击【用户映射】选项打开【用户映射】页面。启用【映射到此登录名的用户】
区域中需要的数据库复选框，接着启用【数据库角色成员身份】列表区域的【db_owner】
复选框，单击【确定】按钮完成 Windows 登录的创建。

2．创建 SQL Server 登录账户

　　在非 Windows 操作系统平台下或当前使用的 Windows 账户不能登录到 SQL Server，

只能使用 SQL Server 登录账户。创建 SQL Server 登录账户步骤如下所示。

（1）在【对象资源管理器】中展开【安全性】节点，然后右击【登录名】节点执行【新建登录名】命令，从打开的【登录名-新建】窗口选中【SQL Server 身份验证】单选按钮，输入用户名和密码并在【默认数据库】下拉列表中选择目标数据库。

（2）选择【用户映射】选项，操作同创建 Windows 账户相同，启用【映射到此登录名的用户】区域中需要的数据库复选框。接着启用【数据库角色成员身份】列表区域的【db_owner】复选框，单击【确定】按钮完成 SQL Server 登录的创建。

3. 使用 Transact-SQL 语句创建登录账户

Transact-SQL 语句创建账户可以使用 CREATE LOGIN 命令或使用存储过程。

使用 CREATE LOGIN 命令创建 Windows 账户和 SQL Server 账户具体语法如下所示。

```
CREATE LOGIN login_name { WITH <option_list1> | FROM <sources> }
<option_list1> ::=
PASSWORD = { 'password' | hashed_password HASHED } [ MUST_CHANGE ]
SID = sid
| DEFAULT_DATABASE =database
| DEFAULT_LANGUAGE = language
| CHECK_EXPIRATION = { ON | OFF }
| CHECK_POLICY = { ON | OFF}
| CREDENTIAL =credential_name
<sources> ::=
WINDOWS [ WITH <windows_options>[ ,... ] ]
| CERTIFICATE certname
| ASYMMETRIC KEY asym_key_name
<windows_options> ::=
DEFAULT_DATABASE =database
| DEFAULT_LANGUAGE =language
```

语法说明如下所示。

❑ **login_name**　指定创建的登录名。有 4 种类型的登录名，即 SQL Server 登录名、Windows 登录名、证书映射登录名和非对称密钥映射登录名。

❑ **PASSWORD='password'**　仅适用于 SQL Server 登录名。指定正在创建的登录名的密码。

❑ **PASSWORD=hashed_password HASHED**　指定要创建的登录密码的哈希值。

❑ **MUST_CHANGE**　如果包括此选项，则 SQL Server 将在首次使用新登录名时提示用户输入新密码。

❑ **CREDENTIAL=credential_name**　将映射到新 SQL Server 登录名的凭据的名称。凭据不能映射到"sa"登录名。

❑ **SID=sid**　安全标识号。

❑ **DEFAULT_DATABASE=database**　指定默认数据库。如果未包括此选项，则默认数据库将设置为 master。

❑ **DEFAULT_LANGUAGE=language**　指定登录名的默认语言。

- ❏ **CHECK_EXPIRATION={ON|OFF}** 指定是否对此登录账户强制实施密码过期策略。默认值为 OFF。
- ❏ **CHECK_POLICY={ON|OFF}** 指定应对此登录名强制实施运行 SQL Server 的计算机的 Windows 密码策略。默认值为 ON。
- ❏ **WINDOWS** 指定将登录名映射到 Windows 登录名。
- ❏ **CERTIFICATE certname** 指定将与此登录名关联的证书名称。
- ❏ **ASYMMETRIC KEY asym_key_name** 指定将与此登录名关联的非对称密钥的名称。此密钥必须已存在于 master 数据库中。

如果 Windows 策略要求强密码，密码必须至少包含大写字符（A-Z）、小写字符 (a-z)、数字 (0-9) 或一个非字母数字字符（如空格、_、@、*、^、%、!、$、# 或 &）四个特点中的三个。

不能使用 HASHED 选项创建新的登录名。

使用存储过程创建登录账户，相关存储过程及使用方法如下所示。
- ❏ 用 sp_grantlogin 存储过程创建 Windows 登录账户。
- ❏ 用 sp_addlogin 存储过程创建 SQL Server 登录账户。

为本地计算机中已存在的用户创建 Windows 登录账户，语法如下所示。

```
EXECUTE sp_grantlogin 用户名
GO
```

创建新的 SQL Server 登录账户，需要定义用户名、密码和默认数据库，语法如下所示。

```
EXECUTE sp_addlogin 用户名，密码，默认数据库
GO
```

【实践案例 11-1】

创建 SQL Server 登录账户 "user_sql"，密码 "user"，默认数据库 "User" 使用语句如下所示。

```
EXECUTE sp_addlogin user_sql,'user','Users'
GO
```

【实践案例 11-2】

为本地计算机中已存在的用户 "XP-201208301048\123" 创建 Windows 登录账户使用语句如下。

```
EXECUTE sp_grantlogin 'XP-201208301048\123'
GO
```

11.3.4 管理登录账户

连接到服务器之后可以管理登录账户，登录账户管理包含查看登录账户、修改账户属性和删除账户。

1. 查看所有登录账户

打开 SQL Server Management Studio 的【对象资源管理器】，展开【安全性】|【登录名】节点即可查看当前服务器中的所有登录账户。

2. 修改账户属性

修改账户属性包含修改密码、修改数据库用户、修改默认数据库和修改登录权限等，具体步骤如下所示。

展开【安全性】|【登录名】节点，双击需要修改的登录名打开属性窗口，根据需要修改相关属性。也可以右击需要修改的登录名，执行【属性】命令打开属性窗口。

在属性窗口中无法修改用户名，对用户名的修改要通过右击登录名，执行【重命名】命令来实现。

3. 删除账户

数据库管理人员的调动使得数据库账户随之变动，账户的删除不可避免。删除账户的步骤简单易学，具体实施步骤如下所示。

展开【安全性】|【登录名】节点，右击登录账户名并执行【删除】命令，打开【删除对象】窗口，之后单击【确定】按钮，在弹出的提示框中单击【确定】按钮即可完成账户删除。

4. 使用 Transact-SQL 语句删除账户

账户的删除既可以使用 DROP LOGIN 语句，也可以使用 sp_droplogin 存储过程，语法如下所示。

```
DROP LOGIN 账户名
或
EXECUTE sp_droplogin 账户名
GO
```

只有具有超级管理员权限的账户才被允许对服务器账户执行查看、修改和删除操作。

11.4 数据库用户

使用数据库用户账户可以限制用户对数据库的使用范围，数据库用户的权限分为三类：在当前数据库中创建数据库对象及进行数据备份；用户对数据库表的操作权限和对存储过程的执行权限；用户对数据库中指定表字段的操作权限。

11.4.1 数据库用户概述

数据库由 SQL Server 用户创建，创建数据库的用户可以操作自己的数据库，也可以在数据库中创建其他用户，分授权限给其他用户。数据库用户分为两种，数据库创建者和一般用户。数据库创建者，对他所创建的数据库具有全部操作权；一般用户，对特定的数据库拥有被授权的操作权限。

在创建数据库时，系统会默认包含一些数据库用户，如 dbo 用户、guest 用户和 sys 用户和 INFORMATION_SCHEMA 用户。

dbo 用户在数据库创建时被自动创建，并和所有属于 sysadmin 服务器角色的用户名相关联，被隐式授予对数据库的所有权限，而且能将这些权限授予其他用户。

guest 用户允许没有用户账户的登录访问数据库。当登录名在数据库中没有用户账户与之关联时，可以通过 guest 用户访问数据库。因 master 数据库和 tempdb 数据库是任意登录名都要访问的，所以这两个数据库的 guest 用户不能删除。

INFORMATION_SCHEMA 和 sys 架构包含所有系统对象。这是创建在每个数据库中的两个特殊架构，仅在 master 数据库中可见。

11.4.2 创建数据库用户

数据库用户的创建有两种方式，使用图形界面和使用 Transact-SQL 语句。

1. 使用图形界面创建数据库用户

在 SQL Server Management Studio 的对象资源管理器创建数据库用户，具体步骤如下所示。

（1）展开目标数据库的【安全性】节点，右击【用户】节点执行【新建用户】命令打开【数据库用户-新建】窗口。

（2）在【用户名】文本框中输入要创建的数据库用户名，单击【登录名】文本框后的 ⋯ 按钮打开【选择登录名】对话框。

（3）单击【浏览】按钮打开【查找对象】对话框，如图 11-12 所示。选择创建数据库使用的登录服务器账户并单击【确定】按钮，返回【选择登录名】对话框，如图 11-13 所示。继续单击【确定】按钮，返回【数据库用户-新建】窗口。

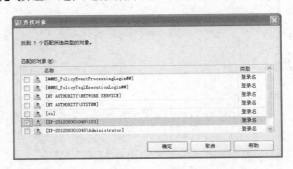

图 11-12　查找对象

（4）在【数据库用户-新建】窗口完成其他设置并单击【确定】按钮，完成新用户的创建。

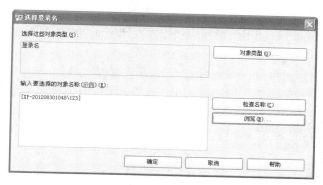

图 11-13　选择登录名

2. 使用 Transact-SQL 语句创建数据库用户

使用 Transact-SQL 语句创建数据库用户有两种方式，使用 CREATE USER 语句创建和使用存储过程创建。使用 CREATE USER 语句创建语法如下所示。

```
CREATE USER 用户名
[{FOR|FROM}
{LOGIN 服务器名
|CERTIFICATE 要创建的数据库用户证书
|ASYMMETRIC 要创建的数据库用户的非对称密钥
}
|WITHOUT LOGIN
]
[WITH DEFAULT_SCHEMA=默认架构]
```

其中，"LOGIN"服务器名必须是服务器中有效的登录名，若不指定，默认登录名与用户名相同；"DEFAULT_SCHEMA=默认架构"中若不指定架构，则使用 dbo 为默认架构。

使用存储过程 sp_grantdbaccess 创建数据库账户，语法如下所示。

```
sp_grantdbaccess 登录名,数据库用户名
```

【实践案例 11-3】

为"studentS"账户创建数据库用户"user123"，使用语句如下所示。

```
CREATE USER user123 FOR LOGIN studentS
GO
```

【实践案例 11-4】

为"XP-201208301048\123"用户创建数据库用户"user123"，使用语句如下所示。

```
EXECUTE sp_grantdbaccess 'XP-201208301048\123','user123'
GO
```

323

11.4.3　删除数据库用户

数据库用户的删除可以使用图形界面，也可以使用 Transact-SQL 语句。使用图形界面的具体步骤如下所示。

打开 SQL Server Management Studio 的【对象资源管理器】，展开指定数据库的【安全性】|【用户】节点，找到要删除的用户右击，在弹出菜单中执行【删除】命令，打开【删除对象】窗口，单击【确定】按钮并确认提示对话框，即可完成数据库用户的删除。

用户也使用 DROP USER 语句删除数据库用户，语法如下所示。

```
DROP USER 用户名
```

11.5　角色

进入数据库的用户并不能无限制地操作数据库对象，如同进入服务器的用户不一定能访问特定数据库一样。SQL Server 提供了权限来定义对数据库对象的操作权力，并使用角色来集中管理数据库对象、数据库和服务器的权限，然后将角色赋予数据库用户或服务器账户。一个数据库用户或服务器账户可以同时拥有多个角色。

11.5.1　角色的分类

角色根据作用范围分为两类：服务器角色和数据库角色。服务器角色根据服务器级别的权限分配，而数据库角色根据某个具体的数据库的权限分配。在 SQL Server 中又将角色分为三类：系统的固定角色、用户自定义数据库角色和应用程序角色。

服务器角色应用于实例级别，实现管理服务器的能力。SQL Server 2008 在安装时创建了一系列固定角色，包括固定服务器角色和固定数据库角色。

1.　固定服务器角色

固定服务器角色在服务器级别上定义，具有执行特定服务器管理活动的权限。用户不能对固定服务器角色进行添加、删除或修改操作。

查看所有的固定服务器角色，展开【安全性】|【服务器角色】节点即可。如图 11-14 所示。

用户也可以使用存储过程 sp_helpsrvrole 查看 SQL Server 2008 固定服务器角色，执行结果如图 11-15 所示，使用语句如下所示。

```
EXEC sp_helpsrvrole
```

SQL Server 2008 固定服务器按照从最高级别角色到最低级别角色的顺序，如表 11-1 所示。

图 11-14　使用图形界面的固定服务器角色

图 11-15　调用存储过程查看固定服务器角色

表 11-1　固定服务器角色

固定服务器角色	说明
sysadmin	可以执行 SQL Server 中的任何动作
serveradmin	可以配置服务器设置
setupadmin	可以安装复制和管理扩展过程
securityadmin	可以管理登录和 CREATE DATABASE 的权限及阅读审计
processadmin	可以管理 SQL Server 进程
diskadmin	可以管理磁盘文件
dbcreator	可以创建和修改数据库
bulkadmin	允许从文本中将数据导入到 SQL Server 2008 数据库

2. 固定数据库角色

固定数据库角色存在于每个数据库中，在数据库级别提供管理特权分组，管理员可以将任何有效的数据库对象添加为固定数据库角色成员。每个成员都获得应用于固定数据库角色的权限。

查看固定数据库用户可以使用存储过程 sp_helpdbfixdrole，语法如下所示。

```
EXEC sp_helpdbfixdrole
```

SQL Server 2008 固定数据库角色及其相关权限说明如表 11-2 所示。

表 11-2　固定数据库角色

固定数据库角色	说明
db_owner	可以执行数据库所有操作的角色
db_accessadmin	可以添加、删除用户的角色
db_datareader	可以读取所有用户表数据的角色
db_datawriter	可以添加、修改或删除所有用户表内数据的角色
db_ddladmin	可以在数据库中执行任意 DDL（数据定义语言）操作的角色
db_securityadmin	可以管理数据库中与安全权限有关所有动作的角色
db_backoperator	可以备份数据库的角色
db_denydatareader	不能读取数据库中任何数据的角色
db_denydatawriter	不能改变数据库中任何数据的角色

3. 应用程序角色

应用程序角色是一种比较特殊的角色，它通过应用程序管理用户对数据库对象的操作权限。

使用了应用程序的用户只能通过特定的应用程序间接地存取数据库中的数据，而不是直接地存取数据库数据；将失去已被赋予的所有数据库专有权限，而只是拥有应用程序角色被设置的权限。

4. 用户自定义角色

用户自定义角色，顾名思义是用户自己定义的角色。人们对数据的需求总是多种多样的，固定角色满足不了需求，由用户将具体需求权限定义为角色来解决这一问题。

11.5.2 角色管理

因角色的种类不同，相关操作也不同。本节将详细介绍角色的操作管理，包含为登录账户指定固定服务器角色、为登录账户指定固定数据库角色、创建应用程序角色、启用应用程序角色、创建用户自定义角色、将登录指派给角色和指派用户到多个角色。

1. 指定固定服务器角色

为用户指派固定服务器角色可以使用图形界面和存储过程。存储过程除了实现指派角色，还可以实现固定服务器角色成员列表显示和固定服务器成员的删除。使用图形界面为账户指定固定服务器角色步骤如下所示。

（1）打开 SQL Server Management Studio 的【对象资源管理器】，展开【安全性】|【服务器角色】节点，双击要指派的角色打开【服务器角色属性】窗口。

（2）单击【添加】按钮，打开【选择登录名】对话框，找到【浏览】按钮并单击，打开【查找对象】对话框，选中要指派角色的登录账户的复选框，如图 11-16 所示。单击【确定】按钮，返回【选择登录名】对话框。

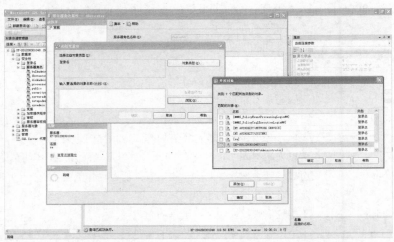

图 11-16 指定固定服务器角色

（3）单击【确定】按钮返回【服务器角色属性】窗口之后，继续单击【确定】按钮完成角色指派操作。

使用存储过程管理固定服务器角色的账户的方法有三种：使用 sp_addsrvrolemember 为账户添加固定服务器角色；使用 sp_helpsrvrolemember 显示固定服务器角色成员列表；使用 sp_dropsrvrolemember 删除固定服务器角色成员。三个存储过程的语法结构如下所示。

```
sp_addsrvrolemember 登录名,服务器角色名
sp_helpsrvrolemember 服务器角色名
sp_dropsrvrolemember 登录名,服务器角色名
```

【实践案例 11-5】

为用户"XP-201208301048\123"添加固定服务器角色 sysadmin 使用语句如下所示。

```
EXECUTE sp_addsrvrolemember 'XP-201208301048\123','sysadmin'
GO
```

2. 指定固定数据库角色

为用户指定固定数据库角色可以使用图形界面和存储过程，存储过程除了实现指定角色，还可以实现固定数据库角色成员列表显示和固定数据库成员的删除。使用图形界面为账户指定固定数据库角色步骤如下所示。

（1）打开 SQL Server Management Studio 的【对象资源管理器】，展开当前数据库的【安全性】|【角色】|【数据库角色】节点，双击要指派的角色打开【数据库角色属性】窗口。

（2）单击【添加】按钮，打开【选择数据库用户或角色】对话框，找到【浏览】按钮并单击，打开【查找对象】对话框，启用要指派角色的用户的复选框。单击【确定】按钮，返回【选择数据库用户或角色】对话框。

（3）单击【确定】按钮返回【数据库角色属性】窗口之后，继续单击【确定】按钮完成角色指派操作。

使用存储过程管理固定数据库角色的账户的方法有三种：使用 sp_addrolemember 为账户添加固定数据库角色；使用 sp_helprole 显示固定数据库角色成员列表；使用 sp_droprolemember 删除固定服务器角色成员。三个存储过程的语法结构如下所示。

```
sp_addrolemember 数据库角色名,登录名
sp_helprole 数据库角色名
sp_droprolemember 数据库角色名,登录名
```

【实践案例 11-6】

为数据库用户"user123"添加固定数据库角色"db_owner"使用语句如下所示。

```
EXECUTE sp_addrolemember 'db_owner','user123'
GO
```

注意　固定数据库角色相关操作使用的登录名应为数据库用户名。

3. 创建应用程序角色

应用程序角色的创建使用图形界面 SQL Server Management Studio 的对象资源管理器。具体步骤如下所示。

（1）展开当前数据库的【安全性】|【角色】节点，右击【应用程序角色】选项并执行【新建应用程序角色】命令，打开【应用程序角色-新建】窗口。

（2）在【应用程序角色-新建】窗口编辑角色名称、默认架构和密码。角色拥有的架构复选框是可以多选的，如图 11-17 所示。

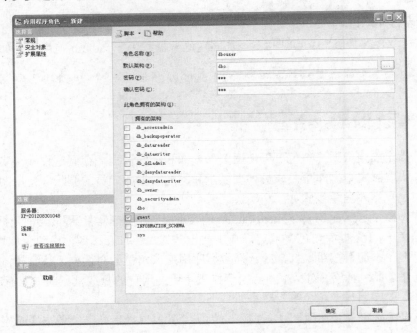

图 11-17　新建应用程序角色

（3）选择【安全对象】选项，打开【安全对象】页面，单击【搜索】按钮打开【添加对象】对话框。选中【特定对象】复选框并单击【确定】按钮，打开【选择对象】对话框。

（4）在【选择对象】对话框单击【对象类型】按钮，打开【选择对象类型】对话框，选中角色所作用的对象，如表、视图等，可以添加多种对象类型。单击【确定】按钮返回【选择对象】对话框，单击【浏览】按钮，打开【查找对象】对话框。

（5）【查找对象】对话框将列出当前数据库中所有选定类型的对象，如图 11-18 所示，根据需求选择角色所涉及的对象并单击【确定】按钮，返回【选择对象】对话框，继续单击【确定】按钮，返回【应用程序角色-新建】窗口。

（6）在【应用程序角色-新建】窗口的【安全对象】选项页中单击对象名，窗口的下部将显示对应的权限列表框，如图 11-19 所示，依次选择要授予的权限并单击【确定】按钮，完成应用程序角色的创建。

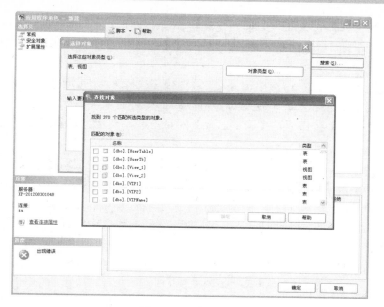

图 11-18   选择对象

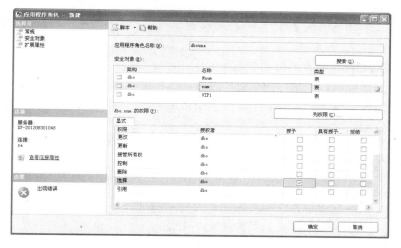

图 11-19   选择权限

应用程序角色需要启用才能使用，启用应用程序角色使用存储过程 sp_setapprole，指明启用密码，语法如下所示。

```
sp_setapprole 角色名,启用密码
```

4. 创建用户自定义角色

使用图形界面 SQL Server Management Studio 的对象资源管理器创建用户自定义角色的具体步骤如下所示。

（1）展开当前数据库的【安全性】节点右击【角色】节点，在弹出的菜单中执行【新建】【新建数据库角色】命令，打开【数据库角色-新建】窗口，编辑角色名称，选择所有者。

（2）在【选项页】列表选择【安全对象】选项，打开【安全对象】页面，单击【搜索】按钮打开【添加对象】对话框。选中【特定对象】复选框并单击【确定】按钮，打开【选择对象】对话框。

（3）在【选择对象】对话框单击【对象类型】按钮，打开【选择对象类型】对话框，选中角色所作用的对象，如表、视图等，可以添加多种对象类型。

（4）单击【确定】按钮返回【选择对象】对话框，单击【浏览】按钮打开【查找对象】对话框。

（5）【查找对象】对话框将列出当前数据库中所有选定类型的对象，根据需求选择角色所涉及的对象并单击【确定】按钮返回【选择对象】对话框，继续单击【确定】按钮，返回【数据库角色-新建】窗口。

（6）当前的操作与创建应用程序角色相似，选择各数据库对象的权限并单击【确定】按钮完成创建。

若要为该角色指派数据库用户，可在【数据库角色-新建】窗口选择【常规】选项进入【常规】页面，单击【添加】按钮添加数据库用户。

11.6 权限

权限是 SQL Server 的安全机制中最小的单元，它定义了数据库对象的使用权利，控制用户的访问。用户可以直接分配到权限，也可以通过指派角色得到权限。通过角色指派获得权限如同绑定规则获取列的限制条件，可以将定义好的角色指派给多个用户而不需要为每个用户分配权限。

11.6.1 权限的种类

SQL Server 中的权限根据作用对象的不同分为两种：对象权限和语句权限。

❑ **对象权限** 用户对数据库对象的操作权限。

❑ **语句权限** 用户执行特定查询命令的语句的权限。

对象权限针对具体对象如表、视图和存储过程等的操作，常用的对象权限如表 11-3 所示。

表 11-3 常用对象权限

对象	对象权限
数据库	CREATE DATABASE|DEFAULT|FUNCTION|PROCEDURE|VIEW|TABLE|RULE、BACKUP DATABASE|LOG
表和视图	SELECT、INSERT、UPDATE、DELETE、REFENCES
列	SELECT、UPDATE、REFENCES
存储过程	EXECUTE、REFENCES
标量函数	EXECUTE、REFENCES

语句权限限制用户使用 Transact-SQL 语句的权限，常用的语句权限如表 11-4 所示。

表 11-4　常用语句权限

语句权限	说明
CREATE DATABASE	允许创建数据库
CREATE DEFAULT	允许创建默认值
CREATE PROCEDURE	允许创建存储过程
CREATE VIEW	允许创建视图
CREATE TABLE	允许创建表
CREATE RULE	允许创建规则
DELECT	允许执行删除操作
INSERT	允许执行插入操作
SELECT	允许执行选择操作

11.6.2　权限管理

　　一个用户的权限管理可以有三种存在形式：授权、拒绝和撤销。授权权限将权限授予用户或对象；撤销权限将停止已授权的权限；拒绝权限是在不撤销权限的情况下拒绝用户访问数据库对象。用户可以使用图形界面或语句来管理权限的三种形式，接下来根据不同的作用对象分别介绍权限管理的具体操作。

1．对象权限

　　授权对象权限使用图像界面 SQL Server Management Studio 的对象资源管理器，以数据库中的表为例，具体步骤如下所示。

　　（1）展开当前数据库的【表】节点，右击选中的表，在弹出的快捷菜单中执行【属性】命令打开【表属性】窗口。

　　（2）在窗口中选择【权限】选项打开【权限】页面，单击【搜索】按钮打开【选择用户或角色】对话框，选择对象类型并输入要选择的对象名称，或单击【浏览】按钮在打开的【查找对象】窗口选择用户或对象。

　　（3）单击【确定】按钮返回【表属性】窗口，对选定的用户分别通过复选框授权权限，如图 11-20 所示。

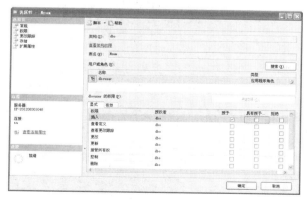

图 11-20　授权表的权限

（4）单击【确定】按钮完成对象权限的授权。

使用 GRANT 命令授权对象权限，语法如下所示。

```
GRANT {ALL|权限}
[ON  数据库对象]
TO  数据库用户列表
[ WITH GRANT OPTION ]
[AS principal]
```

语法说明如下所示。

- **ALL** 表示授权数据库对象的所有权限。
- **WITH GRANT OPTION** 表示允许用户将对象的权限授权给其他用户。
- **AS principal** 制定一个主体，执行该权限的主体从这个主体获得授予该权限的权力。

【实践案例 11-7】

为数据库用户"user12"授予"num"表的选择（SELECT）权限，使用语句如下所示。

```
GRANT SELECT
ON num
TO user12
```

撤销对象权限可以使用 Transact-SQL 语句，语法如下所示。

```
REVOKE [ GRANT OPTION FOR ]
{ALL|权限}
[ON  数据库对象]
TO  数据库用户列表
[CASCADE][AS principal]
```

语法说明如下所示。

- **GRANT OPTION FOR** 表示撤销授予指定权限的能力。
- **CASCADE** 表示撤销当前主体的对象权限的同时，还将撤销当前主体为其他主体授予的该对象权限。

【实践案例 11-8】

撤销数据库用户"user12"关于"num"表的选择（SELECT）权限，使用语句如下所示。

```
REVOKE GRANT OPTION FOR
SELECT
ON num
TO user12
```

拒绝对象权限，使用 DENY 语句，语法如下所示。

```
DENY {ALL|权限}
[ON  数据库对象]
TO  数据库用户列表
[CASCADE][AS principal]
```

【实践案例 11-9】

拒绝数据库用户 "user12" 关于 "num" 表的删除（DELETE）权限，使用语句如下所示。

```
DENY
DELETE
ON num
TO user12
```

2. 语句权限

语句权限的授权可以使用图形界面和 Transact-SQL 语句。使用图形界面的操作与授权对象权限类似。

（1）使用图形界面授予语句权限在当前数据库右击，执行【属性】命令，打开【数据库属性】窗口。

因对象权限是针对数据库对象的，要在数据库对象的属性窗口进行，而语句权限不需要指定对象，要在数据库属性窗口进行。其他操作步骤与对象权限授权的步骤相同。

（2）授权语句权限使用如下语句。

```
GRANT {ALL|权限}
TO  数据库用户列表
```

【实践案例 11-10】

为数据库用户 "user12" 授予选择（SELECT）权限，使用语句如下所示。

```
GRANT SELECT
TO user12
```

（3）撤销语句权限使用 Transact-SQL 语句，语法如下所示。

```
REVOKE {ALL|权限}
TO  数据库用户列表
```

【实践案例 11-11】

撤销数据库用户 "user12" 的选择（SELECT）权限，使用语句如下所示。

```
REVOKE SELECT
TO user12
```

（4）拒绝语句权限，使用 DENY 语句语法如下所示。

```
DENY {ALL|权限}
TO  数据库用户列表
[CASCADE]
```

【实践案例 11-12】

拒绝数据库用户 "user12" 的删除（DELETE）权限，使用语句如下所示。

```
DENY
DELETE
TO user12
```

11.7 项目案例：学生选课系统的安全管理

本章主要讲述了 SQL Server 的安全管理，结合本章内容实现学生选课系统的安全管理，包括创建 SQL Server 账户和数据库用户并赋予权限。

【案例分析】

学生选课系统"Studentsys"的使用者是学生和教师等，学生"student"要查看课程信息表"Course"；一般任课教师"teacher"查看、删除和修改学生选课表"SC"；院领导"Ymanager"可以查看系统内所有表。实现这些要做到如下几步。

- ❑ 创建 SQL Server 账户"student"、"teacher"、"Ymanager"和数据库用户"student"、"teacher"和"Ymanager"。
- ❑ 将查看课程信息表"Course"的对象权限授予学生用户"student"。
- ❑ 将学生选课表"SC"的查看、删除和修改权限授予新建角色"SC_manager"，并将教师"teacher"指派给角色。
- ❑ 将查看（SELECT）的语句权限授予院领导。
- ❑ 将学生选课表的查看权限授予学生，之后将该权限拒绝，最后将该权限撤销。

具体实现步骤如下所示。

（1）创建 SQL Server 账户"student"、"teacher"、"Ymanager"和数据库用户"student"、"teacher"和"Ymanager"。

首先创建 SQL Server 账户"student"，密码"123"，默认数据库"Studentsys"，使用如下语句。

```
EXECUTE sp_addlogin student,'123','Studentsys'
GO
```

创建学生的数据库用户"student"，使用如下语句。

```
EXECUTE sp_grantdbaccess 'student','student'
GO
```

创建 SQL Server 账户"teacher"，密码"123"，默认数据库"Studentsys"，使用如下语句。

```
CREATE LOGIN teacher WITH PASSWORD='123'
```

创建教师的数据库用户"teacher"，使用如下语句。

```
CREATE USER teacher FOR LOGIN teacher
```

创建 SQL Server 账户"Ymanager"，密码"123"，默认数据库"Studentsys"，并创建

院领导的数据库用户"Ymanager",使用如下语句。

```
EXECUTE sp_addlogin Ymanager,'123','Studentsys'
GO
EXECUTE sp_grantdbaccess 'Ymanager','Ymanager'
GO
```

（2）将查看课程信息表"Course"的对象权限授予学生用户"student",使用语句如下。

```
GRANT SELECT
ON Course
TO student
```

（3）将学生选课表"SC"查看、删除和修改权限授予新建角色"SC_manager",并将教师"teacher"指派给用户。这是用户自定义的角色,使用图形界面创建。

展开【Studentsys】数据库下的【安全性】节点右击【角色】节点,在弹出的菜单中执行【新建】|【新建数据库角色】命令,打开【数据库角色-新建】窗口,输入角色名"SC_manager"和所有者"teacher"。

在选择页列表选择【安全对象】选项,在【安全对象】页面单击【搜索】按钮,打开【添加对象】对话框。选择【特定对象】选项并单击【确定】按钮,进入【选择对象】对话框。

单击【对象类型】按钮,选择【表】复选框并单击【确定】按钮,返回。

单击【浏览】按钮打开【查找对象】对话框,选择授权的表[dbo].[SC]并单击【确定】按钮,返回。继续单击【确定】按钮,返回【数据库角色-新建】窗口,如图 11-21 所示。

在【数据库角色-新建】窗口的【dbo.SC 的权限】区域选择【插入】、【更新】、【删除】和【选择】行的【授予】复选框,单击【确定】按钮完成创建。

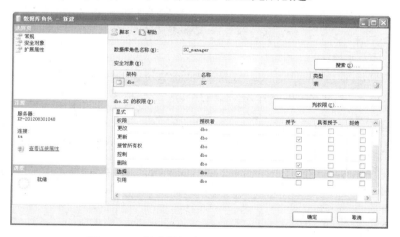

图 11-21　新建数据库角色"SC_manager"

（4）将查看（SELECT）的语句权限授予院领导,使用语句如下所示。

```
GRANT SELECT
TO Ymanager
```

（5）将学生选课表的查看权限授予学生，使用语句如下所示。

```
GRANT SELECT
ON SC
TO student
```

（6）将学生对学生选课表的查看权限拒绝，使用语句如下所示。

```
DENY
SELECT
ON SC
TO student
```

（7）将学生对学生选课表的查看权限撤销，使用语句如下所示。

```
REVOKE GRANT OPTION FOR
SELECT
ON SC
TO student
```

11.8　习题

一、填空题

1. 安全机制分为 5 个等级：客户端安全机制、_____、实例级别安全机制、数据库级别安全机制和对象级别安全机制。

2. SQL Server 提供了两种身份验证模式：Windows 身份验证模式和_____。

3. SQL Server 的用户有两种，即_____和数据库用户。

4. SQL Server 2008 在安装时创建了一系列固定角色，包括_____和固定数据库角色。

5. SQL Server 服务器有两种账户，Windows 账户和_____。

6. SQL Server 中的权限根据作用对象的不同，分为对象权限和_____两种。

二、选择题

1. 角色包含_____、固定数据库角色、用户自定义数据库角色和应用程序角色。

    A. 服务器角色

    B. 数据库角色

    C. 固定服务器角色

    D. 超级管理员角色

2. 下列各项中，创建数据库用户属于_____。

    A. 客户端安全机制

    B. 数据库级别安全机制

    C. 实例级别安全机制

    D. 对象级别安全机制

3. 下列不是用户权限存在形式的是_____。

A. 授权

B. 撤销

C. 拒绝

D. 接受

4. 下列哪一个角色可以读取所有用户表数据？_____

A. db_datareader

B. db_accessadmin

C. diskadmin

D. serveradmin

三、上机练习

上机实践： 管理网购客户信息系统

通过对网购客户信息系统"CustomerSys"的管理，实现客户"Customer"对商品信息表"wares"的查看权限；营业员"Salesgirl"对商品信息表"wares"的添加、修改、删除权限；店长"boss"对所有表的查看权限及对营业员信息表"Salestable"的修改和删除权限。

具体要求如下所示。

❑ 创建 SQL Server 账户"Customer"、"Salesgirl"、"boss"和数据库用户"Customer"、"Salesgirl"和"boss"。

❑ 将查看商品信息表"wares"的对象权限授予客户"Customer"。

❑ 将商品信息表"wares"的添加、修改、删除权限授予新建角色"wares_manager"，并将营业员"Salesgirl"指派给该角色。

❑ 将查看（SELECT）的语句权限授予店长。

❑ 将营业员信息表的查看权限授予客户，之后将该权限拒绝，最后将该权限撤销。

11.9 实践疑难解答

11.9.1 权限的撤销和拒绝

权限的撤销和拒绝

网络课堂：http://bbs.itzcn.com/thread-19764-1-1.html

【问题描述】：权限管理中的撤销和拒绝有什么不同？撤销或者拒绝之后还能再启用吗？要如何启用？

【解决办法】：下面将以一个实例来详细讲解权限管理中的撤销和拒绝的区别。首先创建"Studentsys"数据库的数据库用户"student"，并将查看课程信息表"Course"和查看学生选课表"SC"的对象权限授予"student"。使用如下语句所示。

```
EXECUTE sp_addlogin student,'123','Studentsys'
EXECUTE sp_grantdbaccess 'student','student'
GRANT SELECT
ON Course
TO student
GRANT SELECT
ON SC
TO student
GO
```

然后在 SQL Server Management Studio 的【对象资源管理器】中展开"Studentsys"数据库下的【安全性】|【用户】节点，右击"student"用户执行【属性】命令，打开【数据库用户-student】窗口，选择【安全对象】选择页，显示如图 11-22 所示的页面。

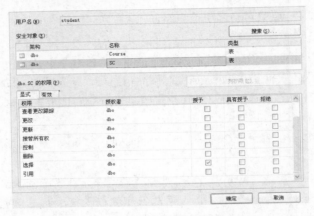

图 11-22   "student"用户安全对象（1）

拒绝"student"用户对课程信息表"SC"的查看权限，使用如下语句。

```
DENY
SELECT
ON SC
TO student
```

之后再查看"student"用户的【安全对象】选择页，有如图 11-23 所示的页面。"student"用户对"SC"表的选择权限改成了【拒绝】选项。但该权限仍然能在界面显示，单击"SC"表【选择】行的【授予】选项并单击【确定】按钮，"student"用户对课程信息表"SC"查看权限将会被启用。重新查看"student"用户的【安全对象】选择页，用户又被授予了查看权限，图形界面与图 11-22 所示一致。

将"student"用户的课程信息表"SC"查看权限撤销，使用如下语句。

```
REVOKE GRANT OPTION FOR
SELECT
ON SC
TO student
```

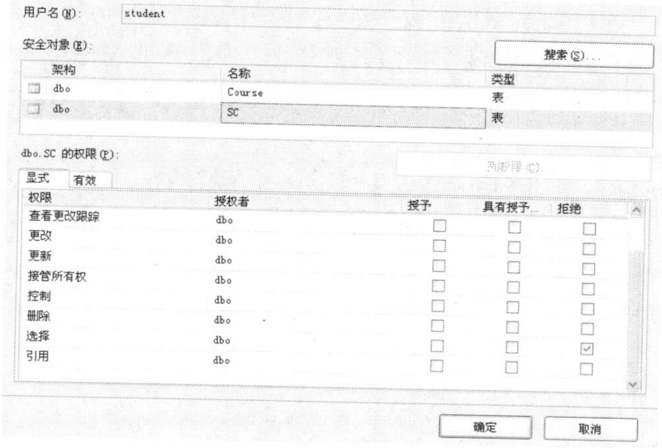

图 11-23　　"student"用户安全对象（2）

查看"student"用户的【安全对象】选择页，结果如图 11-24 所示，在【安全对象】区域内只剩下表"Course"，由此可见撤销操作是不可逆，如同删除操作一样。

图 11-24　　student 用户安全对象 3

11.9.2　新建 SQL Server 服务器账户的权限

新建 SQL Server 服务器账户的权限

网络课堂：http://bbs.itzcn.com/thread-19765-1-1.html

【问题描述】：登录了新建的 SQL Server 服务器账户后无法创建权限，若想有权限，在创建 SQL Server 服务器账户的时候应该有哪些操作？

【解决办法】：这个问题需要在超级管理员登录的对象资源管理器中解决，其实创建的时候不需要授予权限，只用指定默认数据库。即使不指定数据库也没关系，使用超级管理员账户在对象资源管理器中设置一下即可，下面是具体的操作步骤。

展开【对象资源管理器】中的【安全性】|【登录名】节点，找到新建的登录名右击并

执行【属性】命令。在【登录属性】窗口的选项页中选择【服务器角色】页，打开的【服务器角色】页面列出了系统内置的固定服务器角色，根据需要选择将要授予新账户的角色，可以多选。例如，实现数据库的创建，选择【dbcreator】复选框。最后单击【确定】就完成了。

　　【登录属性】选项页中的【用户映射】可以选择授权的数据库，总之不管是新建还是之前的 SQL Server 服务器账户，都可以使用这种方法管理权限。

第12章

SQL Server 代理（SQL Server Agent）服务是一种自动执行某种管理任务的 Windows 服务，它可以执行作业、监视 SQL Server 及触发警报。在实际应用时，可以将那些周期性的工作定义成一个作业，在 SQL Server 代理的帮助下自动执行。在自动执行作业时，若出现某种事件（如故障），则 SQL Server 代理自动通知操作员，操作员获得通知后及时解决问题（如排除故障）。这样，在作业、操作员、警报三者之间既相互独立，又相互联系、相互补充，构成了自动完成某些任务的有机整体。

本章将主要介绍 SQL Server 2008 代理服务的配置和管理，包括作业、操作员、警报、数据库邮件等内容。

本章学习要点：

➢ 了解 SQL Server 2008 自动化管理任务的必要性
➢ 掌握 SQL Server 2008 自动化管理任务的组件
➢ 掌握 SQL Server 2008 代理服务的启动
➢ 熟练掌握作业的基本概念、作用和管理
➢ 掌握本地服务器作业的创建
➢ 熟练掌握操作员的创建
➢ 熟练掌握操作员的管理技术
➢ 熟练掌握警报的特点和类型
➢ 熟练掌握警报的管理技术
➢ 熟练掌握数据库邮件配置向导的使用
➢ 掌握邮件配置文件的使用

12.1   SQL Server 2008 代理概述

SQL Server 代理（SQL Server Agent）服务是 SQL Server 2008 四大服务器组件中的一个，其主要功能为执行作业、在执行作业的同时监视 SQL Server 的工作情况，当工作情况出现异常情况时触发警报，并将警报通过合适的途径传递给操作员，进而让操作员来及时处理系统的异常情况。

12.1.1　SQL Server 2008 自动化管理

作为一种分布式数据库管理系统，完成许多自动化管理任务是必不可少的功能。自动化管理任务是指系统可以根据预先的设置自动地完成某些任务和操作。在 SQL Server 2008 中，使用代理服务可以实现自动化管理。

1. 自动化管理的功能

自动化管理的功能非常强大，很多管理任务都可以设置成使用自动化管理来实现。在 SQL Server 2008 中要使用自动化管理，需要按以下步骤进行操作。

（1）确定哪些管理任务或服务器事件定期执行及这些任务或事件是否可以通过编程方式进行管理。

（2）使用自动化管理工具定义一组作业、计划、警报和操作员。

（3）运行已定义的 SQL Server 代理作业。

SQL Server 2008 自动化管理能够实现以下几种管理任务。

- ❏ 任何 Transact-SQL 语法中的语句。
- ❏ 操作系统命令。
- ❏ VBScript 或 JavaScript 之类的脚本语言。
- ❏ 复制任务。
- ❏ 数据库创建和备份。
- ❏ 索引重建。
- ❏ 报表生成。

2. 代理服务的权限

在安装 SQL Server 2008 时，SQL Server 代理服务默认是禁用的，要执行管理任务，首先必须启动 SQL Server 代理服务。

SQL Server 2008 代理服务启动以后需要正确配置 SQL Server 代理。SQL Server 代理的配置信息主要保存在系统数据库 msdb 的表中，使用 SQL Server 用户对象来存储代理的身份验证信息。在 SQL Server 2008 中，必须将 SQL Server 代理配置为使用 sysadmin 固定服务器角色成员的账户，才能执行其功能。该账户必须拥有以下 Windows 权限。

- ❏ 调整进程的内存配额。
- ❏ 以操作系统方式操作。
- ❏ 跳过遍历检查。
- ❏ 作为批处理作业登录。
- ❏ 作为服务登录。
- ❏ 替换进程级记号。

如果需要验证账户是否已经设置了所需的 Windows 权限，可以通过以下步骤进行。

（1）单击【开始】菜单，执行【程序】|【管理工具】|【本地安全策略】命令。

（2）在弹出的【本地安全设置】窗口中，选择【本地策略】|【用户权利指派】。

（3）在右侧的权限列表中右击一个权限选项，如【作为服务登录】，执行【属性】命令，如图 12-1 所示。

（4）在打开的【属性】窗口中，从列表中查看要设置的 SQL Server 代理的账户是否存在，如图 12-2 所示。

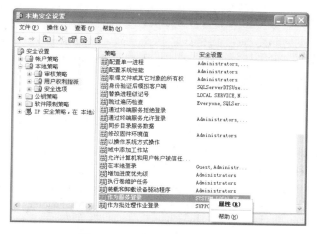

图 12-1　【本地安全设置】窗口

图 12-2　权限属性窗口

（5）如果账户不在列表中，单击【添加用户或组】按钮，在打开的【选择用户或组】对话框中添加 SQL Server 代理服务账户，再单击【确定】按钮返回。

（6）重复上述操作，对权限列表中的其他选项进行相同的设置。

通常情况下，为 SQL Server 代理选择的账户都是为此目的创建的域账户，并且有严格控制的访问权限。使用域账户不是必需的，但是如果使用本地计算机上的账户，SQL Server 代理就没有权限访问其他计算机上的资源。SQL Server 需要访问其他计算机的情况很常见。例如，当它在另一台计算机上的某个位置创建数据库备份和存储文件时。

3．多服务器管理

如果需要多服务器管理，即跨多个 SQL Server 2008 实例进行自动化管理。这要求，必须至少有一台主服务器且至少有一台目标服务器。主服务器存储在目标服务器上运行的作业定义的中央副本。目标服务器定期连接到主服务器来更新作业计划。如果主服务器上存在新作业，目标服务器将下载该作业。目标服务器在完成作业后，会重新连接到主服务器并报告作业状态。如图 12-3 所示，显示了主服务器与目标服务器之间的关系。

图 12-3　多服务器管理

多服务器自动化管理可以在一定程度上大大减轻服务器管理员的工作量。如果用户是一个大型数据库备份管理员，则可以在主服务器上定义一个备份作业，并制定该作业执行时间表。这样，所有的目标服务器都将自动从主服务器下载该作业，并自动按时间表的规定完成该作业。这样，用户虽然只作了一次作业的定义，却可以完成范围较大的备份任务。

通常情况下，多服务器管理的任务应该由具有 sysadmin 固定服务角色的用户来完成。但是，目标服务器上的 sysadmin 固定服务器角色成员无法编辑修改由主服务在目标服务器上执行的操作。这种机制，可以避免目标服务器的用户在未发觉的情况下误删作业而导致服务器的不正常运行。

12.1.2 代理组件

SQL Server 2008 代理服务的重要功能为自动化和复制，此外还将警报、操作员和作业能够正常执行自动化功能。SQL Server 代理使用作业、计划、警报和操作员组件来定义要执行的任务、执行任务所需的时间及报告任务成功或失败的方式。

1. 作业

作业是定义自动任务的一系列步骤。用户可以使用作业来定义将要执行一次或多次的管理任务，并监督该任务的完成情况。作业可以在一个本地服务器上运行，也可以在多个远程服务器上运行。用户可以通过下列几种方式来运行作业。

- ❏ 根据一个或多个计划。
- ❏ 响应一个或多个警报。
- ❏ 通过执行 sp_start_job 存储过程。

作业中的每个操作都是一个步骤，可以运行 Transact-SQL 语句、执行 SSIS 包或向 Analysis Services 服务器发出命令。

2. 计划

计划指定了作业运行的时间。多个作业可以根据一个计划运行，多个计划也可以应用到一个作业。用户可以按下列条件制订计划。

- ❏ 每当 SQL Server 代理启动时。
- ❏ 每当计算机的 CPU 使用率处于定义的空闲状态水平时。
- ❏ 在特定日期和时间运行一次。
- ❏ 按重复执行的计划运行。

3. 警报

警报是对特定事件的自动响应。例如，事件可以是启动的作业，也可以是达到特定阈值的系统资源，用户可以自定义警报产生的条件。警报可以响应下列任一条件。

- ❏ SQL Server 事件。
- ❏ SQL Server 性能条件。

❑ 运行 SQL Server 代理的计算机上的 Microsoft Windows Management Instrumentation
（WMI）事件。

4. 操作员

当警报激活时，可以发送给用户。需要接收这些消息的用户在 SQL Server 中称为操作员，操作员用来配置谁来接收警报及何时可以接收警报。操作员可以是一个用户，也可以是多个用户。SQL Server 可以通过电子邮件、传呼机或 Net Send 等方式通知操作员有警报出现。

> 要使用电子邮件或传呼机向操作员发送通知，必须将 SQL Server 代理配置为使用数据库邮件或 SQL Mail。要使用 Net Send 方式向操作员发送通知，则 SQL Server 代理所在的计算机必须启动 Windows Messenger 服务。

12.1.3　启动和停止 SQL Server 2008 代理服务

SQL Server 代理可配置为在操作系统启动时自动启动，或者在需要完成作业时手动启动，还可以将代理服务停止或暂停，以挂起作业、操作员通知和警报。用户可以通过 SQL Server 配置管理器、NET 命令或 Windows 服务窗口来启动或中止 SQL Server 2008 的代理服务。

1. 使用 SQL Server 配置管理器

SQL Server 配置管理器是一种工具，用于管理与 SQL Server 相关联的服务。使用 SQL Server 配置管理器可以启动、暂停、恢复或停止服务，还可以查看或更改服务属性。具体的操作步骤如下所示。

首先打开【开始】菜单，执行【程序】| Microsoft SQL Server 2008 R2|【配置工具】|【SQL Server 配置管理器】命令，打开【SQL Server Configuration Manager】窗口，如图 12-4 所示。

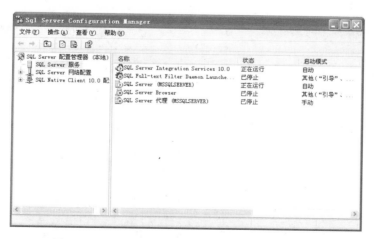

图 12-4　【SQL Server Configuration Manager】窗口

然后在左侧窗口中选择【SQL Server 服务】节点，从右侧列表中右击【SQL Server 代理（MSSQLSERVER）】列表项，执行【启动】命令即可启动 SQL Server 代理服务，如图 12-5 所示。

图 12-5　启动 SQL Server 代理服务

除了上述方法外，通过从快捷菜单中执行【属性】命令，在弹出的【SQL Server 代理（MSSQLSERVER）属性】对话框中单击【启动】按钮，也可以启动 SQL Server 代理服务，如图 12-6 所示。

使用这两种方式都可以对 SQL Server 代理服务进行停止、暂停和重新启动操作。当 SQL Server 代理图标上带有红色框时，表示当前处于停止状态。当 SQL Server 代理图标上带有绿色箭头时，表示已成功启动服务。

与大多数 Windows 服务相同，用户可以通过配置启动模式来配置自动启用或禁用 SQL Server 代理服务。单击【SQL Server 代理（MSSQLSERVER）属性】对话框的【服务】选项卡，在【启动模式】列表项的下拉列表中可以看到有三种启动模式：自动、已禁用和手动。如果需要设置开机自动启动 SQL Server 代理服务，选择下拉列表框中的【自动】选项即可，如图 12-7 所示。

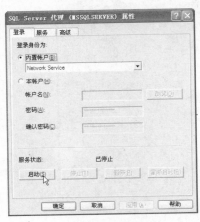

图 12-6　【属性】对话框

图 12-7　配置启动模式

> ⚠️ 警告
>
> 要实现 SQL Server 自动化管理，必须确保 SQL Server 代理服务正在运行，所以建议用户可以将 SQL Server 代理设置在操作系统启动时启动。

2. 使用 NET 命令

NET 是 Windows XP 系统中的一个外部命令，可以通过该命令来对 SQL Server 代理服务进行管理。

❑ 使用 **NET START** 命令启动代理服务

执行【开始】|【运行】命令，在打开的对话框中输入命令 CMD 进入命令提示符窗口。在打开的窗口中输入以下命令启动 SQL Server 代理服务。

```
NET START SQLSERVERAGENT
```

运行结果如下所示。

```
SQL Server 代理 (MSSQLSERVER) 服务正在启动。
SQL Server 代理 (MSSQLSERVER) 服务已经启动成功。
```

❑ 使用 **NET STOP** 命令中止代理服务

在打开的命令提示符窗口中输入以下命令即可停止 SQL Server 代理服务。

```
NET STOP SQLSERVERAGENT
```

运行结果如下所示。

```
SQL Server 代理 (MSSQLSERVER) 服务正在停止。
SQL Server 代理 (MSSQLSERVER) 服务已成功停止。
```

3. 使用 Windows 服务窗口

右击【我的电脑】，执行【管理】命令，打开【计算机管理】窗口，单击窗口左侧的【服务和应用程序】节点，选择该节点下的【服务】子节点，在窗口的右侧将显示出本计算机上的所有应用程序所对应的服务，如图 12-8 所示。

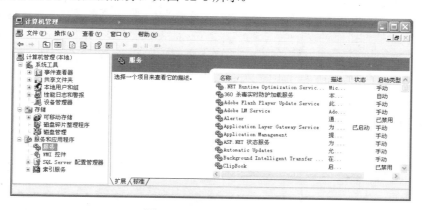

图 12-8　计算机服务管理

右击【SQL Server 代理（MSSQLSERVER）】选项，在其快捷菜单中选择【启动】或【停止】，即可启动或停止 SQL Server 代理服务，如图 12-9 所示。

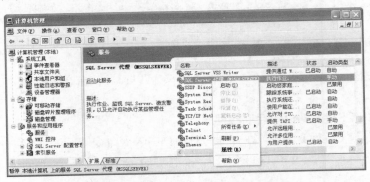

图 12-9　启动或停止 SQL Server 代理服务

12.2　操作员管理

操作员是接收 SQL Server 代理服务警报时所发送消息的用户，它的基本属性包括姓名和联系方式。操作员是一个特殊的账户，当警报被触发或者当计划作业失败、成功或者完成时，操作员将得到通知。

12.2.1　创建操作员

操作员是指在完成作业或出现警报时可以接收电子通知的人或组的别名。SQL Server 2008 的代理服务使用操作员来通知管理员作业的执行情况，操作员的联系信息决定了通知操作员的方式。通知方式有以下 3 种。

❑　**电子邮件通知**

电子邮件通知是向操作员发送电子邮件。对于电子邮件通知，需要提供操作员的电子邮件地址。但是若要使用数据库邮件发送电子邮件，必须具有访问支持 SMTP 的电子邮件服务器的权限。若要使用 SQL Mail 功能发送电子邮件，必须具有访问 Exchange 服务器的权限，必须在运行 SQL Server 的计算机上安装 Outlook 和 Exchange Client。

❑　**寻呼通知**

寻呼是通过电子邮件实现的。对于寻呼通知，需要提供操作员接收寻呼消息的电子邮件地址。若要设置寻呼通知，必须在邮件服务器上安装软件，处理入站邮件并将其转换为寻呼消息。

❑　**Net Send 通知**

此方式通过 Net Send 命令向操作员发送消息，使用时首先需要指定网络消息的收件人（计算机或用户）。

【实践案例 12-1】

在 SQL Server 2008 中每一个操作员都必须具有唯一的名称，并且长度不能超过 128 个字符。下面创建一个操作员，并指定其姓名为"maxianglin"，具体过程如下所示。

（1）打开【开始】菜单，执行【程序】｜ Microsoft SQL Server 2008 R2 ｜ SQL Server Management Studio 命令，并使用 Windows 或 SQL Server 身份验证连接到服务器。

（2）在【对象资源管理器】中，展开【服务器】｜【SQL Server 代理】节点，右击【操作员】，执行【新建操作员】命令，打开【新建操作员】窗口。

（3）在【姓名】文本框中输入"maxianglin"。如果已经将系统配置成使用数据库邮件配置文件发送邮件，则输入电子邮件地址作为电子邮件名称（这里输入" mxl_admin@126.com"）；如果没有将系统配置成使用电子邮件，则跳过这一步。

（4）在【Net Send】文本框中，输入计算机名称，这里输入"XP-201209281417."。

（5）如果操作员携带了能够接收电子邮件的传呼机，则可以在【寻呼电子邮件名称】文本框中输入传呼机的电子邮件，这是输入"mxl_admin@126.com"。

（6）在【寻呼值班计划】中，可以选择这个操作员可以接收通知的日期和时间。如果复选了某一天，操作员将在那一天的某个时间段（【工作日开始时间】和【工作日结束时间】选项指定的时间内）接到通知。这里启用【星期一】、【星期二】、【星期三】、【星期四】和【星期五】复选框，表示只有在周一到周五的 08:00 至 18:00 之间接收通知，如图 12-10 所示。

图 12-10　创建操作员

（7）单击【确定】按钮，完成操作员的创建。

12.2.2　禁用和删除操作员

当数据库管理员离开公司时，作为主管人员，可能就需要考虑禁用或删除与该数据库管理员相关联的登录账户和操作员账户。禁用和删除操作员的具体步骤如下所示。

（1）打开【SQL Server Management Studio】窗口，并使用 Windows 或 SQL Server 身份验证连接到服务器，打开 SQL Server 2008 实例。

（2）在【对象资源管理器】窗口中选择【服务器】|【SQL Server 代理】|【操作员】节点，在该节点中显示了所有的操作员对象。

（3）假设要禁用操作员"maxianglin"，右击该操作员姓名，在打开的快捷菜单中执行【属性】命令，打开【maxianglin 属性】窗口。在姓名文本框后禁用【已启用】复选框，单击【确定】按钮，即可禁用操作员"maxianglin"。

（4）假设要删除操作员"maxianglin"，可直接右击该操作员姓名，执行【删除】命令，在【删除对象】窗口中，单击【确定】按钮，即可完成操作员的删除操作。

如果操作员已经被选择来接收警报或者作业通知，在【删除对象】窗口中，可以启用【重新分配给】复选项，并选择另外一个操作员来接收该操作员的所有通知。

12.2.3 创建防故障操作员

在实际应用时，并不是每个时刻都有操作员值班。那么，如果在没有操作员值班时，出现了故障则将没有操作员会接到警报，可能会产生意想不到的后果。为了避免这种情况的发生，SQL Server 2008 允许用户为系统创建一个防故障操作员，来负责接收无人值班时的警报。

【实践案例 12-2】

创建防故障操作员的步骤如下所示。

（1）打开【SQL Server Management Studio】窗口。

（2）在【对象资源管理器】窗口中展开【服务器】节点，选择【SQL Server 代理】子节点，右击【SQL Server 代理】，执行【属性】命令，打开【SQL Server 代理属性】窗口。

（3）在打开的【SQL Server 代理属性】窗口的左侧选择【警报系统】选项，打开【警报系统】页面，启用【启用防故障操作员】复选框，在【操作员】下拉列表中选择"maxianglin"选项。在通知方式中启用【电子邮件】和【Net send】选项，使操作员以防故障操作员的身份接收电子邮件和 Net send 消息，如图 12-11 所示。

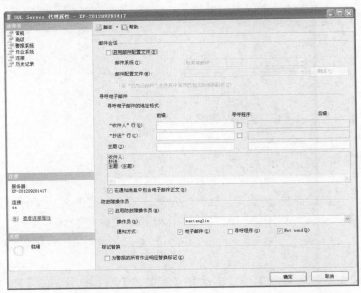

图 12-11   【警报系统】选项窗口

（4）单击【确定】按钮，完成防故障操作员的创建。在创建了操作员之后，就可以开始创建自动化任务作业了。

12.3 作业管理

作业是一系列由 SQL Server 代理按顺序执行的指定操作。一个作业可以仅执行一次，也可以按计划执行多次。例如，可以创建一个计划，每天执行一次数据库备份作业。作业既可以运行在企业内的 SQL Server 本地实例上，也可以运行在多个实例上。在多个实例上运行，必须设置至少一台主服务器及一台或多台目标服务器。本节将主要介绍作业的管理操作，包括作业的创建、启动、停止、禁用、修改和删除等。

12.3.1 作业概述

自动处理一个任务的第一步就是创建对应的作业。一般来说，如果要创建作业，必须执行以下三个步骤。

（1）定义作业步骤。

（2）如果该作业不是用户指定执行，创建作业执行的计划时间。

（3）通知操作员作业的状态。

作业步骤是作业对数据库或服务器执行的操作，每个作业必须至少有一个作业步骤。下列各项均可以作为作业步骤。

❑ 可执行程序和操作系统命令。

❑ Transact-SQL 语句，包括存储过程和扩展存储过程。

❑ Microsoft ActiveX 脚本。

❑ 复制任务。

❑ Analysis Services 任务。

❑ Integration Services 包。

创建作业步骤的流程如图 12-12 所示。

作业中的步骤都有一个简单的逻辑，通过控制各个步骤的流程，可以将纠错机制内建到作业中。例如，在创建数据库作业中，如果在创建的过程中硬盘最终填满，则作业停止。这时在第四步创建一个用于清理硬盘空间的任务，就可以创建这样一个简单的逻辑，用于规定"第一步失败，转到第四步；如果第四步成功，返回到第一步"。有了这些步骤之后，就可以通知 SQL Server 何时启动这个作业。

由于能够改变步骤的逻辑流程，安排作业在需要时运行及让作业在完成时发出通知，因此作业可能会很复杂。所以为了更好地创建作业，可以在创建作业之前先进行一下规划，这样再去创建作业就变得非常容易。

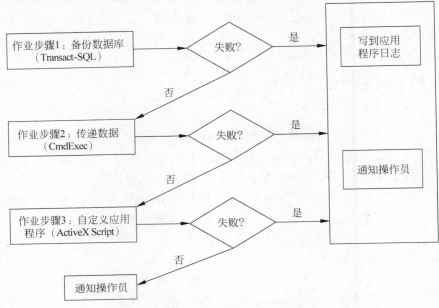

图 12-12　作业步骤的创建流程

在创建作业时，需要指定作业的一个或多个属性，如下所示。

❑ **名称**　一个作业必须有一个合法的名称，在同一台服务器上定义的任务不能有相同的作业名。

❑ **类别**　利用作业分类可以更有效地组织和管理作业。在安装 SQL Server 2008 后，系统会自动创建一些任务的类别，默认的类别为未归类的本地作业。

❑ **拥有者**　每个作业都必须有一个拥有者，即创建作业的人。

❑ **描述**　由于作业可以被本地或远程计算机上的其他用户执行，所以对作业完成的功能作简单的介绍，能够帮助用户更好地使用该作业。

❑ **作业步骤**　作业步骤是指对数据库或服务器进行的具体操作。每个作业必须至少包括一个作业步骤，用户应定义这些步骤执行的顺序，该顺序被称为控制流。

❑ **调度时间表**　为作业安排调度时间表可以使作业按照时间表自动完成管理任务。

使用作业运行重复任务或那些可计划的任务，然后通过生成警报来自动通知用户作业的状态，从而极大地简化了 SQL Server 2008 管理。

12.3.2　创建本地服务器作业

所谓本地服务器作业指的是，这些作业只能运行在创建它们的计算机上，不可以跨多个服务器运行。在创建作业时，可以为作业添加接收通知的操作员。

【实践案例 12-3】

下面创建一个本地服务器作业，该作业用于定时备份数据库"Studentsys"。具体操作步骤如下所示。

（1）打开【开始】菜单，执行【程序】| Microsoft SQL Server 2008 R2 | SQL Server

Management Studio 命令，并使用 Windows 或 SQL Server 身份验证连接到服务器。

（2）在【对象资源管理器】中展开【SQL Server 代理】节点（必须启动代理服务），右击【作业】，在打开的快捷菜单中执行【新建作业】命令，打开【新建作业】窗口。

（3）在打开的【新建作业】窗口中设置作业的名称、所有者、类别和说明信息，如图 12-13 所示。

图 12-13　【新建作业】窗口

（4）单击【新建作业】窗口左侧的【步骤】选项，打开步骤页面。在该页面中单击【新建】按钮，弹出【新建作业步骤】窗口。

（5）在【新建作业步骤】窗口中设置【步骤名称】为"备份"，在【类型】下拉列表中选择【Transact-SQL 脚本（T-SQL）】选项，选择数据库为【Studentsys】，并在【命令】编辑框中输入 BACKUP DATABASE 命令语句，如图 12-14 所示。

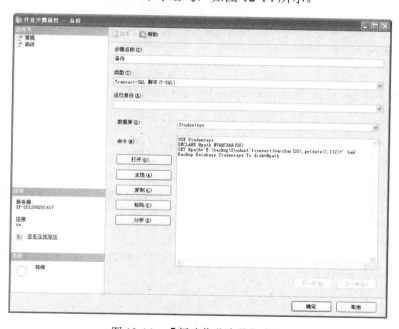

图 12-14　【新建作业步骤】窗口

单击【新建作业步骤】窗口中的【分析】按钮，可以验证命令语句的正确性。

（6）单击【新建作业步骤】窗口左侧的【高级】选项，打开【高级】页面。在【成功时要执行的操作】下拉列表中选择【转到下一步】选项，然后从【失败时要执行的操作】下拉列表中选择【退出报告失败的作业】选项，其他设置保持默认值，如图 12-15 所示。

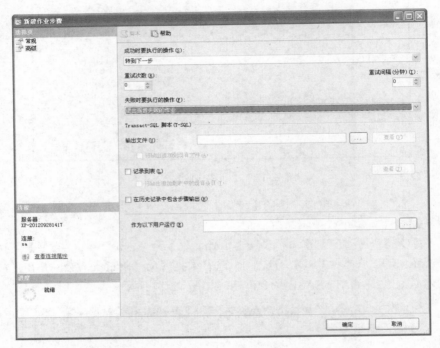

图 12-15　【高级】选项页

（7）确认无误后，单击【确定】按钮创建该作业步骤，并返回【新建作业】窗口。经过以上操作，新建了一个使用 Transact-SQL 语句创建数据库的步骤。

（8）单击【新建作业】窗口左侧的【计划】选项，打开【计划】页面。单击该页面中的【新建】按钮将打开【新建作业计划】窗口。在这里创建一个执行计划来通知 SQL Server 2008 如何执行该作业。

（9）在打开的【新建作业计划】窗口中，设置计划名称为 "Backup DataBase"，该计划需要在每周一的 06:00 执行，执行日期为 2012 年 10 月 06 日到 2012 年 10 月 31 日之间，如图 12-16 所示。

（10）设置完成后，单击【确定】按钮返回【新建作业】窗口，在【计划列表】中将显示新创建的计划任务，如图 12-17 所示。

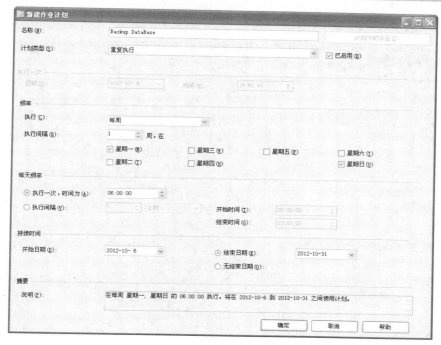

图 12-16 【新建作业计划】窗口

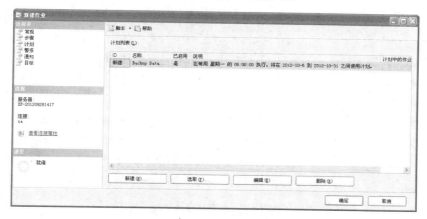

图 12-17 显示新建作业计划

（11）单击【新建作业】窗口左侧的【通知】选项，打开【通知】页面。启用【电子邮件】和【Net send】复选框，并且在后面的第一个列表框中选择执行作业时通知的操作员，这里选择前面创建的操作员"maxianglin"。在第二个列表框中选择通知操作员的时机，可选择项有当作业成功时、当作业失败时和当作业完成时。其中，当作业完成时包括当作业成功时和当作业失败时，如图 12-18 所示。

（12）单击【确定】按钮，完成作业的创建操作。

此后，作业就会按照上面的设定开始按计划执行。通过上面的操作，创建了一个名称为"Backup DataBase"的作业，用于定时完成数据库的完整备份工作，该作业将每周一的 06:00 运行一次，执行日期为 2012 年 10 月 06 日到 2012 年 10 月 31 日之间，最后不管成功与否都将通知操作员"maxianglin"。

图 12-18 【作业属性】窗口

12.3.3 执行作业

当作业创建完成之后，可手动执行该作业。例如，使用 SQL Server Management Studio 手动执行 Backup DataBase 作业，并查看其历史记录，具体步骤如下所示。

（1）打开【SQL Server Management Studio】窗口，并使用 Windows 或 SQL Server 身份验证建立连接。

（2）在【对象资源管理器】中展开服务器节点，选择【SQL Server 代理】|【作业】选项，展开【作业】节点，右击刚创建的 Backup DataBase 作业，在打开的快捷菜单中执行【作业开始步骤】命令，将打开【开始作业】窗口，并执行作业。当作业执行成功之后，将显示作业状态为"成功"，如图 12-19 所示。

图 12-19 【开始作业】窗口

（3）单击【关闭】按钮，作业成功执行。

（4）当作业执行完成后，可右击作业名称执行【查看历史记录】命令，在弹出的【日志文件查看器】窗口中查看执行情况，如图 12-20 所示。

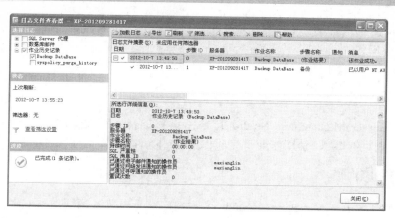

图 12-20　查看作业历史记录

12.3.4　配置历史记录

　　SQL Server 2008 的每个作业的历史信息都存储在数据库中。默认情况下，总共可以存放 1000 条历史记录，每个作业最多占用 100 条记录。根据需要可以改变这些默认值，具体步骤如下所示。

　　（1）打开【SQL Server Management Studio】窗口，并使用 Windows 或 SQL Server 身份验证建立连接。

　　（2）在【对象资源管理器】中展开服务器，右击【SQL Server 代理】节点，在打开的快捷菜单中执行【属性】命令，打开【SQL Server 代理属性】窗口。

　　（3）单击窗口左侧的【历史记录】选项，打开【历史记录】页面，如图 12-21 所示。

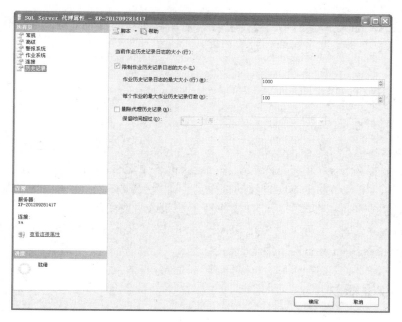

图 12-21　【历史记录】选项页

（4）根据需要重新设置【当前作业历史记录日志的大小】选项的内容，并单击【确定】按钮完成修改操作。

12.3.5 作业的其他操作

在 SQL Server Management Studio 工具中，可以对已经创建的作业进行管理，主要包括停止正在运行的作业、禁用作业、修改作业和删除作业等。

1．停止作业

打开【SQL Server Management Studio】窗口，在【对象资源管理器】中展开服务器，选择【SQL Server 代理】|【作业】选项，展开【作业】节点。右击要停止运行的作业名称，在打开的快捷菜单中执行【停止作业】命令，则作业停止运行。

2．禁用作业

在【SQL Server 代理】|【作业】节点中，右击要禁用的作业名称，执行【禁用】命令，则作业的启用状态将被设置成否，在指定的时间内不会再执行作业。

3．修改作业

在【SQL Server 代理】|【作业】节点中，右击要修改的作业名称，在打开的快捷菜单中选择【属性】命令，打开【作业属性】窗口，即可对已经创建的作业执行修改操作。修改作业与创建作业的过程相似。

4．删除作业

在【SQL Server 代理】|【作业】节点中，右击要删除的作业名称，在打开的快捷菜单中执行【删除】命令，即可删除指定的作业。

12.4　警报管理

SQL Server 2008 可将发生的事件记录到 Windows 的应用程序日志文件中，SQL Server 代理读取应用程序日志，并将写入的事件与定义的警报进行比较，当发现符合用户所定义的事件发生时，将自动发出响应事件的警报。当警报被触发时，将通过电子邮件、寻呼或者 Net Send 方式通知操作员，从而使操作员了解系统中发生的事件。

SQL Server 代理除了可监视 SQL Server 事件以外，还监视性能条件和 WMI（Windows Management Instrumentation）事件。

12.4.1 警报概述

每个警报都对应一种特定的事件，响应事件的类型可以是 SQL Server 事件，也可以是

SQL Server 性能条件或 WMI 事件，不同的事件类型使用的事件参数也不相同（将在后面的小节中具体介绍）。一个警报所基于的元素主要有如下 3 个。

❑ **错误号**

SQL Server 代理在发生特定错误时发出警报。例如，可以指定错误号"2571"来响应未经授权就尝试调用数据库控制台命令（DBCC）的操作。

❑ **错误严重级别**

SQL Server 中的每个错误还有一个关联的严重级别，用于指示错误的严重程度。例如，可以指定严重级别"15"来响应 Transact-SQL 语句中的语法错误。表 12-1 列出了比较常见的错误严重级别及说明。

表 12-1　常见错误级别

级别	说明
10	这是信息性消息，由用户输入信息中的错误所引起，不严重
11～16	这些是用户能够纠正的所有错误
17	这些错误是在服务器耗尽资源（比如内存或硬盘空间）时产生的错误
18	一个非致命的内部错误已经产生。语句将完成，并且用户连接将维持
19	一个不可配置的内部限额已被达到。产生这个错误的任何语句将被终止
20	当前数据库中的一个单独进程已遇到问题，但数据库本身未遭到破坏
21	当前数据库中的所有进程都受到该问题影响，但数据库本身未遭到破坏
22	正在使用的表或索引可能受到损坏。应该运行 DBCC 设法修复对象。（问题也可能出在数据缓存中，也就是说，一个简单的重启可能就解决了问题）
23	这条消息通常指整个数据库不知何故已遭到破坏，而且应该检查硬件的完整性
24	硬件已经发生故障。可能需要购买新硬件并从备份中重装数据库

❑ **性能计算器**

警报也可以从性能计数器中产生。这些计数器与"性能监视器"中的计数器完全相同，而且对纠正事务日志填满之类的性能问题非常有用。它也可以产生基于 WMI 事件的警报。

12.4.2　创建事件警报

要创建基于事件的警报，必须将错误写到 Windows 事件日志上。一旦 SQL Server 代理读取了该事件日志并检测到了新错误，将会搜索整个数据库查找匹配的警报。当这个代理发现匹配的警报时，该警报立即激活，进而可以通知操作员或执行作业。

 可以指定一个警报响应一个或多个事件。

【实践案例 12-4】

创建事件警报的具体步骤如下所示。

（1）打开【SQL Server Management Studio】窗口，并使用 Windows 或 SQL Server 身份验证建立连接，打开 SQL Server 2008 实例。

（2）从【对象资源管理器】窗口中展开【SQL Server 代理】节点，右击该节点下的【警报】子节点，在打开的快捷菜单中执行【新建警报】命令，打开【新建警报】窗口。

（3）在【新建警报】窗口的【常规】选项卡中设置警报名称为"警报_Student"；在【类型】下拉列表框中选择【SQL Server 事件警报】选项；在【数据库名称】下拉列表框中选择警报作用于的数据库，这里选择【Studentsys】；选择【错误号】单选按钮并为警报指定错误号，例如"208"，如图 12-22 所示。

图 12-22　【新建警报】窗口

如果选择了【严重性】单选按钮，则可以从下拉列表框中选择预定义的警报。此时，如果选择的严重级别在 19 到 25 之间，就会向 Windows 应用程序日志发送 SQL Server 消息，并触发一个警报。对于严重级别小于 19 的事件，只有在使用 sp_altermessage、RAISERROR WITH LOG 或 xp_logevent 强制这些事件写入 Windows 应用程序日志时，才会触发警报。

（4）选择【响应】选项卡，启用【通知操作员】复选框，并在操作员列表中选择警报激活后要通知的操作员，例如"maxianglin"。同时，还需要启用该操作员所在行的【电子邮件】和【Net Send】复选框，设置其通知方式，如图 12-23 所示。

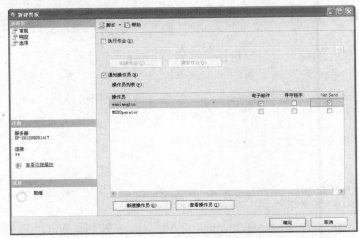

图 12-23　【响应】页面

（5）选择【选项】选项卡，指定警报错误文本的发送方式为【电子邮件】和【Net send】，如图 12-24 所示。

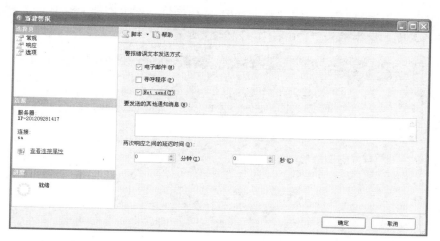

图 12-24　【选项】页面

（6）单击【确定】按钮，完成事件警报的创建。

在事件警报创建完成后，可以在【SQL Server 代理】节点的【警报】子节点下找到刚新建的警报"警报_Student"。右击该警报，执行【属性】命令，在【历史记录】选项卡中可以查看警报的响应时间和次数。

12.4.3　创建性能条件警报

用户可以指定性能条件警报来响应特定的性能条件。在定义性能条件警报时，需要指定要监视的性能计数器、警报的阈值及警报发生时计数器必须执行的操作。

【实践案例 12-5】

创建性能条件警报的具体步骤如下所示。

（1）打开【SQL Server Management Studio】窗口，并使用 Windows 或 SQL Server 身份验证建立连接，打开 SQL Server 2008 实例。

（2）在【对象资源管理器】窗口中，展开【SQL Server 代理】节点，右击该节点下的【警报】节点，在打开的快捷菜单中执行【新建警报】命令，打开【新建警报】窗口。

（3）在打开的【新建警报】|【常规】选项卡中，设置其警报名称为"性能警报_Student"，类型为【SQL Server 性能条件警报】，窗口将出现性能条件警报要定义的选项。用户可以指定对象、计数器、实例和计数器的报警条件等。

- ❑ **对象**　表示要监视的 SQL Server 性能对象。例如，要创建数据库备份还原方面的警报，可以选择【SQL Server:Databases】。
- ❑ **计数器**　表示所监视部分的属性。性能数据被周期性地采样，这会在达到阈值与发出性能警报之间造成短暂的延迟（几秒钟）。
- ❑ **实例**　表示所监控的属性的特定实例，"_Total"表示所有实例。有些对象不需要指定实例。

（4）在【对象】下拉列表框中选择【SQLServer:Databases】选项；在【计数器】下拉列表框中选择【Log File(s) Used Size (KB)】选项；在【实例】下拉列表框中选择【Studentsys】选项；在【计数器满足以下条件时触发警报】选项的第一个下拉列表框中选择【高于】选项，在【值】文本框中输入"120"，如图12-25所示。

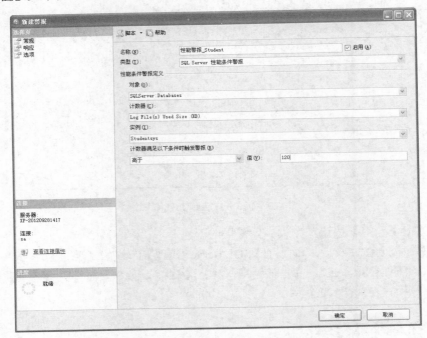

图12-25 创建性能条件警报

（5）选择【响应】选项卡，启用【通知操作员】复选框，并启用操作员列表中"maxianglin"所在行的【电子邮件】和【Net Send】复选框。

（6）选择【选项】选项卡，将警报错误文本发送方式设置为【电子邮件】和【Net Send】。

（7）单击【确定】按钮完成性能条件警报的创建。

12.4.4 创建 WMI 事件警报

WMI（Windows Management Instrumentation，Windows 管理规范）是一项核心的Windows 管理技术，用户可以使用 WMI 管理本地和远程计算机。WMI 作为一种规范和基础结构，通过它可以访问、配置、管理和监视几乎所有的 Windows 资源，比如如下的几种操作。

❏ 在远程计算机上启动一个进程。

❏ 设定一个在特定日期和时间运行的进程。

❏ 远程启动计算机。

❏ 获得本地或远程计算机的已安装程序列表。

❏ 查询本地或远程计算机的 Windows 事件日志。

WMI 对磁盘、进程和其他 Windows 系统对象进行建模，从而实现"指示"功能。此外，WMI 的功能还包括事件触发、远程调用、查询、查看、架构的用户扩展、指示，等等。

创建 WMI 事件警报的具体步骤如下所示。

（1）打开【SQL Server Management Studio】窗口，并使用 Windows 或 SQL Server 身份验证建立连接，打开 SQL Server 2008 实例。

（2）在【对象资源管理器】窗口中，展开【SQL Server 代理】节点，右击该节点下的【警报】节点，在打开的快捷菜单中执行【新建警报】命令，打开【新建警报】窗口。

（3）在【新建警报】窗口的【常规】选项卡中设置警报名称为"WMI 警报_Student"，类型为【WMI 事件警报】，命名空间采用默认值"\\.\root\Microsoft\SqlServer\ServerEvents\MSSQLSERVER"，并在【查询】文本框中输入"SELECT * FROM DDL_DATABASE_LEVEL_EVENT WHERE DatabaseName='Studentsys'"语句，如图 12-26 所示。

图 12-26　创建 WMI 事件警报

（4）选择【响应】选项卡，启用【通知操作员】复选框，并启用操作员列表中"maxianglin"所在行的【电子邮件】和【Net Send】复选框。

（5）选择【选项】选项卡，将警报错误文本发送方式设置为【电子邮件】和【Net Send】。

（6）单击【确定】按钮完成 WMI 事件警报的创建。

12.4.5　禁用和删除警报

当创建的警报失去作用时，可以删除警报；如果只是想让警报暂时失去作用，则可以禁用该警报。删除和禁用警报的具体步骤如下所示。

（1）打开【SQL Server Management Studio】窗口，并使用 Windows 或 SQL Server 身份验证连接到服务器。

（2）在【对象资源管理器】中，展开【SQL Server 代理】|【警报】节点，右击警报名称，在打开的快捷菜单中执行【属性】命令，打开【警报属性】窗口。

（3）禁用警报名称后的【启用】复选框，即可禁用警报。警报被禁用后，当相关事件发生时，警报不会被触发。

（4）如果需要删除一个警报，可直接右击该警报，执行【删除】命令，打开【删除对象】窗口，单击【确定】按钮即可删除该警报。

12.5　数据库邮件

早在 SQL Server 2000 中就可以通过 SQL Mail 来给指定的邮件地址发送邮件。在 SQL Server 2005 中我们仍然可以使用 SQL Mail 功能来发送邮件，但 SQL Server 2005 又提供了一个新的也可以发送和接收邮件的功能，这就是数据库邮件。

数据库邮件是数据库自动化的一个主要部分。数据库管理员必须配置数据库邮件，以便警报和其他类型的信息可以发送到管理员或者其他用户。数据库邮件使得 SQL Server 能够将服务器与邮件系统集成起来。一旦配置好数据库邮件以后，就可以使用该邮件系统来处理警报通知。

12.5.1　使用数据库邮件的优势

数据库邮件是 SQL Server 2005 数据库引擎中新增的一项简单实用的功能，它代替了 SQL Mail，使用一个简单邮件传输协议（SMTP）服务器，而不是 SQL Mail 所要求的 MAPI 账号来发送电子邮件。SMTP 服务器允许发送带附件和查询结果的电子邮件来附加查询结果，以及格式化 HTML 电子邮件。

SQL Server 2008 中的数据库邮件除了完全以 SMTP 为基础外，还具有如下的优势。

❑ 在数据库引擎以外运行，因此对数据库引擎的压力最小。

❑ 群集支持。数据库邮件与群集兼容，并且可以完全用于群集中。

❑ 它的用户资料（Profile）允许使用冗余 SMTP 服务器。

❑ 允许以参数的形式向存储过程发送查询文本，存储过程将执行查询并在电子邮件中发送结果。

❑ 消息通过一个 Service Broker 对列来进行异步传送，因此在发送电子邮件时不必等待回应。

❑ 为电子邮件发送提供多重安全保护机制，如一个控制附件扩展名的过滤器和一个附加大小管理器。

❑ 数据库邮件所做的每件事情都记录在 Windows 应用程序日志中，而发出的消息仍保留在邮件主机数据库中以供审核。

12.5.2 使用数据库邮件配置向导

SQL Server 2008 中的"数据库邮件配置向导"提供了一种管理数据库邮件配置对象的简便方式。该向导用于执行安装和维护任务。例如，管理数据库邮件账户和配置文件、管理数据库邮件安全性和配置数据库邮件系统参数等。

【实践案例 12-6】

使用数据库邮件配置向导的步骤如下所示。

（1）打开【SQL Server Management Studio】窗口，并使用 Windows 或 SQL Server 身份验证建立连接，打开 SQL Server 2008 实例。

（2）在【对象资源管理器】中，展开【管理】节点，右击【数据库邮件】，在打开的快捷菜单中执行【配置数据库邮件】命令。打开如图 12-27 所示的【数据库邮件配置向导】欢迎窗口。

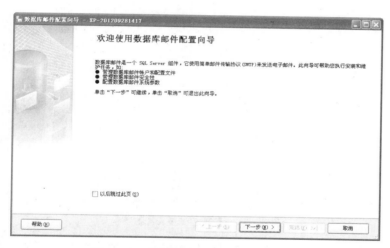

图 12-27 【数据库邮件配置向导】窗口

（3）单击【数据库邮件配置向导】窗口中的【下一步】按钮，打开【选择配置任务】窗口，如图 12-28 所示，这里采用默认值。

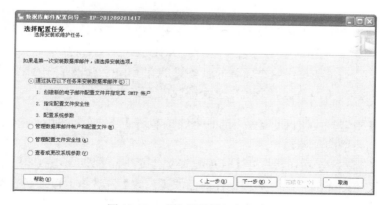

图 12-28 【选择配置任务】窗口

（4）单击【下一步】按钮，将弹出一个询问"数据库邮件功能不可用，是否要启用此功能？"的对话框，如图 12-29 所示。

图 12-29　询问是否启用数据库邮件的对话框

（5）单击【是】按钮，启动数据库邮件功能，打开【新建配置文件】窗口。在该窗口的【配置文件名】文本框中输入"DBConfig"，在【说明】文本框中输入"数据库邮件配置"，如图 12-30 所示。

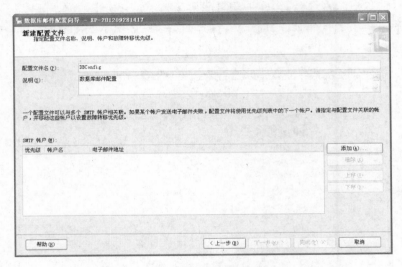

图 12-30　【新建配置文件】窗口

（6）单击【添加】按钮，在弹出的【新建数据库邮件账户】对话框中设置【账户名】为"db_maxianglin"、【说明】为"数据库邮件账户名"，并设置邮件发送服务器的相关信息，以及 SMTP 的身份验证信息，指定其使用【基本身份验证】，并输入相应的用户名和密码，如图 12-31 所示。

 在开始配置数据库邮件之前，首先，网络上的某个地方应当有一个 SMTP 邮件服务器，并且该服务器有一个针对 SQL Server Agent 服务账户而配置的邮件账户。如果已经向某个因特网服务提供商（ISP）注册了一个电子邮件账户，则可以使用那个账户通过配置向导配置数据库邮件。

（7）单击【确定】按钮返回【数据库邮件配置向导】窗口。此时，在【STMP 账户】列表中即可看到新增的邮件账户。

（8）单击【下一步】按钮，打开【管理配置文件安全性】窗口，选择【公共配置文件】选项卡，启用"DBConfig"邮件配置文件前面的【公共】复选框，以便所有用户都可以访问它，并设置【默认配置文件】选项为"是"，如图 12-32 所示。

367

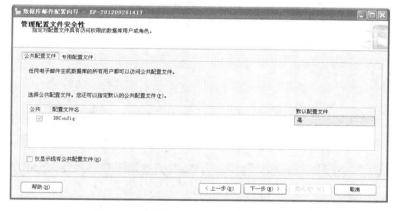

图 12-31　【新建数据库邮件账户】对话框

图 12-32　【管理配置文件安全性】窗口

提示　查看和更改系统参数的方法与管理配置文件的安全性非常相似，只需在【选择配置任务】窗口选择【查看或更改系统参数】单选按钮，从而打开【配置系统参数】窗口，在这里各个系统参数的设置方法与创建配置文件时完全相同，这里不再赘述。

　　（9）单击【下一步】按钮，打开【配置系统参数】窗口。在这里可以根据实际要求进行参数更改，或者采用默认设置，如图 12-33 所示。

　　（10）单击【下一步】按钮，打开【完成该向导】窗口，这里显示数据库邮件配置向导的将要执行的操作信息，如图 12-34 所示。

　　（11）单击【完成】按钮，打开【正在配置】窗口，显示数据库邮件配置向导的执行过程，如图 12-35 所示。

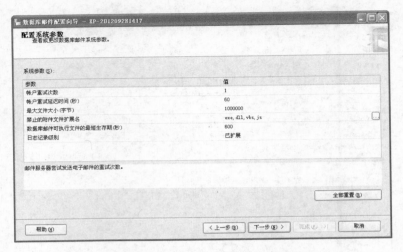

图 12-33 【配置系统参数】窗口

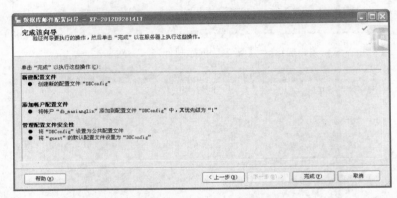

图 12-34 【完成该向导】窗口

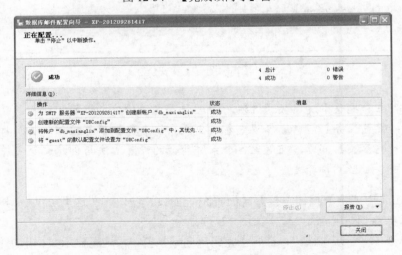

图 12-35 【正在配置】窗口

（12）当数据库邮件配置成功后，单击【关闭】按钮，完成数据库邮件配置向导。

12.5.3　发送测试电子邮件

在配置数据库邮件之后，可以通过发送测试电子邮件的方式来验证当前邮件配置文件是否正确无误、邮件账户是否可用。具体的操作步骤如下所示。

（1）打开【SQL Server Management Studio】窗口，并使用 Windows 或 SQL Server 身份验证建立连接，打开 SQL Server 2008 实例。

（2）在【对象资源管理器】窗口中展开【管理】节点，右击【数据库邮件】，执行【发送测试电子邮件】命令，打开【发送测试电子邮件】窗口。

（3）在【发送测试电子邮件】窗口中，选择数据库邮件配置文件为【DBConfig】，并填写收件人地址和测试邮件的主题和正文，如图 12-36 所示。

图 12-36　【发送测试电子邮件】窗口

（4）配置完成后，单击【发送测试电子邮件】按钮，测试邮件配置文件是否正确。如果正确的话，则在收件人信箱中，可以收到该测试邮件。

12.5.4　管理邮件配置文件和账户

在数据库邮件配置向导中，还可以对已经配置好的邮件配置文件和账户进行一些管理操作，主要包括以下几种。

❑　创建新账户。

❑　查看、更改或删除现有账户。

❑　创建配置文件。

❑　查看、更改或删除现有配置文件，也可以管理与该配置文件关联的账户。

【实践案例 12-7】

管理邮件配置文件和账户的具体步骤如下所示。

（1）打开【SQL Server Management Studio】窗口，并使用 Windows 或 SQL Server 身份验证建立连接，打开 SQL Server 2008 实例。

（2）在【对象资源管理器】窗口中，展开【管理】节点，右击【数据库邮件】，在打开的快捷菜单中执行【配置数据库邮件】命令，打开【数据库邮件配置向导】欢迎窗口。

（3）单击【下一步】按钮，打开【选择配置任务】窗口，在这里选择【管理数据库邮件账户和配置文件】单选按钮。

（4）单击【下一步】按钮，进入【管理配置文件和账户】窗口，在该窗口中可以选择要管理的任务，这里选择【查看、更改或删除现有账户】单选按钮，如图 12-37 所示。

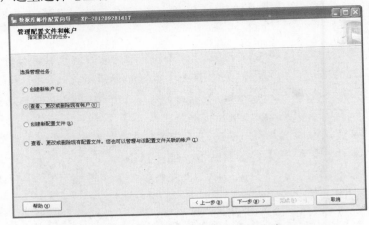

图 12-37　【管理配置文件和账户】窗口

　　（5）单击【下一步】按钮，打开【管理现有账户】窗口。在【账户名】后的下拉列表中选择要进行管理的账户名，如图 12-38 所示。

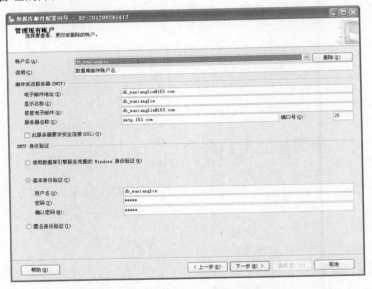

图 12-38　【管理现有账户】窗口

　　（6）在【管理现有账户】窗口中，用户可以对所选择的账户进行修改操作，或者单击【账户名】下拉列表框后面的【删除】按钮，删除该账户。

　　（7）单击【下一步】按钮，进入【完成该向导】窗口。

　　（8）单击【完成】按钮，保存对账户的修改。

12.5.5　使用邮件配置文件

　　前面介绍了数据库邮件配置向导的使用，并创建了一个名称为"DBConfig"的配置文件。本节将介绍如何在 SQL Server 代理中使用该邮件配置文件，具体步骤如下所示。

（1）在【对象资源管理器】窗口中，右击【SQL Server 代理】节点，执行【属性】命令，打开【SQL Server 代理属性】窗口，在【Net send 收件人】文本框中指定 Net Send 的收件人，一般为主机名或 IP，这里指定为主机名"XP-201209281417."，如图 12-39 所示。

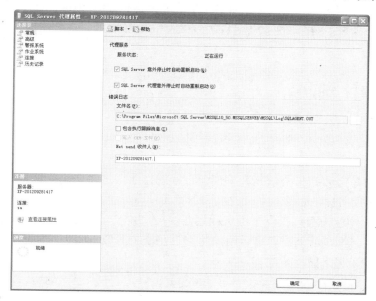

图 12-39　【SQL Server 代理属性】窗口

（2）选择【警报系统】选项卡，启用【启用邮件配置文件】复选框，并指定邮件系统为【数据库邮件】，邮件配置文件为已经成功创建的邮件配置文件【DBConfig】，如图 12-40 所示。

图 12-40　【警报系统】页面

（3）单击【确定】按钮完成属性设置。

（4）使用 SQL Server 配置管理器，停止并重新启动 SQL Server 代理服务。

当顺利地配置了数据库邮件之后，就可以使用 SQL Server Management Studio 创建从 SQL Server 那里接收电子邮件的操作员 db_maxianglin 了。Internet 信息服务携带了一个内部的 SMTP 服务器，该服务器可以与数据库邮件一起使用。

12.6 维护计划向导

对于企业级数据库的管理操作，如数据库与事务日志备份、索引重组、优化数据库等这些操作必须定期执行，才能使服务器保持正常运行。虽然可以通过创建作业来完成这些操作的执行，但是必须为每个数据库都创建许多的作业，这将会是一件很烦琐的事情。

【实践案例 12-8】

SQL Server 2008 为我们提供了维护计划向导，使用它可以很方便地达到使数据库保持正常运行的目的。维护计划向导可以用来为用户在需要的数据库上定期执行所有标准维护任务创建的作业，它的使用步骤如下所示。

（1）打开【SQL Server Management Studio】窗口，并使用 Windows 或 SQL Server 身份验证建立连接，打开 SQL Server 2008 实例。

（2）在【对象资源管理器】窗口中展开【管理】节点，右击【维护计划】，执行【维护计划向导】命令，打开【维护计划向导】开始窗口。

（3）单击【下一步】按钮，打开【选择计划属性】窗口，输入维护计划的名称和说明，并选择【整个计划统筹安排或无计划】单选按钮，如图 12-41 所示。

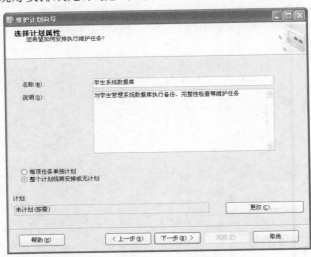

图 12-41 【选择计划属性】窗口

（4）单击【下一步】按钮，打开【选择维护任务】窗口，这里列出了维护计划向导的维护任务列表。选择列表中除【执行 SQL Server 代理作业】之外的任务，如图 12-42 所示。

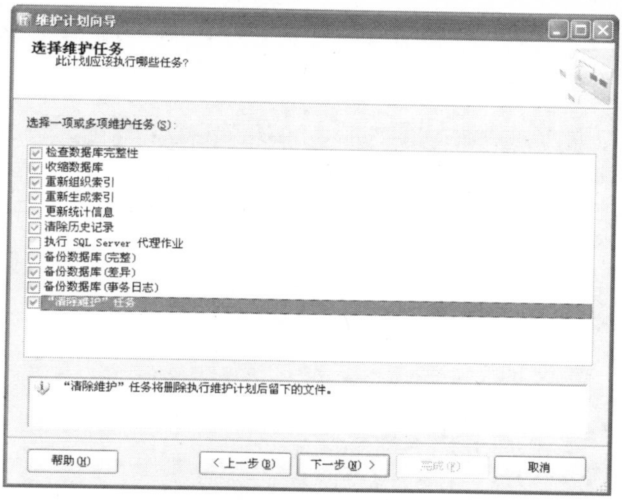

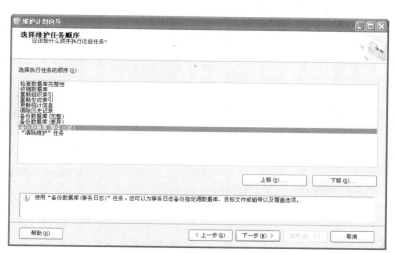

图 12-42　【选择维护任务】窗口

（5）单击【下一步】按钮，打开【选择维护任务顺序】窗口，在该窗口中可以通过单击【上移】和【下移】按钮来调整维护任务的顺序。这里保持默认顺序，如图 12-43所示。

图 12-43　【选择维护任务顺序】窗口

（6）单击【下一步】按钮，打开【定义"数据库检查完整性"任务】窗口。选择【数据库】下拉列表框中的【以下数据库】单选按钮，并启用该数据库列表中的【Studentsys】复选框，如图 12-44 所示。

（7）单击【确定】按钮，返回【定义"数据库检查完整性"任务】窗口。然后单击【下一步】按钮，打开【定义"收缩数据库"任务】窗口。该步骤用于指定在数据库变得太大时应该如何缩小数据库，以及何时开始缩小、缩小多少和收缩后的可用空间如何使用等。这里仍然设置数据库为【Studentsys】。

（8）单击【下一步】按钮，打开【定义"重新组织索引"任务】窗口。同步骤（6）一样，设置数据库为【Studentsys】，并从【对象】下拉列表框中选择【表】选项，从【选择】下拉列表框中选择【所有对象】单选按钮，如图 12-45 所示。

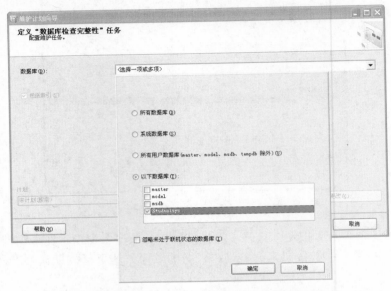

图 12-44　【定义"数据库检查完整性"任务】窗口

　　（9）单击【下一步】按钮，打开【定义"重新生成索引"任务】窗口，设置数据库为【Studentsys】，并从【对象】下拉列表框中选择【表】选项，从【选择】下拉列表框中选择【所有对象】单选按钮，如图 12-46 所示。

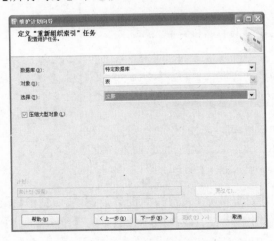

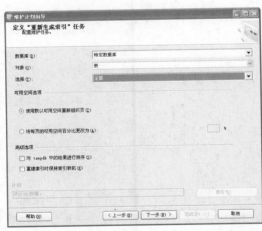

图 12-45　【定义"重新组织索引"任务】窗口　　　　图 12-46　【定义"重新生成索引"任务】窗口

【可用空间选项】提供了两个选择，其中，【使用默认可用空间重新组织页】表示该选项填充因子重新产生页面；【将每页的可用空间百分比更改为】表示该选项创建一个新的填充因子，如果将其设置为 20，则页面将包含 20% 的自由空间。

（10）单击【下一步】按钮，打开【定义"更新统计信息"任务】窗口。同上面的步骤一样，仍然设置数据库为【Studentsys】，对象为【表】，选择为【所有对象】，其他保持默认设置。

（11）单击【下一步】按钮，打开【定义"清除历史记录"任务】窗口，该步骤用于设置何时和如何清理数据库的历史记录，以使其保持正常运行。这里设置为当要删除的历史记录保留时间超过 1 周时执行删除操作，如图 12-47 所示。

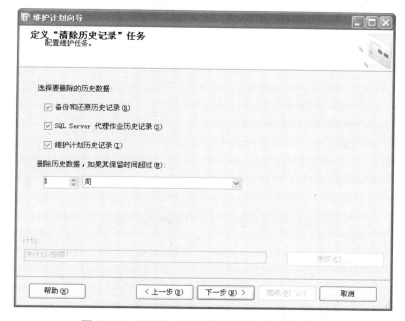

图 12-47　【定义"清除历史记录"任务】窗口

（12）单击【下一步】按钮，打开【定义"备份数据库（完整）"任务】窗口，该步骤用于指定哪些数据库将得到备份、备份的方式及它们将被备份到什么位置。这里选择要备份的数据库为【Studentsys】，并设置要备份到的位置为 E:\backup 目录下，如果备份文件存在将覆盖原备份文件，如图 12-48 所示。

（13）单击【下一步】按钮，接下来的两个窗口分别是【定义"备份数据库（差异）"任务】窗口和【定义"备份数据库（事务日志）"任务】窗口。这两个窗口的配置与步骤（12）相似，这里不再赘述。

（14）定义好以上两个任务后，单击【下一步】按钮，打开【定义"清除维护"任务】窗口，如图 12-49 所示。

（15）单击【下一步】按钮，打开【选择报告选项】窗口。启用【将报告写入文本文件】复选框，保持文件夹位置为默认，并启用【以电子邮件形式发送报告】复选框，从【收件人】下拉列表中选择【maxianglin】选项，如图 12-50 所示。

（16）单击【下一步】按钮，打开【完成该向导】窗口。该窗口显示了待执行任务的汇总信息，如图 12-51 所示。

（17）单击【完成】按钮，创建这个维护计划，如图 12-52 所示。

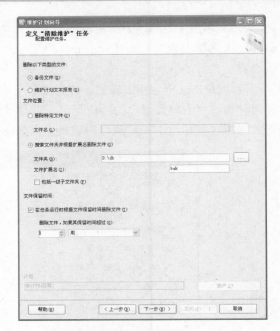

图 12-48 　【定义"备份数据库（完整）"任务】窗口　　　图 12-49 　【定义"清除维护"任务】窗口

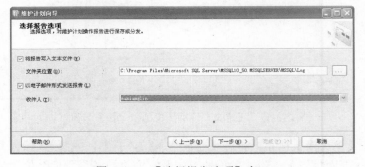

图 12-50 　【选择报告选项】窗口

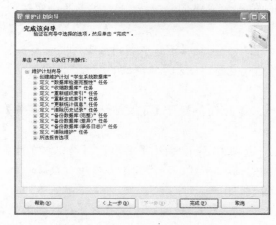

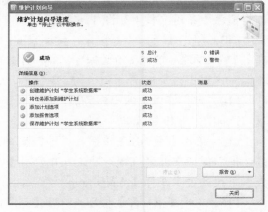

图 12-51 　【完成该向导】窗口　　　　图 12-52 　【维护计划向导进度】窗口

（18）当 SQL Server 创建完成维护计划后，单击【关闭】按钮，关闭维护计划向导。

12.7 习题

一、填空题

1. SQL Server 代理的配置信息主要保存在系统数据库_____的表中，使用 SQL Server 用户对象来存储代理的身份验证信息。

2. _____是定义自动任务的一系列步骤。用户可以使用它来定义将要执行一次或多次的管理任务，并监督该任务的完成情况。

3. 在命令符提示窗口中使用 NET 命令启动 SQL Server 代理服务的语句为：_____。

4. 当_____被触发时，将通过电子邮件、寻呼或者 Net Send 方式通知操作员，从而使操作员了解系统中发生的事件。

二、选择题

1. 在 SQL Server 2008 中，必须将 SQL Server 代理配置为使用 sysadmin 固定服务器角色成员的账户，才能执行其功能。该账户必须拥有的 Windows 权限不包括以下_____选项。

   A. 调整进程的内存配额

   B. 作为批处理作业登录

   C. 跳过遍历检查

   D. 创建数据表

2. SQL Server 2008 的代理服务使用操作员来通知管理员作业的执行情况，操作员的联系信息决定了通知操作员的方式。通知方式有 3 种，下列选项中不包括的是_____。

   A. 手机短信通知

   B. 电子邮件通知

   C. 寻呼通知

   D. Net Send 通知

3. 禁用一个已经创建成功的作业，下列选项中叙述正确的是_____。

   A. 展开【SQL Server 代理】下的【作业】节点，右击要禁用的作业名称，在打开的快捷菜单中执行【属性】命令，打开【作业属性】窗口，禁用该窗口中的【已启用】复选框

   B. 展开【SQL Server 代理】下的【作业】节点，右击要禁用的作业名称，执行【禁用】命令

   C. 右击【SQL Server 代理】节点，在打开的快捷菜单中执行【属性】命令，打开【作业属性】窗口，禁用该窗口中的【已启用】复选框

   D. 右击【SQL Server 代理】节点，执行【禁用】命令

三、上机练习

上机实践：创建一个用于创建新数据库的作业

使用 SQL Server Management Studio 工具创建一个本地服务器作业，该作业用于创建

一个新的数据库 "Product"，并要求执行一次，执行时间为 2013-01-01 08:00:00。此外，该作业无论是否成功执行，都将最终的执行结果通过电子邮件的方式通知给操作员 "maxianglin"。

12.8 实践疑难解答

12.8.1 维护计划创建失败

维护计划创建失败
网络课堂：http://bbs.itzcn.com/thread-19729-1-1.html

【**问题描述**】：在 SQL Server 2008 中创建维护计划时，数据库总会出现以下的错误。

> 从 IClassFactory 为 CLSID 为 {17BCA6E8-A95D-497E-B2F9-AF6AA475916F} 的 COM 组件创建实例失败，原因是出现以下错误：c001f011。
> (Microsoft.SqlServer.ManagedDTS)----------------------------
>
> 从 IClassFactory 为 CLSID 为 {17BCA6E8-A95D-497E-B2F9-AF6AA475916F} 的 COM 组件创建实例失败，原因是出现以下错误：c001f011。(Microsoft.SqlServer.ManagedDTS)

这样的问题该如何解决？
【**解决办法**】：在命令提示符中执行以下语句。

```
regsvr32"c:\Program Files\MicrosoftSQL Server\100\DTS\Binn\dts.dll"
```

将 "dts.dll" 重新注册一次，然后重新打开管理器，再进行创建维护计划即可解决该问题。

12.8.2 如何发送 SQL Server 代理错误消息给指定的收件人

如何发送 SQL Server 代理错误消息给指定的收件人
网络课堂：http://bbs.itzcn.com/thread-19730-1-1.html

【**问题描述**】：在 SQL Server 2008 中，若作业执行失败，如何发送 SQL Server 代理错误消息给指定的收件人？
【**解决办法**】：打开【SQL Server Management Studio】窗口，在【对象资源管理器】中，连接到 SQL Server 2008 数据库引擎实例，再展开该实例。然后右击【SQL Server 代理】节点，在打开的快捷菜单中执行【属性】命令，打开【SQL Server 代理属性】窗口。在该窗口的【常规】选项卡中，指定【Net send 收件人】为自己的计算机名或特定的用户名即可。但是只有 Microsoft Windows Messenger 服务正在运行的时候，才能接收 Net Send 事件。

集成 CLR 编程

SQL Server 2008 重要的新增功能就是支持使用 CLR 兼容的任何编程语言开发 SQL Server 项目。借助于 SQL Server 2008 提供的 SMO 也可以通过编程语言操作数据库。

本章首先将重点介绍 CLR 和 SMO 下使用 C#语言对 SQL Server 的管理，如创建 CLR 普通函数、CLR 存储过程、SMO 存储过程和 SMO 触发器，等等。然后介绍 SQL Server 2008 中对 XML 的操作，包括 xml 数据类型、xml 数据类型可用的方法、查询 XML 数据的 4 种模式，以及 OPENXML 函数。

本章学习要点：

➢ 了解 CLR 和 CTS 的概念
➢ 掌握 SQL Server 项目的创建方法
➢ 熟悉标量值函数、聚合函数、触发器、存储过程和自定义类型的实现
➢ 掌握 SMO 项目的创建方法
➢ 掌握 SMO 连接 SQL Server 的方法
➢ 熟悉 SMO 中数据表、存储过程和触发器的操作
➢ 掌握创建 xml 数据类型列和变量的方法
➢ 熟悉 xml 数据类型方法的使用
➢ 熟悉 FOR XML 语句的 4 种模式
➢ 熟悉 OPENXML 函数的使用

13.1　CLR 概述

CLR 是.NET Framework 的核心部分之一，而 SQL Server 2008 是基于.NET Framework 架构上的。因此 SQL Server 2008 能够使用 CLR 特性对数据库进行管理。

13.1.1　CLR 简介

CLR 全称是 Command Language Runtime（公共语言运行时），是.NET Framework 的基础，其作用是提供内存管理、线程管理和远程处理等核心服务。

首先，公共语言运行时分别通过公共类型系统（Common Type System，CTS）和公共语言规范（Common Language Specification，CLS）定义了标准数据类型和语言间互操作性的规则。然后再通过 Just-In-Time（JIT）编辑器在运行应用程序之前将中间语言（Intermediate

Language，IL）代码转换为可执行代码。除此之外，CLR 还管理应用程序，在应用程序运行时为其分配内存和解除分配内存，这些功能是公共语言运行时在运行托管代码时的固有模块，如图 13-1 所示。

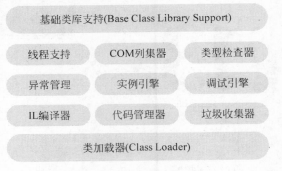

图 13-1 公共语言运行时

CLR 主要提供了下列重要的服务。

❑ 公共类型系统（Common Type System，CTS）定义了所有.NET 语言的标准数据类型及其格式。例如，CTS 定义了整型是 32 位大小，还指定了整型值的内部格式。

❑ 公共语言规范（Common Language Specification，CLS）定义了语言间互操作性的规定。由于 CLS 定义了规则，一个.NET 语言创建的类就可以由其他.NET 语言使用。

❑ 当.NET 应用程序第一次编译时，编译为一种可以由所有.NET 语言共享的中间语言。在应用程序执行时，Just-In-Time 编译器把中间语言转换为可以在目标计算机上执行的可执行文件。

❑ CLR 管理应用程序的执行，也就是说，CLR 负责在创建和销毁对象时，为其分配和解除分配内存。

❑ 垃圾搜索器（Garbage Collector，GC）负责解除分配内存。

13.1.2　CTS 简介

公共类型系统（CTS）定义了声明和使用类型的标准，使得 CLR 可以在不同语言开发的应用程序之间管理这些标准化的类型，并且在不同计算机之间以标准化的格式进行数据通信。其具有以下功能。

❑ 定义了所有应用程序使用的主要数据类型，以及这些类型的内部格式。例如，CTS 定义了整型是 32 位大小，还指定了整型值的内部格式。

❑ 指定了如何为结构和类分配内存。

❑ 允许不同语言开发的组件可以互操作。

❑ 实施类型安全性，禁止一个应用程序使用为另一个应用程序分配的内存。

公共类型系统构成了.NET 架构的公共语言运行时基础，其中一个重要体现就是为.NET 平台的多种语言提供支持。基于公共类型系统的每种语言为了维护自己的语法特色，往往使用别名来替代基础数据类型。例如，C#中的 int 类型和 Visual J#中的 int 类型都是基础数据类型 System.Int32 的别名。

公共类型系统不仅定义了所有数据类型，还提供了面向对象的模型及各编程语言需要共同遵守的标准。其定义类型可分为两大类，即值类型和引用类型，其结构如图 13-2 所示。

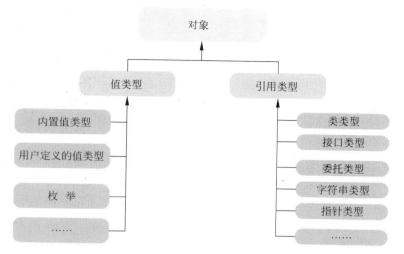

图 13-2 公共类型系统的基本结构

.NET 框架允许值类型和引用类型之间的强制转换，这种转换被称作装箱和拆箱。CTS 的每一种类型都是对象，并继承自一个基类——System.Object。

公共类型系统管理的所有类型保证都是类型安全的，也就是说，公共语言运行时和公共类型系统保证数据类型的一个实例不会覆盖不属于它的内存。要编写与 SQL Server 互操作的.NET 代码，就需要知道 SQL Server 数据类型与.NET 数据类型之间的映射关系。表 13-1 列出了 SQL Server 数据类型及其等效的.NET 数据类型。其中每种.NET 语言（如 C#.NET）还在这些通用类型的.NET 数据类型上面实现了各自的数据类型。

表 13-1 数据类型映射关系

SQL Server 数据类型	.NET 数据类型	SQL Server 数据类型	.NET 数据类型
Binary	Byte[]	Bigint	Int64
Bit	Boolean	Char	无
Cursor	无	Datetime	Datetime
Decimal	Decimal	Float	Double
Image	无	Int	Int32
Money	Decimal	Nchar	String,Char[]
Nchar(1)	Char	Ntext	无
Numeric	Decimal	Nvarchar	String,Char[]
Real	Single	Smalldatetime	DateTime
Smallint	Int16	Smallmoney	Decimal
SQL_variant	Object	Table	ISQLResultSet
Text	无	Tinyint	Byte
Uniqueidentifier	Guid	Timestamp	无
Varbinary	Byte[]		

13.2　编写 CLR 数据库对象

上节介绍了 CLR 的作用及其组成部分，还了解了什么是 CTS。本节将详细讲解如何在 SQL Server 2008 中使用 CLR 来编写数据库对象，包括标量值函数、聚合函数、触发器、存储过程和自定义类型。

13.2.1　创建 SQL Server 项目

无论编写哪类数据库对象都必须先创建一个 SQL Server 项目。一个项目可以理解为一个数据库，其中可以包含各种数据库对象。

【实践案例 13-1】

下面以 Visual Studio 2010 开发工具为例，创建步骤如下所示。

（1）在 Visual Studio 2010 中执行【文件】|【新建项目】命令，打开【新建项目】对话框，从左侧选择【数据库】下的【SQL Server】模板，再选择【Visual C# SQL CLR 数据库项目】类型，然后指定一个项目名称，如图 13-3 所示。

（2）单击【确定】按钮，在弹出的【新建数据库引用】对话框中指定要连接的服务器、验证方式和数据库名称。这里使用 SQL Server 身份验证选择当前服务器上的【studentsys】数据库，单击【测试连接】按钮可以检测是否成功，如图 13-4 所示。

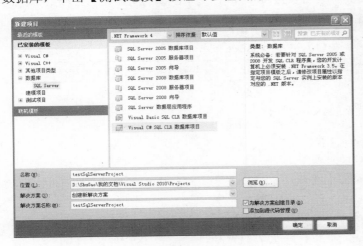

图 13-3　【新建项目】对话框

图 13-4　新建连接

（3）单击【确定】按钮完成对 SQL Server 项目的创建，完整的项目可在【解决方案资源管理器】中看到。其中，默认包含了一个 Test.sql 文件，用于编写 CLR 的测试语句，打开后内容如图 13-5 所示。

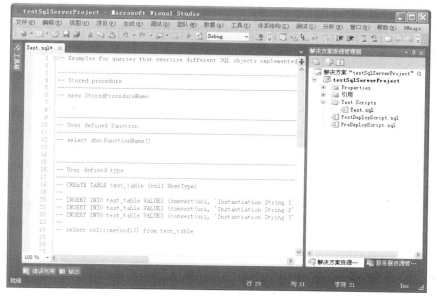

图 13-5　完成 SQL Server 项目创建

本节后面创建的标量值函数、聚合函数、触发器、存储过程和自定义类型都基于此项目。

由于 .NET Framework 平台与 SQL Server 2008 结合得非常紧密，在很多软件开发或 Web 开发中都使用 .NET Framework 平台创建应用程序操作数据库。

13.2.2　标量值函数

本书第9章详细介绍了如何使用 Transact-SQL 创建用户定义函数。除了这种方式之外，SQL Server 2008 还支持使用 CLR 创建如下类型的用户定义函数。

❑　标量值用户定义函数（返回单个值）。

❑　表值用户定义函数（返回整个表）。

❑　用户定义聚合函数（类似于 SUM 和 MIN 之类的聚合函数）。

【实践案例 13-2】

编写一个 CLR 标量值函数用于返回"studentsys"数据库中学生的数量。步骤如下所示。

（1）在 SQL Server 项目的【解决方案资源管理器】窗格中右击项目名称，执行【添加】|【用户定义的函数】命令，在【添加新项】对话框中指定存储过程名称，这里为"udf.cs"，如图 13-6 所示。

（2）单击【添加】按钮，进入用户定义函数的代码编辑窗口。默认会自动创建一个与文件名相同的方法，如图 13-7 所示。

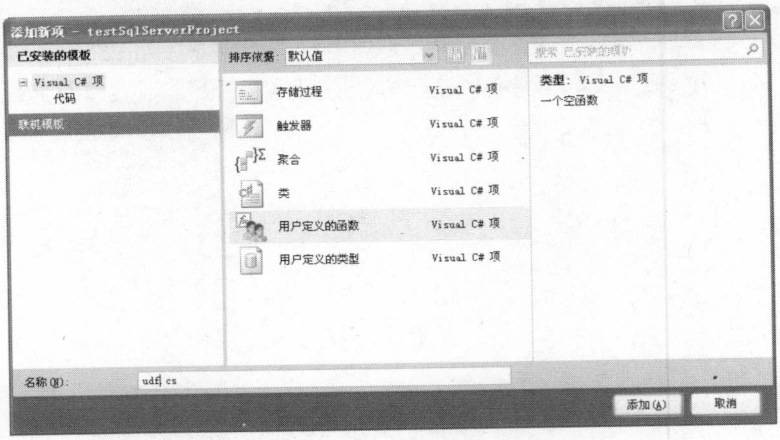

图 13-6　新建用户定义函数

图 13-7　代码编辑窗口

（3）在代码编辑窗口中对默认代码进行修改，创建一个 ReturnStudentsCount()方法并添加实现代码。最终文件完整内容如下所示。

```
using System;
using System.Data;
using System.Data.SqlClient;
using System.Data.SqlTypes;
using Microsoft.SqlServer.Server;

public partial class udf
{
    [SqlFunction(DataAccess = DataAccessKind.Read)]
    public static int ReturnStudentsCount()
    {
        using (SqlConnection conn = new SqlConnection("context connection=true"))
        {
            conn.Open();
            string sql= "SELECT COUNT(*) FROM  student";
```

```
            SqlCommand cmd = new SqlCommand(sql, conn);
            return (int)cmd.ExecuteScalar();
        }
    }
};
```

为了使这些函数可从 SQL Server 中调用，第一步先将这段代码保存在名为 "udf" 的 C#类中。中括号包含的 SqlFunction 通知 SQL Server 将这些代码用作用户定义函数，包含 DataAccessKind.Read 值表示允许该函数读取数据库中用户的数据。

（4）完成用户定义函数代码的编写，执行【生成】|【生成解决方案】命令，将代码从项目中生成程序集。生成完成之后会在项目\bin\debug 目录中看到一个 dll 文件，这里是 testSqlServerProject.dll。

（5）执行【生成】|【部署解决方案】命令，将上一步创建的用户定义函数部署到 SQL Server 2008 的实例数据库中。在【输出】窗格中可以看到部署是否成功，如图 13-8 所示。

图 13-8　部署解决方案

 这种方法可以自动完成注册程序集和部署存储过程工作。只有在创建项目时添加了数据库引用，才会出现【部署】命令，如果没有添加数据库引用，则可以通过项目属性对话框设置。

（6）部署成功后，通过 SQL Server 的【对象资源管理器】窗口可以在【studentsys】数据库下查看新建的程序集及函数。

（7）接下来就可以像调用 Transact-SQL 函数一样使用。语句如下所示。

```
select dbo.ReturnStudentsCount() '结果'
```

（8）如果没有错误将会看到返回的结果，如图 13-9 所示。

 要创建 CLR 表值函数，要求该函数必须返回 IEnumerable 接口，具体过程与标量值用户定义函数基本相同，在此不再介绍。

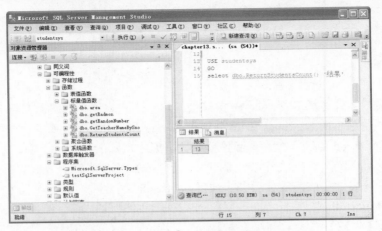

图 13-9   调用标量值函数

删除 CLR 函数与删除普通函数操作相同，使用 DROP FUNCTION 语句。例如，删除这里的 CLR 标量值函数 ReturnStudentsCount，语句如下所示。

```
DROP FUNCTION ReturnStudentsCount
```

要彻底删除 CLR 函数，必须将其所在程序集也删除，删除程序集使用 DROP ASSEMBLY 语句。例如，删除 ReturnStudentsCount 函数所在程序集 testSqlServerProject，语句如下所示。

```
DROP ASSEMBLY testSqlServerProject
```

 只有在删除 CLR 函数之后才可以删除与之相应的程序集。

13.2.3   聚合函数

如果要使用 CLR 创建一个聚合函数必须使用 SqlUserDefinedAggregate 属性进行标识，并且实现聚合接口的 4 种方法 Init、Accumulate、Merge 和 Terminate。满足这些要求后，便可以充分利用 SQL Server 中的用户定义聚合。

下面简单介绍每种方法的语法及作用。

❏ **Init()方法**

```
public void Init();
```

Init()方法用于初始化聚合的计算，正在聚合的每个组都会调用此方法一次。查询处理器可以选择重用聚合类的同一实例来计算多个组的聚合。Init()方法应在上一次使用此实例后根据需要执行清除，并允许重新启动新的聚合计算。

❏ **Accumulate()方法**

```
public void Accumulate ( input-type value[, input-type value, ...]);
```

Accumulate()方法表示该聚合函数的一个或多个参数。其中，input_type 是一个托管 SQL Server 数据类型，该数据类型与 CREATE AGGREGATE 语句中 input_sqltype 指定的本机 SQL Server 数据类型等效。

❑ **Merge()方法**

```
public void Merge( udagg_class value);
```

Merge()方法可以将此聚合的另一实例与当前实例合并。查询处理器使用此方法合并聚合的多个部分计算。

❑ **Terminate()方法**

```
public return_type Terminate();
```

Terminate()方法用于完成聚合计算并返回聚合的结果。其中，return_type 应是托管的 SQL Server 数据类型，该数据类型是 CREATE AGGREGATE 语句中指定 return_sqltype 的托管等效类型，也可以是用户定义类型。

【实践案例 13-3】

在"studentsys"数据库中创建一个 CLR 聚合函数，该函数可以将学生的成绩按学号组合一个成绩列表，多个成绩之间用逗号分隔。

（1）在 SQL Server 项目中打开【添加新项】对话框，选择【聚合】类型并设置名称为"Aggregate1.cs"。

（2）单击【添加】按钮，进入 Aggregate1.cs 文件的代码编辑窗口。在这里编写 CLR 聚合函数的具体实现，最终代码如下所示。

```
using System;
using System.Data;
using System.Data.SqlClient;
using System.Data.SqlTypes;
using Microsoft.SqlServer.Server;
using System.Text;
using System.IO;

[Serializable]
[SqlUserDefinedAggregate(
    Format.UserDefined,                 //使用 UserDefined 序列化格式，允许进行
                                          二进制序列化
    IsInvariantToNulls = true,          //指定聚合与空值无关
    IsInvariantToDuplicates = false,//指定聚合与重复值有关
    IsInvariantToOrder = false,         //指定聚合与顺序有关
    MaxByteSize = 8000)                  //聚合实例的最大大小为 8000（以字节为单位）
]
public class Concatenate : IBinarySerialize
{
    //定义一个变量用于保存连接的多个字符串
    private StringBuilder intermediateResult;

    public void Init()
```

```
        {
            this.intermediateResult = new StringBuilder();
        }

    public void Accumulate(SqlString value)
        {
            if (value.IsNull)
            {
                return;
            }
            this.intermediateResult.Append(value.Value).Append(',');
        }

    public void Merge(Concatenate other)
        {
            this.intermediateResult.Append(other.intermediateResult);
        }

    public SqlString Terminate()
        {
            string output = string.Empty;
            if (this.intermediateResult != null&& this.intermediateResult.Length > 0)
            {
                output = this.intermediateResult.ToString(0, this.intermediate
Result.Length - 1);
            }
            return new SqlString(output);
        }

    public void Read(BinaryReader r)
        {
            intermediateResult = new StringBuilder(r.ReadString());
        }

    public void Write(BinaryWriter w)
        {
            w.Write(this.intermediateResult.ToString());
        }
    }
```

从上述代码中，可以看到根据需要对 4 种方法进行了扩展，同时添加了一些辅助方法。有关代码的具体解释不在本书介绍范围内。

（3）CLR 聚合函数创建之后，同样需要部署到 SQL Server 实例的【studentsys】数据库中，方法是在开发工具中执行【生成】|【部署解决方案】命令。

（4）部署成功之后，展开【studentsys】数据库下【可编程性】|【聚合函数】节点即可看到上面创建的 Concatenate()函数。

（5）对 "studentsys" 数据库中 "scores" 表的 "sscore" 列应用聚合函数进行测试，语句如下所示。

```
USE studentsys
GO
SELECT Sno '学号', dbo.Concatenate(SScore) '成绩列表'
FROM SCORES
GROUP BY Sno
```

如果没有错误将看到如图 13-10 所示的运行效果，每个学号作为一行，将它的成绩使用逗号连接成列表。

图 13-10　测试 CLR 聚合函数运行效果

使用 DROP FUNCTION 语句删除这里创建的 CLR 聚合函数。

13.2.4　触发器

在本书第 10 章详细介绍了使用 Transact-SQL 编写触发器的方法，触发器是在事件执行时自动运行的一种特殊类型的存储过程。

CLR 既支持数据操纵语言（DML）触发器又支持数据定义语言（DDL）触发器。在创建触发器时可以使用 SqlTriggerContext 的特殊类来获得 inserted 和 deleted 表，确定哪些列在 UPDATE 语句中被修改或者获取与激活了触发器的 DDL 操作有关的详细信息。

【实践案例 13-4】

创建 CLR 触发器与创建 CLR 函数过程基本一样。首先需要创建一个 SQL Server 项目，并在创建项目过程中指定数据库。这里使用 13.2.1 节创建好的项目，具体过程不再重复。

下面以一个简单的 DML 触发器为例，介绍具体的创建过程。步骤如下所示。

（1）在 SQL Server 项目中打开【添加新项】对话框，选择【触发器】类型并设置名称为 "myTrigger.cs"。

（2）单击【添加】按钮，进入触发器的代码编辑窗口。默认会自动创建一个与文件名相同的方法，如图 13-11 所示。

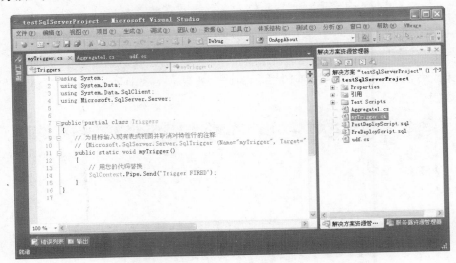

图 13-11　代码编辑窗口

（3）在代码编辑窗口中对默认代码进行修改，创建一个 **myTrigger**()方法，并添加实现代码。最终文件完整内容如下所示。

```
using System;
using System.Data;
using System.Data.SqlClient;
using Microsoft.SqlServer.Server;
public partial class Triggers
{
    //在 student 表上创建 DML 类型的 CLR 触发器
    [Microsoft.SqlServer.Server.SqlTrigger(Name = "trig_ForUpdateDelete",
Target = "teacher", Event = "FOR UPDATE,DELETE")]
    //用户自定义的 CLR 触发器，作为无返回值的类静态方法
    public static void myTrigger()
    {
        SqlTriggerContext triggContext = SqlContext.TriggerContext;
        //设置连接
        SqlConnection con = new SqlConnection();
        con.ConnectionString = "Context Connection=true";
        //打开连接
        con.Open();
        SqlCommand cmd = new SqlCommand();
        cmd.Connection = con;
        SqlDataReader reader;
        switch (triggContext.TriggerAction)
        {
            case TriggerAction.Update:  //定义 UPDATE 触发器
                //指定更新第 1 列时触发（序号从 0 开始）
                if (triggContext.IsUpdatedColumn(1))
                {
                    cmd.CommandText = "SELECT * FROM INSERTED";
```

```
                            //生成 SqlDataReader
                            reader = cmd.ExecuteReader();
                            //发送数据到客户端
                            SqlContext.Pipe.Send(reader);
                            //发送消息到客户端
                            SqlContext.Pipe.Send("teacher 表的姓名列已被更改");
                    }
                        break;
                    case TriggerAction.Delete:  //定义 DELETE 触发器
                        cmd.CommandText = "SELECT * FROM DELETED";
                        reader = cmd.ExecuteReader();
                        SqlContext.Pipe.Send(reader);
                        SqlContext.Pipe.Send("teacher 表中有被删除的行");
                        break;
                }
            }
    }
```

在上述代码语句中首先定义了触发器名称为"trig_ForUpdateDelete"，并指定触发器所基于"teacher"表，然后创建数据库连接，最后定义触发器所触发的事件，即 UPDATE 触发器和 DELETE 触发器。

（4）在【解决方案管理器】窗格中右击方案名称执行【部署解决方案】命令，将上一步创建的 CLR 触发器部署到 SQL Server 2008 实例的【studentsys】数据库。

（5）部署成功后在 SQL Server 2008 中通过展开【teacher】表下的【触发器】节点可以看到新建的触发器。

（6）有了 CLR DML 触发器之后，接下来编写 UPDATE 语句或 DELETE 语句测试触发器是否成功。

使用 UPDATE 语句更新"teacher"表，语句如下所示。

```
--使用 UPDATE 语句测试 CLR 触发器
UPDATE teacher SET tname='李帅' WHERE tno=3
```

执行后的结果如图 13-12 所示，在【消息】选项卡中可以看到程序执行时的输出提示信息。

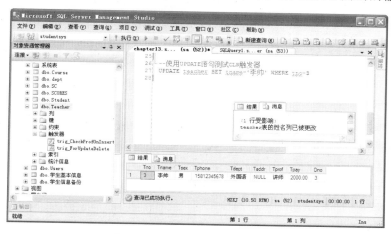

图 13-12　查看执行结果

【实践案例 13-5】

触发器在创建完成之后，具有不需要调用即可自动执行的特性。因此，有必要在不需要时将触发器禁用，以及执行启用或者删除操作。

例如，禁用这里创建的 CLR DML 触发器 trig_ForUpdateDelete，然后再编写一个 UPDATE 语句测试触发器是否禁用成功。语句如下所示。

```
--禁用 CLR 触发器
DISABLE TRIGGER trig_ForUpdateDelete ON teacher
GO
--测试 CLR 触发器
UPDATE teacher SET tname='张玲' WHERE tno=3
```

执行结果如图 13-13 所示，说明禁用成功。从图 13-13 中可以看到，没有出现【结果】选项卡，而且在【消息】选项卡中也没有自定义的输出消息。

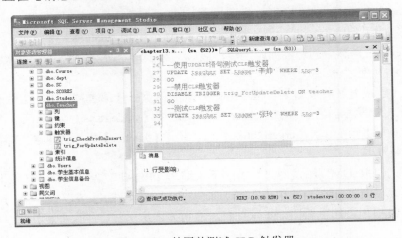

图 13-13　禁用并测试 CLR 触发器

启用触发器的语法与禁用触发器的大致相同，只是一个使用 DISABLE 关键字，一个使用 ENABLE 关键字。启用 trig_ForUpdateDelete 触发器的语句如下所示。

```
ENABLE TRIGGER trig_ForUpdateDelete ON teacher
```

删除 CLR 触发器与删除普通触发器操作相同，都使用 DROP TRIGGER 语句。例如，删除这里的 CLR 触发器 trig_ForUpdateDelete，语句如下所示。

```
DROP TRIGGER trig_ForUpdateDelete
```

 删除 CLR 触发器所在程序集的方法同样是使用 DROP ASSEMBLY 语句，这里不再重复。

13.2.5　存储过程

在本书第 10 章中详细介绍了普通存储过程的使用，在 SQL Server 2008 中使用 CLR 同样可以创建存储过程。CLR 存储过程能够接受或者返回用户提供的参数,调用 DDL 和 DML 语句,以及返回输出参数。CLR 存储过程是指对 CLR 方法的引用,它们在.NET Framework 程序集中作为类的公共静态方法实现。

【实践案例 13-6】

下面以一个简单的 CLR 存储过程为例,介绍具体的创建过程。步骤如下所示。

(1)在 SQL Server 项目中打开【添加新项】对话框,选择【存储过程】类型并设置名称为"myStoredProcedure.cs"。

(2)单击【添加】按钮,进入存储过程的代码编辑窗口。在代码编辑窗口中对默认代码进行修改,创建一个 getStudentsByDno()方法并添加实现代码。最终文件完整内容如下所示。

```csharp
using System;
using System.Data;
using System.Data.SqlClient;
using System.Data.SqlTypes;
using Microsoft.SqlServer.Server;
public partial class StoredProcedures
{
    [Microsoft.SqlServer.Server.SqlProcedure]
    public static void getStudentsByDno(string strDno)
    {
        string sql = "SELECT sno '学号',sname '姓名',ssex '性别',sbirth '出
生日期',sadrs '城市',dno '系部编号' FROM student";
        sql += " WHERE dno=@dno";
        SqlConnection con = new SqlConnection();
        con.ConnectionString = "Context Connection=true";
        con.Open();
        SqlCommand cmd = new SqlCommand();
        cmd.Connection = con;
        cmd.CommandText = sql;
        SqlParameter dno = new SqlParameter("@dno", strDno);
        cmd.Parameters.Add(@dno);
        SqlContext.Pipe.ExecuteAndSend(cmd);
        con.Close();
    }
};
```

上述代码创建的存储过程名为"getStudentsByDno",它接收一个"strDno"参数表示要查询的系部编号,最终从"student"表中返回该系下的学生信息。ExecuteAndSend()方法是接收一个 SqlCommand 对象作为参数,执行时将数据集返回到客户端。

(3)右击方案名称执行【部署解决方案】命令,将上一步创建的 CLR 存储过程部署到 SQL Server 2008 实例的【studentsys】数据库。

(4)部署成功后在 SQL Server 2008 中通过展开【studentsys】数据库下的【可编程性】| 【存储过程】节点,可以看到新建的 getStudentsByDno 存储过程。

(5)执行 CLR 存储过程与普通存储过程的方法是相同的,也是使用 EXEC 语句。使用 EXEC 语句执行这里创建并部署的 CLR 存储过程 getStudentsByDno,语句如下所示。

```sql
--执行 CLR 存储过程
exec getStudentsByDno 1
```

执行后的结果集如图 13-14 所示。

图 13-14　执行 CLR 存储过程

（6）删除 CLR 存储过程与删除普通存储过程操作相同，使用 DROP PROCEDURE 语句。例如，删除这里的 CLR 存储过程 getStudentsByDno，语句如下所示。

```
DROP PROCEDURE getStudentsByDno
```

13.2.6　自定义类型

SQL Server 2008 允许使用 CLR 创建用户自定义的类型，从而能够创建 SQL Server 中没有的数据类型，如复数类型。使用 CLR 创建的用户自定义类型，不仅可以是定义复杂的结构化类型，还可以是存储在数据库中扩充数据库的类型系统。

CLR 自定义类型与函数、触发器和存储过程知识相比较，自定义类型较为复杂，但从应用程序结构的角度来说，它具有两个重要的优点。

- ❏　在内部状态和外部行为之间强大的封装（无论在客户端中还是在服务器中）。
- ❏　与其他相关服务器功能的深度集成。定义了自己的 UDT 后，可以在所有可使用 SQL Server 2008 中的系统类型（包括列定义）的上下文中使用，并且可以作为变量、参数、函数结果和触发器使用。

【实践案例 13-7】

下面以一个简单的 CLR 自定义类型为例，介绍具体的创建过程。步骤如下所示。

（1）在 SQL Server 项目中打开【添加新项】对话框，选择【用户定义的类型】类型并设置名称为 "Type2.cs"。

（2）单击【添加】按钮，进入自定义类型的代码编辑窗口。在代码编辑窗口中对默认代码进行修改，最终文件完整内容如下所示。

```
using System;
using System.Data;
using System.Data.SqlClient;
using System.Data.SqlTypes;
using Microsoft.SqlServer.Server;
```

```
[Serializable]
[Microsoft.SqlServer.Server.SqlUserDefinedType(Format.Native)]
public struct Type1 : INullable
{
    public override string ToString()
    {
        string guid = Guid.NewGuid().ToString();
        return guid;
    }
    public bool IsNull
    {
        get
        {
            return m_Null;
        }
    }
    public static Type1 Null
    {
        get
        {
            Type1 h = new Type1();
            h.m_Null = true;
            return h;
        }
    }
    public static Type1 Parse(SqlString s)
    {
        if (s.IsNull)
            return Null;
        Type1 u = new Type1();
        return u;
    }
    public string NewGuid()
    {
        string guid = Guid.NewGuid().ToString();
        return guid;
    }
    // 私有成员
    private bool m_Null;
}
```

（3）右击方案名称执行【部署解决方案】命令，将上一步创建的 CLR 自定义类型部署到 SQL Server 2008 实例的【studentsys】数据库。

（4）部署成功后在 SQL Server 2008 中通过展开【studentsys】数据库下的【可编程性】|【类型】|【用户定义类型】节点，可以看到新建的 Type 类型。

（5）部署成功之后就可以像使用内部数据类型一样使用它。例如，使用该类型作为一个列的数据类型来创建一个表，语句代码如下所示。

```
CREATE TABLE t1(
id int,
guid Type1
)
```

（6）创建表之后，下面编写语句向表中插入数据。

```
INSERT t1 VALUES(1,'1'),(2,'2'),(3,'3')
```

（7）使用 SELECT 语句查看表中的数据信息。结果（如图 13-15 所示）并不是所期望的。这是因为上述语句试图返回实际的数据存储格式，而该格式是 SQL Server 无法显示的。

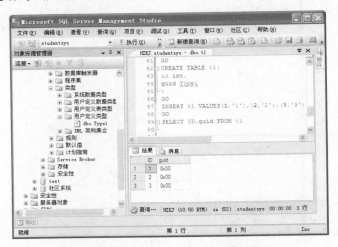

图 13-15   返回 CLR 类型原始数据结果

（8）要查看具体的数据信息可以调用 Type1 类中的 NewGuid()方法，具体的语句代码如下所示。

```
SELECT ID,guid.NewGuid() 'GUID' FROM t1
```

再次执行将看到如图 13-16 所示的执行结果。

图 13-16   调用 NewGuid()方法结果

13.3   SMO 操作

SMO 全称为 SQL Management Objects（SQL Server 管理对象），它是由 SQL Server 2008 提供的一个特殊对象库。使用 SMO 可以完成很多数据库管理操作，如创建数据库、添加登录名与角色，以及列出链接服务器上的表，等等。本节不打算罗列 SMO 的所有操作，仅介绍最常用的功能。

13.3.1　创建 SMO 项目

创建 SMO 项目与创建 SQL Server 项目一样，都需要使用 Visual Studio 2010，并选择一种开发语言，这里仍为 C#。

【实践案例 13-8】

创建一个使用命令行的 SMO 项目，要求列举出 SQL Server 2008 实例中所有数据库。重点是 SMO 项目的创建及 SMO 的基本用法。

（1）在 Visual Studio 2010 中执行【文件】|【新建】|【项目】命令，打开【新建项目】对话框。依次展开【Visual C#】|【Windows】节点再选择【控制台应用程序】模板，然后指定名称为 "TestSmoProject"，如图 13-17 所示。

图 13-17　创建控制台应用程序

（2）单击【确定】按钮，进入控制台应用程序的编辑窗口。在【解决方案资源管理器】中右击【引用】节点，执行【添加引用】命令，如图 13-18 所示。

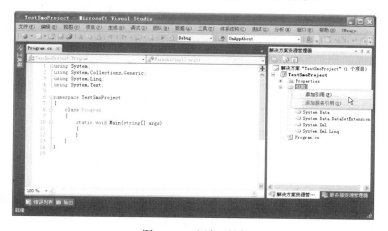

图 13-18　添加引用

（3）基于 SMO 的应用程序必须包含 SMO 程序集的引用。这个项目要在【添加引用】对话框中按住 Ctrl 键单击 Microsoft.SqlServer.Smo、Microsoft.SqlServer.Management.Sdk.Sfc 和 Microsoft.SqlServer.ConnectionInfo，然后单击【确定】按钮添加这三个程序集的引用到程序。

 如果没有找到相关的程序集可以单击浏览导航至 "C:\Program Files\Microsoft SQL Server\100\SDK\Assemblies" 目录再选择。

（4）通过在 Program.cs 文件编写代码调用 SMO 中对象的方法获取指定服务器上的数据库列表。如下所示为添加后整个文件的代码。

```csharp
using System;
using System.Collections.Generic;
using System.Linq;
using System.Text;
using Microsoft.SqlServer.Management.Smo;            //添加所需的引用
namespace TestSmoProject
{
    class Program
    {
        static void Main(string[] args)
        {
            string servername = "localhost";
            Console.WriteLine("请输入要连接 SQL Server 实例的名称(默认为本机): ");
            string s = Console.ReadLine();
            s = (s != "" ? s : servername);
            Console.WriteLine("\r\n 正在建立到'" + s + "'服务器的连接....."); 
            try
            {
                Server sqlServer = new Server(s);          //获取输入的实例名称
                Console.WriteLine("数据库列表如下: ");
                foreach (Database db in sqlServer.Databases)
                                                        //列举所有数据库名称
                {
                    Console.WriteLine("\t" + db.ToString());
                                                        //添加到列表框显示
                }
                Console.ReadKey();
            }
            catch (Exception e)
            {
                Console.WriteLine(e.Message);
            }
        }
    }
}
```

在上述代码中首先输出一行提示，让用户输入要连接的 SQL Server 实例名称。然后将该名称作为参数来构造一个 Server 对象的实例 sqlServer。

Server 对象有一个名为"Databases"的属性，保存的是所有数据库的集合。用 foreach 语句遍历该集合的每个元素输出所有名称。

（5）按下 F5 键运行该程序，再按回车查看本机上的数据库列表，运行结果如图 13-19 所示。

图 13-19　显示数据库名称

13.3.2　连接 SQL Server

在使用 SMO 对象操作 SQL Server 数据库之前必须先建立 SQL Server 服务器的连接。SMO 使用 Microsoft.SqlServer.Management.Common 命名空间下的 ServerConnection 对象创建到 SQL Server 的连接。

ServerConnection 对象支持使用 Windows 认证连接和 SQL Server 登录两种方式。在表 13-2 中列出了 ServerConnection 对象的常用方法和属性。

表 13-2　**ServerConnection** 对象的常用方法和属性

名称	说明
ConnectionString 属性	获取或者设置用于与 SQL Server 建立连接的字符串
InUse 属性	获取或者设置当前连接是否正在使用
IsOpen 属性	获取或者设置当前连接是否已经打开
Login 属性	获取或者设置用于与 SQL Server 建立连接使用的登录名
LoginSecure 属性	获取或者设置与 SQL Server 建立连接使用 Windows 还是 SQL 方式
Password 属性	获取或者设置使用 SQL 方式连接时的登录密码
ServerInstance 属性	获取或者设置 SQL Server 服务器的实例名称
ServerVersion 属性	获取当前 SQL Server 服务器实例的版本
Connect()方法	建立到 SQL Server 服务器实例的连接
ChangePassword()方法	修改当前连接的密码
Cancel()方法	取消连接

1. Windows 认证连接

在创建 ServerConnection 对象的实例时，使用无参数的构造函数即可使用默认的 Windows 认证方式建立 SQL Server 连接。

【实践案例 13-9】

使用 Windows 认证创建一个 SQL Server 的连接，并输出当前连接的信息，语句如下所示。

```csharp
static void Main(string[] args)
{
    ServerConnection sc = new ServerConnection(); //创建一个连接
    sc.Connect();                                 //尝试建立连接
    if (sc.IsOpen)                                //判断连接是否打开
    {
        Console.WriteLine("已经建立到服务器的连接，连接信息如下: ");
        Console.WriteLine("\t 连接字符串: " + sc.ConnectionString);
        Console.WriteLine("\t 是否正在使用: " + sc.InUse);
        Console.WriteLine("\t 实例名称: " + sc.ServerInstance);
        Console.WriteLine("\t 版本: " + sc.ServerVersion);
    }
    Console.ReadKey();
}
```

在运行上述代码之前还需要使用 "using Microsoft.SqlServer.Management.Common;" 语句引用命名空间。程序的执行效果如图 13-20 所示。

图 13-20　连接 SQL Server 运行效果

对于使用这种方式创建的 ServerConnection 对象，在调用 Connect 方法时，行为和没有命令行开关的 SqlCmd 工具或者只使用 -E 命令行开关的 osql 工具类似，将使用运行程序的用户的 Windows 认证信息连接到本机的默认实例。

2. SQL Server 登录

由于 ServerConnection 默认使用的是 Windows 身份认证，因此为了使用 SQL Server 登录需要将 LoginSecure 属性设置为 false。然后再指定 SQL Server 登录的用户名和密码。

【实践案例 13-10】

使用用户名 "sa"、密码 "123456" 以 SQL Server 登录方式建立连接并输出连接信息，语句如下所示。

```
static void Main(string[] args)
{
    ServerConnection sc = new ServerConnection();
    sc.LoginSecure = false;
    sc.Login = "sa";
    sc.Password = "123456";
    sc.Connect();
    if (sc.IsOpen)
    {
        Console.WriteLine("已经建立到服务器的连接，连接信息如下: ");
        Console.WriteLine("\t 连接字符串: " + sc.ConnectionString);
        Console.WriteLine("\t 是否正在使用: " + sc.InUse);
        Console.WriteLine("\t 实例名称: " + sc.ServerInstance);
        Console.WriteLine("\t 版本: " + sc.ServerVersion);
    }
    Console.ReadKey();
}
```

在上述代码中，首先声明一个 ServerConnection 对象的实例 "sc"，设置 LoginSecure 属性为 "false"，再设置登录账户为 "sa"，密码为 "123456"。最后调用 ServerConnection 对象的 Connect()方法连接 SQL Server。

3. 修改 SQL Server 登录密码

在以 SQL Server 登录时，调用 ServerConnection 类的 ChangePassword 方法可以修改 SQL Serve 登录密码，但不适用于 Windows 身份登录。

【实践案例 13-11】

对上面使用 SQL Server 登录建立连接的 "sa" 用户进行修改密码操作，设置为 "sa"。语句如下所示。

```
static void Main(string[] args)
{
    ServerConnection sc = new ServerConnection();
    sc.LoginSecure = false;
    sc.Login = "sa";
    sc.Password = "123456";
    sc.Connect();
    if (sc.IsOpen)
    {
        sc.ChangePassword("sa");
        sc.Cancel();
        Console.WriteLine("修改密码成功，已断开连接。请使用新密码重新连接。")
    }
    Console.ReadKey();
}
```

在上述代码中，首先使用 SQL Server 身份进行登录，设置登录名和密码。然后使用 ServerConnection 对象的 Connect()方法连接 SQL Server。在连接打开之后调用

ChangePassword()方法修改登录密码，之后调用 Cancel()方法断开连接。

13.3.3 创建数据库

使用 SMO 可以在程序中使用 CLR 语言（例如 C#）来创建一个数据库，而不用像 SQL Server 中通过图形界面或者执行 CREATE DATABASE 语句来完成。

【实践案例 13-12】

使用 SMO 建立本地 SQL Server 的连接并创建一个名为 "books" 的数据库。语句如下所示。

```
static void Main(string[] args)
{
    Server s = new Server("(local)");
    Database db = new Database(s,"books");
    db.Create();
}
```

13.3.4 创建数据表

使用 SMO 创建数据表的操作也非常简单，大致需要如下几个步骤。

❑ 创建列对象。
❑ 设置列对象的属性。
❑ 将列对象添加到表的集合中。

一般情况下，这些步骤需要重复多次，因为表中通常都包含不止一列。

【实践案例 13-13】

在 13.3.3 节创建的 "books" 数据库中创建一个 "book" 表。要求 book 表包含如下列。

❑ **ID 列** 自动编号。
❑ **Name 列** VarChar 类型，长度为 20。
❑ **Price 列** float 类型。

（1）创建一个到 SQL Server 实例的连接，并打开 "books" 数据库，语句如下所示。

```
Server s = new Server("(local)");
Database db = s.Databases["books"];
```

（2）使用 Table 对象创建一个表，并指定名称为 "book"，语句如下所示。

```
Table t = new Table(db," book");
```

 默认新建表的 Column 集合为空。如果这时试图将表添加到数据库上，则会收到一条错误消息，因为一个表必须至少有一列。

（3）使用 Column 对象根据要求依次创建列，并分别设置属性，再添加到 Table 对象的 Column 集合中，语句如下所示。

```
        Column c = new Column(t, "ID");          //创建第 1 列
        c.Identity = true;
        c.IdentitySeed = 1;
        c.IdentityIncrement = 1;
        c.DataType = DataType.Int;
        c.Nullable = false;
        t.Columns.Add(c);
        c = new Column(t, "Name");               //创建第 2 列
        c.DataType = DataType.VarChar(20);
        c.Nullable = false;
        t.Columns.Add(c);
        c = new Column(t, "Price");              //创建第 3 列
        c.DataType = DataType.Float;
        c.Nullable = true;
        t.Columns.Add(c);
        t.Create();                              //保存对表的修改
```

（4）将这些代码组合到一起再执行，即可完成"book"表的创建。如图 13-21 所示，为在图形界面下查看的创建表结果，可以看到"book"中的列与程序指定的一致，说明创建成功。

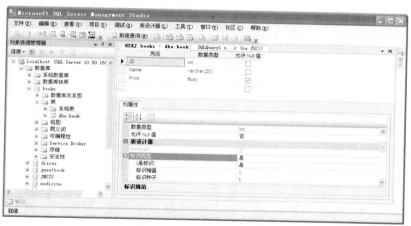

图 13-21　SMO 创建表结果

【实践案例 13-14】

使用 SMO 删除表比创建表容易得多，只需调用 Table 对象的 Drop()方法即可。这里要删除"books"数据库的"book"表，语句如下所示。

```
Server s = new Server("(local)");
Database db = s.Databases["books"];              //指定数据库
Table t = db.Tables["book"];                     //指定表
t.Drop();                                        //调用删除方法
```

13.3.5　创建存储过程

在 13.2.5 节介绍了如何使用 CLR 创建存储过程，使用 SMO 同样可以创建存储过程。

这需要使用 SMO 中的 StoreProcedure 对象。

【实践案例 13-15】

使用 SMO 在"books"数据库中创建一个针对"book"表进行插入操作的存储过程。实现语句如下所示。

```
static void Main(string[] args)
{
    Server s = new Server("(local)");
    Database db = s.Databases["books"];
    StoredProcedure sp = new StoredProcedure(db, "InsertBook");
    StoredProcedureParameter spp1 = new StoredProcedureParameter(sp,
"@name", DataType.VarChar(20));
    StoredProcedureParameter spp2 = new StoredProcedureParameter(sp,
"@price", DataType.Float);
    sp.TextMode = false;
    sp.Parameters.Add(spp1);
    sp.Parameters.Add(spp2);
    sp.TextBody = "INSERT INTO book VALUES(@name,@price);";
    sp.Create();
}
```

如上述代码所示，若要创建 SMO 存储过程主要可分为 3 个步骤。首先，实例化一个 StoreProcedure 对象并指定使用的数据库和存储过程名称。然后，通过实例化 StoredProcedureParameter 对象作为参数添加到 StoreProcedure 对象 Parameters 集合中。最后，再使用 StoreProcedure 对象的 TextBody 属性设置存储过程的执行语句。以下所示为这段代码对应的存储过程创建语句。

```
CREATE PROCEDURE [dbo].[InsertBook]
    @name [varchar](20),
    @price [float](53)
AS
INSERT INTO book VALUES(@name,@price);
```

执行上述代码，在【对象资源管理器】窗格打开"books"数据库下的【存储过程】节点，即可看到创建的结果，如图 13-22 所示。

【实践案例 13-16】

创建了 SMO 存储过程之后，便可以使用 Database 对象的 ExecuteNonQuery 方法来执行存储过程。

例如，执行 SMO 存储过程 InsertBook 插入一行数据的语句如下所示。

```
static void Main(string[] args)
{
    Server s = new Server("(local)");
    Database db = s.Databases["books"];
    db.ExecuteNonQuery("InsertBook \"SQL Server 完全学习手册\",68");
}
```

执行完成后在 SQL Server 中使用 SELECT 语句查询"book"表将看到新增的数据，如图 13-23 所示。

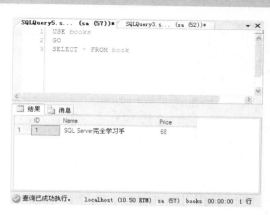

图 13-22 查看存储过程   图 13-23 查看表中的数据

13.3.6 创建触发器

在 13.2.4 节介绍了如何使用 CLR 创建触发器，使用 SMO 同样可以创建触发器，这需要使用 SMO 中的 Trigger 对象。

【实践案例 13-17】

使用 SMO 在针对"books"数据库的"book"表的插入和更新操作创建一个触发器，要求该触发器能显示"book"表中的所有数据。实现语句如下所示。

```
static void Main(string[] args)
{
    Server s = new Server("(local)");
    Database db = s.Databases["books"];
    Table t = db.Tables["book"];
    Trigger tr = new Trigger(t, "trig_ForUpdateInsert");
    tr.TextMode = false;
    tr.Insert = true;
    tr.Update = true;
    string strSQL = "select * from book";
    tr.TextBody = strSQL;
    tr.Create();
}
```

如上述代码所示，创建 SMO 触发器主要可分为 3 个步骤。首先，实例化一个 Trigger 对象并指定要触发的表名和触发器名称。然后，通过设置 Trigger 对象的属性对触发器进行设置。最后，再使用 Trigger 对象的 TextBody 属性设置触发器的执行语句。

执行上述代码，在【对象资源管理器】窗格打开"books"数据库，展开【表】下的【触发器】节点即可看到 trig_ForUpdateInsert 触发器，如图 13-24 所示。

【实践案例 13-18】

在 SQL Server 的查询编辑器中对"book"表进行 UPDATE 和 INSERT 操作，验证 SMO 触发器是否正确执行。语句如下，执行后的结果如图 13-25 所示，即说明成功。

```
UPDATE book SET Name='SQL Server 2008完全学习手册' WHERE ID=1
GO
INSERT INTO book VALUES('SQL Server 2008简明教程',49)
```

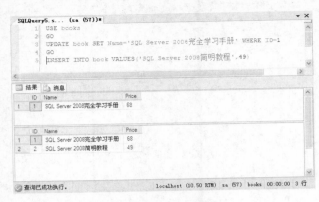

图 13-24　查看触发器　　　　　　　　图 13-25　验证触发器

13.4　XML 操作

　　XML 全称是 eXtensible Markup Language（可扩展标记语言），XML 从 SQL Server 2000 开始支持并有着广泛应用。SQL Server 2008 建立在之前版本的 XML 基础上进行了增强和很多改进。例如，改进的 xml 数据类型、扩展 XQuery 的支持、增强 FOR XML 子句和 OPENXML 函数等功能。

13.4.1　xml 数据类型简介

　　xml 数据类型是 SQL Server 中的内置数据类型，用户可以使用 xml 数据类型在 SQL Server 数据库中存储 XML 文档和片段。XML 片段是缺少单个顶级元素的 XML 实例。

　　用户不仅可以在表中创建 xml 数据类型的字段，而且可以创建 xml 数据类型的变量，并在其中存储 XML 实例。当然，也可以选择性地将 XML 架构集合与 xml 数据类型的字段、参数或者变量进行关联。集合中的架构用于验证和类型化 XML 实例，此时称 XML 是类型化的。

1．创建 xml 数据类型的字段

　　创建 xml 数据类型字段最简单的方法是使用 CREATE TABLE 语句，然后指定列的类型为 xml。

【实践案例 13-19】

　　例如，要创建一个包含两列的表，要求第 1 列为 int 型，第 2 列为 xml 型。语句如下所示。

```
CREATE TABLE xml_Table1
(
c1 int PRIMARY KEY,
c2 xml
)
```

在上面的语句中创建的表为"xml_Table1",其中的 c2 列是 xml 类型。

用户也可以使用 ALTER TABLE 命令语句,向数据库现有表中添加 xml 数据类型,其方法与添加普通数据类型方法相同。

2. 创建 xml 数据类型的变量

要创建 xml 数据类型的变量可以使用 DECLARE 语句,语法格式如下所示。

```
DECLARE @变量名 xml
```

当然,也可以通过指定 XML 架构集合创建类型化的 xml 变量,如以下语句。

```
DECLARE @变量名 xml ( XML 架构集合名称 )
```

尽管在 SQL Server 2008 中 xml 数据类型与其他数据类型一样,但是在使用时还需要注意一些限制,这些限制包括如下几点。

- ❏ xml 数据类型实例所占据的存储空间大小不能超过 2GB。
- ❏ 不能用作 sql_variant 实例的子类型。
- ❏ 不支持转换为 text 或者 ntext。可以改用转换为 varchar(max)或者 nvarchar(max)。
- ❏ 不能进行比较或排序。这意味着 xml 数据类型不能用在 GROUP BY 语句中。
- ❏ 不能用作除 ISNULL、COALESCE 和 DATALENGTH 之外的任何内置标量值函数的参数。
- ❏ 不能用作索引中的键列。但可以作为数据包含在聚集索引中;如果创建了非聚集索引,也可以使用 INCLUDE 关键字显式添加到该非聚集索引中。

13.4.2 xml 数据类型方法

13.4.1 节学习了如何使用 xml 数据类型作为表的列和变量,以及 xml 数据类型的限制。xml 数据类型还提供了很多方法用于查询 XML 实例,这些实例可以存储在 xml 数据类型的变量中,也可以存储在 xml 数据类型的字段中。

1. query()方法

query()方法执行一个 XML 查询,并且返回查询的结果。其语法格式如下所示。

```
query('XQuery')
```

其中,参数 XQuery 是一个字符串,用于查询 XML 实例中 XML 节点(如元素、属性)的 XQuery 表达式。

【实践案例 13-20】

使用 query()方法从一个 xml 数据类型的变量中返回一个 XML 实例的一部分。语句如下所示。

```
DECLARE @xmlStr xml
SET @xmlStr='
```

```
<students>
    <student>
            <name>李梅</name>
            <sex>女</sex>
    </student>
    <student>
            <name>张强</name>
            <sex>男</sex>
    </student>
</students>
'
SELECT @xmlStr.query('/students/student/name ') AS 学生姓名列表
```

在以上语句中，声明一个 xml 数据类型的变量 xmlStr，并赋予它一个 XML 实例的值。在语句的最后，使用 query()方法针对 xml 数据类型变量指定一个 XQuery 表达式，并选出 XML 实例的一部分。

在此实例中将返回 "student" 节点下 "name" 的所有内容，执行结果如图 13-26 所示。

2. value()方法

value()方法执行一个查询以便从 XML 中返回一个简单的值。其语法格式如下所示。

```
value(XQuery,SQLType)
```

参数说明如下所示。

- ❑ **XQuery** **XQuery** 表达式，用于从 XML 实例内部检索数据。该表达式必须最多返回一个值，否则，将返回错误。
- ❑ **SQLType** 该参数是一个字符串的值，用于指定要转换到的 SQL 类型。此方法的返回类型与 SQLType 参数匹配。

注意

SQLType 不能是 xml 数据类型、CLR 用户定义类型、image、text、ntext 或 sql_variant 数据类型。但是可以是用户定义数据类型 SQL。

【实践案例 13-21】

创建一个实例，使用 value()方法从 XML 实例中提取节点的值，语句如下所示。

```
DECLARE @xmlStr xml
DECLARE @color1 varchar(50),@color2 varchar(50)
SET @xmlStr='
<colors>
    <color>
            <cn_name>红色</cn_name>
            <en_name>red</en_name>
    </color>
    <color>
            <cn_name>绿色</cn_name>
            <en_name>green</en_name>
    </color>
```

```
        <color>
            <cn_name>黄色</cn_name>
            <en_name>yellow</en_name>
        </color>
    </colors>
    '
    SET @color1=@xmlStr.value('(/colors/color/cn_name)[1]','varchar(50)')
    SET @color2=@xmlStr.value('(/colors/color/cn_name)[2]','varchar(50)')

    SELECT @color1 AS '第1个颜色', @color2 AS '第2个颜色'
```

在以上语句中，定义 xml 数据类型的变量 xmlStr，用来存放 XML 实例。value()方法中的 XQuery 表达式使用[1]来指定第 1 个 cn_name 节点的值，[2]指定第 2 个 cn_name 节点的值。最后使用 SELECT 语句输出，执行结果如图 13-27 所示。

图 13-26　使用 query()方法　　　　图 13-27　使用 value()方法

3. exist()方法

exist()方法用于判断指定 XML 型结果集中是否存在指定节点，如果存在，则返回值为1；否则，返回值为 0。语法格式如下所示。

```
exist(XQuery)
```

其中，XQuery 表示指定的 XML 型查询语句，该查询语句将生成一组 XML 型结果集。例如，如下语句使用 exist()方法在"achievement"表中查询是否存在不及格的成绩。

```
DECLARE @成绩 xml
SET @成绩 = 'achievement/score'
SELECT @成绩.exist('/achievement/score<60') AS 返回值
```

如果返回结果为 1，则说明在"achievement"表中存在不及格的成绩。

4. modify()方法

modify()方法表示在 XML 文档的适当位置执行一个修改操作，可以修改一个 xml 数据类型的变量或字段。语法格式如下所示。

```
modify(XML_DML)
```

其中，XML_DML 是 XML 数据操作语言中的字符串，将根据此字符串表达式来更新

XML 文档。

xml 数据类型的 modify() 方法只能在 UPDATE 语句的 SET 子句中使用。

【实践案例 13-22】

创建一个实例，使用 modify() 方法向 xml 数据类型中添加一个节点，语句如下所示。

```
DECLARE @xmlStr xml
SET @xmlStr='
<colors>
    <color>红色</color>
    <color>绿色</color>
    <color>黄色</color>
</colors>
'
SELECT @xmlStr AS '插入前 xml 内容'
SET @xmlStr.modify('insert <color>黑色</color> after (/colors/color)[1]')
SELECT @xmlStr AS '插入后 xml 内容'
```

上述语句使用 modify() 方法向 xml 数据类型变量中添加一个 "<color>黑色</color>" 节点，添加位置为第 1 个 color 节点之后。执行结果如图 13-28 所示。

5. nodes() 方法

nodes() 方法允许把 XML 分解到一个表结构中，其目的是指定哪些节点映射到一个新数据集的行。语法格式如下所示。

```
nodes(XQuery) as Table(Column)
```

参数说明如下所示。

- ❑ **Xquery**　指定 XQuery 表达式。如果语句返回节点，那么节点包含在结果行集中。类似地，如果表达式的结果为空，那么结果行集也为空。
- ❑ **Table(Column)**　指定结果行集的表名称和字段名称。

【实践案例 13-23】

创建一个实例，使用 nodes() 方法将指定节点映射到一个新的数据集的行，语句如下所示。

```
DECLARE @xmlStr xml
SET @xmlStr='
<colors>
    <color>
        <cn_name>红色</cn_name>
        <en_name>red</en_name>
    </color>
    <color>
        <cn_name>绿色</cn_name>
        <en_name>green</en_name>
    </color>
    <color>
        <cn_name>黄色</cn_name>
```

```
            <en_name>yellow</en_name>
        </color>
</colors>
'
SELECT color.str.query('.')
AS 结果
FROM @xmlStr.nodes('/colors/color') color(str)
```

上述语句使用 nodes()方法的 XQuery 语句将每个 color 节点作为一行返回，执行结果如图 13-29 所示。

图 13-28　使用 modify()方法　　　　　图 13-29　使用 nodes()方法

13.4.3　RAW 模式查询

在 SELECT 查询中指定 FOR XML 子句，可以将该查询的结果作为 XML 来查询。FOR XML 子句可以指定 4 种模式，分别是 RAW 模式、AUTO 模式、PATH 模式和 EXPLICIT 模式。本节首先介绍 RAW 模式。

RAW 模式在生成 XML 结果的数据集时，将结果集中的每一行数据作为一个元素输出。也就是说，在使用 RAW 模式时，每一条记录被作为一个元素而输出，因此记录中的每一个字段也将被作为相应的属性（除非该字段为 NULL）而输出。

【实践案例 13-24】

例如，要使用 RAW 模式从"studentsys"数据库的"student"表中查询出学生的学号、姓名和性别，语句如下所示。

```
USE studentsys
GO
SELECT Sno '学号',Sname '姓名',ssex '性别'
FROM student
FOR XML RAW
```

上述语句在"student"表中检索学生信息，并指定将查询结果转换为 RAW 模式的 XML。执行结果如图 13-30 所示。

单击查询后返回的记录，在新打开的查询编辑器中查看该 XML，如图 13-31 所示。从图中可以看出，查询结果集中的每一行被作为一个元素，而行中的字段将被作为该元素所含的属性。

图 13-30　使用 RAW 模式　　　　　　　图 13-31　RAW 模式查看返回的记录

13.4.4　AUTO 模式查询

AUTO 模式将查询结果以嵌套 XML 元素的方式返回，生成的 XML 中的 XML 层次结构取决于 SELECT 子句中指定字段所标识的表的顺序。该模式将其查询的表名称作为元素名称，查询的字段名称作为属性名称。

【实践案例 13-25】

使用 AUTO 模式从 "student" 表和 "SCORES" 表中查询学生成绩信息，语句如下所示。

```
SELECT s.Sno '学号',s.Sname '姓名',sc.Cno '课程编号',sc.SScore '成绩'
FROM student s JOIN SCORES sc ON s.Sno=sc.Sno
FOR XML AUTO
```

上述语句中定义了两个表别名 "s" 和 "sc"，在使用 AUTO 模式执行查询后，数据表别名 "s" 和 "sc" 被分别作为 XML 节点，表的列以节点属性方式显示。单击查询后返回的记录，在新打开的查询编辑器中查看该 XML，如图 13-32 所示。

图 13-32　AUTO 模式查看返回的记录

在使用 AUTO 模式时，如果查询字段中存在计算字段（即不能直接得出字段值的查询字段）或者聚合函数将不能正常执行。可以为计算字段或者聚合函数的字段添加相应的别名后，再使用该模式。

13.4.5　PATH 模式查询

PATH 模式提供一种简单的方式来混合元素和属性。该模式为结果集中的每一行生成一个<row>元素。在该模式中，列名或者列别名被当作 XPath 表达式来处理，这些表达式指明如何将值映射到 XML。可以在各种条件下映射行集中的列，如没有名称的列、具有名称的列，以及名称指定为通配符的列，等等。

1. 没有名称的列

任何一个没有名称的列都将成为内联列。例如，不指定任何列别名或者嵌套标量的查询将生成没有名称的列。如果该列是 xml 数据类型，那么将插入该数据类型实例的内容。否则，列内容将作为文本节点插入。

【实践案例 13-26】

使用 PATH 模式从"student"表中查询学生学号、姓名、性别和年龄信息，语句如下所示。

```
SELECT Sno '学号',Sname '姓名',ssex '性别',YEAR(getdate())-YEAR(sbirth)
FROM student
FOR XML PATH
```

上述语句中由于第 4 列是计算列，且没有列名，所以此时会直接作为<row>元素的值，执行结果如图 13-33 所示。

图 13-33　PATH 模式没有名称的列返回的记录

2. 具有名称的列

如果使用具有名称的列，在列名称中可以包含如下信息。

❑ **列名以@符号开头**

如果列名以@符号开头，并且不包含斜杠标记（/），将创建包含相应列值的<row>元素的属性。

❑ **列名不以@符号开头**

如果列名不以@符号开头，并且不包含斜杠标记（/），将创建一个 XML 元素，该元素是行元素（默认情况下为<row>）的子元素。

❑ **列名不以@符号开头并包含斜杠标记（/）**

如果列名不以@符号开头并包含斜杠标记（/），那么该列名指明一个 XML 层次结构。

❑ **多个列共享同一前缀**

如果若干后续列共享同一个路径前缀，则它们将被分组到同一名称下。如果它们使用的是不同的命名空间前缀，则即使它们被绑定到同一命名空间，也被认为是不同的路径。

❑ **一列具有不同的名称**

如果列之间出现具有不同名称的列，则该列将会打破分组。

【实践案例 13-27】

使用 PATH 模式从"student"表和"SCORES"表中查询学生成绩信息，语句如下所示。

```
SELECT s.Sno as '@学号',
    s.Sname as '学生信息/姓名',
    s.Ssex as '学生信息/性别',
    s.Sbirth as '学生信息/出生日期',
    sc.Cno as '成绩信息/课程编号',
    sc.SScore as '成绩信息/分数'
FROM student s JOIN SCORES sc ON s.Sno=sc.Sno
FOR XML PATH
```

上述语句中 Sno 列的别名以@开头，因此将向<row>元素添加"学号"属性。其他所有列的别名中均包含指明层次结构的斜杠标记（/）。执行结果如图 13-34 所示。

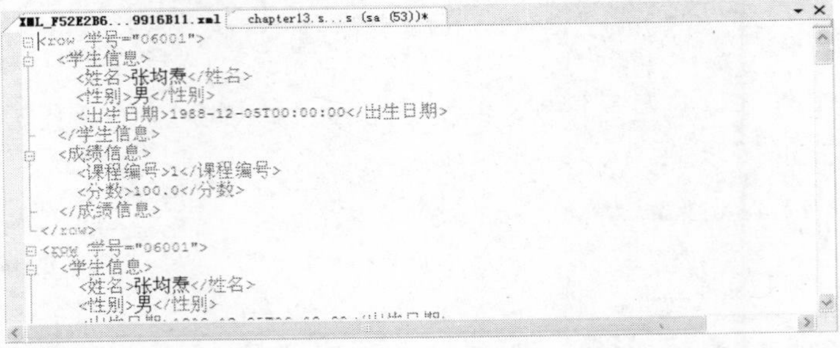

图 13-34　PATH 模式具有名称的列返回的记录

从图 13-34 可以看出，在生成的 XML 中，<row>元素下包含<student>和<achievement>子元素，<student>子元素包含<stuname>和<stuid>子元素；<achievement>子元素包含<score>子元素；并且将共享同一个路径前缀的元素分组到同一名称下。

13.4.6　EXPLICIT 模式查询

EXPLICIT 模式与 AUTO 和 RAW 模式相比，能够更好地控制从查询结果生成的 XML 的形状。但是如果编写具有嵌套的查询，该模式又不及 PATH 模式简单。使用该模式后，查询结果集将被转换为 XML 文档，该 XML 文档的结构与结果集中的结果一致。

在 EXPLICIT 模式中，SELECT 语句中的前两个字段必须分别命名为"TAG"和"PARENT"。这两个字段是元数据字段，使用它们可以确定查询结果集的 XML 文档中元素的父子关系，即嵌套关系。

❑　**TAG 字段**

该字段表示查询字段列表中的第一个字段，用于存储当前元素的标记值。字段名称必须是 TAG，标记号可以使用的值是 1~255。

❑　**PARENT 字段**

用于存储当前元素的父元素标记号，字段名称必须是 PARENT。如果这一列中的值是

NULL 或者 0, 该行就会被放置在 XML 层次结构的顶层。

在使用 EXPLICIT 模式时, 在添加上述两个附加字段后, 还应该至少包含一个数据列。这些数据列的语法格式如下所示。

```
ElementName!TagNumber!AttributeName!Directive
```

语法说明如下所示。

- ❏ **ElementName** 所生成元素的通用标识符, 即元素名。
- ❏ **TagNumber** 分配给元素的唯一标记值。根据两个元数据字段 TAG 和 PARENT 信息, 此值将确定所得 XML 中元素的嵌套。
- ❏ **AttributeName** 提供要在指定的 ElementName 中构造的属性名称。
- ❏ **Directive** 为可选项, 可以使用它来提供有关 XML 构造的其他信息。Directive 选项的可用值如表 13-3 所示。

表 13-3 可用 Directive 值

Directive 值	说明
element	返回的结果都是元素, 不是属性
hide	允许隐藏节点
xmltext	如果数据中包含了 XML 标记, 允许把这些标记正确地显示出来
xml	与 element 类似, 但是并不考虑数据中是否包含了 XML 标记
cdata	作为 cdata 段输出数据
ID、IDREF 和 IDREFS	用于定义关键属性

【实践案例 13-28】

创建一个使用 EXPLICIT 模式查询 XML 数据的实例, 语句如下所示。

```
SELECT 1 AS TAG,
        0 AS PARENT ,
        sno AS [student!1!sno] ,
        Sname AS [student!1!name!element] ,
        NULL AS [dept!2!dname]
FROM student
UNION ALL
SELECT 2 AS TAG,
        1 AS PARENT,
        Sno,
        Sname,
        dname
        FROM student A JOIN dept B ON A.Dno= B.Dno
ORDER BY [student!1!sno]
FOR XML EXPLICIT
```

在第一个 SELECT 查询语句中, 设置 TAG 值为 "1", 并将其 PARENT 值设置为 0, 因为该元素为顶层元素。然后为该元素指定相应的元素名 "student", 在为元素指定相应的属性时, 设置 Directive 值为 "element", 此时返回的结果都是元素, 而不是属性。

在第二个 SELECT 查询语句中, 设置 TAG 值为 "2", 然后通过将其 PARENT 值设置为 1 来指明其父级元素为 "student"。执行结果如图 13-35 所示。

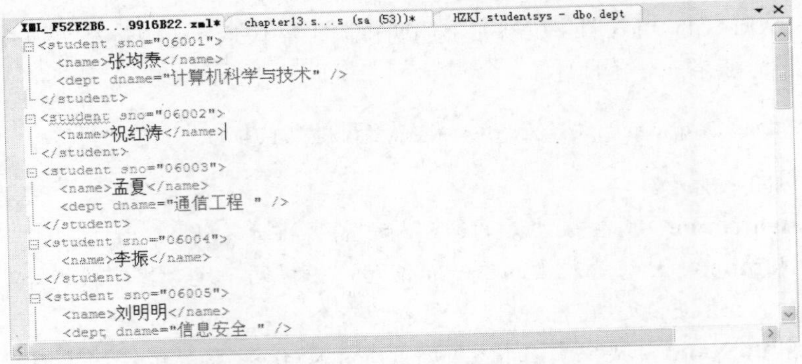

图 13-35　EXPLICIT 模式返回的记录

13.4.7　OPENXML 函数

除了使用前面讲过的 FOR XML 子句查询 XML 形式的数据，也可以使用 OPENXML 函数插入以 XML 形式表示的数据。OPENXML 是一个行集函数，类似于表或视图，提供内存中 XML 文档上的行集。OPENXML 可在用于指定源表或源视图的 SELECT 和 SELECT INTO 语句中使用。

要使用 OPENXML 编写对 XML 文档执行的查询，必须先调用系统存储过程 sp_xml_preparedocument。它将分析 XML 文档并向准备使用的已分析文档返回一个句柄。具体的语法格式如下所示。

```
sp_xml_preparedocument @hdoc=<integer variable> OUTPUT
[, @xmltext=<character data> ]
[, @xpath_namespace=<url to a namespace >]
```

其中各参数的含义如下所示。

❑ **@hdoc**　新创建 XML 文档的句柄。

❑ **@xmltext**　将要分析的 XML 文档对象。

❑ **@xpath_namespace**　将要用于 XPath 表达式的命名空间。

当执行 sp_xml_preparedocument 系统存储过程后如果分析正确，则返回值 0，否则返回大于 0 的整数。在调用完这个存储过程并把句柄保存到文档之后，就可以使用 OPENXML 返回该文档的行集数据。具体的语法格式如下所示。

```
OPENXML( @idoc int [ in ] , rowpattern nvarchar [ in ] , [ flags byte [ in ] ] )
[WITH ( SchemaDeclaration | TableName ) ]
```

其中，@idoc 参数表示已经准备的 XML 文档句柄；rowpattern 参数表示将要返回哪些数据行，它使用 XPATH 模式提供了一个起始路径；flags 参数指示应在 XML 数据和关系行集间如何使用映射解释元素和属性，是一个可选输入参数，在表 13-4 中列出它的可选值，WITH 子句用于控制行集中的哪些数据列将要检索出来。

表 13-4　flags 参数的可选值

可选值	说明
0	默认值，将会使用"以属性为中心"的映射
1	使用"以属性为中心"的映射。可以与 XML_ELEMENTS 一起使用。在这种情况下，首先应用"以属性为中心"的映射，然后对所有未处理的列应用"以元素为中心"的映射
2	使用"以元素为中心"的映射。可以与 XML_ATTRIBUTES 一起使用。在这种情况下，首先应用"以属性为中心"的映射，然后对所有未处理的列应用"以元素为中心"的映射
8	可与 XML_ATTRIBUTES 或 XML_ELEMENTS 组合使用（逻辑或）。在检索的上下文中，该标志指示不应将已使用的数据复制到溢出属性@mp:xmltext

【实践案例 13-29】

下面通过一个实践案例来学习 OPENXML 函数和 sp_xml_preparedocument 系统存储过程的使用，以及返回 XML 数据的方法。

（1）首先定义@Student 和@xmlStr 两个变量，这两个变量分别用来存储分析过的 XML 文档的句柄和将要分析的 XML 文档。

```
DECLARE @Student int
DECLARE @xmlStr xml
```

（2）使用 SET 语句为@xmlStr 变量赋予 XML 形式的数据。

```
SET @xmlStr=
'<row>
      <学生>
            <编号>06001</编号>
            <姓名>孙鹏</姓名>
            <性别>男</性别>
            <籍贯>河南郑州</籍贯>
      </学生>
      <学生>
            <编号>06002</编号>
            <姓名>侯艳书</姓名>
            <性别>女</性别>
            <籍贯>河南安阳</籍贯>
      </学生>
</row>'
```

（3）使用 sp_xml_preparedocument 系统存储过程分析由@xmlStr 变量表示的 XML 文档，将分析得到的句柄赋予@Student 变量。

```
EXEC SP_XML_PREPAREDOCUMENT  @Student OUTPUT,@xmlStr
```

（4）接下来，在 SELECT 语句中使用 OPENXML 函数，返回行集中的指定数据。

```
SELECT * FROM OPENXML( @Student,'/row/学生',2)
WITH (
      编号 varchar(10),
      姓名 varchar(20),
      性别 varchar(4),
```

```
    籍贯 varchar(10)
)
```

（5）最后，使用 sp_removedocument 系统存储过程删除@Student 变量所表示的内存中的 XML 文档结构。

```
EXEC SP_XML_REMOVEDOCUMENT @Student
```

按顺序执行上述语句将会看到结果，如图 13-36 所示。

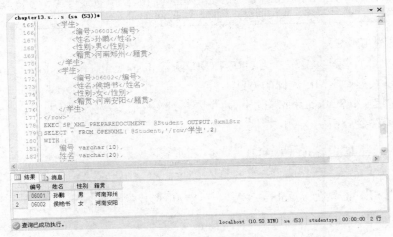

图 13-36　使用 OPENXML 函数

13.5　习题

一、填空题

1. 在公共语言运行时中，可以创建 3 种类型的用户定义函数，分别为_____、表值用户定义函数和用户定义聚合函数。

2. 在 CLR 触发器中使用_____类来获得 inserted 和 delete 表。

3. SMO 创建触发器使用的是_____对象。

4. Xml 数据类型的_____方法执行后从 XML 中返回一个简单的值。

二、选择题

1. SMO 中_____对象有一个名为"Databases"的属性，保存的是所有数据库的集合。

    A.　Server

    B.　Databases

    C.　ServerConnection

    D.　SqlServer

2. CLR 触发器使用 TriggerAction 属性的_____值来获取导致引发更新触发器的

操作类型。

    A. TriggerAction.Update

    B. TriggerAction.Insert

    C. TriggerAction.Delete

    D. 以上都不是

3. SMO 创建存储过程使用的是_____对象。

    A. SqlTriggerContext

    B. Trigger

    C. StoreProcedure

    D. Database

4. 要删除 CLR 触发器 myTrigger 可用语句_____。

    A. DROP TRIGGER myTrigger

    B. DELETE TRIGGER myTrigger

    C. ENABLE TRIGGER myTrigger

    D. DROP TRIGGER myTrigger-clr

5. 下列不属于 FOR XML 子句模式的是_____。

    A. AUTO

    B. DEFAULT

    C. PATH

    D. RAW

三、上机练习

上机实践 1：使用 CLR 操作数据库

根据 13.2 节介绍的内容，要求读者使用 CLR 对数据库完成各种如下操作。

（1）创建一个标量值函数 RandomNumber()用于产生一个随机数并返回。

（2）在 SQL Server 中对标量值函数 RandomNumber()进行测试。

（3）创建一个针对 DELETE 操作的触发器显示当前正在删除的数据。

（4）创建一个存储过程实现根据学号显示考试信息。

（5）编写语句对触发器和存储过程进行测试。

（6）使用 DROP 语句依次删除存储过程、触发器、标量值函数和程序集。

上机实践 2：使用 SMO 操作数据库

根据 13.3 节介绍的内容，要求读者使用 SMO 对数据库完成各种如下操作。

（1）创建一个 SMO 项目，编写代码使用 SQL Server 登录方式建立连接。

（2）向 SQL Server 中创建一个名为"test"的数据库。

（3）向"test"数据库创建一个名为"t1"的表，包含自增列"id"、"c1"、"c2"和"c3"

列都为 int 类型。

（4）针对"t1"表创建一个 INSERT 触发器，使"c3"列等于"c1"和"c2"的乘积。

（5）编写一个向"t1"表中插入数据的存储过程，它包含两个参数分别对应"c1"和"c2"列。

（6）在 SQL Server 中调用 SMO 存储过程插入数据，并测试触发器是否正确。

13.6 实践疑难解答

13.6.1 关于 SQL Server 项目的部署问题

关于 SQL Server 项目的部署问题

网络课堂：http://bbs.itzcn.com/thread-19753-1-1.html

【问题描述】：最近看一本书上介绍可以用 C#来操作数据库，觉得很有意思。按照书上的步骤在 Visual Studio 2010 创建一个 SQL Server 项目，然后编写代码再部署。

不知道什么原因，部署时总是出错，详细提示如下所示。

```
开始将程序集 testSqlServerProject.dll 部署到服务器 HZKJ: studentsys
    如果部署的 SQL CLR 项目是为与 SQL Server 目标实例不兼容的.NET Framework 版本生成的，
则可能出现以下错误："部署错误 SQL01268: 针对程序集的 CREATE ASSEMBLY 失败，因为验证程序
集失败"。若要解决此问题，请打开项目的属性，然后更改.NET Framework 版本。
    部署脚本已生成到：
    D:\ShuGao\我 的 文 档\Visual Studio 2010\Projects\testSqlServerProject\
testSqlServerProject\bin\Debug\testSqlServerProject.sql
    正在创建[testSqlServerProject]...
    D:\ShuGao\我 的 文 档\Visual Studio 2010\Projects\testSqlServerProject\
testSqlServerProject\bin\Debug\testSqlServerProject.sql(177-177):Deploy
error SQL01268: .Net SqlClient Data Provider: 消息 6257，级别 16，状态 1，行 1 为程
序集"testSqlServerProject"执行 CREATE ASSEMBLY 时失败，因为该程序集是为公共语言用户
时的不受支持的版本生成的。
    执行批处理时发生错误。
    C:\Program Files\MSBuild\Microsoft\VisualStudio\v10.0\TeamData\Microsoft.
Data.Schema.SqlClr.targets(96,5):Deploy warning TSD00562: 如果执行此部署，将删除
[dbo].[udf]，且不会重新创建。
    生成失败。
```

【解决办法】：其实从 SQL Server 2005 开始就支持使用 CLR 来开发数据库对象了。从错误提示来看，应该是创建项目的版本有问题。Visual Studio 2010 默认使用的是.NET Framework 4.0，而 SQL Server 2008 默认的是.NET Framework 3.5。所以导致高版本开发的对象无法部署到低版本上。

解决办法是在 Visual Studio 2010 的【解决方案资源管理器】中右击项目执行【属性】命令，在打开的属性设置界面中将目标框架更改为.NET Framework 3.5。然后重新部署即可。

13.6.2　如何更好地理解 xml 数据类型

如何更好地理解 xml 数据类型

网络课堂：http://bbs.itzcn.com/thread-19752-1-1.html

【问题描述】：xml 数据类型是怎样的一个概念？这样的数据类型里面可以存放什么东西？

【解决办法】：虽然 SQL Server 的早期版本也提供了对 XML 功能的支持，但是都没有细化到数据类型的程度。从 SQL Server 2005 开始引入了 xml 数据类型。有了这种数据类型，就可以针对 XML 的 SQL 新特性来访问和查询 XML 数据。这种数据类型对表和变量都是有效的。如果用 xml 数据类型存储数据，可以使用 SQL Server 所提供的 XQuery 语言来查询数据。

xml 数据类型可以在 SQL Server 数据库中存储 XML 文档和片段。xml 数据类型与 SQL Server 中的其他数据类型并不存在根本的区别，可以把它用在使用任何普通 SQL 数据类型的地方。

第**14**章 图书管理系统

最初的图书信息管理都是靠人力来完成的，但是近几年来随着图书分类的扩大，数量大幅度地增加，许多高校都在寻找信息化的解决方案。因此，图书管理系统应运而生。它实现了庞大的图书信息控制和存储机制，从而方便管理人员的维护工作。

本章以一个基本型的图书管理系统为例，使用 C#语言和 Visual Studio 2010 工具进行开发。首先分析了系统的背景和功能，然后在 SQL Server 2008 中设计数据库和存储过程，接下来搭建项目开发环境并逐个功能实现。图书管理系统的主要功能包括管理员登录、查看图书分类列表、查看图书详情、添加图书和分类等。

本章学习要点：

➢ 了解图书管理系统的功能划分
➢ 掌握图书管理系统数据库的设计
➢ 熟悉项目的搭建和引用关系
➢ 掌握数据库在应用项目中的应用
➢ 熟悉对数据的增、删、改和查操作
➢ 掌握登录、显示分类和图书列表功能的实现

14.1 系统概述

一个系统从开始开发到完成，需要分析许多问题，遵循许多原则和步骤，以确保系统进度的可控性和质量的预估性。本章中创建的是一个图书管理系统，同样要考虑许多问题，首先需要对系统有一个明确的需求分析，确定在该系统中要实现哪些功能，并为这些功能定制页面。

14.1.1 需求分析

随着图书量的不断扩大，学生的频繁借书和还书，原来的手工记账已经远远不能满足现在的需要了。新的情况下对图书管理的要求也越来越高，特别是进入信息时代以后，传统的图书管理系统早已不能适应时代的发展，在时效性、数据流通过程中的准确性上，都已不能满足图书管理过程中的新要求。

社会进入信息时代后，随之诞生了新的图书管理系统，取代了原来的传统计算机管理系统，它采用了大型数据库，不仅保证了数据的准确性，而且提供了从图书分类、封面图

片、图书详细信息及系统安全等一系列新的管理方案；人性化的设计思想，无论从界面设计，还是到系统操作流程都要比传统的管理系统更为方便、快捷；尤为重要的是，面向对象的设计思想从根本上解决了实际图书管理工作中的问题。新一代的图书管理系统是图书管理工作中的最理想的管理工具。

基于上述情况，需要开发一款图书管理系统。该系统可以设计得很复杂，也可以很简单。在本书中主要介绍的是数据库，因此这里准备设计一个基本型的系统，方便以后的扩展。

总地来说图书管理系统主要实现以下功能。

- ❑ 可以对图书进行按类存储。
- ❑ 可以对图书的分类进行添加、修改和删除。
- ❑ 提供一个图书列表方便查看。
- ❑ 可以按类查看图书信息。
- ❑ 能够对图书进行添加、修改和删除。
- ❑ 设置一个登录入口，只有登录验证通过之后才能进行操作。
- ❑ 增加权限验证，分为系统管理员和普通管理员，只有系统管理员拥有增删管理员权限。

14.1.2　功能分析

根据前面有关系统需求的功能分析和摘要，再经过模块化的分析得到图书管理系统具体功能模块的划分。本系统包括图书分类管理模块、图书信息管理模块和系统管理模块。

最终的图书管理系统的功能模块设计图如图 14-1 所示。

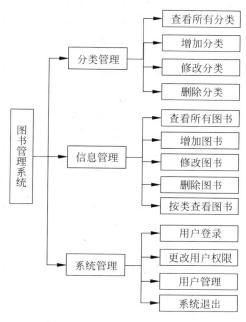

图 14-1　系统功能模块设计图

14.2 数据库设计

经过上节的功能分析，划分了图书管理系统的功能模块，接下来对系统的数据库进行设计。这包括考虑系统实现都需要哪些数据表，数据表中包括哪些字段，这些字段用来做什么。下面将对系统中使用到的数据表及字段进行详细说明。

14.2.1 设计数据表

本系统采用的是 SQL Server 2008 数据库，建立一个名为"booksys"的实例数据库。下面将详细介绍包含表的信息。

1. 管理员表

管理员表（users）保存了系统中具有管理权限的用户名和密码，各字段详细结构如表 14-1 所示。

表 14-1　users 表字段信息

字段	数据类型	是否为空	备注
id	int	否	主键，自动增长
username	varchar(20)	否	管理员用户名
password	varchar(50)	否	管理员密码
issysadmin	int	否	是否系统管理员

2. 图书分类表

图书分类表（sorts）主要用于存储图书分类的名称、封面图片、创建时间和描述等信息，如表 14-2 列出了该表的字段详细结构。

表 14-2　sorts 表字段信息

字段	数据类型	是否为空	备注
id	int	否	主键、自增，分类编号
booktypename	varchar(50)	否	图书分类名称
remark	text	是	分类的描述

3. 图书信息表

图书信息表（books）主要用于存储图书名称、价格、作者和出版社等，如表 14-3 列出了该表的字段详细结构。

表 14-3　books 表字段信息

字段	数据类型	是否为空	备注
id	int	否	主键、自增，图书编号
bookname	varchar(100)	否	图书名称
typeid	int	否	分类编号
author	varchar(50)	否	作者
press	varchar(50)	否	出版社
pubdate	datetime	否	出版时间
pricing	float	是	价格
page	int	是	总页数
coverimage	varchar(50)	是	封面图片
summary	text	是	详细信息

14.2.2　设计存储过程

在本书第 10 章详细介绍了存储过程的概念、创建和使用方法。存储过程能有效提高程序的执行效率，因此，在本实例的数据库中也设计了很多存储过程来方便程序的调用。

这些存储过程主要是围绕数据库中 3 个表的数据进行的。这里以管理员 "users" 表的存储过程设计为例进行介绍。

（1）首先编写一个返回所有管理员的存储过程。

```
CREATE PROCEDURE proc_SelectUsers
AS
BEGIN
    SELECT * FROM users
END
```

（2）编写一个根据编号返回管理员信息的存储过程。

```
CREATE PROCEDURE proc_SelectUser
@id int
AS
BEGIN
    SELECT * FROM users WHERE id=@id
END
```

（3）编写一个用于增加管理员的存储过程。

```
CREATE PROCEDURE proc_InsertUser
@username varchar(20),@password varchar(50),@issysadmin int
AS
BEGIN
    INSERT INTO users VALUES(@username,@password,@issysadmin)
END
```

（4）编写一个根据编号更新管理员密码的存储过程。

```
CREATE PROCEDURE proc_UpdateUser
@id int,@password varchar(50)
AS
BEGIN
    UPDATE users SET password=@password WHERE id=@id
END
```

（5）编写一个根据编号删除管理员的存储过程。

```
CREATE PROCEDURE proc_DeleteUser
@id int
AS
BEGIN
    DELETE Users WHERE id=@id
END
```

14.3 准备工作

做任何事情，准备工作都是必需的，开发一个系统更是如此。在本节之前，首先分析了图书管理系统产生的背景，实现哪些功能，功能如何划分，等等。然后设计了系统所需的数据表及存储过程。接下来开始实现系统，实现的第一步是为整个系统创建一个项目，并搭建系统的运行环境。

14.3.1 搭建项目

图书管理系统主要在三层框架的基础上实现所有的功能。三层框架主要是指数据访问层、业务逻辑层和表示层。数据访问层主要是处理数据库的细节；业务逻辑层主要是针对问题的操作，也可以理解为对数据层的操作；表示层也可叫表现层，它为客户提供用于交互的应用服务图形界面，帮助用户理解和高效地定位应用服务，呈现业务逻辑层中传递的数据，本系统主要使用 Windows 窗体来实现。

在本章开始时提到，使用 C#来开发图书管理系统。因此，下面的操作都是基于 C#开发工具 Visual Studio 2010 进行的。

（1）执行【文件】|【新建】|【项目】命令，打开【新建项目】对话框，选择 Windows 下的【Windows 窗体应用程序】类型，创建一个基于 Windows 应用程序的解决方案命名为 "BookManageSystem"，如图 14-2 所示。

图 14-2　添加项目解决方案

（2）在【解决方案资源管理器】窗格中右击解决方案名称，执行【添加】|【新建项目】命令，弹出【添加新项目】对话框。在这里选择【类库】类型，设置名称为"BLL"，如图 14-3 所示。

图 14-3　添加类库

（3）重复第二步依次添加名称为"DAL"、"DALFactory"、"IDAL"和"Model"的类库。

到此，在当前的解决方案中共包含了 6 个项目，其中除 BookManageSystem 是窗体程序类型项目外，其他都是类库项目。另外 BookManageSystem 也是整个解决方案的启动项目，整个解决方案的效果如图 14-4 所示。

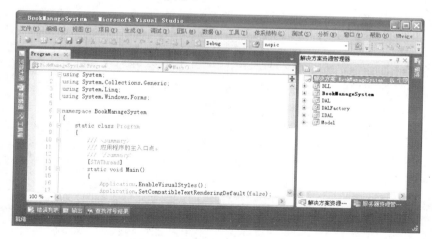

图 14-4　搭建项目完成后的效果

14.3.2　添加引用

由于系统采用了分层设计，因此当需要访问当前层外的数据时必须建立到外部层的引用。在 Visual Studio 2010 中添加引用的方法非常简单，这里以 BLL 项目的引用为例。

在【解决方案资源管理器】窗格中展开【BLL】项目，然后右击【引用】节点执行【添加引用】命令，如图 14-5 所示。从弹出的【添加引用】对话框的【项目】选项卡中选择要引用的项目，这里需要引用 DALFactory、IDAL 和 Model 3 个项目，效果如图 14-6 所示。最后单击【确定】按钮完成引用。

图 14-5 执行【添加引用】命令

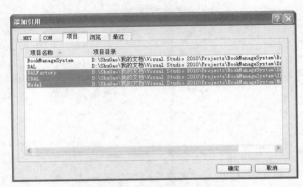

图 14-6 选择引用的项目

按照 BLL 项目添加引用的方法为其他项目添加引用，具体关系如下所示。

❑ BookManageSystem 项目需要引用 BLL 和 Model 项目。
❑ DAL 项目需要引用 IDAL 和 Model 项目。
❑ DALFactory 项目需要引用 DAL 和 IDAL 项目。
❑ IDAL 项目需要引用 Model 项目。
❑ Model 项目是最基础的项目，无任何引用。

14.3.3　公共模块

在许多系统构建中不免有许多功能的实现需要用到公共部分。可以借鉴"拿来主义"的思想将公共的代码提取出来，这些公共部分就叫公共模块。使用公共模块不但实现了代码的重用，还提高了程序的性能和代码的可读性。

在本系统中公共模块的代码被分散到每个层、下面以对图书分类的操作为例，简单介绍各层的公共代码。

1. 模型层

模型层位于 Model 项目中，是其他项目的基础。模型层的代码通常都很简单，只需根据数据表建立相应的实体类即可。图书分类表"sorts"的实体类为"Sort"，保存在"Sort.cs"文件中，包含的内容如下所示。

```
namespace Model
{
    public class Sort
    {
        public int Id { get; set; }              //图书分类编号
        public string SortName { get; set; }     //图书分类名称
```

```
                    public string Remark { get; set; }          //图书分类备注
        }
}
```

2. 数据访问接口层

数据访问接口层通过接口定义了可以对数据进行哪些操作。根据前面的功能分析可知，在系统中对图书分类的操作包括查看分类列表、增加分类、修改和删除分类信息。

数据访问接口层位于 IDAL 项目中，将上述操作封装到接口的最终代码如下所示。

```
namespace IDAL
{
    public interface ISortService
    {
        List<Sort> SelectSort();               //查询所有图书类型信息
        int InsertSort(Sort btInfo);           //新增图书类型
        int UpdateSort(Sort btInfo);           //修改图书类型信息
        int DeleteSort(Sort btInfo);           //删除图书信息
    }
}
```

3. 数据访问层

所谓数据访问层就是根据接口层中定义的操作，针对不同的数据库编写不同的实现代码。数据访问层位于 DAL 项目中。本系统使用的是 SQL Server 数据库，针对上面 ISortService 接口的实现代码如下所示。

```
public class SortServices : ISortService
{
    DBHelper db = new DBHelper();
    /// <summary>
    /// 查询所有图书类型信息
    /// </summary>
    /// <returns>所有图书类型集合</returns>
    public List<Sort> SelectSort()
    {
        List<Sort> list = new List<Sort>();
        string sql = "select * from sorts";
        DataSet ds = db.ExcuteQuery(sql);
        foreach (DataRow dr in ds.Tables[0].Rows)
        {
            Sort bt = new Sort
            {
                Id = Convert.ToInt32(dr["ID"]),
                SortName = dr["BookTypeName"].ToString(),
                Remark = dr["Remark"].ToString()
            };
            list.Add(bt);
        }
        return list;
    }
```

```
/// <summary>
/// 新增图书类型
/// </summary>
/// <param name="b">图书类型实体</param>
/// <returns>受影响的行数</returns>
public int InsertSort(Sort b)
{
    try
    {
        string sql = "insert into sorts values(@BookTypeName,@Remark)";
        SqlParameter[] sps = new SqlParameter[] {
        new SqlParameter("@BookTypeName",b.SortName),
        new SqlParameter("@Remark",b.Remark)
        };
        return db.ExecuteNonQuery(CommandType.Text, sql, sps);
    }
    catch (Exception ex)
    {
        throw ex;
    }
}
/// <summary>
/// 修改图书类型
/// </summary>
/// <param name="b">图书类型实体</param>
/// <returns>受影响的行数</returns>
public int UpdateSort(Sort b)
{
    try
    {
        string sql = "update sorts set BookTypeName=@BookTypeName,Remark=
@Remark where ID=@id";
        SqlParameter[] sps = new SqlParameter[] {
        new SqlParameter("@BookTypeName",b.SortName),
        new SqlParameter("@Remark",b.Remark),
        new SqlParameter("@id",b.Id)
        };
        return db.ExecuteNonQuery(CommandType.Text, sql, sps);
    }
    catch (Exception ex)
    {
        throw ex;
    }
}
/// <summary>
/// 删除图书类型
/// </summary>
/// <param name="b">图书类型实体</param>
/// <returns>受影响的行数</returns>
public int DeleteSort(Sort b)
{
    try
    {
        string sql = "delete sorts where id=@id";
        SqlParameter[] sps = new SqlParameter[] {
```

```
            new SqlParameter("@id",b.Id)
        };
        return db.ExecuteNonQuery(CommandType.Text, sql, sps);
    }
    catch (Exception)
    {
        throw new Exception("请先删除当前类型下的所有图书信息");
    }
    }
}
```

4. 数据访问工厂层

所谓工厂是指可以根据需要生产出不同的商品，映射到数据库中的工厂是指根据不同的设置选择不同的数据访问层。

假设在应用程序的配置文件中有如下代码指定当前使用的数据库类型为 SQL Server。

```
<appSettings>
    <add key="dbType" value="SqlServer"/>
</appSettings>
```

数据访问工厂层位于 **DALFactory** 项目中，工厂的创建代码如下所示。

```
public abstract class AbstractFactory
{
    /// <summary>
    /// 创建工厂
    /// </summary>
    /// <returns></returns>
    public static AbstractFactory CreateFactory()
    {
        //获取配置文件中的 dbType 的值
        string dbType = ConfigurationManager.AppSettings.Get("dbType");
        //加载 DALFactory 程序集
        Assembly ass = Assembly.Load("DALFactory");
        //通过反射动态创建具体工厂类的实例，返回指向抽象工厂类的引用
        return ass.CreateInstance(string.Format("DALFactory.{0}Factory",
dbType)) as Abstract Factory;
    }
    /// <summary>
    /// 创建抽象工厂
    /// </summary>
    public abstract IBookService CreateIBookService();
    public abstract ISortService CreateISortService();
    public abstract IUserService CreateIUserService();
}
```

上述代码会根据配置文件 **dbType** 的值动态创建数据访问工厂的引用。例如，在上面 **dbType** 的值为 **SqlServer**，那么将引用 **DALFactory.SqlServerFactory** 类。如下所示是该类的代码。

```
class SqlServerFactory : AbstractFactory
{
```

```
    /// <summary>
    /// 创建抽象工厂
    /// </summary>
    /// <returns>具体工厂</returns>
    public override ISortService CreateISortService()
    {
        return new SortServices();
    }
    //省略其他代码
}
```

5. 业务逻辑层

业务逻辑层需要将数据工厂和数据访问层提供的功能进行封装，然后直接供最终的应用程序调用。业务逻辑层位于 BLL 项目中，针对图书分类的实现代码如下所示。

```
public class SortManage
{
    /// <summary>
    /// 创建抽象工厂
    /// </summary>
    static AbstractFactory Factory = AbstractFactory.CreateFactory();
    static ISortService Ibtis = Factory.CreateISortService();
    /// <summary>
    /// 查询所有图书类型
    /// </summary>
    /// <returns>所有图书类型集合</returns>
    public static List<Sort> SelectBookTypeInfo()
    {
        return Ibtis.SelectSort();
    }
    /// <summary>
    /// 增加图书类型
    /// </summary>
    /// <param name="b">类型实体</param>
    /// <returns>受影响的行数</returns>
    public static int InsertBookTypeInfo(Sort b)
    {
        return Ibtis.InsertSort(b);
    }
    /// <summary>
    /// 修改图书类型信息
    /// </summary>
    /// <param name="b">图书类型实体</param>
    /// <returns>受影响的行数</returns>
    public static int UpdateBookTypeInfo(Sort b)
    {
        return Ibtis.UpdateSort(b);
    }
    /// <summary>
```

```
/// 删除图书类型信息
/// </summary>
/// <param name="b">图书类型实体</param>
/// <returns>受影响的行数</returns>
public static int DeleteBookTypeInfo(Sort b)
{
    return Ibtis.DeleteSort(b);
}
}
```

14.4 管理员登录

至此图书管理系统的准备工作就算完成了，下面开始实现第一个系统功能——管理员登录。为了最大程度地保证系统数据的安全，在系统中设置了登录入口及密码验证，只有从登录入口成功登录后才能执行管理操作。

在 BookManageSystem 项目中创建一个名为"frmLogin"的窗体，再添加用于输入账号、密码和验证码的文本框，以及登录按钮。登录窗体的最终设计效果如图 14-7 所示，读者可以根据效果图添加相应的控件。

图 14-7　登录窗体设计效果

在窗体设计器上双击"登录"按钮进入单击事件的处理过程。具体代码如下所示。

```
private void button1_Click(object sender, EventArgs e)
{
    LoginSystem();
}
```

上述代码调用 LoginSystem()方法实现登录验证，该方法的具体代码如下所示。

```
public void LoginSystem()
{
    if (txt_name.Text == "")
    {
```

```
                MessageBox.Show("请输入用户名", "操作提示", MessageBoxButtons.OK,
MessageBoxIcon.Information);
                return;
            }
        if (txt_pwd.Text == "")
        {
                MessageBox.Show("请输入密码", "操作提示", MessageBoxButtons.OK,
MessageBoxIcon.Information);
                return;
        }
        if (txt_yanzhengma.Text == lbl_yzm.Text)
        {
                //实例化 User 对象
                User ai = new User();
                ai.UserName = txt_name.Text;
                ai.PassWord = GetMD5String(jiami(txt_pwd.Text));
                //执行查询，验证登录账号密码
                User msg = UserManage.SelectAdminInfo(ai);
                if (msg != null)
                {
                    //创建主窗体
                    frmMain fm = new frmMain();
                    fm.lbl_admin.Text = txt_name.Text;
                    fm.quanxian = msg.IsSysAdmin;
                    fm.Show();
                    this.Hide();
                }
                else
                {
                    txt_name.Text = "";
                    txt_pwd.Text = "";
                    txt_yanzhengma.Text = "";
                    ValidationCode();
                    MessageBox.Show("用户名或密码错误", "操作提示", MessageBox
Buttons.OK, MessageBoxIcon.Information);
                }
        }
        else
        {
                txt_yanzhengma.Text = "";
                ValidationCode();
                MessageBox.Show("验证码错误", "操作提示", MessageBoxButtons.OK,
MessageBoxIcon.Information);
        }
    }
```

上述代码的前两个 if 语句判断账号和密码不能为空，第 3 个 if 语句判断输入的验证码与产生的验证码是否相同。如果相同，则继续判断，此时会创建一个表示管理员的 ai 对象，然后调用 UserManage 对象的 SelectAdminInfo()方法验证该 ai 对象是否存在。如果存在则表示验证成功，会创建主窗体并显示；否则清空输入框并给出提示。

如图 14-8 所示为运行时账号为空的效果。如图 14-9 所示为验证码输入错误的效果。

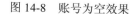

图 14-8　账号为空效果　　　　　　　　　　图 14-9　验证码错误效果

出于安全考虑在上面的代码中调用了 jiami()和 GetMD5String()两个自定义方法对密码进行加密。这两个加密方法的代码如下所示。

```
/// <summary>
/// 登录密码加密
/// </summary>
/// <param name="s">明文密码</param>
/// <returns>加密后的密码</returns>
private string jiami(string s)
{
    Encoding ascii = Encoding.ASCII;
    string EncryptString;
    EncryptString = "";
    for (int i = 0; i < s.Length; i++)
    {
        int j;
        byte[] b = new byte[1];
        j = Convert.ToInt32(ascii.GetBytes(s[i].ToString())[0]);
        j = j + 6;
        b[0] = Convert.ToByte(j);
        EncryptString = EncryptString + ascii.GetString(b);
    }
    //如果密码中有'则换成9
    string pwd1 = EncryptString.Replace("'", "9");
    string pwd2 = pwd1.Replace("-", "9");
    string pwd3 = pwd2.Replace("/", "9");
    string newpwd = pwd3.Replace(" ", "9");
    return newpwd;
}
/// <summary>
/// 32 位 MD5 二次加密密码
/// </summary>
/// <param name="str">第一次加密后的密码</param>
/// <returns>32 位二次加密密码</returns>
public static string GetMD5String(string str)
```

```
{
    MD5 md5 = MD5.Create();
    byte[] b = Encoding.UTF8.GetBytes(str);
    byte[] md5b = md5.ComputeHash(b);
    md5.Clear();
    StringBuilder sb = new StringBuilder();
    foreach (var item in md5b)
    {
        sb.Append(item.ToString("x2"));
    }
    return sb.ToString();
}
```

14.5 主窗体

在登录窗体中输入正确的账号、密码和验证码，单击【登录】按钮即可进入系统的主窗体。主窗体会在底部显示当前的账号及时间，同时提供了菜单栏、工具栏和快捷菜单方便管理员的操作。如图 14-10 所示是主窗体运行之后的效果。

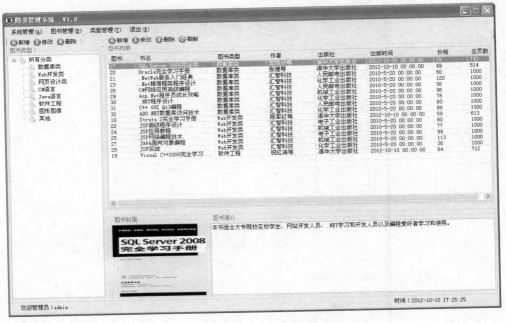

图 14-10　主窗体运行效果

从图 14-10 可以看出主窗体是系统的主要操作界面，其中包含了大量的布局和显示控件。主窗体的名称为"frmMain"，设计效果如图 14-11 所示。

本节不打算介绍主窗体中的所有控件及实现代码，而仅讨论与图书有关的分类、列表和详情三部分，其他实现请参考实例源代码。

图 14-11　主窗体设计效果

14.5.1　显示图书分类列表

从图 14-11 所示主窗体的布局可以看到，在最左侧是用于显示图书分类列表的布局，这里使用的是 TreeView 控件，名称是"tv_BookType"。

当窗体加载完成的时候就需要初始化图书分类列表。在 frmMain 的 Load 事件中编写代码如下所示。

```csharp
private void frmMain_Load(object sender, EventArgs e)
{
    Select_BookType();
}
```

这里调用了自定义的 Select_BookType()方法来查询图书的所有分类信息。该方法的具体代码如下所示。

```csharp
/// <summary>
/// 查询图书分类信息
/// </summary>
public void Select_BookType()
{
    List<Sort> list = new List<Sort>();
    try
    {
        //调用 BLL 查询方法
        list = SortManage.SelectBookTypeInfo();
    }
    catch (Exception ex)
    {
```

```
        MessageBox.Show(ex.Message);
    }
    //创建根节点
    TreeNode root = new TreeNode("所有分类");
    //绑定到父容器
    tv_BookType.Nodes.Add(root);
    foreach (Sort b in list)
    {
        TreeNode node = new TreeNode(b.SortName);
        node.Tag = b;
        root.Nodes.Add(node);
    }
    tv_BookType.ImageList = imageList2;
    tv_BookType.ImageIndex = 0;
}
```

上述代码中首先创建一个使用图书分类实体 Sort 作为类型的 List 集合，然后调用 BLL 中的 SortManage.SelectBookTypeInfo()方法获取所有分类信息到集合中。接下来的代码则遍历该集合依次添加到 tv_BookType 控件上。

14.5.2 显示图书列表

显示图书列表分两种情况，第一种是程序运行后的默认情况下显示所有图书；第二种是在选择一个分类之后显示该类下的图书列表。图书列表使用的是 ListView 控件，名称为 "lv_bookinfo"。

TreeView 控件有一个 AfterSelect 事件在从树状列表中选择一个节点后触发。在该事件处理过程中编写代码可以显示选中分类下的图书，具体代码如下所示。

```
private void tv_BookType_AfterSelect(object sender, TreeViewEventArgs e)
{
    Select_OnTypeName();
}
```

这里调用的是自定义的 Select_OnTypeName()方法，该方法的实现如下所示。

```
/// <summary>
/// 由当前选中的图书分类查询图书信息
/// </summary>
public void Select_OnTypeName()
{
    lv_bookinfo.Items.Clear();                         //清空列表
    if (tv_BookType.SelectedNode.Tag is Sort)
    {
        List<Book> list = new List<Book>();
        try
        {
            //获取当前选中节点，查询图书信息
            list = BookManage.SelectOnBookTypeName(tv_BookType. SelectedNode.
Text);
```

```
        }
        catch (Exception ex)
        {
            MessageBox.Show(ex.Message);
        }
        foreach (Book bi in list)
        {
            //循环遍历 List，将数据加载到 ListView 控件
            ListViewItem item = new ListViewItem(bi.Id.ToString());
            item.Tag = bi;
            item.SubItems.Add(bi.BookName);
            item.SubItems.Add(bi.SortName);
            item.SubItems.Add(bi.Author);
            item.SubItems.Add(bi.Press);
            item.SubItems.Add(bi.PubDate);
            item.SubItems.Add(bi.Pricing.ToString());
            item.SubItems.Add(bi.Page.ToString());
            lv_bookinfo.Items.Add(item);
        }
    }
    else
    {
        Select_AllBookInfo();
    }
}
```

在上述代码中首先判断当前选中的是否为图书分类，如果是，则创建一个表示图书实体类 Book 的 List 集合。然后调用 BLL 中的 BookManage.SelectOnBookTypeName ()方法获取该分类下的图书信息到集合中。再遍历该集合，依次将图书信息添加到 ListView 的各列上。

如果没有选中的节点，则会调用 Select_AllBookInfo()方法查询所有图书信息。如下所示是该方法的具体实现代码。

```
/// <summary>
/// 查询所有图书信息
/// </summary>
public void Select_AllBookInfo()
{
    List<Book> list = new List<Book>();
    try
    {
        //调用查询方法
        list = BookManage.SelectBookInfo();
    }
    catch (Exception ex)
    {
        MessageBox.Show(ex.Message);
    }
    foreach (Book bi in list)
    {
        //循环遍历 List，将数据加载到 ListView 控件上显示
        ListViewItem item = new ListViewItem(bi.Id.ToString());
```

```
                item.Tag = bi;
                item.SubItems.Add(bi.BookName);
                item.SubItems.Add(bi.SortName);
                item.SubItems.Add(bi.Author);
                item.SubItems.Add(bi.Press);
                item.SubItems.Add(bi.PubDate);
                item.SubItems.Add(bi.Pricing.ToString());
                item.SubItems.Add(bi.Page.ToString());
                lv_bookinfo.Items.Add(item);
            }
        }
```

从上述代码中可以看到，程序的实现逻辑与 Select_OnTypeName()方法相同，唯一不同的是，这里需要调用 BLL 中的 BookManage.SelectBookInfo()方法获取所有图书信息。

14.5.3　显示图书封面和简介

当在图书列表控件 ListView 中单击选择一本图书之后会在下方显示该图书的封面图片和简介信息。其中显示封面图片的是 PictureBox 控件，名称为"ptb_bimg"；显示简介信息的是 TextBox 控件，名称为"txt_BookSum"。

ListView 控件有一个 SelectedIndexChanged 事件会在单击一个项目之后触发，创建该事件的处理过程实现显示图书封面图片和简介。具体代码如下所示。

```
/// <summary>
/// 选择一本图书后执行，显示图片封面和简介信息
/// </summary>
private void lv_bookinfo_SelectedIndexChanged(object sender, EventArgs e)
{
    try
    {
        if (lv_bookinfo.SelectedItems.Count > 0)          //是否选择多个
        {
            int index = Convert.ToInt32(lv_bookinfo.SelectedItems[0].Text);
            Book bi = BookManage.SelectOnBookId(index);
            //设置图片路径
            string path = Application.StartupPath + @"\imgs\" + bi.CoverImage;
            imageList1.Images.Clear();
            imageList1.ImageSize = new Size(194, 154);
            imageList1.Images.Add(Image.FromFile(path));
            ptb_bimg.Image = imageList1.Images[0];        //显示图片
            txt_BookSum.Text = bi.Summary;                //显示简介
        }
    }
    catch (Exception ex)
    {
        MessageBox.Show(ex.Message);
    }
}
```

14.6　图书信息管理

完成对图书管理系统主窗体的实现之后开始实现图书信息管理模块，主要包括添加一本图书、修改图书信息和删除图书。

14.6.1　添加图书

添加图书是整个系统中使用最多的功能之一，当购买新书后就需要通过该功能录入图书的详细信息，如图书名称、价格、作者和简介，等等。

在 BookManageSystem 项目中新建一个 Forms 目录，向该目录添加一个名为"frmBookAdd"的窗体表示添加图书的窗体。如图 14-12 所示为添加图书窗体的最终布局效果。

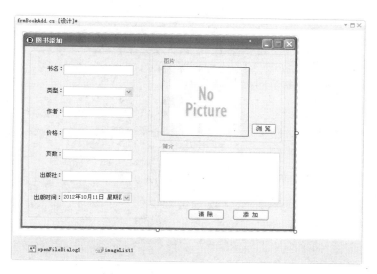

图 14-12　frmBookAdd 布局效果

在图 14-12 中用于选择图书类型列表的是 ComboBox 控件，名称为"cmbb_booktype"。当窗体加载完成后会在该列表中显示所有分类，如下所示是 Load 事件中的实现代码。

```
/// <summary>
/// 窗体启动时查询所有图书类型
/// </summary>
private void Add_BookInfo_Load(object sender, EventArgs e)
{
    List<Sort> list = new List<Sort>();
    try
    {       //调用 BLL 层中的 SortManage.SelectBookTypeInfo()方法
        list = SortManage.SelectBookTypeInfo();
        cmbb_booktype.DataSource = list;
```

```
        cmbb_booktype.DisplayMember = "SortName";
    }
    catch (Exception ex)
    {
        MessageBox.Show(ex.Message);
    }
}
```

上述代码为 cmbb_booktype 控件的 DataSource 属性赋予一个 Sort 集合，DisplayMember 属性指定列表框显示集合中的 SortName 列。

单击【浏览】按钮会弹出文件打开对话框，在对话框中选择一个封面图片。【浏览】按钮的名称为"button1"，单击事件 Click 的处理代码如下所示。

```
private void button1_Click(object sender, EventArgs e)
{
    try
    {
        if (openFileDialog1.ShowDialog() == DialogResult.OK)
                                            //弹出文件打开对话框

        {
            picpath = openFileDialog1.FileName;
            BookPicName = openFileDialog1.SafeFileName;
            imageList1.Images.Clear();
            imageList1.ImageSize = new Size(180, 149);
            imageList1.Images.Add(Image.FromFile(picpath));
            ptb_img.Image = imageList1.Images[0];
        }
    }
    catch (Exception ex)
    {
        MessageBox.Show(ex.Message);
    }
}
```

最后来看看【添加】按钮的实现代码，该按钮的名称为"button3"，单击之后需要将输入的信息添加到"books"表中。具体代码如下所示。

```
private void button3_Click(object sender, EventArgs e)
{
    if (txt_Author.Text == "")
    {
        MessageBox.Show("请填写作者", "提示", MessageBoxButtons.OK,
MessageBoxIcon.   Information);
        return;
    }
    if (txt_BookName.Text == "")
    {
        MessageBox.Show("请填写书名", "提示", MessageBoxButtons.OK,
MessageBoxIcon.   Information);
        return;
```

```
        }
        if (txt_page.Text == "")
        {
            MessageBox.Show("请填写页数", "提示", MessageBoxButtons.OK,
MessageBoxIcon.    Information);
            return;
        }
        if (txt_Press.Text == "")
        {
            MessageBox.Show("请填写出版社", "提示", MessageBoxButtons.OK,
MessageBoxIcon.  Information);
            return;
        }
        if (txt_Summary.Text == "")
        {
            MessageBox.Show("请填写简介", "提示", MessageBoxButtons.OK,
MessageBoxIcon.    Information);
            return;
        }
        if (txt_price.Text == "")
        {
            MessageBox.Show("请填写价格", "提示", MessageBoxButtons.OK,
MessageBoxIcon.    Information);
            return;
        }
        if (mtb_time.Text == "")
        {
            MessageBox.Show("请填写出版时间", "提示", MessageBoxButtons.OK,
MessageBoxIcon.Information);
            return;
        }
        //赋值给实体
        bi.Author = txt_Author.Text;                      //作者
        bi.BookName = txt_BookName.Text;                  //书名
        bi.Page = Convert.ToInt32(txt_page.Text);         //页数
        bi.Press = txt_Press.Text;                        //出版社
        bi.TypeID = cmbb_booktype.SelectedIndex + 1;      //类型
        bi.Pricing = Convert.ToSingle(txt_price.Text);    //价格
        bi.PubDate = mtb_time.Value.ToString("yyyy-MM-dd"); //出版时间
        bi.Summary = txt_Summary.Text;                    //简介
        try
        {
            if (picpath != "")                            //是否选择封面图片
            {
                //获取时间戳
                DateTime starttime = TimeZone.CurrentTimeZone.ToLocalTime(new
System.    DateTime(1970, 1, 1, 0, 0, 0, 0));
                DateTime newtime = DateTime.Now;
                long utime = (long)Math.Round((newtime - starttime).TotalMilliseconds,
MidpointRounding.AwayFromZero);
```

```
                    string time = utime.ToString();
                    string newpic = time + BookPicName;
                    string path= Application.StartupPath+ @"\imgs\" + newpic;
                    //复制图片到指定存放路径
                    File.Copy(picpath,path, false);
                    bi.CoverImage = newpic;                    //指定封面图片路径
                }
                else
                {
                    bi.CoverImage = "nopic.bmp";               //指定默认封面图片
                }
                int count = BookManage.InsertBookInfo(bi);     //执行插入操作
                if (count > 0)
                {
                    MessageBox.Show("添加成功", "提示", MessageBoxButtons.OK,
MessageBoxIcon. Information);
                }
                else
                {
                    MessageBox.Show("添加失败", "提示", MessageBoxButtons.OK,
MessageBoxIcon.  Information);
                }
            }
            catch (Exception ex)
            {
                MessageBox.Show(ex.Message);
            }
            txt_Author.Text = "";
            txt_BookName.Text = "";
            txt_page.Text = "";
            txt_Press.Text = "";
            txt_price.Text = "";
            txt_Summary.Text = "";
            ptb_img.Image = null;
            mtb_time.Text = null;
        }
```

代码有点长，因为在【添加】按钮中需要处理的情况比较多。首先需要验证用户输入各项信息不能为空，且必须有效；然后为图书实体类 Book 的 bi 实例进行赋值。在对图书封面图片进行赋值时还要判断用户是否选择了图片，如果选择了，则需要将图片复制到程序的 imgs 目录下，并使用时间戳作为图片的唯一名称；如果没有选择，则使用默认的"nopic.bmp"。

接下来的工作则是调用 BLL 层的 BookManage.InsertBookInfo()方法将 bi 中的信息插入到"books"表，并根据返回结果提示成功或者失败。最后的几行代码则用于清空各个输入项。

如图 14-13 所示为添加图书窗体打开后作者为空时的效果。如图 14-14 所示为添加成功时的效果。

图 14-13　作者为空

图 14-14　添加成功

14.6.2　修改图书

　　在修改图书时必须先从主窗体的图书列表中选择一本图书，然后右击执行【修改】命令，如图 14-15 所示。从弹出的修改图书信息窗体中对信息修改完成后单击【修改】按钮保存，如图 14-16 所示。

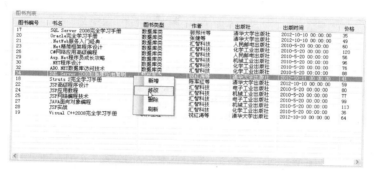

图 14-15　选择要修改的图书

图 14-16　修改图书信息窗体

主窗体图书列表的 lv_bookinfo 有一个右键菜单，当执行【修改】命令时会调用 select_bookinfoonBID()方法获取选中图书的信息。如下所示是该方法的具体实现代码。

```
/// <summary>
/// 由图书编号查询图书信息
/// </summary>
public void select_bookinfoonBID()
{
    if (lv_bookinfo.SelectedItems.Count > 0)
    {
        Book  book  =  BookManage.SelectOnBookId(Convert.ToInt32(lv_
bookinfo.SelectedItems[0].Text));
        //查询类型
        List<Sort> list = SortManage.SelectBookTypeInfo();
        frmBookUpdate ubi = new frmBookUpdate();
                                        //创建修改图书信息窗体
        ubi.list = list;
        ubi.Binfo = book;
        ubi.ShowDialog();                 //显示窗体
    }
    else
    {
        MessageBox.Show("请选择图书", "提示", MessageBoxButtons.OK,
MessageBoxIcon.  Information);
    }
}
```

上述代码中的"book"保存了当前选择图书的所有信息，"list"保存了图书分类信息。接下来创建一个修改图书信息窗体的实例 ubi，再将 book 和 list 传递到该窗体，最后显示出来。

在 Forms 目录下新建名为"frmBookUpdate"的 Windows 窗体。从图 14-16 所示运行效果可以看出，修改图书信息窗体与添加图书信息窗体的布局相同，这里不再重复。

在 frmBookUpdate 窗体中声明主窗体调用时所需的变量，代码如下所示。

```
public partial class frmBookUpdate : Form
{
    public frmBookUpdate()
    {
        InitializeComponent();
    }
    /// <summary>
    /// 定义属性保存选中的图书信息
    /// </summary>
    public Book Binfo { get; set; }
    /// <summary>
    /// 保存所有图书类型
    /// </summary>
    public List<Sort> list { get; set; }        //分类集合
    Book bi = new Book();                        //图书实体
    string BookPicName = "";                     //保存图片名称
    string picpath = "";                         //保存图片路径
    bool bl = false;                             //判断是否选择图片
}
```

接下来还有一件事情，就是在窗体加载时将图书的信息预先显示到指定的控件中。这里在 Load 事件中调用了 Select_BookInfo() 方法，具体代码如下所示。

```
/// <summary>
/// 查询当前图书信息
/// </summary>
public void Select_BookInfo()
{
    try
    {
        Book bi = BookManage.SelectOnBookId(Binfo.Id);
        //加载图片
        imageList1.Images.Clear();
        imageList1.ImageSize = new Size(194, 154);
        imageList1.Images.Add(Image.FromFile(Application.StartupPath +
@"\imgs\" + Binfo.CoverImage));
        ptb_img.Image = imageList1.Images[0];
        picpath = Application.StartupPath + @"\imgs\" + Binfo.CoverImage;
        BookPicName = Binfo.CoverImage;                  //图书封面图片
        txt_Author.Text = Binfo.Author;                  //图书作者
        txt_BookName.Text = Binfo.BookName;              //图书名称
        txt_page.Text = Binfo.Page.ToString();           //总页数
        txt_Press.Text = Binfo.Press;                    //出版社
        txt_price.Text = Binfo.Pricing.ToString();       //价格
        //出版时间
        mtb_time.Text =
Convert.ToDateTime(Binfo.PubDate).ToString("yyyy-MM-dd");
        txt_Summary.Text = Binfo.Summary;                //图书简介
        //加载类型
        cmbb_booktype.DataSource = list;
        cmbb_booktype.DisplayMember = "SortName";
        cmbb_booktype.ValueMember = "id";
    }
    catch (Exception ex)
    {
        MessageBox.Show(ex.Message);
    }
}
```

最后介绍单击【修改】按钮后执行的代码，这些代码大部分都与 14.6.1 节【添加】按钮的单击代码相同，唯一不同的是这里需要调用 BLL 层的 BookManage.UpdateBookInfo() 方法进行更新。

14.6.3 删除图书

删除图书同样需要首先在主窗体的图书列表中选择一本图书，然后右击执行【删除】命令。该命令调用的是 Delete_BookInfo() 方法，具体实现如下所示。

```
/// <summary>
/// 删除图书信息
```

```
/// </summary>
public void Delete_BookInfo()
{
    if (lv_bookinfo.SelectedItems.Count > 0)
    {
        DialogResult result = MessageBox.Show("是否删除", "提示",
MessageBoxButtons.YesNo, MessageBoxIcon.Information);
        if (result == DialogResult.Yes)
        {
            binfo.Id = Convert.ToInt32(lv_bookinfo.SelectedItems[0].
Text);
            int count = BookManage.DeleteBookInfo(binfo);   //调用删除方法
            if (count > 0)
            {
                tv_BookType.Nodes.Clear();           //清空分类列表
                lv_bookinfo.Items.Clear();           //清空图书列表
                Select_AllBookInfo();                //重新加载分类列表
                Select_BookType();                   //重新加载图书列表
                MessageBox.Show("删除成功", "提示", MessageBoxButtons.
OK,MessageBoxIcon.Information);
            }
            else
            {
                MessageBox.Show("删除失败", "提示", MessageBoxButtons.
OK, MessageBoxIcon.Information);
            }
        }
    }
    else
    {
        MessageBox.Show("请选择要删除的图书", "提示", MessageBoxButtons.
OK, MessageBoxIcon.Information);
    }
}
```

上述代码首先弹出对话框询问用户是否确定要执行删除操作。如果选择了是，则返回 DialogResult.Yes，执行紧接的 if 语句。在 if 语句中调用 BLL 层的 BookManage.DeleteBookInfo() 方法执行按编号的删除操作，然后清空之前的数据再重新加载；否则给出失败提示。

14.7　图书分类管理

与图书信息管理一样，针对图书分类信息的管理也包括添加、修改和删除 3 种，而且实现思路和方式也都相同。本节将介绍主要的实现步骤和关键代码。

14.7.1　添加图书分类

图书分类与图书信息之间是一对多的关系，通过分类可以更加快速地浏览和查找图书。

添加图书时需要指定分类名称和简介信息，再保存到数据库的"Sorts"表。

在 BookManageSystem 项目 Forms 目录下新建一个名为"frmSortAdd"的 Window 窗体，再添加布局控件，最终效果如图 14-17 所示。

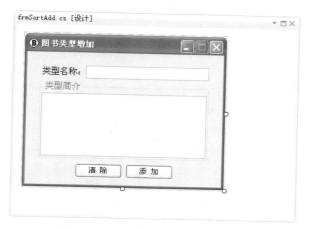

图 14-17　frmSortAdd 窗体布局效果

与添加图书窗体相比，添加分类窗体要简洁得多，其中【类型名称】文本框名称为 "cmbb_booktype"，【类型简介】文本框名称为"txt_remark"，【添加】按钮的名称为"button2"。

进入【添加】按钮的 Click 事件处理过程，编写如下代码。

```
private void button2_Click(object sender, EventArgs e)
{
    Sort bti = new Sort();
    //验证是否存在当前添加的类型名称
    List<Sort> list = new List<Sort>();
    list = SortManage.SelectBookTypeInfo();
    for (int i = 0; i < list.Count; i++)
    {
        if (list[i].SortName == cmbb_booktype.Text)
        {
            MessageBox.Show("类型名称已存在", "提示", MessageBoxButtons.OK,
MessageBoxIcon.Information);
            return;
        }
    }
    if (cmbb_booktype.Text == "")
    {
        MessageBox.Show("请填写要添加的类型名称","提示",MessageBoxButtons.
OK,MessageBoxIcon.Information);
        return;
    }
    if (txt_remark.Text == "")
    {
        MessageBox.Show("请填写类型描述", "提示", MessageBoxButtons.OK,
MessageBoxIcon.Information);
        return;
```

```
        }
        bti.SortName = cmbb_booktype.Text;
        bti.Remark = txt_remark.Text;
        try
        {
            //执行添加操作
            int count = SortManage.InsertBookTypeInfo(bti);
            if (count > 0)
            {
                MessageBox.Show("添加成功", "提示", MessageBoxButtons.OK,
MessageBoxIcon.Information);
            }
            else
            {
                MessageBox.Show("添加失败", "提示", MessageBoxButtons.OK,
MessageBoxIcon.Information);
            }
        }
        catch (Exception ex)
        {
            MessageBox.Show(ex.Message);
        }
        txt_remark.Text = "";
        cmbb_booktype.Text = "";
    }
```

上述代码首先获取当前所有分类信息并保存到 list 集合中，然后将用户输入的类型名称与集合中的进行比较。如果有相同的，则提示该名称已存在，效果如图 14-18 所示。如果没有相同的，则再判断是否为空，如图 14-19 所示是类型名称为空时的效果。所有条件都检查完成之后调用 BLL 层的 SortManage.InsertBookTypeInfo()方法进行保存，运行效果如图 14-20 所示。

图 14-18　类型名称已存在

图 14-19　类型名称为空

图 14-20　添加成功

14.7.2　修改和删除分类

图书分类的修改和删除需要首先在主窗体的列表中选择一个分类，然后右击将看到一个快捷菜单如图 14-21 所示。在这里可以根据需要执行修改或者删除操作。如图 14-22 是执行【修改】命令打开的修改窗体运行效果。执行【删除】命令将会访问是否确定删除。如图 14-23 所示为执行【详细】命令在弹出窗体查看详细信息的效果。

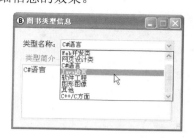

图 14-21　图书分类快捷菜单　　　图 14-22　修改图书类型信息　　　图 14-23　查看详细信息

　　如图 14-22 所示的窗体名称是"frmSortUpdate"，如图 14-23 所示的窗体名称是"frmSortSelect"。这两个窗体的具体布局和实现在这里就不再介绍了，读者可参考实例源代码。

14.8　系统用户管理

　　经过前面的步骤，图书管理系统中图书信息管理和图书分类管理模块的主要功能就介绍完了，本节简单介绍一下系统提供的用户管理。

　　为了最大程度地保证系统数据的安全，在系统中设置了登录入口，以及密码和验证码的判断，只有从登录入口成功登录后才能执行管理操作。另外，在本系统中将管理员分为两类，一种是系统管理员，具有所有操作的权限；第二种是普通管理员，具有除添加和删除用户之外的所有权限。

　　当以系统管理员身份进入系统之后，在主窗体中执行【系统管理】|【用户管理】|【增加用户】命令，可以在弹出的【添加管理员】窗体中添加新管理员。如图 14-24 所示为添加时的验证效果，如图 14-25 所示为添加成功时效果。如果执行【删除用户】命令，可以在弹出的【注销用户】窗体中注销用户，运行效果如图 14-26 所示。

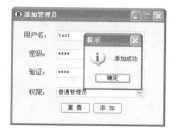

图 14-24　添加管理员时的验证　　　图 14-25　管理员添加成功　　　图 14-26　注销用户

　　至此，关于图书管理系统的实现就都已经介绍完了。限于篇幅关系，在本章中仅针对图书管理系统中的重要功能和代码进行了讲解，没有罗列所有实现代码，读者可以参考随书提供的源代码。